规划，让城市更生态

——第六届“魅力天津·学会杯”优秀学术论文集

天津市城市规划学会　编

江苏凤凰科学技术出版社

图书在版编目(CIP)数据

规划,让城市更生态：第六届“魅力天津·学会杯”优秀学术论文集／天津市城市规划学会编. —南京：江苏凤凰科学技术出版社，2016.1

ISBN 978-7-5537-5770-4

Ⅰ.①规… Ⅱ.①天… Ⅲ.①城市规划—天津市—文集 Ⅳ.①TU984.221-53

中国版本图书馆 CIP 数据核字(2015)第 295750 号

规划,让城市更生态——第六届“魅力天津·学会杯”优秀学术论文集

编　　者　天津市城市规划学会
项目策划　凤凰空间/彭　娜
责任编辑　刘屹立
特约编辑　彭　娜　蔡伟华

出版发行　凤凰出版传媒股份有限公司
　　　　　江苏凤凰科学技术出版社
出版社地址　南京市湖南路1号A楼,邮编:210009
出版社网址　http://www.pspress.cn
总 经 销　天津凤凰空间文化传媒有限公司
总经销网址　http://www.ifengspace.cn
经　　销　全国新华书店
印　　刷　天津泰宇印务有限公司

开　　本　787 mm×1 092 mm　1/16
印　　张　24
字　　数　614 000
版　　次　2016年1月第1版
印　　次　2023年3月第2次印刷

标准书号　ISBN 978-7-5537-5770-4
定　　价　188.00元

前　言

由天津市城市规划学会组织的2015年度规划行业优秀科技论文暨第六届“魅力天津·学会杯”优秀学术论文评选工作圆满结束。本次活动得到了各会员单位的大力支持与响应，议题以城乡发展和建设的新常态为背景，围绕社会经济与城乡规划理念方法的传承和变革进行论述，针对区域与城乡协调、城乡发展方式转变与城乡规划编制技术创新、城市更新和社区规划、乡村发展与建设、面向健康城市、生活质量和空间品质的城乡规划、城乡规划发展的历史总结与经验传承、基于社会公平的城乡公共服务设施、基础设施建设与城乡规划、应对气候变化、降低自然灾害危害的规划策略与方法、公众有效参与的城乡规划制度建设与操作、智慧城市与大数据在城乡规划中的应用等当前热点问题展开研究和讨论，形成不同的观点和研究成果。学会邀请到我市业内12位知名专家对征集到的284篇论文进行了认真评审，最终评选出一等奖12篇、二等奖28篇、三等奖45篇、鼓励奖79篇，共计164篇。按照程序，评选结果和获奖名单在学会网站上进行了公示。本论文集收录了此次获三等奖以上优秀论文。

天津市城市规划学会

2015年12月

本书编委会

编委会主任

沈　磊

编委会副主任

师武军　侯学钢

编委会成员（以姓氏笔画为序）

王学斌　戎　贤　朱雪梅　江　澎

张　颀　杨　波　宋　静　李　伟

张津奕　杨树海　周　恺　卓　强

洪再生　康　庄　黄晶涛　韩锦利

主　编

王学斌

副主编

汪　勇　刘鹏飞　王宗树　孙　雁

天津市城市规划学会

天津市城市规划学会成立于1992年,是依法登记的法人学术性社会团体和职业组织。会员遍布全市规划及相关行业,汇集了城市规划行业的精英,代表了天津市城市规划领域的最高学术水平。秉承“学术第一、专业领先、服务会员、服务管理”的宗旨,学会每年组织大量学术研讨和交流会,出版多种学术刊物,从事各种公益性活动,并在城市规划编制、规划立法、规划管理体制、住宅建设、历史文化名城保护、规划技术标准、城市安全防灾和规划决策民主化等诸多领域为政府决策提供重要建议和咨询。学会还是城市规划师继续教育机构,每年为专业技术人员提供继续教育培训。

天津市城市规划学会

URBAN PLANNING SOCIETY OF TIANJIN

天津城市规划学会秘书处:天津市和平区西康路48号规划局院内
邮　　编:300070
联系电话:022－23540771,022－23540823
传　　真:022－23526043
网　　址:www. tacp. org. cn
Email:tjghxh@163. com

目　录

一等奖论文

二等奖论文

三等奖论文

鼓励奖论文

一等奖 论文

人性场所的回归
——城市公共开放空间规划设计策略探析

郑郁　袁大昌　李思濛
（天津大学建筑学院）

摘　要：改善公共开放空间的品质是促进城市健康发展的重要手段，如何为市民创造满足其需求的、高品质的公共开放空间是当今规划设计师所面临的重要课题。通过分析与反思我国城市公共开放空间建设的现状问题，指出城市公共开放空间的规划设计应以人为本，重视为市民创造多样的、人性化的场所；在此基础上提出人性化的城市公共开放空间应具备的基本特征；同时结合巴塞罗那公共开放空间建设的成功经验，提出人性化的城市公共开放空间的规划设计策略，以期为我国未来城市公共开放空间的建设提供借鉴。

关键词：公共开放空间；人性化；场所；规划设计；策略

1　城市公共开放空间的内涵及重要作用

城市公共开放空间是一个十分宽泛的概念，在不同的时期、国家和领域，其内涵和表现形式不尽相同。在当代中国，城市公共开放空间一般可指那些由建筑物的外壳界面和自然环境所构成的，向所有市民开放，为公众共同使用的空间，即城市公共开放空间同时具备形态的开放性和属性的公共性两种特性[1]，广场、街道、公共绿地、商业区、滨水区等都是城市公共开放空间的重要组成部分。

公共开放空间是城市空间环境的重要组成元素，它不仅是市民日常生活和社会交往的场所，同时也是城市人文底蕴和精神风貌的重要载体，是展现城市生活模式、文化内涵和个性魅力的舞台，兼具经济、社会、文化等多重功能。公共开放空间的营造有助于有机组织城市空间，改善城市生活品质，增强城市公共生活多元性，促进城市社会融合，激发城市活力。因此，公共开放空间的建设已成为引导城市健康发展的一种积极手段，在中国城镇建设中发挥着日益重要的作用。

2　当代中国城市公共开放空间建设的偏差与反思

随着我国经济社会的快速发展和城镇化进程的不断加速，人们对舒适、高品质的人居环境的需求日益迫切，公共开放空间的整体质量逐渐成为衡量城市宜居性和综合竞争力的重要标志。近三十年来，中国城市公共开放空间蓬勃发展，在优秀实例不断涌现的同时，也出现了不少值得深思的问题。笔者认为当代中国城市公共开放空间的建设中有以下三个关键问题值得反思。

2.1 社会排斥——公共性的缺失

作为城市居民社会交往的场所，公共开放空间从本质上来说应具有最广泛的包容性，能够允许不同的社会阶层、种族或团体的人们的使用以及不同的活动的发生，而非只有少数人才能享受。但在当代中国，城市公共开放空间呈现出一定的“商品化”、“私有化”和“符号化”倾向[2]，出资者的利益回报及空间形象的塑造通常成为公共开放空间建设的首要目标，而妨碍这些目标实现的、不受欢迎的人群则往往被认为是需要被排斥在公共开放空间之外的。对于“不受欢迎人群”的关注令一些城市公共开放空间的规划设计和管理有意识地限制其进入或逗留，比如通过用地的功能构成、妨碍“不受欢迎人群”驻留的环境设计或设施配置、暗示性的标语、严格的准入和行为控制制度等手段实现“社会排斥”（见图1）。当今中国城市公共开放空间的公共性已呈现出一定程度的缺失。

图1　上海新天地：用地以高端商业为主，贵族化倾向明显，普通市民较少光顾

（资料来源：网络）

2.2 形式主义倾向——人性关怀的匮乏

在当前中国城市公共开放空间的建设中，空间环境的视觉审美普遍处于支配地位，市民生理和心理层面的需求往往被忽视。许多城市甚至小城镇新建的公共开放空间在规划设计上过分重视物质形式，追求构图的雄伟及视觉效果，喜用轴线对称或放射式构图，以达到彰显政绩、提升形象、宣传营销、拉动经济等目的，大规模的景观广场、中央大道、大型绿地比比皆是（见图2）。这些自上而下的设计主要表达了决策者的意图和设计师的愿望，通常让人感到单调和冷漠，缺乏对人的关怀和爱护，对市民公共生活的支持度较低，很少考虑宜人的尺度、完善的功能、可达性、易达性等这些同市民实际使用更相关的因素。当今中国许多城市公共开放空间已越来越让人觉得其是为了供人观赏，而不是为公众所使用的场所。

图2　大连星海广场：构图雄伟，追求视觉冲击，对普通市民公共生活的支持度较低

（资料来源：网络）

2.3 外观趋同——地域特色的丧失

当今中国城市公共开放空间在一定程度上呈现出一种无序、无差别状态，外观趋同、空间乏味、缺少地域特色已成为公共开放空间建设中的普遍问题。站在使用者角度，一个好的公共开放空间应该具备场所精神和文化内涵，能够激发当地居民的认同感和归属感。然而在全球化和快速城镇化的冲击下，部分决策者和规划设计师片面看中效率和形式，一味推崇国际样式，城市公共开放空间的规划设计盲目追求“新”、“洋”，忽视地方居民的情感诉求，大同小异的广场模式、单调相似的环境景观、缺乏识别性的建筑更接近于国际风貌的简单克隆（见图3），城市面貌千篇一律，传统城市生活方式和价值观念受到削弱和破坏，城市空间文脉日益萎缩甚至断裂。面对日渐丧失个

性的城市公共开放空间，人们无法从中得到身心愉悦的享受，公众的茫然和失落与日俱增。

(a)

(b)

图3　雷同的行政建筑和广场景观

(a)安徽省淮南市政府广场；(b)浙江省慈溪市政府广场

(资料来源：网络)

当代中国城市公共开放空间的建设之所以出现偏差，很大程度上源于公共开放空间的规划设计对人的需求的忽视。美国社会学建筑师克里斯托弗·亚历山大指出，城市“不是徒有其形的物质实体，而是人类生活的载体”，公共开放空间是“城市的精华和本质，是人的生命空间，是具有蓬勃个性的生长空间，满足人与自然和社会交流的高层次需要”[3]。人是公共开放空间的主体，离开了人的活动和情感的公共开放空间毫无意义，公共开放空间的一切物质环境都应根据人的需要而建设。因此，城市公共开放空间的规划设计必须以人为本，关注人的活动、需求、认知和理解，创造高品质、多元化、特色鲜明的人性场所，以让人在其中获得愉悦的生理和心理感受。

3　人性化的城市公共开放空间的基本特征

城市公共开放空间是属于公众的场所，它的营造应当体现对大众的关怀，贴近普通市民的生活和实际需求。通过对中国城市公共开放空间建设现状问题的反思，笔者认为一个优秀的、人性化的城市公共开放空间应具备公共性、可达性、舒适性和场所性四方面的基本特征，这同样也是人性化的城市公共开放空间规划设计的基本方向。

3.1　公共性

公共性是公共开放空间的本质特征，表现为其能够包容不同的人和不同的活动，任何人都有平等的进入权和使用权以及活动上的自由。公共开放空间的价值在于“它的存在能促进城市中不同社会阶层或团体的人们进行交流、融合”[4]，因而公共开放空间的规划设计应面向公众，尽量满足使用该场所的所有群体的需求，对社会弱势群体给予特别关注，并鼓励不同的人——无论其种族、阶层、年龄或爱好——进行交流与相互理解，以达到促进社会安定和谐、激发城市活力的作用。

3.2　可达性

公共开放空间被使用的前提在于其可达性。笔者认为，公共开放空间的可达性应包含两方面的内容：物理层面的可达性，即公共开放空间能够允许并方便人进入；心理层面的可达性，即公共开放空间应明确地传达出该场所可以被使用的信息，同时其物质环境和场所精神能够在最大程度上被不同的人们所接受和喜爱。公共开放空间的可达性通常与其位置、周边交通条件、边界开放程度、环境设施的配置情况等有重要关系。

3.3 舒适性

环境的舒适性是人们评价公共开放空间品质的直接标准，不舒适的公共开放空间将是一个使用效率低、没人光顾的场所，而在舒适的环境里，人们才倾向于进行交流和参与活动。公共开放空间的舒适性反应为其能否满足使用者的生理和心理需求，影响因素主要包括公共开放空间的人工环境设施对自然环境（主要包括日照、风速、温度、噪声等）的适应度，对使用者活动的支持度以及对使用者基本心理诉求（主要包括安全感、归属感等）的满足度。

3.4 场所性

场所精神是公共开放空间品质的重要内容。公共开放空间的场所性强调关注人的精神意象和心理需求，而不只是环境的物质形态，旨在营造一个具有意义的、适宜人们停留和交往的场所。成功的场所不仅应满足使用者的活动需求，同时还应注重对地方文脉的延续，结合当地居民的特性与情感诉求，创造出可以被当地居民感知、理解和认定的意境，从而赋予公共开放空间及其所在地区以独特的性格，增强当地居民的认同感和归属感。

4 人性化的城市公共开放空间的规划设计策略探析

20世纪60年代以来，西方的城市更新逐渐从单纯的物质环境改善向以提高城市宜居性和竞争力为目标的城市功能和活力的全方位复兴转变[5]。这一时期的城市更新更加关注城市的生活品质和公众的利益，公共开放空间的建设与改造是城市环境更新的重点。在人性化的公共开放空间的建设上，一些西方城市取得了举世瞩目的成就，其成功经验虽不能完全适用于中国，但无疑会对我国城市公共开放空间的规划设计提供积极的启发。

4.1 巴塞罗那公共开放空间建设的成功经验

巴塞罗那是一座有着两千年建城史的迷人的地中海城市。20世纪80年代起，巴塞罗那日渐衰弱的城市环境因一系列的公共开放空间改造而脱胎换骨，市民生活品质迅速提升。现今，这座城市充满人文魅力与活力的公共开放空间已成为世界性的典范。对人的关怀与爱护是巴塞罗那经验的核心，这主要体现在以下五个方面。

4.1.1 平衡均质的空间布局

20世纪80年代，巴塞罗那为整治城市环境采用了著名的“针灸法”，通过小型公共开放空间的改造与植入改善城市的生活品质。至今，巴塞罗那政府已为广大市民创造了450个以上的优质的公共开放空间，这些空间均匀地分布在城市的各个角落，任何市民都有机会在自己家的附近享受到美好的户外公共生活。这一举措体现了城市规划者与管理者追求平等与自由的理念。

4.1.2 开放混合的街区模式

1859年赛达提出的城市扩展区规划方案奠定了巴塞罗那的现代城市格局[6]，严整的方格式街区覆盖了约9平方千米的城市空间。这些街区的尺度通常不超过120米，四角做切角处理，呈八边形[7]，用以缓解街道交叉处的交通压力以及为市民创造更多的沿街立面和可供利用的转角空间；街区建筑底层多为沿街商铺或居住建筑入口，上层以办公和住宅为主，每个街区都是功能混合的，建筑与街道空间有着良好的互动（见图4）。这种街区模式不仅有效地缩减了市民的出行距离，减轻了街道的交通压力，同时也促进了不同人群在街道空间的交往，激发了街道空间的活力，使城市公共生活更加多元化。

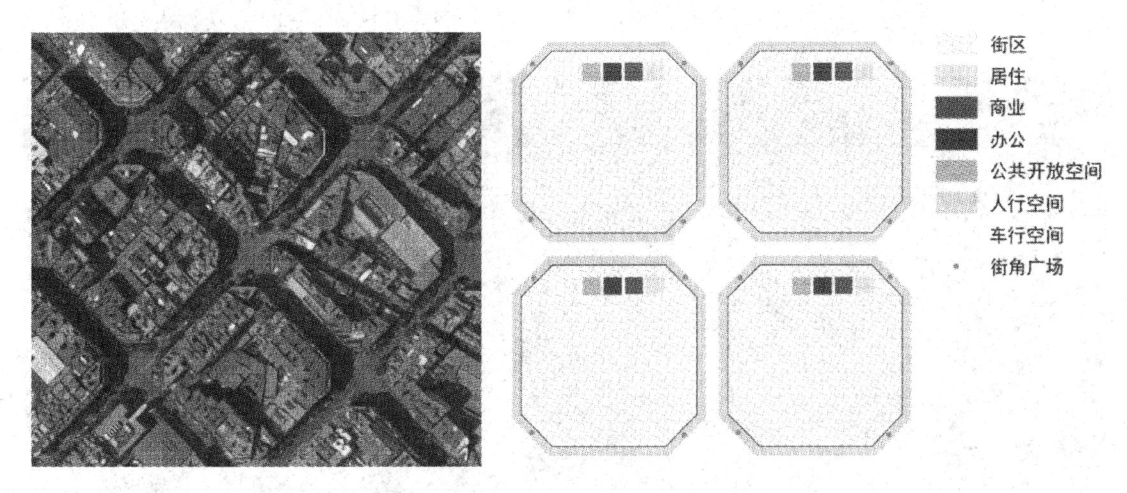

图4　巴塞罗那扩展区街区模式示意图

（资料来源：左图为 Google Earth；右图为笔者根据参考文献7绘制）

4.1.3　连续宜人的步行空间

为了获得更好的步行体验，巴塞罗那设计师通常的做法是缩减车道，扩大街道中央或两侧的步行空间，并配以精心设计的街道家具，使之成为附近居民的活动场所（见图5）。巴塞罗那的步行空间具有良好的连续性，并与其两侧的建筑及邻近的公共开放空间有着活跃的互动；相邻街区间，街道两侧的建筑与道路的高宽比通常控制在1∶1，尺度宜人（见图6）。不同于“以车为本”的街道设计，这种“以人为本”的设计为行人和非机动车留出了更多舒适、安全的活动空间，增加了市民步行出行和参与公共交往的愿望。

图5　兰布拉大街：人行道两侧是单向行驶的机动车道，创造了美好的步行体验

（资料来源：网络）

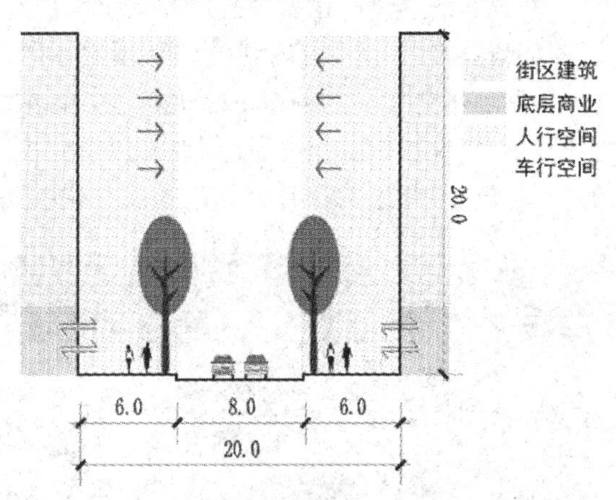

图6　巴塞罗那扩展区街道断面示意图

（资料来源：笔者根据参考文献7绘制）

4.1.4　平易近人的设计理念

巴塞罗那的规划设计师普遍认为人的多样性的活动是公共开放空间的主体，设计的目的是满足多种人群的活动需求而不是追求复杂的空间造型[8]。因此，巴塞罗那公共开放空间的规划设计通常强调简单，以人的活动为出发点，关注空间的流通性、公共性以及对市民公共生活的支持，鼓励采用朴素耐用的地方性建材（见图7）。这种设计理念在一定程度上规避了决策者和规划设计师对形式的偏执，降低了公共开放空间建设及维护的成本。

图7　基罗纳公园:设计平易近人,空间元素丰富

(资料来源:参考文献8)

4.1.5　特色鲜明的场所内涵

对艺术的热爱是巴塞罗那的传统,因而巴塞罗那公共开放空间的规划设计呈现出一种倾向,即通过艺术品的创造不断提升公共开放空间的艺术性、文化性和可识别性。巴塞罗那的公共开放空间通常都有公共艺术品,这些艺术品的创作既要配合周边城市空间的特性,又要符合当地居民的物质与情感需求(见图8)。通过艺术品与空间的结合,巴塞罗那的公共开放空间获得了象征意义上的价值,增进了当地居民的认同。

图8　加泰罗尼亚广场:公共艺术品的塑造既是为了纪念,也是为了营造空间感

(资料来源:网络)

4.2　人性化的城市公共开放空间的规划设计策略

结合巴塞罗那的成功经验以及前文的分析,对人性化的城市公共开放空间的营造,笔者提出以下六点规划设计策略。

4.2.1　网络覆盖,维护社会公平

对市民而言,公共开放空间“不应该仅是一两个可以去逛逛的地方,而应该是一个网络,覆盖着他们的生活区域"[9]。城市公共开放空间的网络化强调对整个城市的关注,要求城市公共开放空间容量充足、层级均衡、分布均质、联系方便,这是保障市民自由、平等地享受户外活动空间,增加城市公共生活活力的关键。城市公共开放空间网络系统的构建依赖于两方面的支持。其一,创建结构合理的城市公共开放空间系统,即根据城市的人口分布、资源配置、城市结构等情况,合理地确定从邻里、社区到地区、城市等各层级的公共开放空间的规划,尤其重视构建以低层级、小尺度的空间为主体的城市公共开放空间系统。其二,提升城市公共开放空间之间的路径联通性,重点是在保障交通支持的前提下创建良好的步行环境,即街道的规划设计和管理应以人为主,步行优先;街道断面宜划出单独的步行带,保障人车分行及步行空间的连续性;通过开辟纯步行道、单行道或分时限制车行等来减少人与车的冲突。

4.2.2　功能混合,激发空间活力

不同的城市功能在同一区域的集中是创造活跃、多元的城市公共开放空间的重要条件。混合的城市功能可以为城市公共开放空间带来多样的人群和活动,避免其因使用人群和活动的单一而呈现公共性丧失或活力不足。城市功能的混合应包括两方面基本内容:一是商业、办公、居住、文娱等不同用地使用功能的适度混合;二是同一使用功能的建筑不同类型和档次的适度混合,尤其应注意在住宅的设置上保持一定比例的低收入住房。城市功能的混合设置将使每个小型的城市区域都成为集工作、生活、休闲于一体的微缩城市,汇集不同社会阶层和团体的人群,使由周边建筑向公共开放空间提供多样的功能和活动支持成为可能。

4.2.3　界面开放,鼓励市民使用

开放性是公共开放空间能够被人使用和吸引人进入的重要前提。提高城市公共开放空间的开放性意味着城市公共开放空间的规划设计应关注公共开放空间与周边城市环境、建筑功能及交通的有机联系。首先,城市公共开放空间的边界应是开放的,即不能用围墙、不可进入的绿化带或其他方式使其封闭围合,应通过开放的界面与邻接的人行道保持良好的互动,使行人感受到自己是受欢迎的。其次,应对城市公共开放空间周边建筑的类型进行适当的控制,以使其能够为市民的公共生活提供功能上的支持。公共开放空间周边建筑的功能是激发其使用者活动的重要因素,比如行政办公楼单调的立面通常会令公共开放空间失去活力,而服务业的适当加入则会增加公共开放空间功能上的吸引力。第三,应提高城市公共开放空间的步行可达性,通常其宜位于主要使用者步行可达的距离内,且位置明显,易被发现,以使人们易于到达和方便使用。

4.2.4　实效强化,满足使用需求

使用者是城市公共开放空间的真正主角,中国城市公共开放空间规划设计的重心应从对视觉美感的追逐转向满足市民的实际使用需求上来。对市民而言,公共开放空间最重要的品质在于它能满足使用者的活动需求,平易近人,经久耐用,而光彩夺目的视觉效果最多不过是锦上添花。因此,城市公共开放空间的规划设计应关注三方面的内容:一是关注使用者的生理需求,包括配置各种设施和场地以满足最有可能使用该场所的群体的活动需要,给予老人、儿童、残疾人等特殊人群以特别的关怀,考虑日照、温度、风力等自然因素以保持空间环境的舒适等。二是关注使用者的心理需求,包括利用建筑物、构筑物的适度围合增强使用者的安全感和场所感,通过人性的尺度、植物、色彩、铺地或设施令使用者获得愉悦的感受等。三是关注经济性和实用性,包括选择经济、适用、便于维护的建设材料等。

4.2.5　人文传承,塑造场所精神

作为地方认同的重要组成元素,城市公共开放空间规划设计的目的不仅仅是创造物理空间，其更深远的意义在于去创造可识别的、富有意义的场所，以唤起人们对历史的追忆和感知，增强居民对其所在地区的情感认同。城市公共开放空间的场所精神的塑造体现了对人的情感的关怀，它要求城市公共开放空间在满足其使用功能的基础上，创造出可以反映地方环境特征、具有强烈人文氛围、能够使人感知并产生共鸣的空间环境。城市公共开放空间场所精神的塑造包含多方面的内容，比如公共开放空间与周边自然环境的融合，与周边人文景观的协调，对地方文脉的延续等。城市公共开放空间的规划设计必须将这些要素纳入考虑，将地方的各种自然、人文特色融入空间的创造中，形成独特而富有内涵的空间性格和场所精神，以唤起当地居民的认同感和归属感。

4.2.6　公众参与，保障大众利益

公共开放空间建设的根本目的是为公众服务，公众是保障公共开放空间品质、实现自身利益的最可靠的决策者、监督者和管理者，让公众参与公共开放空间的规划设计和建设管理工作将使公共开放空间更容易满足使用者的真正需求，同时也可调动公众的积极性，增强其主人翁意识，使公共开放空间建设成果得到公众的有效检测和自觉维护。因此，公众参与对城市公共开放空间的质量和可持续至关重要，它强调创造一个包容的环境，通过自下而上的参与形式（通常是某些正式的途径），让所有的潜在使用者都有权力、有机会参与到城市公共开放空间的规划设计、建设及管理过程中来，让他们来决定自己获得什么样的公共开放空间。在中国，公众参与的成功实施要求必须调动公众的参与意识，从组织机构、管理体制和法律制度等方面建立完善的公众参与保障机制，保证公民获得信息、参与决策、监督管理的权力。

5　结语

对于普通市民而言，改善城市公共开放空间的品质是城市政府最重要的公共政策之一。城市公共开放空间是市民公共生活的载体，人即是它的灵魂所在。因此，当代中国城市公共开放空间的规划设计必须切实贯彻以人为本的理念，关注公众的生理和心理需求，体现对人的关怀与爱护，以为广大市民创造更多高品质的、人性化的场所为根本目标。公共开放空间的建设已成为引导城市健康发展和解决社会问题的重要手段，如何为城市居民创造更多的人性化的场所正是本文探讨的主要内容。笔者在反思当代中国城市公共开放空间建设的现状问题及借鉴巴塞罗那公共开放空间建设的成功经验的基础上，对人性化的城市公共开放空间应具备的基本特征及其具体的规划设计策略进行了分析和探讨，力图从规划设计层面提出具有实效的建议，为中国城市人性化的公共开放空间的建设积累经验。

参考文献

[1]邹德慈.人性化的城市公共空间[J].城市规划学刊，2006(5):9-12.

[2]杨震，徐苗.消费时代城市公共空间的特点及其理论批判[J].城市规划学刊，2011(3):87-95.

[3]胡纹，尚革.创造建筑学、规划学、园林学交融的城市公共空间——兼议重庆21世纪城市公共空间规划设计[J].规划师，1999(1):28-32.

[4]陈竹，叶珉.什么是真正的公共空间?——西方城市公共空间理论与空间公共性的判定[J].国际城市规划，2009(3):44-49.

[5]程大林，张京祥.城市更新:超越物质规划的行动与思考[J].城市规划，2004(2):70-73.

[6]朱跃华，姚亦锋，周章.巴塞罗那公共空间改造及对我国的启示[J].现代城市研究，2006(4):4-8.

[7]赵之枫，张玺，惠晓曦.公共空间的复兴——巴塞罗那城市扩展街区改造解读[J].建筑技艺，2013(1):226-231.

[8]刘嵩.城市的远见——巴塞罗那的经验[Z].台湾:公共电视，2001.

[9]许凯，Klaus Semsroth.“公共性”的没落到复兴——与欧洲城市公共空间对照下的中国城市公共空间[J].城市规划学刊，2013(3):61-69.

基于灯光数据的中国城镇体系空间形态演化分析

张 超
（河北工业大学）

摘 要：目前中国正由“规模扩张模式”城镇化向“结构整合模式”和“质量提升型模式”城镇化转变，未来我国城镇体系将经历剧烈调整，中国城镇体系结构及演化实证研究也将成为区域经济学领域研究热点。既有主要基于官方城市人口统计数据对中国及中国各区域城市规模－位序特征进行估计的城镇体系研究存在两大重要缺陷：①无法有效进行城市界定；②各城市人口统计数据可靠性存疑。为弥补这两点重要缺陷，本文采用DMSP/OLS灯光数据并引入考虑空间依赖性的空间计量模型对中国及若干城市群区域城市体系演化特征进行分析，结果显示在考察期内，中国城市体系分布并未呈现阶段性“扁平化”发展态势，而是一直呈现加速集中态势，小城市数量增长较快，大型城市作用显著，城市群中心移动与中国区域经济发展基本一致。

关键词：灯光数据；城镇体系演化；Zipf定律

1 引言

城市化是人类所经历的最为耀眼夺目的转型之一，是人类所面对的最为纷繁复杂的现象之一，也是几乎所有社会学科的中心议题之一。改革开放以来我国城市化取得巨大成就，2014年我国城市化率已达54.77%，城市化人口达7.3亿。从历史发展进程看，我国城市化在经历了从1996至2010年长达15年超高速增长后，于2010年迎来城市化率增量下滑的拐点，依权威预测，至2020年我国城市化率将达到60%。由此判断，自2010年开始，我国将结束城市化率年均增长1.5%以上的城市化“量”的快速扩张期，未来将转向城市化率年均增长不足1%的城市化“结构”的调整期和“质”的提升期（见图1）。2014年我国颁布的《国家新型城镇化规划》也突出了以人的城镇化为核心，推动以城市群为主体形态的城镇化发展，全面提高城镇化质量，加快转变城镇化发展方式的思路。在此背景下，我国城镇体系形态格局也将面临剧烈变动。对全国或区域城市体系问题的研究，关系到我国区域发展战略的制定与城市发展的整体规划，关系到我国城市经济结构的转变和城市社会结构的分异，更关系到我国社会经济的和谐、可持续发展。目前，关于城市体系的研究集中在等级结构（规模结构）、职能结构和空间结构三个方面[1]。本文在空间视角下，将中国城市体系中的城市等级结构（位序－规模分布）的定量分析问题作为研究重点。

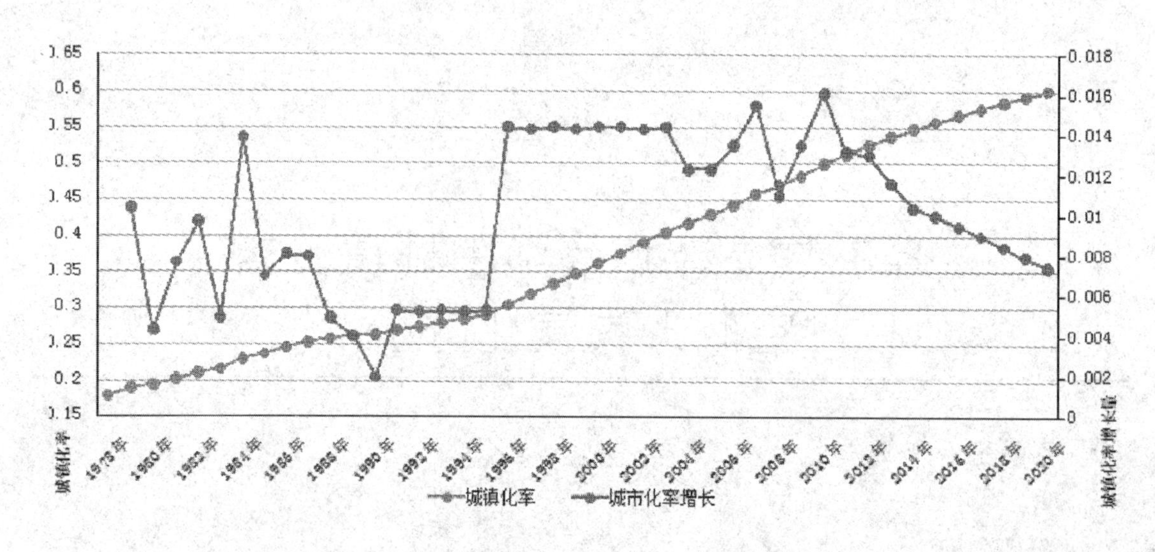

图1　我国城市化率及城市化率增量变动

2　中国城镇体系分布及演化研究进展

关于城市规模体系分布特征，国内外学者进行了海量研究，其中，Zipf 法则是城镇规模分布主要研究方法，城市规模的 Zipf 定律被认为是经济学或者社会学中最重要的经验定律[2]。自 Zipf 法则提出后，有关城镇体系等级格局特征的研究基本在不同的空间尺度下围绕估计和验证这一法则展开。改革开放以来，中国经历快速城市化阶段，城镇化发展迅速。相应的，中国城镇体系变动也相当剧烈，从而针对中国城镇体系演化特征的研究大量出现[3-4]。随着对中国城市规模体系研究的不断加深，有学者将研究区域逐渐集中到经济关联等较为密切的城市群区域，如辽宁中南部(王厚军等，2008)[5]、山东省(聂芹，2009)[6]、武汉城市圈(刘春等，2011)[7]、长江三角洲(尚正勇等，2009)[8]、哈大长区域(李赖志，2014)[9]等，研究方法也由传统的 OLS 回归转换为空间计量回归[10]。

在数据指标方面，城市非农业人口是衡量城市规模的主要指标，国内外大多数研究全都基于城市的非农业人口数据，城市中大量流动性较大的外来人口很难纳入统计，造成了用统计人口衡量城市规模的不准确性。随着研究的不断深化，有学者提出通过城市面积分布区域来研究一个国家或者不同国家 Zipf 法则的有效性，Schweitzer 等(1998)[11]、Rozenfeld 等(2008)[12]通过研究发现美国、英国等的城市用地规模分布符合 Zipf 法则的预期，中国学者也进行了这方面研究，谈明洪等(2003)[13]、闫永涛等(2009)[14]、吕薇等(2013)[15]利用中国城市建设用地研究中国城市位序 - 规模分布演化规律。城市建设用地内经济发展水平与人口规模分布并不均匀，中国新城建设的跃进式发展导致部分城市建设用地内人口、经济活动较少，单纯地使用城市建设用地作为指标难以准确地反映城市规模分布。

通过对既有研究梳理发现，在选取不同空间单元、国别或历史发展阶段条件下，相关研究所得到的城市体系规模位序结构不尽相同，同时对现实中城市体系是否符合 Zipf 法则也存在较大的争议。这些争议也进一步印证了 Leamer and Levinsohn(1995)有关“Zipf 法则的实证研究重心应在于估计而非验证”的观点，而 Krugman(1996)也将 Zipf 定律称为“城市体系研究中的一大谜团”。

然而已有的基于不同国家或地区城市人

口统计数据的城市体系实证研究存在三大缺陷。缺陷一:受研究方法所限,已有城市体系研究缺少空间维度。Zipf 法则主要探讨城市规模与其位序之间线性关系,侧重分析城市体系结构演化总体特征,缺乏对城市体系空间演化方向及内部空间分异的探讨。缺陷二:"行政城市"样本无法准确反映城市"相对密集"的特征。城市体系研究面临的首要问题是"城市"合理界定,区域经济学中的城市本质上是人口和经济活动相对密集的空间单元,因此应采用城市居民规模在一定阈值以上的集聚区作为城市样本估计城市体系分布才是有效的。然而现有研究所采用"行政城市"样本,实际上是默认了行政管理级别相对较高的地级市或县级市同时也是人口相对密集的"点",这与现实并不相符①。缺陷三:统计意义上城市边界与真实城市边界的差异性也使得城市人口统计数据无法真实反映城市人口规模。"行政城市"人口规模统计的基础是具有固定边界的空间单元,因此空间单元边界能否准确勾勒人口经济活动"集聚区"决定了人口数据是否有效。就我国而言,目前"行政城市"涵盖范围过大,在进行人口普查统计时,未能对内部城市、郊区等进行更进一步的划分;此外,城市人口统计数据的不真实还体现在我国"行政城市"边界的不断调整中②。以上三大关键缺陷大大降低了既有研究的可信度和政策含义,对把握特定区域城市体系规模分布及演化特征带来困难。鉴于以上原因,有学者提出了地理空间视角(geospatial perspective)这一概念,旨在打破原有基于行政区划统计数据的研究范式,进而转向基于微观组团或图斑单元城市特征数据的分析范式。

本文尝试利用 DMSP/OLS 夜间灯光影像数据确定城市样本,对中国城镇体系规模分布及空间演化特征进行分析。DMSP/OLS 夜间灯光影像数据即一种能够直接反应多维度城市化特征的图斑数据,夜间灯光面积及亮度等与城市化人口产业过程、土地住房过程、基础设施过程、环境过程及生活方式转变过程等均具有明显的相关关系。在我国,DMSP/OLS 夜间灯光总量与城市化水平、GDP 密度、人口分布等的相关性已经得到证明,其作为城镇体系、城市规模的度量具有可行性和可信度。在合理选定灯光亮度门槛值(*DN* 值)条件下,城市规模即可由城市区域高于 *DN* 门槛值的灯光亮度总量近似表征,同时也就确定了城市体系样本,从而有效消除了城市界定和城市人口数据误差问题。除了以夜间灯光数据界定下真实城市空间单元而非"行政城市"作为中国城镇体系结构分析的基本地理观测单元。

3 数据来源与研究方法

3.1 数据与指标选取

关于城市规模体系的争论主要集中在两个方面:一是关于城市的定义,城市定义的不同使城市规模体系的研究难以在不同国家之间进行比较。二是关于城市的人口,关于城市规模体系的研究主要基于城市人口数据与建设用地数据,城市范围是基于空间边界,但城市人口、建设用地数据由离散的空间区域统计所得,不具有空间属性。城市发展的分形特性以及区域不同梯度的人口密度与发展强度使得在研究中不能简单地将城市定义为具有特定边界的离散实体。因此在本文研究中,将城市定义为具有较高人类活动与经济发展强度的连续空间范围。

美国国防气象卫星计划(Defense Meteoro-

① 第六次人口普查城市人口数据显示 2010 年城市规模前 300 位城市中包含 27 个县,占总样本数 9%,而城市规模前 600 位城市中包含 150 个县,占总样本数 25%,这些人口集聚相对密集的"城市"主要分布在东部沿海轴线和长江沿线轴线上,但因为行政等级较低被排除在城市样本之外,从而给城市体系分析造成较大误差。

② 新中国成立以来,我国先后经历了"切块设市"、"整县改市"、"地市合并"以及"撤县(镇)设区"等不同模式的行政区划调整,这直接引发我国城市规模统计数据的相应调整,导致数据上我国城市化率大幅提升,而这种调整对真实城市体系规模变动并无太大贡献。

logical Satelite Program，DMSP）上搭载的 Operational Linescan System（OLS）传感器具有很强的弱光方法能力，不仅能够监测云还能探测城市灯光、火光、渔船灯光等电磁波，后逐渐被应用到探测城市的夜间灯光、火灾等。DMSP/OLS 稳定灯光强度数据产品包含了城市、乡镇和其他位置相对稳定的灯光，短暂的发光，例如火光等已经被去除，并且数据的背景噪声也被识别。稳定灯光数据的不同阈值可以在一定程度上代表区域的发展水平与人口分布状况，通过阈值法来定义区域的经济发展水平与人口密度，将高于阈值的区域导出连续空间区域，使一定发展强度与人口密度区域与背景区域形成鲜明对比，不同的阈值将导致不同发展水平与人口分布上的区域在空间上不同的分布状态。通过研究发现稳定灯光强度数据灯光面积与人口数据具有很强的相关性，在美国根据数据的处理方式不同，相关性系数 R2 在 0.63 至 0.93 之间分布[17]，Lo 等（2011）[18]与卓莉（2005）[19]利用灯光数据模拟了中国地区人口密度的空间分布状况，这使 DMSP/OLS 夜间稳定灯光数据成为城市规模体系 Zipf 法则研究的代替参数。国外有些学者已经开始利用稳定灯光数据研究城市体系，Decker 等[20]和 Small，Elvidge 等[21]在前人对城市发展的 Zipf 定律的基础上，利用稳定灯光数据变量采用阈值法提取灯光区域代替人口规模，对全球范围内城市发展的位序 - 规模体系进行研究，证明了稳定灯光数据在研究城市体系的有效性。在国内的有关研究中，稳定灯光数据应用到城市化、经济发展、电力能源消耗等各个方面，但没有开展利用灯光数据进行城市规模等级体系方面的研究。

DMSP/OLS 夜间灯光数据的获取方式简单，美国国家地理信息中心等网站均提供数据产品的免费下载。本文采用的数据为 NGDC 发布的第四版本的非辐射定标夜间平均灯光强度数据。该数据为经过前期处理的全球夜间灯光影像，灯光值范围被固定在 0 至 63 之间。为研究基于灯光数据的中国城市区域变化，需要对灯光数据进行校正。本文采用二次回归函数的方法对 1992 年、1998 年、2004 年、2009 年灯光数据进行相互校正[22]，校正后的数据提高了其在时间序列上的可比较性。

3.2 主要研究方法

3.2.1 Zipf 法则

在根据城市面积规模的 Zipf 法则研究中，基于 Zipf 法则的城市规模与位序之间有如下的关系体现：

$$\ln Mi = \ln C - q \ln Ri$$

式中 Mi 表示第 i 个城市的规模（本文由灯光区域面积来衡量），所有城市已根据城市规模从大到小进行排序，Ri 表示第 i 个城市的位序。q 值作为衡量研究区域城市体系的重要指标。回归系数 q 等于 l，则称该城市体系符合 Zipf 法则，由于城市发展的不确定性，现实中城市体系很难完全符合 Zipf 法则的预期。q 大于 1 则该城市体系的集中程度要高于 Zipf 法则的预期，即大型城市的相对规模较大，在城市体系中处于垄断地位；同理，如 q 小于 1，则该城市体系的集中程度要低于 Zipf 法则的预期。

3.2.2 非参数核密度估计

非参数概率密度估计相较于传统的参数估计具有显著优势，参数估计需对数据分布事先假定，这造成估计结果与实际情况具有差距。而非参数估计无须事先确定数据集的分布特性就可以得到概率密度分布的表达式。核密度估计是非参数估计的一种方式，其在频率分布直方图的基础上，通过平滑的方法，用连续的密度曲线代替直方图，用以描述随机变量的分布形态。对于存在的数据集 X，通常核密度分布可视为真实密度函数的良好近似估计。核函数是一种加权函数或者平滑函数，主要包括高斯核、Epanechnikov 核、三角核(Triangular)、四次核(Quartic)等四种类型,选择的依据主要是数据集的密集程度。

一般来说,可以依据密度函数的波峰的位置、高度、偏度等变化的特征来辨别数据集动态发展的变化特征。波峰位置左移表示差距变大,右移表示差距变小,波峰高度变高说明数据分布集中度变大,反之说明数据集中度降低。

3.2.3 加权标准差椭圆

Lefever 早在 1926 年就提出了利用标准差椭圆方法[11],该方法是由平均中心作为起点对 x 坐标和 y 坐标的标准差进行计算,从而定义椭圆的轴,因此该椭圆被称为标准差椭圆。正如通过在地图上绘制要素可以感受到要素的方向性一样,计算标准差椭圆则可使这种趋向变得更为明确。可以根据要素的位置点或受与要素关联的某个属性值影响的位置点来计算标准差椭圆。后者称为加权标准差椭圆。

标准差椭圆可以表现出离散数据集在空间上分布的重心、展布范围、密集性、方向和形态随时间变化的动态特征[10],其中单位标准差椭圆上分布的空间要素总量可以体现其在二维空间上展布的密集程度[12]。目前该方法已经被嵌入某些大型商业软件,如 ArcGIS10.1 中作为分散点集的分布特征分析方法,并且在污染扩散、人口分布、种群分布、犯罪分析等相关领域得到了广泛应用[12]。

在本文的研究中,我们将稳定灯光数据的灯光值当作辨别发展水平与人口分布区域的指标。Small, Elvidge 等[41]通过研究发现,稳定灯光数据的 *DN* 值小于 20 的区域多为农业区域与低密度的城郊地带,因此,本文在研究的基础上,选取 20、30、40、50 不同的阈值设定不同的城区发展水平与人口分布,利用不同的阈值对校正后的 1992 年、1998 年、2004 年、2009 年灯光数据提取连续区域,连续区域的定义需符合四联通性原则。本文利用 ARCGIS 平台从该数据产品中提取中国区域影像,并对影像重采样为 1 km×1 km,投影转换为 Lambert Conformal Conic(兰伯特等角圆锥投影)。

4 结果分析

4.1 基于 Zipf 法则的中国城镇规模体系总体特征分析

本文选取 1992—2009 年中国 DMSP/OLS 夜间灯光非饱和定标数据作为基础数据进行研究,该数据优点在于:首先,数据包含城镇等稳定光源而背景噪声为 0,从而为城市体系实证研究提供了优质数据源;其次,该数据有效消除了夜间灯光数据的灯光饱和效应,其可信度和可行性评估更为有效。此外,为消除云、火光等偶然噪声影响,掩膜提取中国 DMSP/OLS 夜间灯光并重采样为 1 km 空间分辨率。为研究需要,本文采用二次回归函数的方法对原始 DMSP/OLS 夜间灯光数据进行了相互校正,提高了其在时间序列上的可比性。

本文分别选取夜间灯光强度 $DN>30$ 和 $DN>40$ 作为城市"门槛值",以便使中国城镇体系规模更有区分度,即灯光强度 $DN>30$ 或 $DN>40$ 的区域被视为城市。同时选取 50 平方千米作为筛选城市区域的另一项标准,以便消除局部非人口密集区单体夜光"亮点"(如单体工业设施等)影响,最终得到中国城镇体系分布。

在以往关于城市规模体系演化的相关研究中,不管是采用规模下限(人口、建设用地面积不低于某一个值)的方法还是规模前若干名的城市的方法,理论上都只是利用 Zipf 法则研究城市位序-规模分布中城市分布的上部区域,中国小城镇、居民地等地区已经具有一定的人口密度和经济发展水平,且小城镇、居民地等地区的人口、建设用地面积数据在中国整体人口、建设用地面积中占有较大比重,因此忽略这部分人口将使 Zipf 法则验证结果的准确性和可靠性受到质疑。利用不同阈值所得的灯光面积进行中国城市规模分布Zipf法则的验证时，将所得到的所有符合四连通性原则的灯光面积数据作为对象纳入到中国城市体系中来，消除以往统计数据验证中没有将发展水平较高的小型城镇、乡村纳入计算范围所导致的误差。不同阈值提取中国灯光区域面积Zipf法则的验证结果如表1所示。

表1　1992—2009年中国城市土地规模分布Zipf指数变化（面积≥1 km^2）

DN 阈值	1992年	1998年	2004年	2009年
20	1.1612	1.1643	1.1915	1.2445
30	1.1636	1.1549	1.226	1.2567
40	1.224	1.2197	1.2739	1.2841
50	1.2327	1.2692	1.3235	1.3491
53	1.2581	1.2945	1.3501	1.4048

如图2、图3所示，采用不同阈值提取中国稳定灯光数据区域，随着时间的增长，灯光区域的数量不断增多，城市体系中上部区域面积不断增大。从图中可以看出，中国城市规模体系中位于上部的城市区域具有明显的线性关系，位于下部的城市区域数量较大，说明中国小城市的出现和发展正处于快速上升阶段，小城市的分布对整个城市体系曲线产生较大的影响。不同阈值的中国城市位序－规模曲线随着时间的推移，有着近似平移向前推进的特点，说明中国城市体系已经是一个较为成熟的城市体系，原有城市规模的扩展和新城市的逐渐出现是在一个较为成熟的体系中呈现的。中国幅员辽阔、城市发展历史悠久，城市的总体平行向前推进的特点为中国未来城市体系的模拟与研究提供了基础。

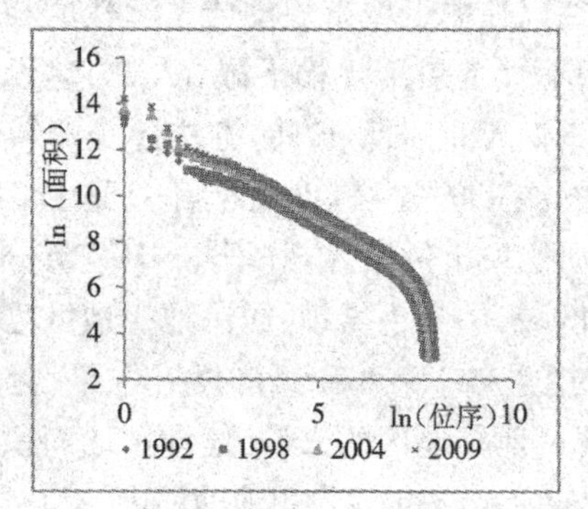

图2　阈值20时中国城市规模分布

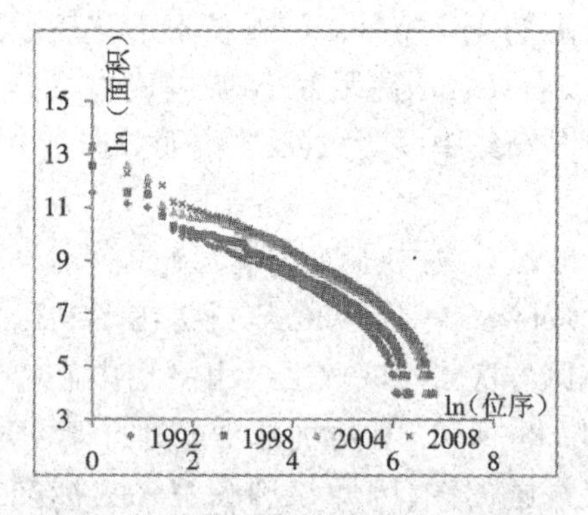

图3　阈值50时中国城市规模分布

研究发现，对中国范围内所有灯光面积的区域进行Zipf法则的验证，系数q大于1，系数在1.16到1.41之间波动。说明利用中国范围内所有灯光面积区域进行研究得到的中国城市体系集中程度要高于Zipf法则的预期，大型灯光区域的规模相对较大，中国城市规模分布集中趋势非常明显。

从1992年至2009年的发展势头来看，Zipf法则验证结果的q值逐渐变大，说明由于地区经济的快速发展导致灯光区域逐渐向外扩张以及原灯光区域灯光值的增大，导致面积较大的灯光区域逐渐扩张，以及大量面积较小、发展水平较高的灯光区域的大量出现，排序靠前的灯光区域在整个位序－规模体系中主导地位逐渐增强。在逐渐发展的过程中，中国灯光区域规模－位序分布系数始终大于1，说明所有中国灯光区域的位序－规模分布始终高于Zipf法则的预期，灯光区域的分布较为集中，位序较高的灯光区域快速发展，大型城市在整个位序－规模体系中的垄断地位不断加强，中国城市体系集中趋势越来越显著（图4）。

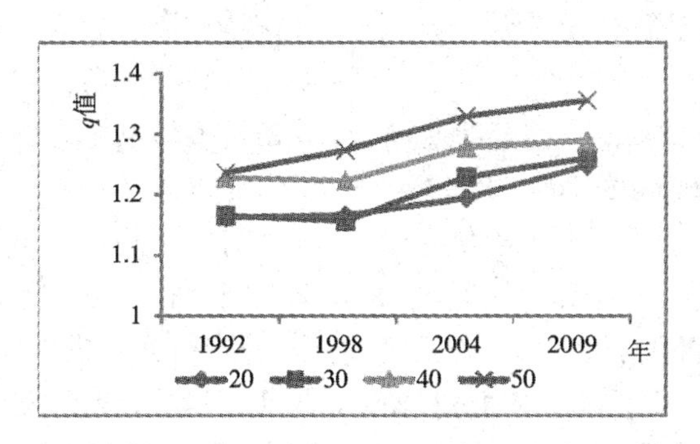

图4　1992—2009年中国城市规模分布Zipf指数变化

4.2　中国城镇规模体分布形态及演化特征

非参数的核密度估计方法可以用来进行城市规模分布的演化研究。图5表示了非参数核密度表示的1992—2009年间不同阈值灯光面积的规模分布，非参数核密度采用Epanechnikov核。从图中可知，阈值较低时（$DN=20$、30、40），随着时间的推移，峰值逐渐右移，灯光面积的平局值逐渐增大；峰值先升高后降低，所有灯光面积的集聚程度呈现相同的变化；左侧面积较小的区域密度值降低，右侧面积较大的区域密度值增大。阈值较高时（$DN=50$），左侧面积较小的区域与右侧面积较大的区域密度值变化不大，峰值逐渐降低，说明灯光区域中高值区域变化较小，区域经济发展使灯光值较高、灯光面积较小的区域不断

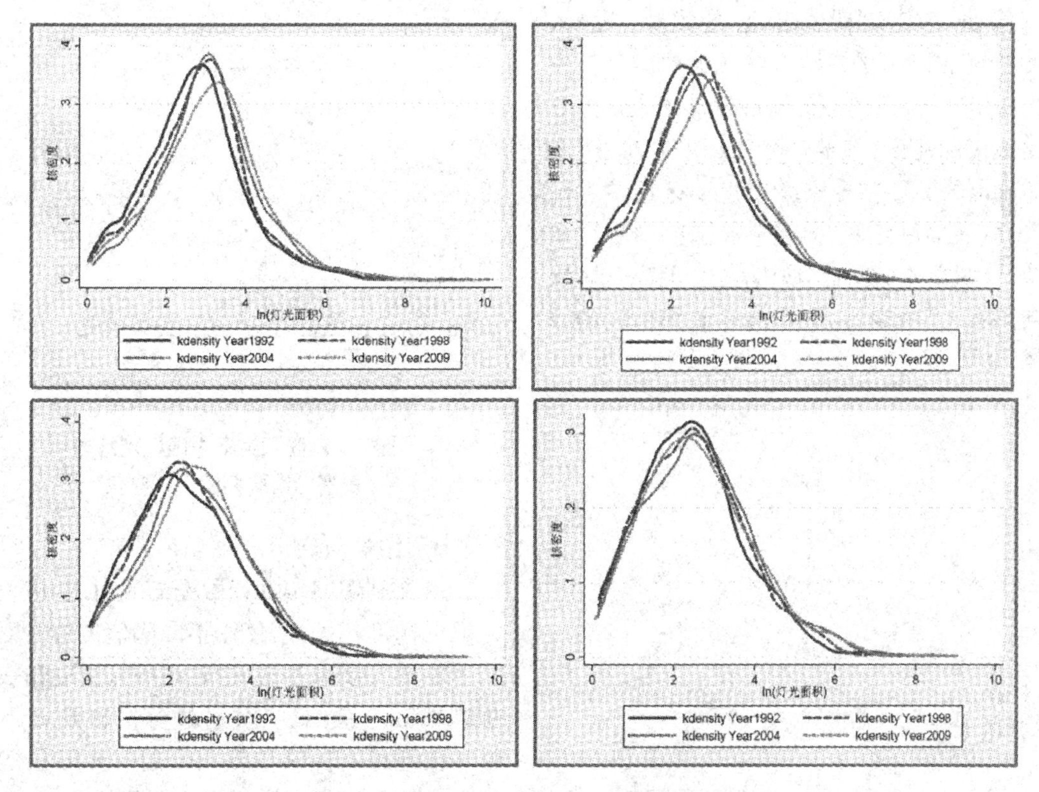

图5　不同阈值中城市规模分布核密度图

涌现,原有低值区域面积增大,使整个灯光区域的分布离散化。

4.3 中国城市规模体系的空间变动趋势

选取校正后的1992、1998、2004、2009年中国稳定夜间灯光数据,选取不同的阈值提取全国范围内的稳定灯光区域,计算灯光区域的面积。利用加权标准差椭圆的方法,以灯光区域的面积数据作为权重,从区域总体视角,研究中国城市规模体系的分布趋势以及演化特征。通过对图6分析中国城市体系中心的移动可知,中国城市规模体系的中心集中在河南省商丘市、周口市、信阳市以及安徽省阜阳市范围内。1992—1998年间,标准差椭圆的中心向西南方向移动,在此期间,重庆市的建立以及随之而来的国家对西部城市发展的极大关注,导致西南部城市的快速发展,西南部城市在中国城市规模体系中增长速度占优势;1998—2004年间,标准差椭圆的中心向东南方向移动,东南部沿海地区在改革与加入WTO组织带动下的东南沿海成为中国经济发展的高峰区,快速的经济发展带动了人口的集聚和城市的建设,稳定灯光面积增长迅速,东南部城市的发展在中国城市规模体系中占优势;2004—2009年间,标准差椭圆的中心往北移动,说明在此期间,南部沿海发展稳定,国家对京津冀、辽中南、山东半岛等北部地区的政策扶持与资金投入,中国长江以北地区经济发展进入高峰时期,中国北部城市的发展在中国城市规模体系中占优势,带动中国城市体系的中心北移。

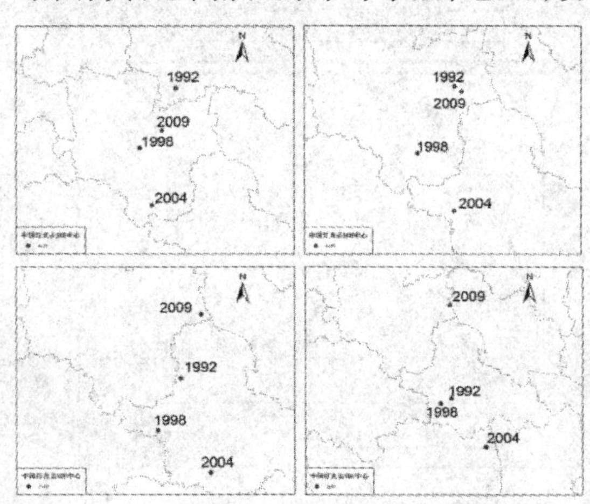

图6 不同阈值中国城市规模体系中心变化图

对比不同阈值下中国稳定灯光数据标准差椭圆面积变化(见图7)可知,阈值为20、30时,稳定灯光数据的面积呈现先升高后降低再升高的趋势,2009年相较于1998年集聚程度升高,阈值为40、50的高值区时,稳定灯光数据的面积呈现先降低再升高的趋势,说明在1992至1998年间,发展水平较高(灯光值较大)的城市区域分布趋于集中,发展水平较低的城市区域分布越来越分散;1998至2004年间,发展水平较高(灯光值较大)的城市区域与发展水平较低的城市区域分布越来越集中,城市区域呈集聚式发展的趋势;2004至2009年间,发展水平较高(灯光值较大)的城市区域与发展水平较低的城市区域分布越来越分散。

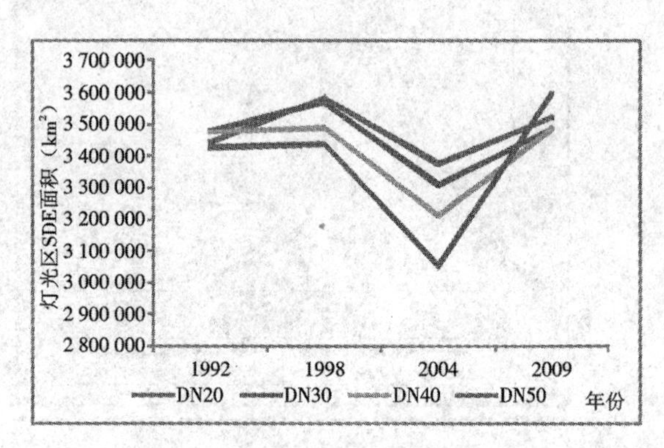

图7 不同阈值下中国稳定灯光数据标准差椭圆面积变化

5 结论与启示

本文利用稳定灯光数据与人口、经济发展之间的高度相关性,使用不同阈值的灯光面积表示不同发展水平的城市,利用灯光面积表征中国城市体系的变化,通过分析得到如下结论。①通过不同阈值提取出的灯光面积能够反映中国不同发展水平城市的规模分布,不同阈值的中国城市位序－规模曲线随着时间的推移,有着近似平移向前推进的特点。将面积较小且具有一定发展水平的城镇纳入城市体系中后,中国城市体系 Zipf 法则的系数大于1,中大型城市在城市体系中具有重要作用。②从中国城市体系的核密度曲线可以看出,中国城市发展以城市的扩散为主,低发展水平的城市区域不断涌现,使中国城市体系不断发展。③从中国城市体系的标准差椭圆变化可知,中国城市体系的中心从 1992 年开始,先向西南,后向东南,对中向北方移动,与中国近年来的城市与区域发展基本一致。中国较高发展水平的城市呈现先集聚后扩散的态势,低发展水平的城市不断涌现,使城市体系集聚程度不断提高。

参考文献

[1]王力. 论城市体系研究——回顾与展望[J]. 人文地理, 1991(1): 008.

[2] Auerbach F. Das gesetz der bevölkerungskonzentration[M]. 1913.

[3] 陈良文, 杨开忠, 吴姣. 中国城市体系演化的实证研究[J]. 江苏社会科学, 2007 (1): 81 –88.

[4]丁睿, 顾朝林, 庞海峰, 等. 2020 年中国城市等级规模结构预测[J]. 经济地理, 2008 (1).

[5] 苏飞, 张平宇. 辽中南城市群城市规模分布演变特征[J]. 地理科学, 2010, 30(3): 343 –349.

[6]聂芹. 山东省城市体系等级规模结构研究[J]. 城市发展研究, 2009 (7): 18 –22.

[7]刘春, 陈春梅, 刘苏衡. 武汉城市圈城市体系等级规模结构特征研究[J]. 科技信息, 2011 (10): 3 –4.

[8]尚正永, 张小林. 长江三角洲城市体系空间结构及其分形特征[J]. 经济地理, 2009, 29(6): 913 –917.

[9]李赖志, 曾媛苑, 赵维良. 哈大长区域城市体系分布实证研究[J]. 经济研究导刊, 2014 (1): 224 –226.

[10] 程开明, 庄燕杰. 城市体系位序 –规模特征的空间计量分析[J]. 地理科学, 2012, 32(8).

[11]Schweitzer F, Steinbrink J. Estimation of megacity growth: simple rules versus complex phenomena[J]. Applied Geography, 1998, 18 (1): 69 –81.

[12]Rozenfeld H D, Rybski D, Gabaix X, et al. The area and population of cities: New insights from a different perspective on cities[R]. National Bureau of Economic Research, 2009.

[13]谈明洪, 吕昌河. 以建成区面积表征的中国城市规模分布[J]. 地理学报, 2003, 58(2): 285 –293.

[14]闫永涛, 冯长春. 中国城市规模分布实证研究[J]. 城市问题, 2009(5): 15 –16.

[15]吕薇, 刁承泰. 中国城市规模分布演变特征研究[J]. 西南大学学报 (自然科学版) ISTIC, 2013, 35(6).

[16] Jiang B, Jia T. Zipf's law for all the natural cities in the United States: a geospatial perspective[J]. International Journal of Geographical Information Science, 2011, 25(8): 1269 –1281.

[17] Elvidge C D, Baugh K E, Kihn E A, et al. Relation between satellite observed visible-near infrared emissions, population, economic activity and electric power consumption[J]. International Journal of Remote Sensing, 1997, 18(6): 1373 –1379.

[18] Lo C P. Modeling the population of China using DMSP operational linescan system nighttime data[J]. Photogrammetric engineering and remote sensing, 2001, 67(9): 1037 –1047.

[19] 卓莉, 陈晋, 史培军, 等. 基于夜间灯光数据的中国人口密度模拟[J]. 地理学报, 2005, 60 (2): 266 –276.

[20] Decker E H, Kerkhoff A J, Moses M E. Global patterns of city size distributions and their fundamental drivers[J]. PLoS One, 2007, 2(9): e934.

[21] Christopher Small, Christopher D. Elvidge, Deborah Balk, Mark Montgomery. Spatial scaling of stable night lights[J]. Remote Sensing of Environment,2010.

[22]Elvidge, C. D., Ziskin, D., Baugh, K. E., Tuttle, B. T., Ghosh, T., Pack, D. W., & Zhizhin, M. (2009). A fifteen year record of global natural gas flaring derived from satellite data. Energies, 2(3): 595 –622.

基于稳健估计的反向累加灰色模型在沉降预测中的应用

王建营
（天津市测绘院）

摘　要:本文根据建筑物沉降监测系统的特点,结合稳健估计理论和灰色模型理论,提出了基于稳健估计理论的反向累加灰色模型。以实际工程为例,对高层建筑物实测沉降进行了预报分析,预报结果同常规的灰色预报模型相比较,表明该模型在具有较高精度的同时还具有较强的抵抗粗差的能力,在实际工程中得到了很好的应用。

关键词:沉降监测;反向累加灰色模型;稳健估计;变形预报

1　引言

为保证建筑物的安全,在施工期间及竣工之后需要定期地对建筑物进行沉降观测,获得监测数据,并对沉降变形数据进行处理预报分析,及时掌控建筑物变形情况。灰色模型能够在资料缺乏的贫信息情况下,从已知的信息中提取出有价值的信息,实现对系统运行规律的正确描述和有效控制。目前,灰色模型已在建筑物沉降监测预报方面获得了广泛应用[1-5]。常规灰色模型的建立都是基于正向累加生成数据序列,往期监测的数据所占比重大,在沉降监测预报中随着监测周期的增加难免有不足之处,采用反向累加序列的灰色模型 GOM(1,1)则能很好地克服这一问题[3]。但是当观测中含有粗差或异常观测值时,GOM(1,1)模型在利用最小二乘求解得到的灰参数有偏[6]。基于此,本文提出利用稳健估计的思想取代常规最小二乘解法,迭代求解灰参数,建立稳健估计的灰色 GOM(1,1)模型,确保了模型在粗差或异常观测值的影响下的预报分析准确性和精度[7-8]。

2　反向累加灰色模型

2.1　反向累加原理

设原始序列为 $x^{(0)}=\{x^{(0)}(1),x^{(0)}(2),x^{(0)}(3),\cdots,x^{(0)}(n)\}$,将该数列作一次反向累加生成得到新的数列:

$$x^{(1)}(t)=\sum_{i=t}^{n}x^{(0)}(i),(t=1,2,\cdots,n) \quad (1)$$

称 $x^{(1)}=\{x^{(1)}(1),x^{(1)}(2),x^{(1)}(3),\cdots,x^{(1)}(n)\}$ 为 $x^{(0)}$ 的一次反向累加序列。取:

$$\begin{cases}x^{(-1)}(t)=x^{(0)}(t)-x^{(0)}(t+1),t=1,2,\cdots,n-1\\x^{(-1)}(n)=x^{(0)}(n)\end{cases} \quad (2)$$

则 $x^{(-1)}=\{x^{(-1)},x^{(-1)}(2),\cdots,x^{(-1)}(n)\}$ 称为 $x^{(0)}$ 的一次反向累减生成序列。反向累加、累减生成是互逆运算，$x^{(0)}$ 的一次反向累加生成序列可通过一次反向累减还原得到原始序列。

2.2 模型的优化及求解

灰色模型的精度与背景值密切相关。常规灰色模型直接取两点之间的1/2，不可避免地产生以直代曲的误差，以两点区间之间的曲线与坐标轴围成的面积作为背景值，更能够准确地反映出背景值的真实情况，即取齐次指数曲线在两点间的积分值。GOM(1,1)模型优化背景值为[5]：

$$z^{(1)}(t)=\frac{x^{(1)}(t)-x^{(1)}(t-1)}{\ln x^{(1)}(t)-\ln x^{(1)}(t-1)},t=2,3,\cdots,n \tag{3}$$

以 $x^{(1)}$ 灰色模块构成微分方程

$$\frac{\mathrm{d}x^{(1)}}{\mathrm{d}t}+\oplus a x^{(1)}=\otimes u \tag{4}$$

式中 $\oplus a$ 和 $\otimes u$ 是灰参数，其白化值为 $A=[a\quad u]^T$。以最小二乘求解得：

$$\hat{A}=(B^TB)^{-1}B^TY_n=\begin{bmatrix}\hat{a}\\ \hat{u}\end{bmatrix} \tag{5}$$

其中

$$B=\begin{pmatrix} -\frac{x^{(1)}(2)-x^{(1)}(1)}{\ln x^{(1)}(2)-\ln x^{(1)}(1)} & 1\\ --\frac{x^{(1)}(3)-x^{(1)}(2)}{\ln x^{(1)}(3)-\ln x^{(1)}(2)} & 1\\ \vdots & \vdots\\ --\frac{x^{(1)}(n)-x^{(1)}(n01)}{\ln x^{(1)}(n)-\ln x^{(1)}(n-1)} & 1\end{pmatrix},Y=\begin{pmatrix}-x^{(0)}(1)\\ -x^{(0)}(2)\\ \vdots\\ -x^{(0)}(n-1)\end{pmatrix}$$

则方程(4)的时间响应序列为：

$$\hat{x}^{(1)}(t+1)=\left(x^{(1)}(1)-\frac{u}{a}\right)e^{-at}+\frac{u}{a},t=0,1,\cdots,n-1 \tag{6}$$

模拟值为：

$$\hat{x}^{(0)}(t)=(e^a-1)\left(x^{(1)}(1)-\frac{u}{a}\right)e^{-at},t=1,2,\cdots,n \tag{7}$$

3 稳健估计理论

稳健估计的思想是在样本存在粗差情况下，在充分利用样本中有效信息、限制可用信息、排除有害信息的原则下，选择适当的估计方法，尽量削弱粗差对参数估计值的影响，从而得到参数的最佳估值。稳健估计的原则是要充分利用观测数据(或样本)中的有效信息，限制利用可用信息，排除有害信息。稳健估计的方法主要有三大类：M 估计、R 估计和 L 估计方法[8]。其中应用最广的是 M 估计理论(极大似然估计)，即利用增长较缓慢的极小化残差函数代替平方和函数，以达到抵抗粗差或异常观测值的目的，M 估计理论常用的方法是选权迭代法。

3.1 M 估计选权迭代数学模型

设有间接平差模型

$$V=A\hat{X}-L \tag{8}$$

权为 P，或误差方程

$$v_j=a_j\hat{X}-I_j \tag{9}$$

其中，P_j 为观测值权阵；a_j 为 A 的第 i 行

向量。根据 M 估计原则，$\sum_{j=1}^{n} P_j\phi(v_i)=0$，即

$$\frac{\partial \sum_{j=1}^{n} P_j\varphi(v_j)}{\partial \hat{X}} = \sum_{j=1}^{n} P_j\varphi(v_j)\frac{\partial v_j}{\partial \hat{X}} = \sum_{j=1}^{n} P_j\varphi(v_j)a_j = 0 \tag{10}$$

或 $\sum_{j=1}^{n} a_j^T P_j \frac{\varphi(v_j)}{v_j} v_j = 0$，令 $\omega_j = \frac{\varphi(v_j)}{v_j}$，称为权因子，$\bar{p}_j = p_j\omega_j$ 为等价权函数，则将式(10)写成矩阵形式

$$A^T\bar{P}V=0 \tag{11}$$

式中，$\bar{P}$ 为等价权矩阵，当观测值不独立时可采用相关等价权。顾及式(9)有

$$A^T\bar{P}A\hat{X}-A^TPL=0 \tag{12}$$

由此解得参数的 M 估值为

$$\hat{X}=(A^T\bar{P}A)^{-1}A^TPI \tag{13}$$

解法与最小二乘解法一致，称为稳健最小二乘法或抗差最小二乘。

3.2 权函数的确定

常规的 M 估计中权函数的选择主要有 HUBER 法、丹麦法、IGG 法等[6]。近年来，国内外很多学者已经对三种选权迭代法的定权方法做了验证，结果表明 IGG 法的定权方法比其他两种定权方法更加合理，其抵抗粗差的效果相对较好[6]。IGG 法提出的抗差权函数构造方法为：

$$p(v)=\begin{cases} 1 & |v|<1.5\sigma \\ \frac{1}{|v|+k} & 1.5\sigma\leqslant|v|<2.5\sigma \\ 0 & |v|\geqslant 2.5\sigma \end{cases} \tag{14}$$

3.3 稳健 GOM(1,1)模型的建立

①对已获得的监测数据序列 $x^0(t)(t=1,2,\cdots,n)$，进行反向累加。

②首先定义权阵为单位矩阵，求出灰参数 $\hat{a},\hat{u}$ 的初值；计算出监测序列的拟合值和残差。

③由 $V^{(1)}$ 确定各观测权函数 $p_i(v_i)$，通过迭代计算直至前后两次解的差值符合要求为止。

④生成灰色 GOM(1,1)模型，对工程沉降进行预报。

4 工程实例分析

本文以某高层建筑物实测沉降监测数据为例，分别以优化背景值后的常规灰色模型和反向累加灰色模型对第 10 号监测点进行预报分析。表 1 为某高层建筑物中 10 号监测点 2013 年采集的沉降数据，首先以其前 10 期监测数据分别建立 GOM(1,1)和 GM(1,1)，并对后 5 期数据进行预报，其预报残差数列见表 1。

表 1　未加入残差时两种模型的预测精度比较(单位 m)

期数	实测数据	GOM(1,1)	残差	GM(1,1)	残差
11	*02.349 09	*02.349 43	-0.000 34	*02.349 48	-0.000 39
12	*02.349 60	*02.349 36	-0.000 24	*02.349 43	0.000 17
13	*02.348 80	*02.349 28	-0.000 48	*02.349 38	-0.000 58
14	*02.348 53	*02.349 20	-0.000 67	*02.349 32	-0.000 79
15	*02.348 00	*02.349 12	-0.001 12	*02.349 27	-0.001 27
16	*02.347 39	*02.349 04	-0.001 65	*02.349 21	-0.001 82

GM(1,1)模型后验残差比0.45,小误差概率0.8,检验程度为合格;GOM(1,1)模型后验残差比0.42,小误差概率0.84,检验程度合格;由表1预测数据及残差的大小对比可知GOM(1,1)预测精度比常规GM(1,1)模型预测精度要高。

现将第5期数据加以0.5 mm的粗差,第9期数据加以0.5 mm的粗差,分别采用反向累加GOM(1,1)模型建模方法和稳健GOM(1,1)灰色模型建模,对未来的六期观测进行预报,结果如表2所示。

表2 加入粗差后的两种模型的预测精度比较(单位 m)

期数	实测数据	GOM(1,1)	残差	稳健模型	残差
11	*02.349 09	*02.349 74	-0.000 65	*02.349 50	-0.000 41
12	*02.349 60	*02.349 70	-0.000 10	*02.349 45	0.000 15
13	*02.348 80	*02.349 65	-0.000 85	*02.349 41	-0.000 61
14	*02.348 53	*02.349 61	-0.001 08	*02.349 36	-0.000 83
15	*02.348 00	*02.349 56	-0.001 56	*02.349 31	-0.001 31
16	*02.347 39	*02.349 52	-0.002 13	*02.349 26	-0.001 87

由表2可以明显看出,传统的灰色GOM(1,1)模型没有抵抗粗差的能力,使用*M*估计建立的稳健灰色模型明显起到了抵抗粗差和异常观测值的作用,GOM(1,1)建模受异常观测值的影响很小,对未来六期的沉降预测精度较高。

5 结论

本文首先介绍了反向累加灰色模型思想和建模流程,并优化了模型的背景值,针对观测数据中含有异常观测值或粗差问题,提出了基于以极大似然估计代替常规最小二乘方法求解灰参数建立灰色模型的方法,最后结合实际工程验证了该模型的适用性,并得到了几点有益结论:

①对于沉降监测系统而言,新获得的监测数据更能反映沉降趋势的变化,采用反向累加能够让新的监测数据在灰色系统中所占的权重大大增加,对于未来沉降变化预测更加准确。

②利用稳健估计理论代替最小二乘原则求解灰色模型中的参数,建立的稳健GOM(1,1)模型,能够有效抵抗粗差及异常观测值,更准确地对建筑物沉降监测进行预报分析。

③多种方法相融合的方法能够更加准确地掌握分析沉降变化,在实际工程中可以尝试应用。

参考文献

[1]黄声享,尹晖,蒋征.变形监测数据处理[M].武汉:武汉大学出版社,2010.

[2]张勤,张菊清,岳东杰.近代测量数据处理与应用[M].北京:测绘出版社,2011.

[3]徐进军,王海成,白中洁.反向累加灰色模型的建立及其在沉降预测中的应用[J].测绘信息工程,2012(2):1-3.

[4]罗党,刘思峰,党耀国.灰色模型GM(1,1)优化[J].中国工程科学,2003(8):50-53

[5]陈启华,文鸿雁,王文杰,等.基于抗差估计的灰色模型与时间序列组合模型及其在变形监测中的应用[J].工程勘察,2012(8):51-54.

[6]陈西强,黄张裕.抗差估计的选权迭代法分析比较[J].测绘工程,2010,19(4):8-11.

[7]佘娣,谢劭峰.稳健动态GM(1,1)模型及其在变形预报中的应用[J].工程勘察,2010(9):51-53.

[8]焦建新,袁博,杨永兴.基于稳健GM(1,1)模型的基坑变形监测数据处理方法[J].勘察科学技术,2007(4):11-13.

基于 Spatialite 的空间数据组织管理与应用开发

关昆
（天津市测绘院）

摘　要:在目前的地理信息系统中,轻量级空间数据库 Spatialite 在移动端 GIS 应用等领域中正发挥着越来越大的作用。本文分析了 Spatialite 空间数据库的数据组织与存储机制,阐述了数据库开发的方法和技术路线,并且在.Net 环境下进行了空间数据库管理系统的可视化应用开发实践。

关键词:Spatialite;空间扩展 SQL;数据库系统;可视化;地理信息工程

1　引言

SQLite 是一种基于文件的轻型数据库产品,主要用于嵌入式应用领域。Spatialite 是轻量级数据库 SQLite 具有空间数据支持扩展的产品,可以按照 OGC 标准存取空间数据。它在目前的很多移动端地理信息工程项目中取得了广泛的应用,成为近年来 GIS 领域的研究热点之一。相比于 Oracle Spatial、Sql Server Spatial 等企业级数据库产品以及 MySQL Spatial、PostGIS 等开源的空间数据库系统,它在可移植性、轻量级、数据处理速度等方面具有强大的优势,在普通 WebGIS 以及桌面应用中也具有广泛的市场前景。

除此之外,Spatialite 能够与很多程序语言相结合,比如 C#、PHP、Java 等,并具有 ODBC 开发接口。基于上述使用优势,本文开发了基于 Spatialite 的数据库管理与应用系统,通过对数据库 API 的调用,实现了矢量数据的入库、输出、编辑、管理等功能,为轻量级 GIS 应用提供了良好的解决方案。

2　Spatialite 空间数据库存储模型

2.1　Spatialite 空间存储机制

Spatialite 是一种基于文件的嵌入式数据库,它的存储方式只是一个文件,无须配置和安装,因此,它在运行速度和迁移性方面有着巨大的使用优势。它占用的资源非常低,因此被广泛应用在平板电脑、手机客户端等轻量级 GIS 应用中。

和多数空间数据库产品一样,对于空间坐标信息的存储,Spatialite 同样采用专门的表示地理坐标信息的空间字段 Geometry 来实现,它支持两种类型的存储:采用平面直角坐标系的 Geometry 数据类型和采用地理坐标系的 Geography 数据类型。前者以平面坐标(x,y)表示,后者以经纬度表示。

根据空间实体的不同,Spatialite 支持若干空间数据类型:点(Point)、线(LineString)、面(Polygon)、点集合(MultiPoint)、线集合(MultiLineString)、面集合(MultiPolygon)等,这几种不同类型的空间实体记录构成了复杂的空间信息数据。每一条空间记录根据空间引用标识(SRID)对应其基于特定椭圆体的空间引用系统,来确定其空间映射性质。每张 Spatialite 的空间表信息可以包含不同的空间数据类型、不同的 SRID 对象的空间记录。

Spatialite 采用元数据机制来更加高效地检索和管理地理空间数据。它的元数据表存储了空间数据的数据表名、空间字段名、空间实体的几何类型、坐标维数以及坐标参考信息等。Spatialite 空间元数据由 geometry _ column 和 spatial _ ref _ sys 两组表来实现。

2.2 Spatialite 的空间索引

空间索引是支持空间扩展的数据库系统的关键技术,是快速高效地查询、检索和显示地理空间数据的重要指标。其中比较常见的空间索引为网格空间索引、四叉树空间索引和 R 树(R-Tree)索引。目前主流的数据库产品多采用上述三类空间索引。

Spatialite 通常采用 R-Tree 空间索引机制来提高空间检索和数据分析的速度,用户可以为不同的空间数据类型建立索引。建立索引时,R-Tree 的每个节点包含一个矩形区域的索引码,该矩形区域由对应节点的所有子节点的最小包含矩形嵌套组成,因此,将要查询的几何图形用最小边界矩形来表示,便可以确定集合图形的空间范围。建立 R-Tree 索引可采用 SQL 扩展函数实现:

CreateSpatialIndex (TableName, ColumnName);

2.3 Spatialite 的空间扩展 SQL

Spatialite 提供了一系列内置的空间扩展 SQL 函数来对空间数据进行操作。

1)数据查询

Spatialite 的 Geometry 字段默认以二进制的方式存储,它包含两种表述空间对象的标准方式:一个是 WKT(the Well-Known Text)形式,另一个是 WKB(the Well-Known Binary)形式,这两种方式是 OGC 制定的空间数据的组织规范,WKB 以二进制形式描述,WKT 以文本形式描述,这两种形式都包括对象的类型信息和形成对象的坐标信息。

在 Spatialite 数据库中,可按照 WKT 格式展示空间数据:

Select AsText (GeometryColumn _ Name) from TableName;

返回结果为对象的坐标信息,包括 POINT、LINESTRING、POLYGON 类型的坐标值。

2)数据编辑

Spatialite 同样采用符合 OGC 标准的基本 SQL 函数来对空间信息进行插入与编辑。

可通过 GeomFromWKB 将 WKB 格式的空间数据转换为可插入 Geometry 字段的信息;通过 GeomFromText 将文本格式的空间数据转换为可插入 Geometry 字段的信息,插入到数据库中。如下语句在表 TableName 中插入一条点记录,坐标为(118.2532,39.4783),SRID 为 4326,即在 WGS84 坐标系下插入一个点记录。

Insert into TableName(ID,Geometry) values (1, GeomFromText ('POINT(118.2532, 39.4783,4326)');

对于空间记录更新,同样采用 GeomFromText 方法,不同的是将 SQL 语句 Insert 改为 Update。

3)空间分析

Spatialite 提供了常用的空间分析和计算方法,包括计算空间对象之间的距离、缓冲区计算、求两个对象之间的交点、计算长度、计算面积等等。方法包括 Intersection、Distance、Area、Length 等。可以将空间分析计算方法与标注 SQL 函数统一使用,可以提高空间数据库的运算效率。

3　Spatialite 空间数据库开发

3.1　数据库开发路线

系统在.Net 环境下基于 WPF 框架实现，WPF 是微软基于.Net 的新一代用户界面框架，它提供了统一的编程模型、语言和框架，实现了分离界面设计人员与开发人员的工作。WPF 本质属于桌面应用程序，可以方便地访问和开发局域网内的空间数据库。系统应用 ESRI WPF API 实现基础底图的加载以及空间坐标查询结果的可视化加载，实现在系统中查看 Spatialite 空间表记录信息的位置的目的。

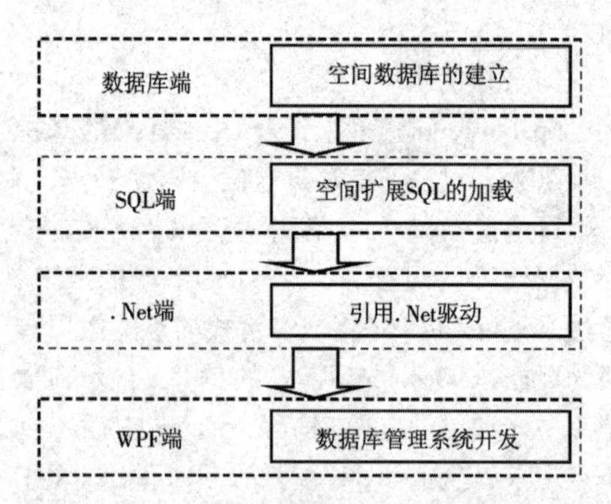

图1　Spatialite 空间数据库管理系统开发路线

本文通过引用针对 SQLite 及其空间扩展的.Net Framework 支持驱动，整合在统一的平台下，所引用的动态库包括：

①Spatialite：System. Data. SQLite. dll

②libspatialite－4. dll

对于 SQLite 通用的 SQL 语句开发功能，利用 System. Data. SQLite 库来完成；而对于 Spatialite 空间扩展 SQL 函数，需要利用 libspatialite 库来完成。

3.2　数据库应用系统开发

基于.Net 的 Spatialite 空间数据库应用与管理系统实现了针对空间数据库的矢量数据入库、存储管理、数据浏览、编辑、输出功能，具备常用的地理信息工程所需要的数据库功能。通过对不同的矢量数据格式的读取，具备了多种矢量数据来源的数据库入库功能。其体系结构如图2所示。

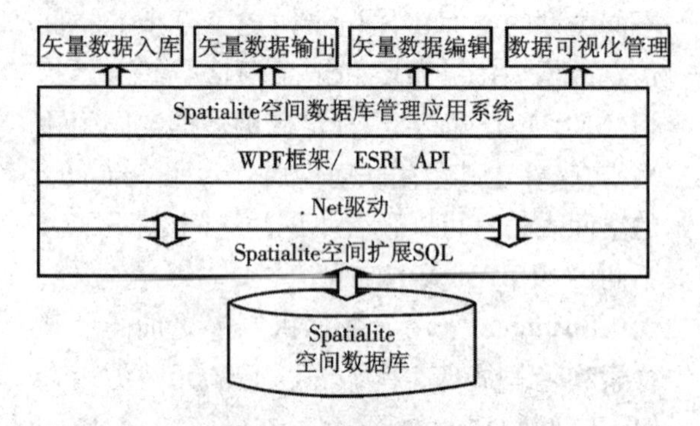

图2　数据库管理应用系统体系结构

Spatialite 空间数据库管理应用系统如图3所示。

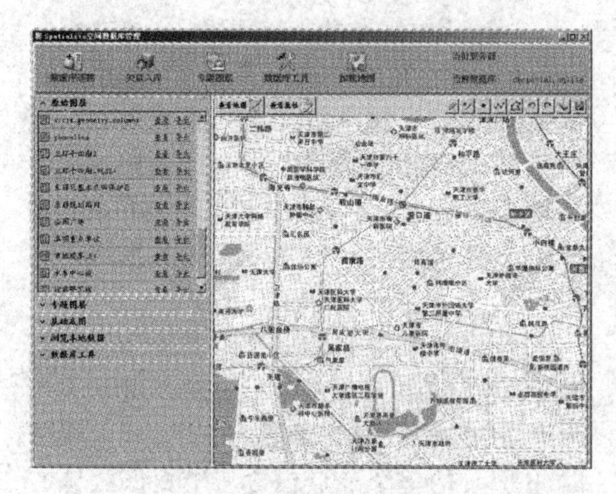

图3　Spatialite 空间数据库管理系统

3.3　数据库存储与输出

系统的矢量数据入库功能为各类矢量数据提供了向空间数据库的入库途径，利用 Spatialite 空间扩展 SQL 结合.Net API 来完成，通过对不同格式的数据进行读取和分析的，调用 SQlite SQL 语句完成数据的插入、编辑等操作，流程如图4所示。

矢量数据输出功能能够实现空间数据库中的表导出为所需要的矢量数据文件，应用.Net API，结合 SQlite SQL 语句查询所要输出的记录，再通过地理数据的创建、写入方法来完成数据输出流程。对于 SHP 格式的文件写入，通过 SharpMap 类库来实现；对于 DWG 格

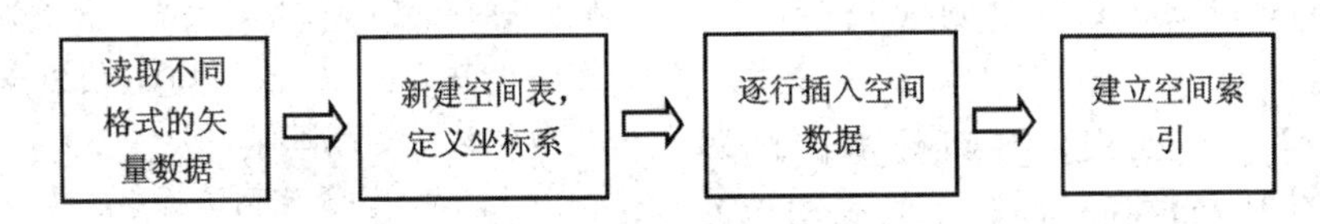

图4 矢量数据入库流程

式的文件写入，通过 DWGDirect 类库来实现；对于 DXF 和 KML 等文本格式的文件写入，直接通过. Net 类 System. IO 来实现。流程如图 5 所示。

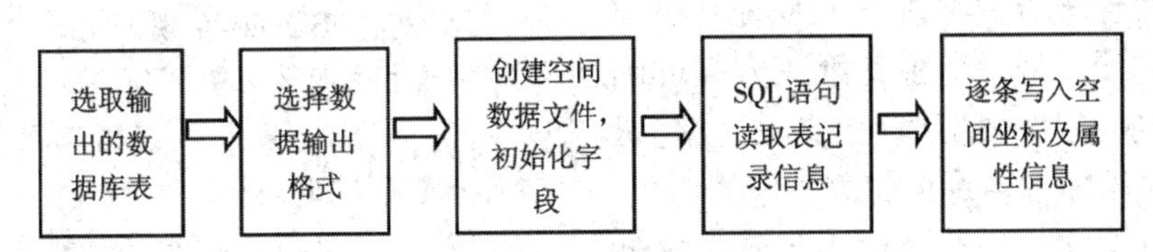

图5 矢量数据输出流程

3.4 数据可视化管理

平台对于矢量数据的浏览显示、编辑等操作，需要有基础地图的支撑。本文采用 REST 地图服务作为矢量数据管理的基础底图，基于 ESRI API 的自适应性，REST 地图来源可以有多种，无论是动态地图还是瓦片式地图，都可以加载到平台来使用。本文采用自定义的切片地图 REST 服务作为基础底图的使用。读取空间数据的坐标信息如下：

```
SQLiteConnection cnn = new SQLiteConnection(dbConnection);
cnn.Open();
string sql = string.Format("select AsText(Geom) as geom, ID from {0}", tableName);
SQLiteCommand mycommand = new SQLiteCommand(cnn);
mycommand.CommandText = sql;
SQLiteDataReader reader = mycommand.ExecuteReader();
DataTable dt = new DataTable();
dt.Load(reader);
```

对于空间坐标的读取结果，系统同样采用 ESRI WPF API 的 Graphic 类来实现，通过构建并指定 Graphic 的 Geometry 对象，将符号绘制在 GraphicsLayer 图层，实现所读取的点、线、面坐标的显示。

3.5 数据编辑

数据的编辑与管理模块包括几个部分：数据读取(Select)操作、数据更新(Update)操作、数据新增(Insert)操作。应用 SQLite 通用 SQL 语句，结合 Spatialite 空间扩展 SQL 函数，实现对空间数据的读取以及增删改操作。

在 WPF 环境下基于. Net 框架，采用 C#语言进行数据库开发示例如下所示。

①数据更新(Update)操作：

```
string sql = string.Format("Update {0} Set geom = GeomFromText('{1}',4326) Where id = {2}", tableName, thisGeometryString, thisID);
mycommand.CommandText = sql;
mycommand.ExecuteNonQuery(sql);
```

②数据新增(Insert)操作：

```
StringBuilder builder = new StringBuilder();
builder.AppendFormat("INSERT INTO {0} values(GeomFromText('{1}', 4326), NULL", tableName, feature.Geometry.AsText());
mycommand.CommandText = builder.ToString();
```

```
mycommand. ExecuteNonQuery( );
```

4 结语

本文介绍了 Spatialite 空间数据库的特性，阐述了它的空间存储机制、空间索引以及空间扩展 SQL 函数方法，并结合 SQLite 通用 SQL 开发以及 Spatialite 空间扩展 SQL 函数，引用相应的动态库，开发了轻量级 Spatialite 空间数据库的管理应用系统。该系统基于微软 WPF 框架设计，是一个脱离第三方插件的独立应用，能够在移动端地理信息系统、轻量级地理信息应用项目中发挥简单实用的功能。随着地理信息在多个行业载体中得到越来越多的推广应用，本文为轻量级的应用领域提供了一个良好的解决方案。

参考文献

[1]孙荣辉. 基于 Oracle +Spatial 的空间数据一体化存储研究[D]. 首都师范大学,2006.

[2]庄云鹏. 基于 SQLITE 的组态软件研究与设计[D]. 厦门大学,2008.

[3]朱冰. 多源空间数据集成技术及应用[J]. 测绘与空间地理信息,2011(6).

[4]李玲,王庆,王慧青. 基于 Spatialite 轻量级空间数据库的 GIS 数据管理[J]. 地理信息世界,2010(4).

[5]胡伟. SQLite 在嵌入式系统上的实现研究[J]. 计算机与数字工程,2009(2).

[6]蒋许锋,王少一,王刚. SQL Server Spatial 应用开发研究[J]. 测绘与空间地理信息,2012(4).

[7]张会霞. 基于 SQL Server Spatial 的空间数据的组织与查询[J]. 测绘与空间地理信息,2012(3).

磁梯度技术在深埋并行金属管线探测中的应用

孙士辉　朱能发　李育强

（天津市勘察院）

摘　要：深埋金属管线是管线探测的难题，而区分并行金属管线与单一金属管线则更是难上加难，本文利用地球磁场对金属管道产生磁化作用的原理，深入研究了等径与不等径并行金属管道的磁梯度场，就其梯度场的形态特征、影响梯度场的因素进行探讨；通过计算机正演模拟了不同管径、不同磁方位角并行金属管道梯度场的形态，以及金属管两侧磁梯度曲线异常，最终达到快速识别并行管线与单一金属管线、精确判断管线位置的目的。

关键词：磁梯度技术；深埋并行金属管线

1　引言

随着探测技术的不断发展及新方法、新仪器的应用，广大管线探测人员已经能够较好地完成浅埋管线探测任务，能够解决复杂场地环境下的管线探测问题，但对两端封闭的深埋管线仍束手无策。所谓深埋管线主要是由于条件限制不得不穿越诸如铁路、河流、湖泊、公路、房屋建筑等不可逾越的障碍物而采用拉管或顶管施工工艺形成的。此类管线的突出特点是埋深大，一般从 5 米到二十几米甚至更深，此时常规的管线探测方法无法获得其具体位置及深度。王水强（2005 年）等介绍了利用磁梯度探测非开挖金属管线的方法，詹斌（2012 年）等详细讨论了深埋金属管线的磁梯度探测方法，均取得了较好的效果。为此笔者深入研究、全面模拟与分析磁梯度探测方法，尤其是利用此方法充分考虑地磁要素对深埋并行管线进行精准探测，并且对有效指导钻孔布设方面做了探讨。

2　理论基础

地球周围存在着地磁场，在地磁场的作用下所有磁性体均被磁化产生自己的磁场，它们叠加在正常地磁场上，使地磁场正常分布规律发生变化，这种变化的磁场称为磁异常。本文所要研究的深埋金属管线属于强铁磁性物质，将金属管线视为水平金属管道，受大地磁场的磁化作用，在其周围区域分布有较强的磁异常，因此，可以通过观测其磁异常的变化，尤其是垂直分量 Za 的梯度值的分布来判定异常体的平面位置及埋深。将区域内的水平金属管道等效为无限长水平圆柱体，规定 Za 向下为正，I 为磁倾角（本文取 30°），A 为磁方位角。

3　并行等径水平圆柱体磁梯度场理论模拟

图 1、图 2 分别为不同走向的等径并行水

平圆柱金属管道空间梯度等值线图，其外部形态大体上与单根金属管道的磁梯度空间等值线图类似，内部（靠近圆柱体部分）形态要比金属管线复杂，从上到下、自左至右正负梯度曲线相互穿插，且从中心至上下两方向梯度异常曲线玫瑰图由多瓣汇聚为一瓣。当并行水平圆柱体南北走向时（磁方位角 $A=90°$，磁倾角 $I=30°$），其磁梯度异常表现为东西两侧磁梯度异常场呈轴对称分布，异常以垂直管线轴线的断面呈现正异常、负异常相间分布，同样当并行水平圆柱体呈东西走向时（磁方位角 $=0°$，磁倾角 $I=30°$），其南北两侧磁异常场呈非对称分布，其空间等值断面图沿轴线发生逆时针偏转，内部异常形态发生一定程度的扭曲；当并行金属管道其他走向时，其磁梯度异常场空间分布介于两者之间。

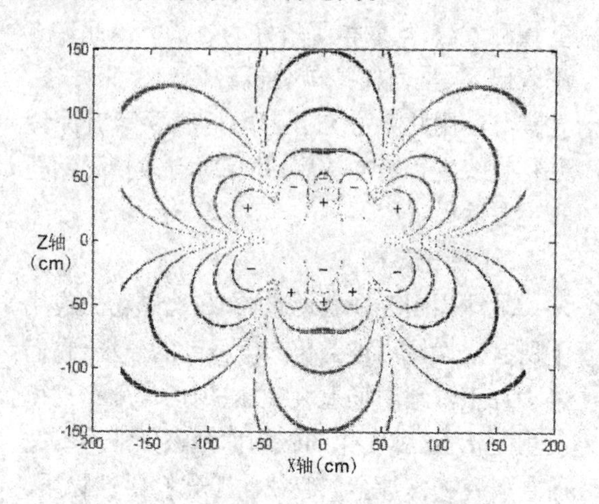

图1　并行金属管道 Za 梯度场空间等值线图
$A=90°, I=30°$

为了便于比较并行金属管道不同位置剖面特征及其与单根金属管道在相同位置处产生的梯度值大小，设两水平金属管道相距 50 cm，坐标分别为（$X=25$ cm，$Z=0$ cm，；$X=-25$ cm，$Z=0$ cm，）。分别取 $X=0$ cm（两管道中心）、$X=\pm50$ cm 处磁梯度剖面；同时取单一水平金属管道磁梯度剖面（$X=50$ cm）。

将图3、图4、图5作比较不难看出，两圆柱体距离中心位置处剖面（$X=0$ cm）的梯度

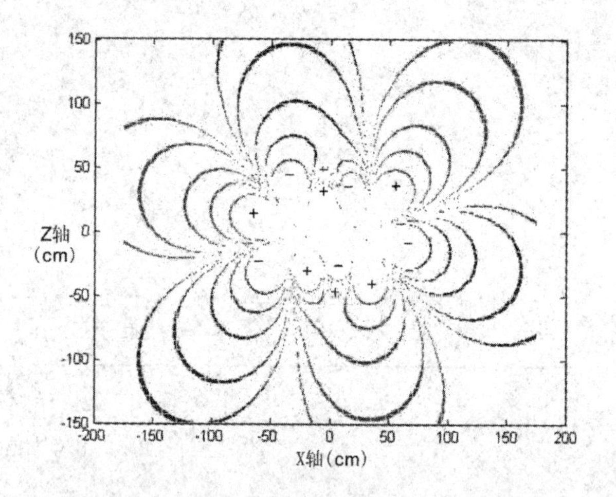

图2　并行金属管道 Za 梯度场空间等值线图
$A=0°, I=30°$

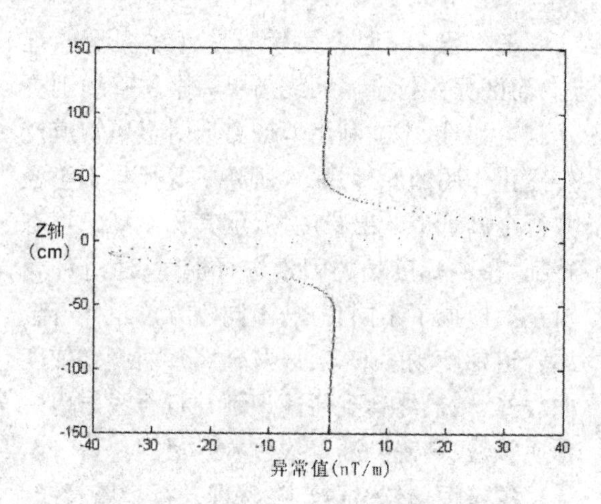

图3　并行金属管道 Za 梯度场异常剖面图
$X=0$ cm, $A=90°, I=30°$

场大于两圆柱体外侧（$X=\pm50$ cm）的场，原因为这是两圆柱体磁梯度场相互叠加的结果，应当注意，上述情况并不是绝对的，当并行圆柱体之间距离较远时结果可能相反。同时由于两圆柱体南北走向（垂直磁化）导致 $X=\pm$ 50 cm 处磁梯度剖面形态完全一致。

图5、图6分别为并行金属管道和单一金属管道在相同距离处的磁梯度异常剖面，受叠加场的作用影响前者大于后者，因此在具备一定的前提条件下，可以利用相同距离下的磁场值相对大小判断是否存在等径并行管线。

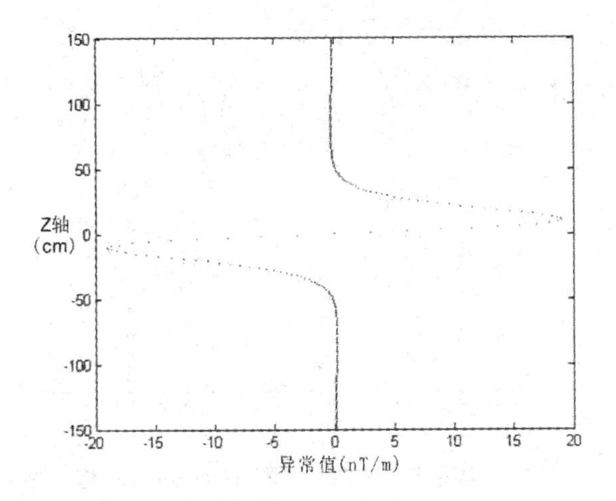

图4　并行金属管道 Za 梯度场异常剖面图
$X=-50$ cm, $A=90°$, $I=30°$

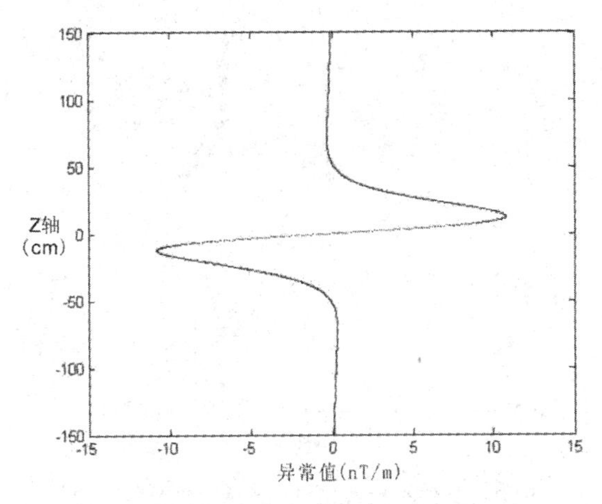

图6　单根金属管道 Za 梯度场剖面图
$X=50$ cm, $A=90°$, $I=30°$

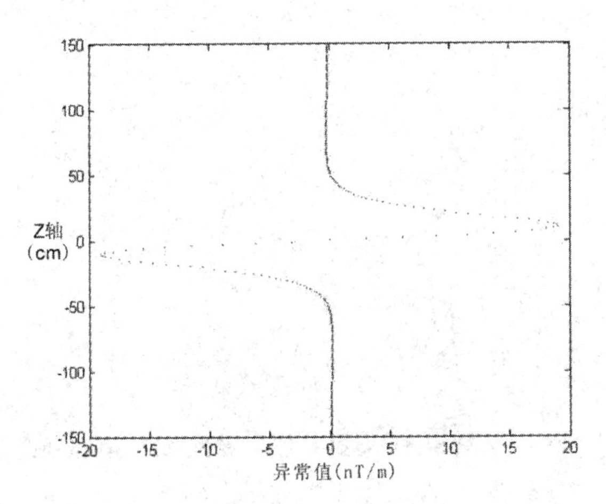

图5　并行金属管道 Za 梯度场异常剖面图
$X=50$ cm, $A=90°$, $I=30°$

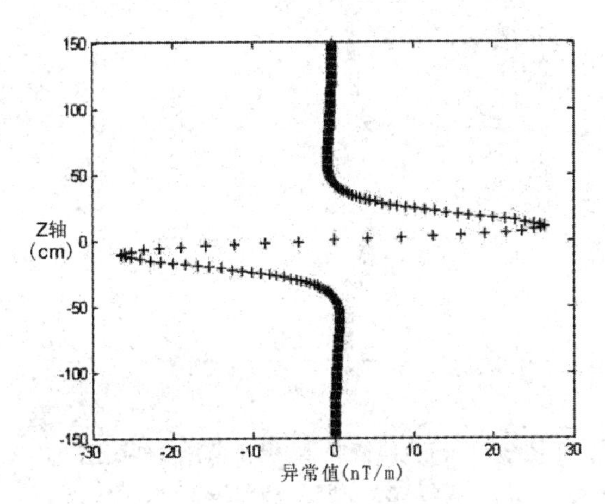

图7　并行金属管道 Za 梯度场异常剖面图
$X=0$ cm, $A=0°$, $I=30°$

当并行金属管道东西走向($A=0°$)时，分别模拟 $X=0$ cm、$X=\pm 50$ cm 处的磁梯度剖面曲线。结果发现在 $X=0$ cm 处的剖面(见图7)依然是标准“S”形曲线，与图3相比只是异常极值变小，依然为两个梯度场在金属管道斜磁化情况下相互叠加的磁梯度场相互抵消所致。

并行金属管道南北两侧($X=\pm 50$ cm)剖面曲线与单根圆柱体南北两侧剖面类似，曲线特征依次为：从上到下依次出现正极大值、负极大值，还有一个较小的局部正极值，负极值大于正极值(见图8)；从上到下依次出现局部负极值、正极大值、负极大值，正极值大于负极值(见图9)。

4　并行不等经等径水平圆柱体磁梯度场理论模拟

在实际情况下，不等径并行管线也是确确实实存在的，例如中压和低压燃气管线就存在并行的情况。此处对不等径并行管线进行理论模拟，两圆柱体中心坐标为 $X=-25$ cm, $Y=0$ 和 $X=25$ cm, $Y=0$。不等径并行金属管道磁梯度场空间等值线图(南北走向)($A=$

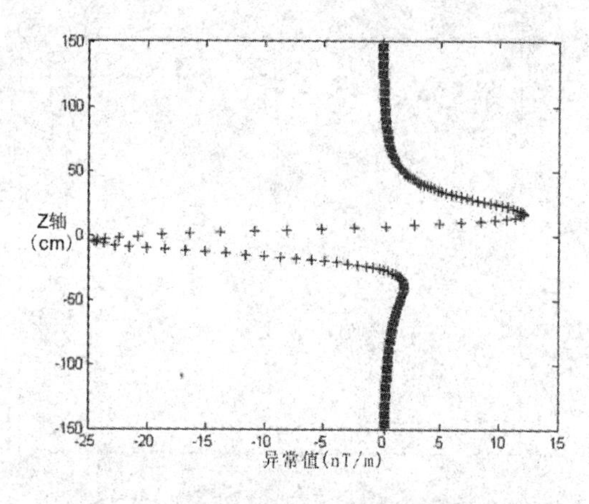

图8　并行金属管道 Za 梯度场异常剖面图
$X=50$ cm, $A=0°$, $I=30°$

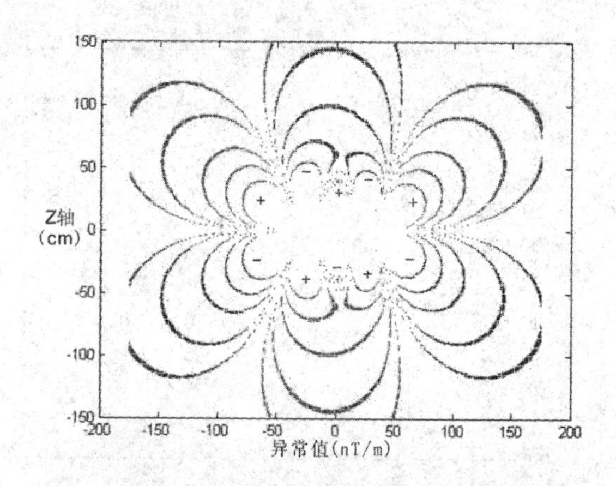

图10　不等径并行金属管道 Za 梯度场空间等值线图
$A=90°$, $I=30°$

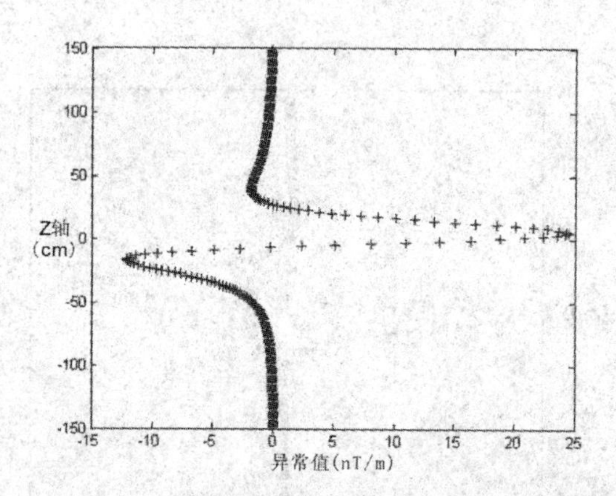

图9　并行金属管道 Za 梯度场异常剖面图
$X=-50$ cm, $A=0°$, $I=30°$

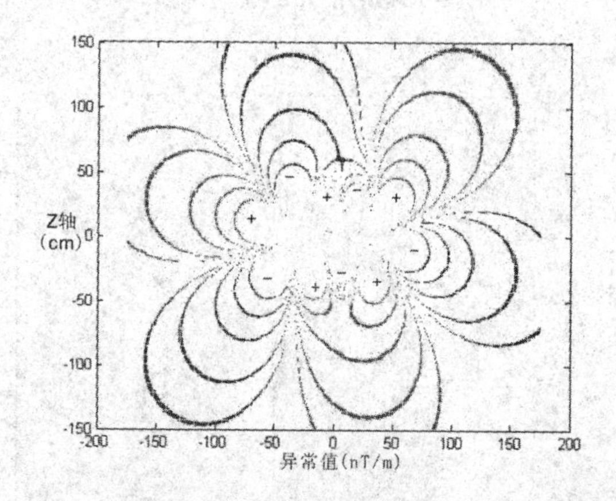

图11　不等径并行金属管道 Za 梯度场空间等值线图
$A=0°$, $I=30°$

90°)的基本特征是:外部由六瓣玫瑰图正负相间组成,以 $X=0$ 为轴,由于管径(磁矩)不同,左半部分磁梯度值总体大于右半部分;内部尽管梯度场玫瑰图花瓣较多,但同样表现出左面梯度值整体大于右面,且正负梯度异常相间分布(见图10)。不等径并行管线的磁场为非对称场,因此其梯度场同样是不对称的。当此类并行水平圆柱体呈东西走向时($A=0°$),其南北两侧磁异常场呈非对称分布(见图11),其空间等值断面图沿轴线发生逆时针偏转,内部异常形态发生一定程度的扭曲。

同上节一样,分别取此模型 $X=0$ cm(两圆柱体中心)、$X=\pm 50$ cm 处磁梯度剖面,$X=0$ cm 时所表示的剖面为两根圆柱体中间位置(见图12),由于是垂直磁化,因此仍能得到标准的"S"形曲线,仔细观察会发现其正负极大值也大于 $X=\pm 50$ cm 位置处的极值。

由图13与图14可知,由于两个梯度场的大小不同导致 $X=\pm 50$ cm 处磁梯度剖面曲线的幅值不同,即左侧剖面极值要大于右侧剖面极值,曲线依然是较为标准的磁梯度曲线。利用上述特征在一定条件下可以大致判断并行管线是否等径。

当不等径并行圆柱体呈东西走向时,在 $X=0$ 处所得到的剖面已不再关于 $Z=0$ 轴对称,与等径并行金属管线(见图7)相比此处所

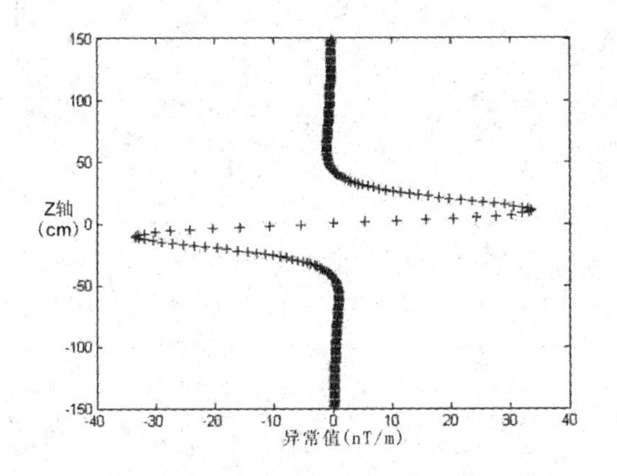

图 12　不等径并行金属管道 Za 梯度场异常剖面图
$X=0$ cm, $A=90°$, $I=30°$

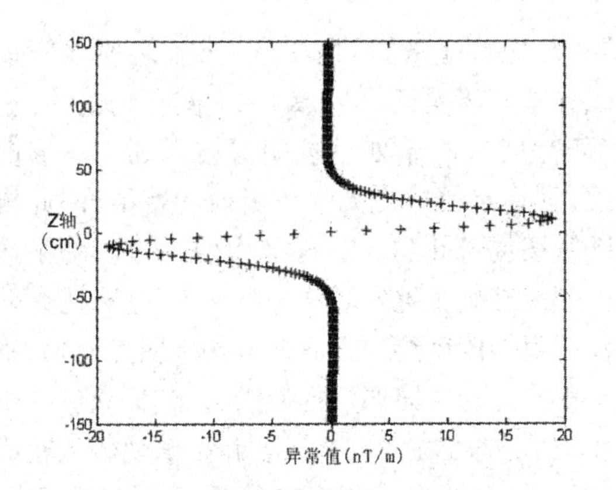

图 13　不等径并行金属管道 Za 梯度场异常剖面图
$X=-50$ cm, $A=90°$, $I=30°$

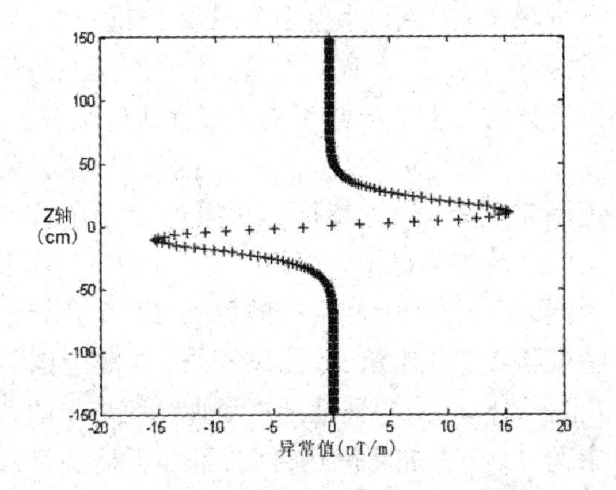

图 14　不等径并行金属管道 Za 梯度场异常剖面图
$X=50$ cm, $A=90°$, $I=30°$

得到的曲线图不是标准“S”形（见图 15），很明显受左侧水平圆柱体影响较大，与不等径并行圆柱体南北走向 $X=0$（见图 12）剖面相比，其极值明显变小，说明在东西走向时两个梯度场产生了相互削减作用。

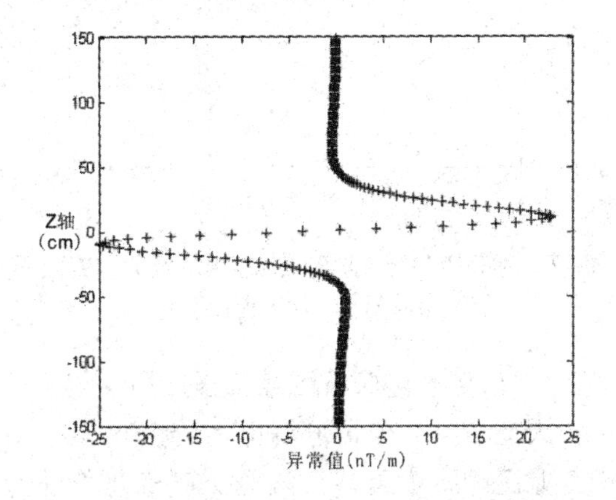

图 15　不等径并行金属管道 Za 梯度场异常剖面图
$X=0$ cm, $A=0°$, $I=45°$

图 16、图 17 为 $X=\pm 50$ 处的剖面曲线，与前文所有此位置处的剖面一致的特征为：从上到下依次出现局部负极值、正极大值、负极大值，正极值大于负极值（见图 16）；从上到下依次出现正极大值、负极大值，还有一个较小的局部正极值，负极值大于正极值（见图 17）。稍有差别的是左侧极值大于右侧极值，因此利用此特征也可以判断并行管线是否等径。

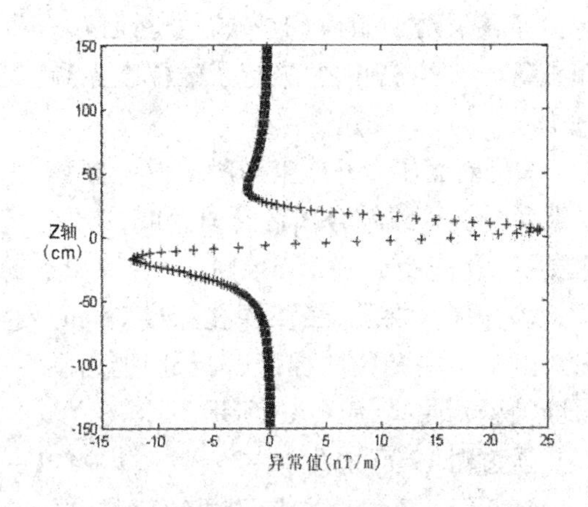

图 16　不等径并行金属管道 Za 梯度场异常剖面图
$X=-50$ cm, $A=90°$, $I=30°$

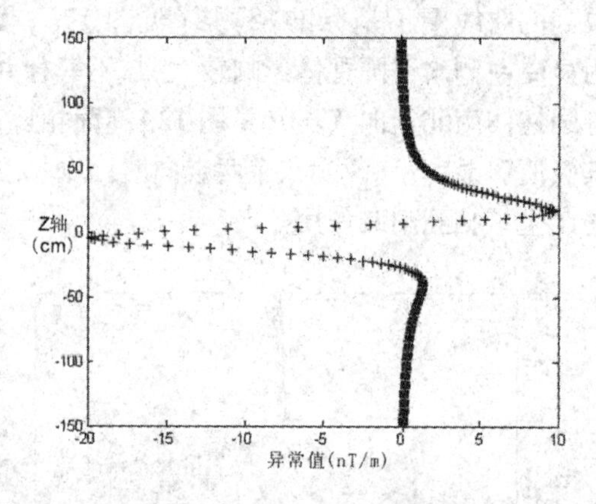

图 17　不等径并行金属管道 Za 梯度场异常剖面图
$X=50$ cm, $A=90°$, $I=30°$

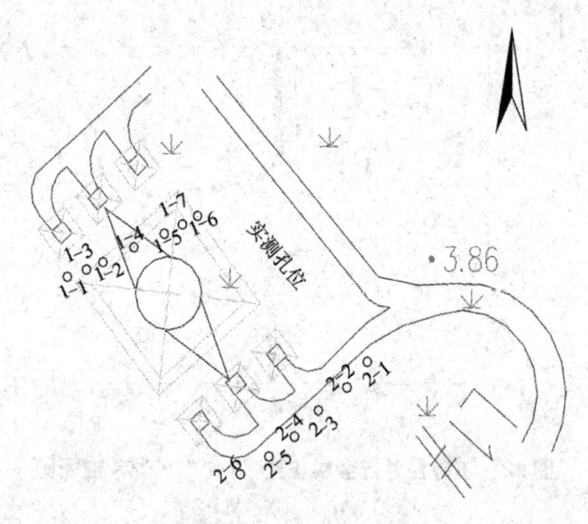

图 18　实际测孔布置图

5　天津临港工业区某工程应用

天津市电力公司滨海电力分公司拟在临港工业区渤海十路与长江道交口东北角处施工电力转角塔基础，塔基的施工场地为 8 m×8 m 的正方形区域，塔基为桩基础，其桩端深约 25 m。经调查，该施工场地附近有两条(一条 *DN*300 燃气管线和一条 *DN*200 输油管线)拉管敷设的穿越景观河和道路的钢质管道，大致走向为 NNW(北北西)，建设年限约 5 年，在施工场地附近埋深为 5～18 m；管线与周围介质具有较大的磁性差异，完全具备开展磁梯度探测的前提条件。

根据工作现场情况及实际需要，最终在测区内布置了两个断面(1 号、2 号断面)，分别布置 7 个、6 个测孔，并进行了磁梯度探测(见图 18)。

1 号断面作为开展工作的第一个断面，为了避免遗漏管线结合预估管线深度，布置了 7 个测孔，孔间距为 0.5 m 到 1 m 不等，0.5 m 间距均为加测探孔，最深探孔深度 25 m。通过对这 7 个测孔的磁梯度分析处理绘制了 1 号断面磁测曲线，如图 19 所示。

通过图 19 可知孔 1－2、1－3、1－4、1－5、1－6 和 1－7 均存在较明显的磁异常。首先观察测孔 1－1，从上到下磁测曲线圆滑，不时有不连续单点跳跃，幅值较低，为地层矿物颗粒(如铁锰结核)所引起，未发现明显管线磁异常。于是继续完成 1－2 测孔，此测孔在深度为 7～8 m 处呈现明显磁异常“S”形曲线，且具有负极值大于正极值的特征，因此推断管线位于此测孔的 SW(南西)方向，为了捕捉管线准确位置布置 1－3 测孔，此测孔在钻探过程中深度约 7.3 m 处遇到不明障碍物，鉴于不损坏管线防腐层的原则，即刻停止钻探工作，磁测曲线在大约 7 m 处开始出现较大幅值异常，结合对上述测孔的分析，磁异常为钢制管线所在处，管线中心埋深约为 7.3 m。为保证断面连续性，继续钻探得到 1－4 磁测曲线，异常幅值较 1－2 小且负异常大于正异常，异常深度与 1－2 大致相符合，由理论模型可推测此异常与上述异常为同一根管线的反映。1－5 探孔磁测曲线出现“S”形曲线异常，异常范围为 7～8.5 m，特征为正极值大于负极值且深度范围明显不同，显然与 1－4、1－2 异常不同，为另一根钢制管线的反映，1－6 孔异常特征与 1－5 孔相反，幅值较强，异常范围为 7.2～8.8 m，由相关理论可知管线应位于两孔中间，1－7 为加测探孔，目的是为了捕捉管线平面位置，在 7.5 m 处遇到障碍物，经仪器探测存在较大异常，综合以上三测孔，此管线中心深度约为 7.8 m。

为确保不遗漏管线2－1，测孔深度仍为25 m，此孔磁测曲线未发现明显异常。2－2测孔曲线在深度为8.5～10 m范围内存在“S”形曲线异常，并且呈现负极值大于正极值异常特征，依据单根管线理论模型推断引起磁异常的潜在管线位于其南西侧。由于异常深度已基本锁定，故2－3、2－4测孔钻进深度适度变浅，2－3、2－4磁测曲线相似深度处异常特征均表现为正极值大于负极值，且2－3异常幅值大于2－4，因此钢制管线应位于2－2和2－3孔之间靠近2－3孔一侧。综合以上三孔曲线特征，此根管线中心埋深为9.1 m。2－5曲线异常幅度较小，负极值大于正极值，与2－4孔异常显然不是同一场源引起，同样推测此异常管线位于其南西侧，值得注意的是2－5孔的纵向异常范围最大，异常幅值却最小，符合并行管线中部梯度场特征，应为两根管梯度场叠加所致。2－6孔具有较大的磁异常反映，正极值大于负极值，异常幅度较2－5孔异常大，因此，引起2－5、2－6异常的管线在两孔之间，且靠近2－6孔，综上判断此管线的中心埋深为8.5 m。

6 结语

本文非常直观地展示了并行金属管线空间断面及剖面图，总结了并行金属管线的磁梯度剖面异常特征，并与单一金属管线剖面特征做对比，得到判别平行与单一金属管线的方法，还结合工程场地实地采集所需的不同磁梯度数据处理成图，与理论模拟结果进行对比，验证了不同影响因素（磁方位角、管径等）的作用，然后得到深埋并行金属管道的判断方法，解决了此类管道探测的难题。

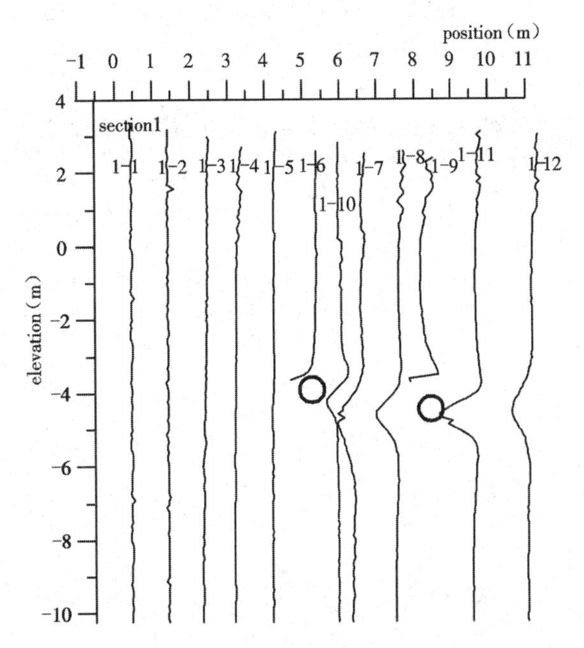

图19 1号断面磁梯度实测曲线

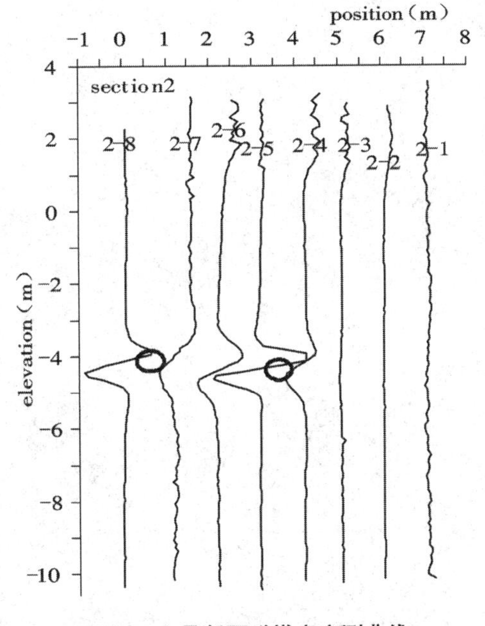

图20 2号断面磁梯度实测曲线

参考文献

[1]王水强，黄永进，李凤生．磁梯度法探测非开挖金属管线的研究[J]．工程地球物理学报，2005，2(5)：353－357.

[2]詹斌，朱能发，孙士辉．基于磁梯度法的深埋管线探测技术研究[J]．岩土工程技术，2012(1)：67－68.

[3]成都地质学院．磁法勘探[M]．北京：地质出版社，1976.

[4]管志宁，郝天珧，姚长利．21世纪重力与磁法勘探的展望[J]．地球物理学进展，2002.

[5]青海地质局物探队．垂直断面内几种二度体磁场等值线图册，1973.

[6]合肥工业大学地质系. 磁法勘探讲义. 1975.

[7]申宁华. 磁法勘探的科技进展[J]. 物探与化探,1989.

[8]熊光楚. 磁性体磁异常的解释推断讲义. 1977.

[9]Smith, J. T. and Booker, J. R. ,1991, Rapid Inversion of Two-and Three-Dimensional magnetotelluric Data[J]. JGR,96(B3):3902 -3922.

[10]管志宁. 地磁场与磁力勘探[M]. 北京:地质出版社,2005.

软土地区狭长基坑的稳定性分析

刘秀凤　周世冲　樊继良

（天津市勘察院）

摘　要：现阶段基坑支护设计中，坑底为软土时，支撑式支挡结构中的嵌固深度，需要满足以最下层支点为轴心的圆弧滑动稳定性要求。通过增加支护结构的嵌固深度，进而满足稳定性要求。对于坑底存在较大厚度软弱土层的基坑工程，现阶段设计中，往往通过增加支护结构的嵌固深度（须穿透软土层），才能满足基坑稳定性要求。然而，对于基坑宽度较小的狭长形基坑，由于基坑的空间效应明显，使得支护结构的嵌固深度并不需要按照圆弧整体稳定性的要求进行设计。本文以某存在较厚淤泥质土的管沟工程为实例，利用有限元分析软件 PLAXIS、MIDAS，按照强度折减法要求，对此类基坑工程的稳定性进行计算分析。

关键词：基坑宽度；稳定性；强度折减；数值分析

1　引言

基坑支护体系整体稳定性验算的目的就是要防止基坑支护结构与周围土体整体滑动失稳破坏，它也是基坑支护设计中必须验算的内容。基坑坑底为软土，宽度较窄的基坑工程，如淤泥质土中管沟的基坑支护设计，在现阶段的常用的基坑支护设计计算软件中，如启明星、理正等软件，相比此类基坑的变形和强度要求，整体稳定性更加难以满足规范要求，只能通过加长围护桩的嵌固深度以达到规范中对整体稳定性的要求。然而，根据大量此类基坑工程施工经验，支护结构并不需要穿过整个软土层，便可以达到较好的整体稳定性。所以，通过考虑类似基坑中空间效应的影响，减小基坑围护桩桩长，减少工程造价，对日后相关基坑的设计和施工显得尤为重要。

2　强度折减方法

现阶段基坑支护工程设计中，较多应用的计算软件，如同济启明星、理正等软件，在进行整体稳定性的单元计算时，并没有考虑基坑宽度对整体稳定性的影响，使得不得不加长围护桩桩长，增加基坑造价，才得以在计算上通过规范要求。然而，大量实际施工案例表明，较短的围护桩也可以很好地保证软土中基坑的整体稳定性。因此，在较窄基坑宽度的基坑设计中，需要充分考虑基坑的空间效应，不能一味地采用半无限土体的单元计算模型进行稳定性的计算。可以看出，以目前规范中的稳定性计算方法，无法解决与实际整体稳定性分析情况不一致的问题，因此本文通过 MIDAS 和

PLAXIS 有限元软件,基于强度折减法理论,对某基坑工程进行建模和计算,同时与应用较多的启明星软件进行相互验证。

强度折减有限元方法是分析边坡稳定性的有效方法,它是在理想弹塑性有限元计算中,将边坡岩土体抗剪强度参数逐渐降低直到其达到破坏状态为止,可以自动根据弹塑性计算结果得到临界滑动面,同时得到边坡的强度储备安全系数 F。也就是在外载荷保持不变的情况下,边坡内土体所能提供的最大抗剪强度与外载荷在边坡内所产生的实际剪应力之比。在极限状态下,外载荷所产生的实际剪应力与抵御外载荷所发挥的最低抗剪强度即按照实际强度指标折减后所确定的、实际中得以发挥的抗剪强度相等。当假定边坡内所有土体抗剪强度的发挥程度相同时,这种抗剪强度折减系数相当于传统意义上的边坡整体稳定安全系数,又称为强度储备安全系数。

折减后的抗剪强度参数可分别表达为:

$$c_m = c/F$$

$$\varphi_m = \arctan\left(\frac{\tan\varphi}{F}\right)$$

式中,c 和 φ 是土体所能提供的抗剪强度;c_m和 φ_m是维持平衡所需要的或土体实际发挥的抗剪强度;F 是强度折减系数。

3 有限元计算分析

本文主要采用岩土工程中应用较广的有限元通用分析软件 MIDAS 和 PLAXIS 进行相互验证。在有限元分析中,用强度折减分析边坡稳定性可以分成以下三步。①建立边坡的有限元分析模型。坡体各种材料采用不同的单元材料属性;计算边坡的初始应力场,初步分析在重力作用下,边坡的变化和应力;记录边坡的最大变形。②增大强度折减系数 F。将折减后的强度参数赋给计算模型,重新计算,记录计算收敛后的边坡最大变形和塑性应变的发展情况。③重复第二步,不断增大 F 值,降低坡体的强度参数,直至计算模型不收敛,则认为边坡发生失稳破坏。经计算得到的发散前一步的 F 值就是边坡的安全系数。

采用强度折减有限元方法分析边坡稳定性的一个关键问题是边坡失稳的判据问题。目前的失稳判据主要有三类:①以广义塑性应变或者等效塑性应变从坡脚到坡顶贯通作为边坡破坏的标志;②在有限元计算过程中,采用力和位移的不收敛作为边坡失稳的标志;③以坡体或坡面的位移发生突变作为边坡失稳的标志。

4 工程案例

某临海地区,地下埋置雨水管,基坑长度 1 km,宽度 5.6 m,开挖深度 7.6 m,采用 36b 工字钢作为围护桩,桩长 12 m,钢板桩嵌固深度 6.9 m,桩顶下 0.5 m 设置一道钢管支撑,场地土层参数情况如表 1 所示,基坑剖面详见图 1。

表 1　土层参数

序号	土层名称	厚度 /m	γ /(kN/m^3)	c /kPa	φ /(°)
1	1-3 冲填土(粉土、粉砂)	1	20.1	7.2	25.2
2	1-4 冲填土(淤泥质土)	6	17.6	9.10	4.10
3	6-2 淤泥质黏土	9.5	17.7	10.40	4.70
4	6-3 粉黏	3.5	19.7	11.90	20.90

通过以上土层参数可以看出,坑底存在较厚的淤泥质黏土,通过规范中介绍的圆弧滑动条分法对整体稳定性进行计算分析,如图 2 所示。滑弧:圆心(8.01 m, -3.73 m),半径

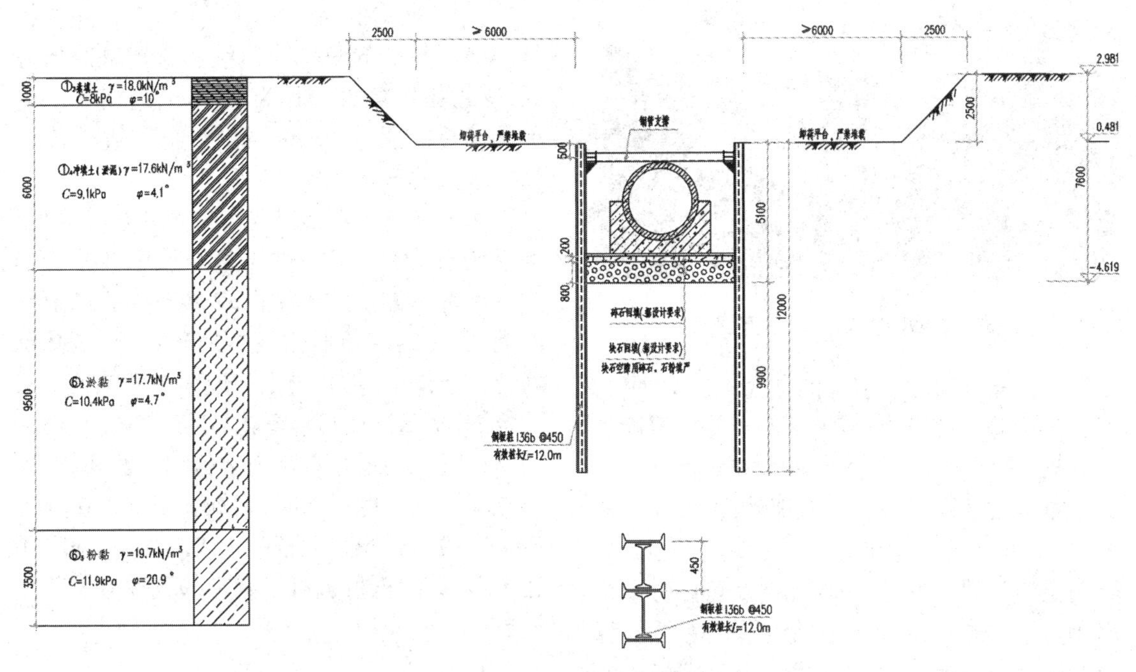
图 1　基坑支护剖面图

18.78 m，起点（-10.40 m，0.00 m），终点（22.98 m，7.60 m）。下滑力：1064.04 kN/m。土体抗滑力：790.23 kN/m。安全系数：0.74。该稳定性计算结果表明，12 m 的工字钢无法满足规范对稳定性的要求，需增加围护桩的嵌固深度，随之而来的是增加施工难度和工程造价。

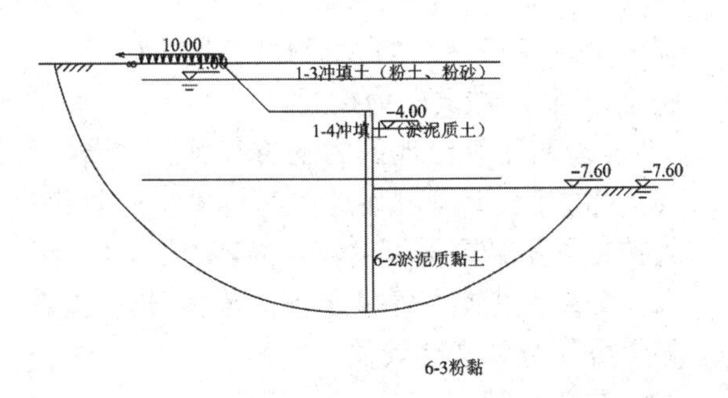

图 2　启明星软件计算整体稳定性剖面图

鉴于启明星等传统计算软件中的计算模型，并没有考虑基坑宽度对整体稳定性的影响，因此，采用有限元分析软件 PLAXIS 对该基坑进行模拟，土体模型采用摩尔 - 库仑模型，钢板桩采用 12.0 m 钢板桩，通过模拟施工中的钢板桩打入、土方开挖等实际施工步骤，采用强度折减系数法对管沟的稳定性进行计算，得出以下云图图 3 和图 4。

由图 3 可以看出，PLAXIS 的强度折减系数的安全系数为 1.47。

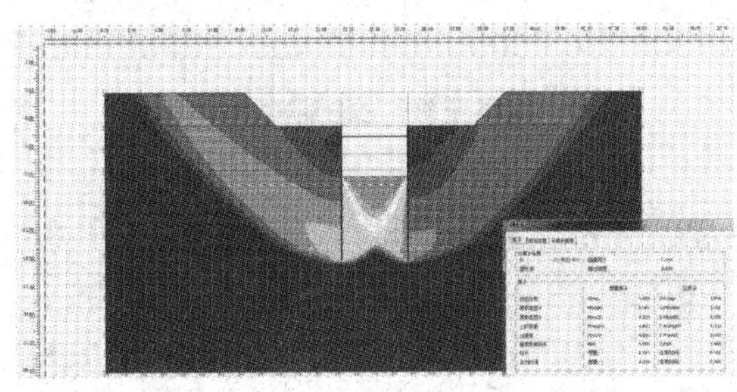
图 3　PLAXIS 输出位移云图

由图 4 可以看出，MIDAS 的强度折减系数的安全系数为 1.69。

通过图 3 和图 4 可以看出，由于基坑的整体稳定性是基坑的土体抗滑力和滑动力之比，在考虑管沟基坑整体稳定性时，应充分考虑到管沟的宽度较小而形成的空间效应。两侧较

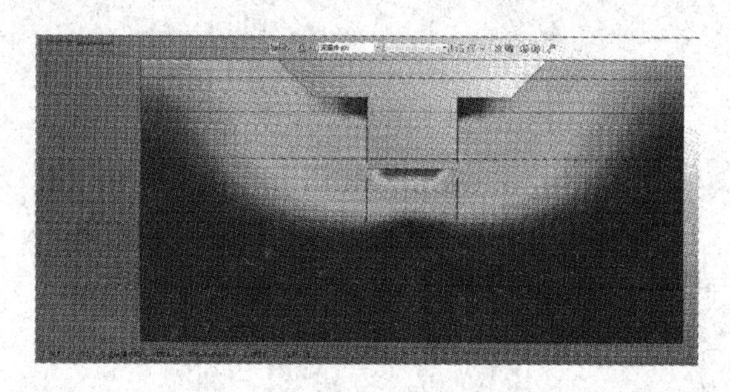

图4　MIDAS 输出位移云图

近的土体相互增加了彼此的被动土压力，增加了支护两侧的抗滑力，使得两侧土体的滑弧相互截断，进而保证了管沟的整体稳定性。

基坑的稳定性得到了保证后，需要对支护桩的位移进行进一步计算，通过采用有限元和启明星软件的计算，由图5和图6可以分别看出，有限元输出结果为钢板桩的最大位移39 mm，启明星计算软件输出结果为钢板桩的最大位移36.3 mm。

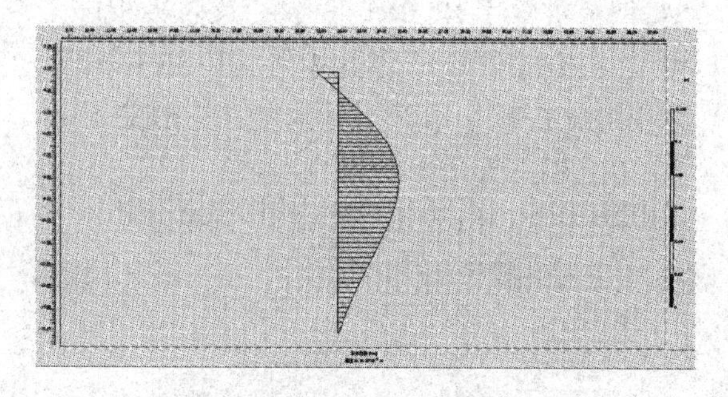

图5　有限元软件输出钢板桩位移图

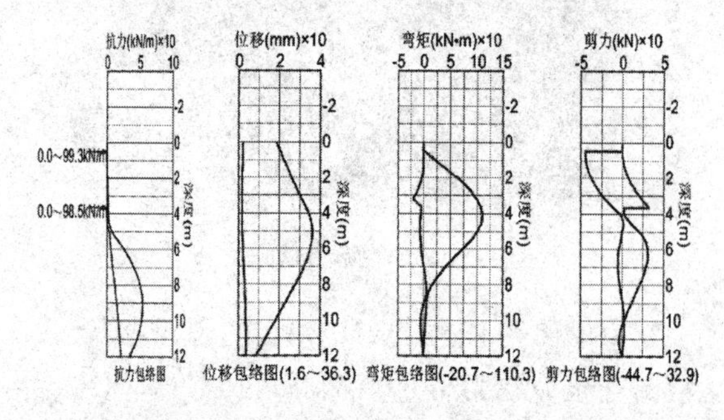

图6　启明星软件输出钢板桩位移图

通过如上 ABAQUS 和 PLAXIS 的有限元模型模拟的结果输出对比可知，ABAQUS 和 PLAXIS 的强度折减系数分别为1.69和1.47，两个十分接近，相互验证了12 m 钢板桩可以保证基坑的整体稳定性。支护桩变形方面，钢板桩的最大位移为39 mm，与启明星的单元计算结果36.3 mm 也很接近，进一步确保了基坑的安全。

通过如上的对比结果可以进一步推导出，基于地基承载力理念的抗隆起稳定性分析同样可以解释类似软土中的较窄基坑的稳定性问题，由于地基承载力模型的计算中，地基承载力是土体黏聚力、土重和地面超载三项贡献的叠加，从云图中可以看出，由于基坑较窄，两侧支护结构的地基承载力滑弧相互截断，保证了抗隆起稳定性。同时，根据施工单位在此类似土质的区域积累的较多的成功施工经验，印证了12 m 的钢板桩可以满足基坑整体稳定性的要求。

5　结论

（1）狭长形基坑不能按照传统的圆弧滑动条分法进行稳定性分析，按照圆弧滑动条分法计算所得的稳定性系数仅为0.74，与实际施工情况差别较大。

（2）利用有限元软件分析得出以上工程案例中的支护桩的最大位移值为39 mm，与常规的基坑设计软件同济启明星计算支护桩最大变形结果36.3 mm 较为接近；采用强度折减法，ABAQUS 和 PLAXIS 计算的安全系数分别为1.69和1.47，均大于1.0，基坑处于稳定状态，与实际情况较为接近。

（3）对于软土地区的狭长基坑，可结合工程具体情况，充分利用此类基坑的空间效应，支护桩可不必穿透厚度较大的软土层，从而可以大幅度减少类似基坑支护的成本，具有显著的经济效益和社会效益。

参考文献

[1]费康，张伟建. ABAQUS 在岩土工程中的应用[M]. 北京：中国水利水电出版社，2013.

[2]JGJ 120—2012　建筑基坑支护技术规程[S].

[3]刘国彬，王卫东. 基坑工程手册[M]. 北京：中国建材工业出版社，2012.

通过空间与社会的分形学比较研究看社区治理方式

胡志良　陈宇　霍玉婷
（天津市城市规划设计研究院）

摘　要：现代主义城市建设浪潮席卷了全球，中国的大多数城市也经历了或正在经历着“西方城市营造法式”的改造，从城市的整体到城市的细胞——社区。生活环境的确得到了极大改善，但是生活方式呢？反思近三十年来社区生活的改变，我们都有一种隐约的失落感，存在于物理空间上的社区建设与心理空间上的社区坍塌，那么如何在物理空间和心理空间之间找到连接的桥梁成为新时代社区规划的重点和难点。分形学原理的无限比例相似性或许可以成为这个“桥梁”。本文通过历史上东西方居住空间的差异对比，从社会学角度尝试分析生活方式、人际交往的分形特征差异，进而根据东方的居住分形特征提出社区改革的图景。

关键词：分形；社区

1　无“社”之“区”问题重重

1.1　当今社区问题的表象

德国社会学家F·滕尼斯于1881年首先使用“社区”这一名词（Community，由费孝通先生翻译），当时是指“由具有共同的习俗和价值观念的同质人口组成的，关系密切的社会团体或共同体”。尽管对社区的研究与定义非常多，但是社区的基本特点是固定的，“社”是指相互有联系、有某些共同特征的人群，“区”是指一定的地域范围。

当今中国城市居住模式中，“区”的概念表现得非常明显，几乎全部都是有围墙、保安、摄像头的居住小区，但每个小区里的居民，却越来越远离“社”的含义。在2013年对9013人的一次网络调查中[1]，约47%的人表示自己并不认识自己的邻居，36%的人虽然认识邻居，但只是偶尔见面打个招呼，认识并与邻居有交往的不足18%；约62%的人并不关心邻居家里的人口状况；60%的人从来不去小区邻居家串门、聊天，邻里关系淡漠程度较深。

世界最遥远的距离便是面对面却视而不见，同在一个小区居住几年甚至几十年的群体如果缺少交往，那么“共同的家园”便日益成了滋生社会问题的温床。而社区中的公共部分，便成了利益争夺的主战场，今天的社区普遍存在这些现象：私搭乱建、乱占车位、在公共区域乱堆垃圾杂物等等。与此同时，物业与业主日益恶化的关系催生了越来越多的过度维权甚至暴力维权。

复杂多样的社区问题往往会归结为法律执行不到位、多头管理、居民意识等方面，但这些原因背后还有更本质的原因。

1.2 当今社区问题的本质

这个本质原因就是最老生常谈的社区认同感。

中国社会自古以来就一直有一个超越独立家庭的圈层范围，这个圈层通过强烈的认同感来维系，这也是中国自古以来"熟人社会"的重要根基。这种认同感来源于两点，一种是血缘关系，这种关系至今仍广泛存在于乡土社会中，另一种就是在城市中的稳定居住圈，从秦汉时的"亭长"，到唐朝的"里正"乃至后来的"保甲"，国家统治者都在设计与时代相适应的基层管理模式，通过建立比较稳定的社区圈层，达到稳定社会的目的。特别值得一提的是，新中国成立后设计出台的"单位体制"，尽管伴随着市场经济和房屋改革而迅速消亡，但其设计的合理性和良好效果都是毋庸置疑的，单位大院、单位小区、居委会非常好地处理了国家与社会的关系，并建立了稳定和谐的社区认同感，这种认同感也是物质不发达时期，带给老百姓幸福感的重要源泉。

随着"单位体制"的土崩瓦解，商品房制度给了我们自由选择权利的同时，也催生了中国历史上从未有过的"生人社会"时代，当我们炒菜发现缺盐，第一反应也是唯一反应是开车去超市买，而不是敲开邻居家的门去借时，社会的"潘多拉之盒"就此打开。

2 社区治理创新探索百花齐放下的症结犹在

2.1 社区治理创新探索成果概述

社区问题广泛存在，并日益影响着社会的健康发展，因此历届国家领导人都非常重视该问题。2013 年胡锦涛同志在省部级主要领导干部社会管理及其创新专题研讨班开班式上的讲话强调，要"强化城乡社区自治和服务功能，健全新型社区管理和服务体制"。习近平总书记于 2014 年在谈国家治理现代化中指出"社会治理的重心，在于促进群众的城乡社区治理，推进基层群众自治，使基层公共事务和公益事业自我管理、自我服务、自我教育、自我监督"。

学术界近年来开展了大量探索性研究，郑杭生、黄家亮在"当前我国社会管理和社区治理的新趋势"中提出"各地开展了丰富多样的社会管理和社区治理实践，较为明显地呈现出以下五种新的发展趋势，可以概括为'五化'，即体制复合化、方式多元化、手段艺术化、机制科学化、城乡一体化"。马西恒等人出版了《社区治理创新》、《都市社区治理》等书籍；北野等社会观察者以问题导向的方式提出社区治理的重点在于公民教育、社区执法和政治体制改革等方面；九三学社等社会党派在建言献策中提出狠抓居委会建设、培养社区干部、下放权力等治理方法[4]。广大学者的百花齐放研究为社区治理的不断深化提供了强有力的理论支撑。

2.2 社区本质问题尚待进一步解决

纵观目前现有的社区治理研究，都对社区认同感这一本质问题非常重视，但大多数只停留在问题层面，并未在治理方式上有所明显突破，基本围绕增加社区文化活动、增强社区事务公共参与等方式，但现实中收效并不显著。另外在实体空间塑造上也有一些针对认同感的设计，但多数集中于统一标示、增加活动场地等简单措施方面，尽管对增强认同感有一定帮助，但并没有从居住模式的根本上提出解决方案。

3 另辟蹊径从空间角度尝试破解社区症结问题

内因与外因是相辅相成、互相影响的一对矛盾体，社会和空间也同理，社会关系的产生以城市空间为依托，城市空间根据社会关系的特点不断改变。基于二者的关系，本文探讨的是在社区治理的大课题下，通过改变居住空间模式从而达到增强社区认同感的子课题，作为社区治理的辅助方式。

3.1 空间与社会具有紧密的相互作用关系

空间与社会的作用关系，好比鸡生蛋、蛋生鸡的关系，为更加明确这种相互关系是存在的，下面举两个单方面突变导致另一方随之改变的例子。

3.1.1 居住空间突变导致社会关系发生改变

最显著的例子是农民上楼后的乡土关系瓦解（类似的还有城市里胡同改造、城中村改造等等）。费孝通先生指出，中国乡土社会中血缘和地缘是社会网络中的重要关系。阎云翔先生认为，乡土社会以其成员间紧密的社会互动区别于城市社区。农村住房的特点能够支持这种紧密社会互动，如北方农村的火炕，白天用作客厅，邻里亲戚间串门不需要通报，直接进门坐在炕上聊天、吃瓜子；有时厨房也是向外人敞开的，邻居家可以搭伙一起做饭。这种居住空间的非私密性拉近了乡土社会中人与人间的距离[5]。而“上楼”后的住宅则仅适合于家庭内部活动，对邻里活动的支撑作用相当小（图1）。

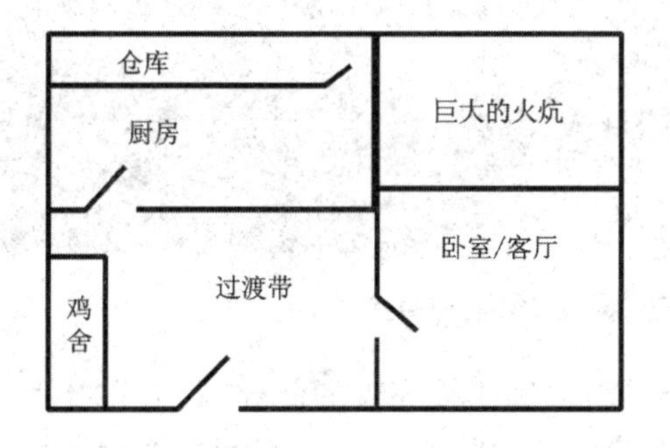

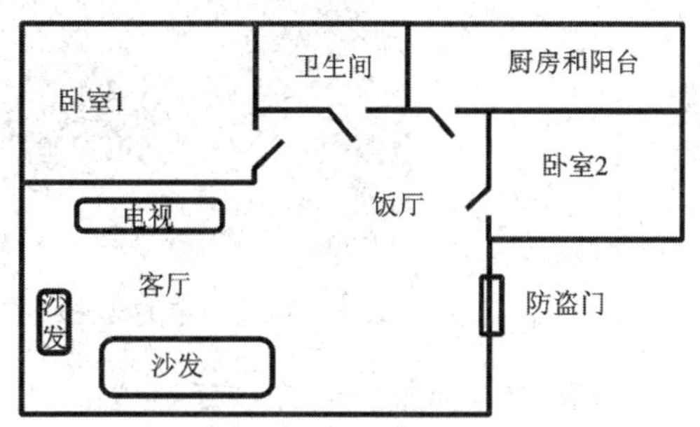

图1 北方典型农村住宅图（左图）和典型楼房平面图（右图）

（来源：蒋拓、周勇航）

3.1.2 社会关系突变导致居住空间改变

当代中国经历的最剧烈的社会关系突变，来自于改革开放的影响，在全面启动经济建设的早期，一部分先知先觉的人成了首批个体户、万元户，急剧增加的经济收入差异产生了巨大的社会差异，这种突变的社会关系也使原本平均主义分配下的居住空间迅速瓦解，从而直接催生了住宅产品的商品房改革，从而将原本的“同工作同居住”的计划体制下的居住空间模式转变为“同收入同居住”的市场经济体制下的新模式。

在住宅内部空间上也经历了一次悄然无息而又深刻的变革，就是从中国传统推崇的“四世同堂”的合住模式，逐渐变成了小家庭独立居住模式，其原因可以追溯到随着工业化大举推进而形成的工业化思维与工业化生活方式。在这次“分巢”的居住变革发生二十多年之后，其引发的子女上学、养老等问题一下子浮出水面，成为当下中国必须寻求解决方式的社会问题。

3.2 建立三个维度的比较分析框架

本文主要探讨的是如何通过改善居住空间模式，达到增加社区认同感、完成社区治理的目的，在这个研究中，存在两个认识上的盲区，需要通过多维度比较分析来认识，这两个盲区分别是居住空间的表象与本质是否存在差异，社会关系的表象与本质是否存在差异。因此首先需要建立时间维度，分析从古到今的空间与社会发展变化情况，另外需要建立中西方对比维度，因为中国近代史的原因，导致近现代中国的空间与社会关系发生植入式的突变，需要从中西方的本质比较层面还原中国的空间与社会应该发展成何种关系。

因此，本次研究确定的三个对比维度分别是空间与社会、古代与现代、中国与西方。

3.3 以分形学作为跨界研究的桥梁

3.3.1 分形学概述

分形(Fractal)被称为非线性科学(nonlinear science)中最重要的三个概念(分形、混沌、孤子)之一。自20世纪70年代初诞生以来，分形已经发展成为一个庞大的以几何为基础，涉及自然科学、社会科学、方法论甚至电子艺术的完整体系。

通俗一点说分形学就是研究无限复杂但具有一定意义的自相似图形和结构的几何学。自相似广泛存在于大自然之中，例如一棵参天大树与它自身上的树枝及树枝上的枝杈，在形状上没什么大的区别，大树与树枝这种关系在几何形状上称为自相似关系，类似的例子还有叶脉、血管、海岸线、山峰等等(图2)。

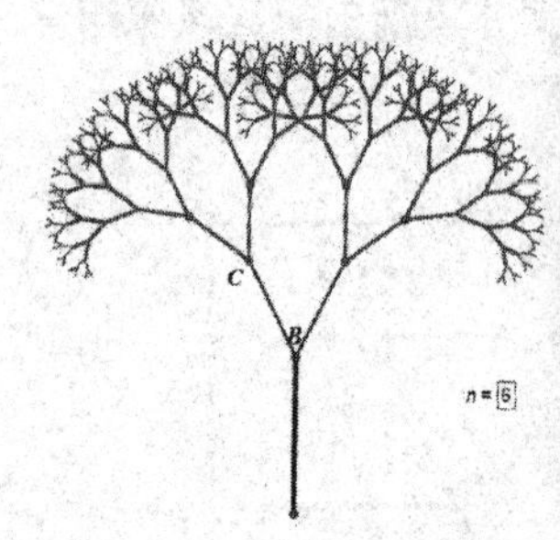

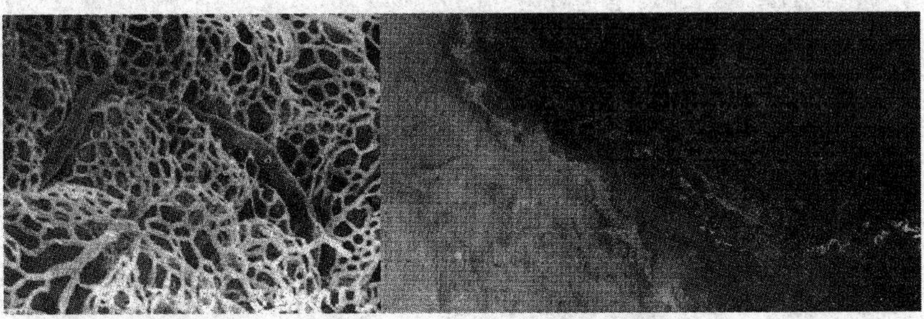

图2　自然界中的分形结构图：树枝、肺泡、海岸线

近年来分形学在建筑规划等空间领域也取得了长足的研究进展，出版了《城市与形态》(作者：Serge Salat)等一系列专著，从本质的角度揭示纷繁芜杂的建筑、城市空间背后的内在生成逻辑。

3.3.2 选择分形学为研究方法的理由

分形学起源于对自然空间形态的分析，提出自相似的演变迭代，形成一种从复杂现象到复杂现象的新方法论，并未深究分形现象的原因，往往称其为"大自然的奥秘"，这是一种类似中国古代传统经验主义哲学的方法。后来发现同样适用于城市、建筑等人类意识主导形成的空间，这里就出现了一个有意思的情况："大自然的奥秘"与人类意识之间或许有类比性，甚至是因果相关性，因此这就出现了类比式研究的可能性。空间与社会的表象与本质的四种排列组合中，空间本质与社会表象相对难以洞悉或快速掌握(空间本质指"奥秘"，社会表象上文提到正处于快速变革与发展阶段)，而空间表象与社会本质是长期以来研究成果、方法比较完善的部分，那么只要将空间与表象建立起类比联系，就可以探讨这种跨界相互支撑的研究，分形学提供了研究的可能性。

4 对古今中西方城市空间与社会关系的分形研究

4.1 古今中西方城市空间对比及分形研究

4.1.1 古代中西方城市空间差异

以在古代城市建设史上取得辉煌成就的唐长安和古罗马城作为研究对象(图3)。

中西方古代城市空间有以下三个重要的差异：

1)街道格局差异

从空中俯瞰城市平面，最容易发现的空间差异无疑是道路格局：中国城市遵循自《考工记》以来严格的正交棋盘式路网，从唐长安到元明清的北京皆是如此，并且从城市干道到胡同小路都是类似的形制。

图3　唐长安复原图(左图)和古罗马复原图(右图)

古代西方城市的街道格局受自然主义和理想主义的双重支配,存在一些方格网格局的城市,如米利都城等,多数为自然生长而呈现出自由形态,最典型的代表为雅典卫城(图4)。

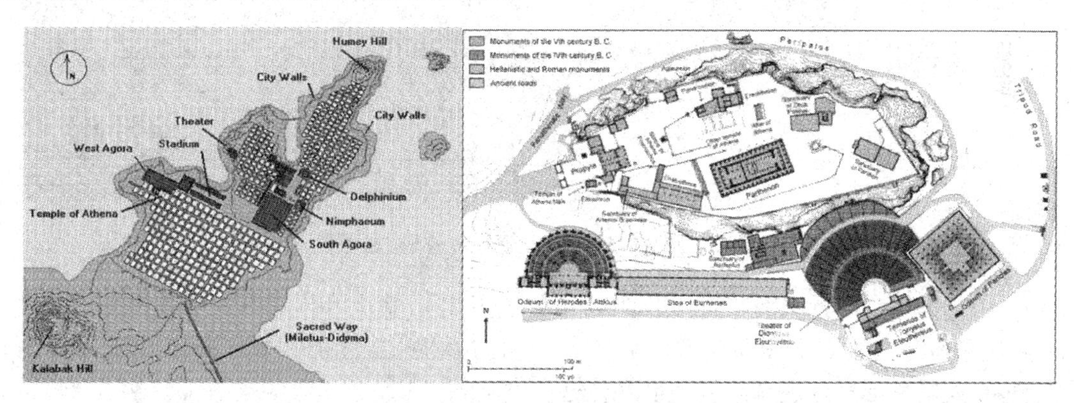

图4　米利都城(左图)和雅典卫城(右图)

2)开放空间差异

中国古代城市的开放空间主要为街道,城市级开放空间就是东西两市中的商业街道,其次的开放空间则是里坊、胡同中的街道空间。

而西方城市的公共空间则主要表现为城市广场,街道在西方只是到达广场的通道(图5)。

图5　唐长安西市复原图(左图)和古罗马广场复原图(右图)

3)建筑形式差异

中国建筑是封闭的群体的空间格局，在地面平面铺开。中国无论何种建筑，从住宅到宫殿，几乎都是一个格局，类似于“四合院”模式，在简单的重复间给人以深深的震撼。中国建筑更多的是讲求用建筑围合出带有象征意义的空间，突出“虚空”形象。

西方建筑是从开放的单体的空间格局，向高空发展。通常采用“体量”的向上扩展和垂直叠加，由巨大而富于变化的形体，形成巍然耸立、雄伟壮观的整体。而且，从古希腊、古罗马的城邦开始，就广泛地使用柱廊、门窗，增加信息交流及透明度，以外部空间来包围建筑，突出“实体”形象(图6)。

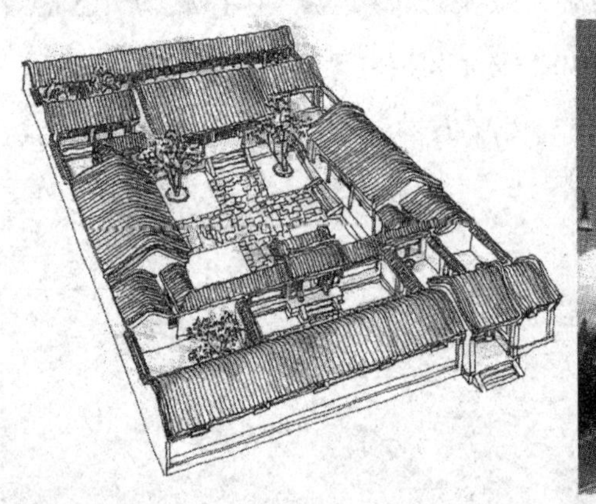

图6　四合院(左图)和罗马斗兽场(右图)

4.1.2　古代中西方城市空间分形研究

上述提到的三类差异，表面上看没有什么直接联系，但用分形学的观点来看则可以看出内在联系。

我们老祖宗世代传留下来的中国传统城市，正是一个非常标准、非常简洁的四边分形体。以唐长安城为例，以“城、坊、院、屋”分为四个层次，构成完美的自相似结构[6]。

通过街道、开放空间、建筑的特点可以看出“墙”是分形迭代的主体。从外围最高大的城墙，到各街坊每晚需要各自关闭的坊墙，再到各家各户自己的院墙，最后是每间屋子的围合墙壁，不同的墙代表了不同等级的所有者权限。城市道路则是在“墙”划分后的结果，是被动形成的交通体系，而这个交通体系同样贯彻了完整的分形结构：从朱雀大街这样的九轨大道，到各坊间的次干道，再到坊内小街小巷(清代称胡同)，最后是院内的走道、庭和廊。

而西方城市分形迭代的主体是建筑体，通过对每个建筑单体简单的垂直拉伸或者说累加扩大规模，增加面积和高度，就形成了城市整体。

从分形的角度，使我们更清晰地看出了中国城市在空间结构和功能使用上的鲜明特点，它绝非是通过单纯的四合院、十字街和大屋顶就能概括的外部形象，也使我们更清晰地看到东西方城市隐含在外观形象及街道平面图之外的差异：

(1)分形的层次。中国城市遵循3～4级的逐级迭代，而西方城市仅有从城市到建筑单体的2级。

(2)分形的相似度。从城市结构的最末端——居住空间可以看出二者在分形相似度上的明显差异：中国典型的四合院居住空间完整地沿袭了城市的分层关系，每一个平面展开的四合院的空间概念都与整个城市相差无几。而古代西方的住宅本身虽然很早就开始向高空发展，但受建筑技术的制约，并不能完整地承袭分形特点。

综上所述，古代中国城市是一个多迭代层次、均质化和整体性的分形体，古代西方城市则基本可以简化为一个建筑单体的集合。

4.1.3　现代中西方城市空间差异

现代中国几乎全盘接受了现代主义城市理念，甚至比西方城市落实得更加彻底，因此现代中西方城市空间（新建区）几乎没有差异，都是宽马路、立交桥、高层建筑的现代主义聚合体，以北京和洛杉矶为例（图7）。

因为是在旧结构的模式上扩展城市（包括大量的建设高层建筑），而城市的道路系统仍然局限在地平面上，使得现代大城市越来越暴露出它的弊端，如交通阻塞、高楼病、热岛效应、能源危机、人际隔离、贫富差距、市中心空壳化等等。

现代城市的建设模式继承并发展了西方古代城市不断向上叠加的分形特征，与中国传统的平面延展空间秩序则大相径庭。

图7　北京（左图）和洛杉矶（右图）

4.2　古今中西方社会关系差异及分形研究

4.2.1　古代中西方社会关系差异

首先来看传统中西方在家庭关系方面的差异，可总结为以下五点：

（1）西方家庭强调个人利益，中国重视家庭整体的福祉；

（2）西方家长只照顾子女到成人，中国家长往往会照顾其一生；

（3）西方家长尊重子女的自由选择，中国家长则经常替孩子决定一切；

（4）西方家人之间拥有个别隐私，中国家庭成员间几乎无个人空间；

（5）西方家庭强调夫妻关系，中国家庭则较重视亲子伦理。

再看传统中西方的整体社会关系，可以总结为以下两点：

（1）西方的社会关系建立在公民权的基础上，中国的社会关系建立在宗族关系上；

（2）西方社会关系层级少，基本为“国家—社会集体（阶级、政党、民间组织）—个人”，有时甚至是“国家—个人”（比如选举制度），以个人为基本单位，而中国的社会关系层级较多，基本为“国家—地缘集体（村庄、保甲等）—宗族—家庭（个人）”，以家庭为基本单位。

4.2.2　现代中西方社会关系差异

西方社会关系无论是从家庭角度，还是整个社会角度都没有发生明显改变，而中国在大规模开启工业化发展后，社会关系较大程度西化，主要表现为以下三点：

（1）独立小家庭化；

（2）实行计划生育后，宗族概念明显弱化；

（3）新中国成立后整体社会关系体现出强烈的“单位体制”，呈现“国家—单位—个人”的特点，但目前单位在社会关系中的重要性日益下降。

尽管家庭结构发生了重大改变，但是中国人关于家庭、血缘的传统观念并没有真正改变，在教育子女（特别是18岁以后）、赡养老人方面并没有接受西方的观念，但是空间上的分离造成了很大的社会麻烦。

4.2.3 分形研究

对于传统中国社会而言，“家”是浓缩了的“国”，“国”则是层层扩展后的“家”[7]。中国的社会关系有着明显的多层级迭代关系，并且各级迭代都存在与家庭类似的分形结构。在这个分形结构中，特别值得注意的是中国特有的“大家庭”与“宗族”这两层，是与西方社会有着明显不同的地方，这种特点在乡土社会中体现得尤为明显，在《白鹿原》等作品中有非常清晰的还原。

传统西方社会自公元前5世纪起就奠定了以公民为主体的社会结构，呈现出“公民—城市—国家（联邦）”的自相似分形结构，其中聚集平等公民的城市是西方社会群体关系的主要特点（图8）。

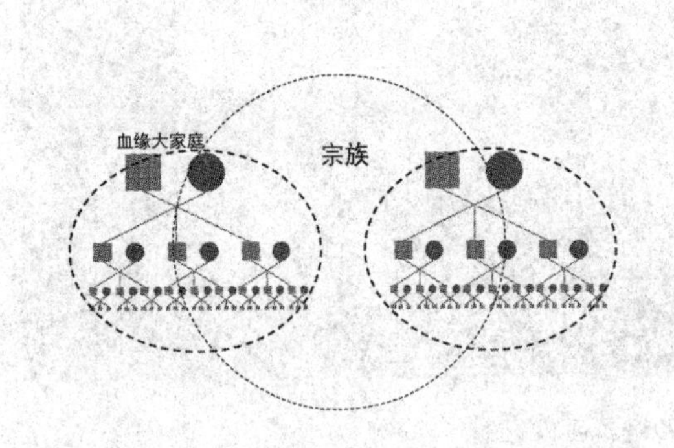

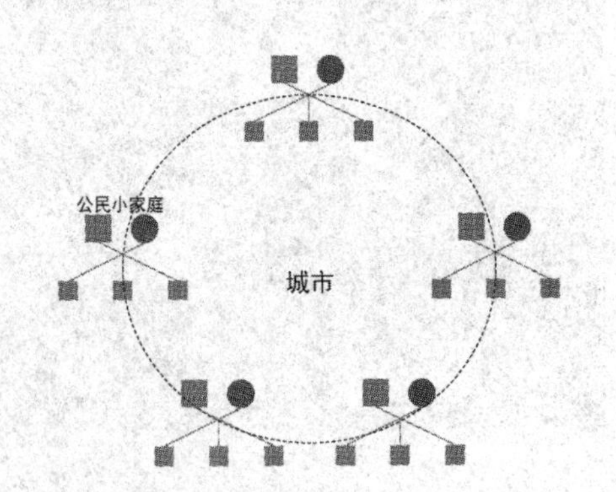

图8 中国传统社会关系分形结构图（左图）和西方社会群体关系分形结构图（右图）

4.3 综合关联分析

综合以上分形研究，将三个维度的迭代层级比较结果汇总如表1所示。

表1 三个维度的迭代层级比较结果

古代城市		现代城市	
中国4级迭代	西方2级迭代	中国2级迭代	西方2级迭代
古代社会		现代社会	
中国4级迭代	西方2~3级迭代	中国3~4级迭代	西方2~3级迭代

可以明显地看出，中国古代，以及西方的古代、现代，都存在着明显的城市空间与社会关系基本相同的迭代层次，唯独现代中国的城市空间（特别是居住空间）与社会关系之间存在着较大的迭代层次冲突，这可能正是当今中国诸多社会问题的根源之一，也是基层社区问题的根源之一。

5 以改变居住模式作为社区治理的重要方式

如上文所述，社区问题的本质在于没有将社区视为“家”的认同感，这源于我们传统的社会关系，因此本文所探讨的社区治理方式是回归几千年来中国人的群居心理，通过设置“类宗族”居住圈层和拉近“血缘空间”的方式，来自动削减社区矛盾。

5.1 以建立认同感为目的的居住模式改良探讨

首先明确的是在现代社会中完全恢复宗族群居的生活方式是不可能的，其次通过新中国成立后建立的“单位体制”，我们发现“类宗族”居住圈层是有可能实现的，但改革开放后的社会依靠单位来完成这一职能又是不可能的了。但我们可以探讨的是，是否可以通过职业类型、兴趣等非金钱的纽带因素，建立存在认同感的居住模式。

将由高档住区、中档住区和低档住区组成的居住体系转变为教师村、医生之家、设计村等组成的居住体系，比如在教师村中，业主可以来自不同的学校，但其职业类型是相近的，这样就形成一种天然的"类宗族"，并且相同的职业类型，还会进一步引发社区活动、社区商业的特质化，从而进一步强化认同感。

这种以职业为导向的社区完全可以通过市场化的运营模式得以实现，在尊重买卖自由选择的前提下，采用定向优惠的方式即可实现，只要一个社区中"主体人群"超过三分之一，其良性效应就会反应链式地出现，使每一个社区成为类似于以前"单位"的自我治理的细胞。

5.2 以强化血缘纽带为目的的居住模式改良探讨

将一家三口的小家庭模式，回归到祖孙三代的大家庭模式，在社会关系心理没有发生改变的情况下，中国的养老问题势必会回归家庭、回归社区，西方的养老院模式并不适合中国的实际情况。"社区有老，如同有宝"，老年人是社区关系的黏合剂，也具有使家庭顺利运行的关键作用，因此未来的社区、住宅单体是否能实现同在一个小区内居住或者是同一住宅内居住将会是一个重要的研究方向，以强化血缘纽带为目的的居住空间改良是一种一劳永逸的社区治理方式。

6 结语

本文进行了一次从空间上研究社会的尝试，以分形学探究两者的本质及内在联系，用简单形象的方式剖析了这样一个过程：中国与西方原本是两个独立的发展方向，但因为近代战争的原因，中国的城市空间体系突变式地吸收了西方城市空间体系，但中国的社会关系仍然延续着，因此出现了空间与社会的分形差异，这种差异也是诸多社会问题包括社区问题产生的根源之一，进而针对这样的根源，提出空间角度的社区治理方式。

参考文献

[1]深读周刊、蚌埠新闻网联合调查. http://www.bbnews.cn/xw/sdbd/2013/09/422777.shtml.

[2]北野. 中国社区治理的三个基本问题. http://house.focus.cn/showarticle/1855/539723.html.

[3]郑杭生，黄家亮. 当前我国社会管理和社区治理的新趋势. 共识网.

[4]九三学社北京市东城第二综合支社，阚劲军. 社区治理现状、存在问题及解决办法浅析. http://www.bj93.gov.cn/czyz/jyxc/t20140505_216944.htm.

[5]蒋拓，周勇航."农民上楼"的社会后效：城市化对农民生活方式的改变.

[6]分形城市、空间私有与NKS. http://www.abbs.com.cn/topic/read.php?cate=2&recid=8259.

[7]张云秀. 从家族到市民社会——以中西方家族、市民社会与国家的关系对比为视角[J]. 西南政法大学学报，2003，5(5)：45-48.

天津中心城区控规层面的现状调查和规划思考

谢水木　吴争研　王亚男
（天津市城市规划设计研究院）

摘　要：本文基于天津中心城区控规层面的现状调查过程和结果，分析了中心城区的人口、土地使用和建设，以及配套设施等几个方面的现状情况。对人口的调查过程和特点、土地使用和建设的变化、配套设施存在的问题等方面进行了重点分析，并结合该调查，提出了三个方面的思考：一是控规甚至其他规划在编制和管理中要与行政区划和社会管理进行良好、有效的对接；二是控规要注重标准中相关指标与实际现状的结合，要深入分析和合理落实专项规划的设施要求；三是控规要对城市的发展进行慎重、正确的引导。

关键词：天津；中心城区；控规；现状调查；思考

天津中心城区的现版控规方案成稿于2009年，在随后的规划管理中发挥了重要作用，但也陆续出现了各种问题，为更好地适应城市建设与规划管理，市规划局于2013年组织开展了“天津中心城区控制性详细规划深化”工作，对现版控规进行反思和修订。工作启动后，项目组于2014年初开展了针对中心城区的现状调查，既是为了实现该工作的规划目标和内容要求，同时也是借此机会，对中心城区城市建设现状情况进行一次摸底。为了数据的翔实和客观准确，调查采用了多种方式，包括针对基层管理单位和市、区两级专业部门的资料征集、座谈走访，以及项目组调查人员的现场踏勘，甚至网络辅助等技术手段。调查的结果引发了规划管理者甚至社会层面的反响，也引发了项目组的思考。

1　现状人口分析

1.1　现状人口统计过程

以人为本是规划的基本原则，但人口问题却一直是规划界的难题，因为人作为城市居住、就业、服务等空间的主导者和使用者，是不断地流动和变化的。规划体系从上到下基本上都面临这个难题，控规更是无法回避，因为人口是控规编制中建设量和环境容量测算，以及公共服务和基础设施配置等核心内容的基础依据，为此我们在本次现状调查中，对中心城区的现状人口展开了相对详尽的调查和统计分析。

通常与规划密切相关的人口为常住人口，但因常住人口一般由户籍人口加上居住6个月以上的外来暂住人口构成，因此，户籍人口也是本次调查的内容。调查中，各街（镇）、居（村）委会的现状户籍人口由各区公安局、派出所提供，是由各派出所按照各自管辖范围进行统计汇总的，相对比较准确。现状常住人口则复杂得多，其来源渠道有：街（镇）、居（村）行政和社会管理系统、公安系统、统计局、区政府，上述各渠道系统提供的常住人口数据往往不一致。规划还是需要以相对准确的常住人口数据作依据的。

综合考虑各渠道提供的数据，经过与各方多次对接沟通，分析各系统常住人口数据不一致的原因主要是人户分离，即居住地与户籍地不一致，包括一户多处住房、高校学生的跨区流动，以及在外地上班居住等，造成重复统计、超量统计。由此引发的问题就是常住人口等于户籍人口加暂住人口这个公式不再成立，因为户籍人口也未必在户籍地常住。对此，我们与统计部门一起开展补充调查，针对几类典型地区的人户分离比例、发展趋势等进行抽样调查，借此对相应地区的常住人口数据进行修正。

各系统常住人口数据不一致的原因还可能缘于高校学生是否纳入统计。考虑到大学生同样需要水电气热等市政设施配套，需要对外交通联系，因此本次调查把高校的学生也统计在内。

另外，环城四区外环线以内的地区，大多数街（镇）甚至居（村）委会等社会管理单元跨越外环线，从现有渠道无法准确剥离出环内部分的人口数据（图1）。对此，我们开展了现场补充调查，并通过互联网等技术方法，调查该地区的住宅套数，结合入住率评估，推算出该地区的现状常住人口。

1.2 现状人口统计结果

经过对各类数据的汇总、分析，并与各区反复对接，我们将中心城区现状常住人口数量确定为564万人，常住户数为199万户；现状户籍人口为429万人，户籍户数为160万户。

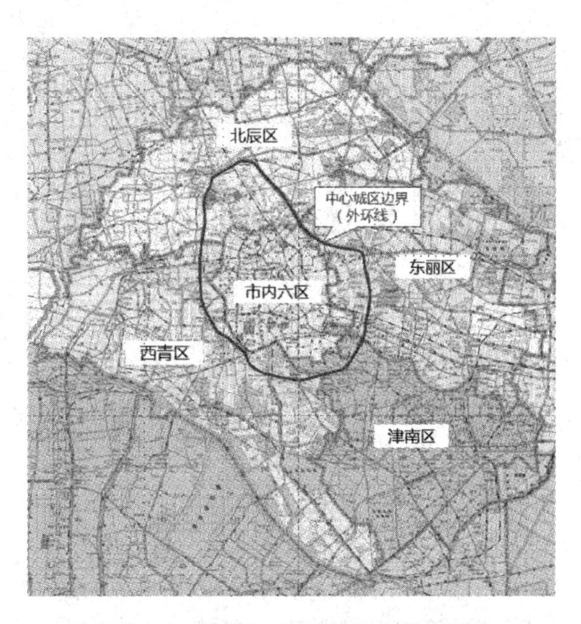

图1 中心城区与环城四区位置关系图

与统计年鉴相比，本次调查的常住人口数据有所降低，以可比的市内六区为例，统计年鉴的常住人口为490.91万人，本次调查统计确定为461.77万人。原因就是将人户分离等可能造成的重复、超量统计部分通过调查分析进行了相应的扣除，因此总体上本次调查的人口数据在力求真实的原则下，要比常规统计渠道的数据数量更低。

1.3 现状人口特点分析

从家庭规模来看，2013年底常住人口户平均2.83人，2005年的这一数据为2.95人，家庭规模呈小型化趋势。从人口的社会管理规模来看，市内六区街道平均人口规模约7.1万人，与规划管理中居住区的人口规模相当，居委会平均人口规模约5600人，将近2000户，介于居住小区和居住组团之间。

从各区常住人口的总量分布来看，南开、河西、河东三个区相当，均为100万上下，每个区都相当于一个大城市的规模。从常住人口与户籍人口的关系来看，各区的常住人口一般比户籍人口要多，符合通常的城市规律，但和平区例外，其户籍人口比常住人口多16%（图2）。

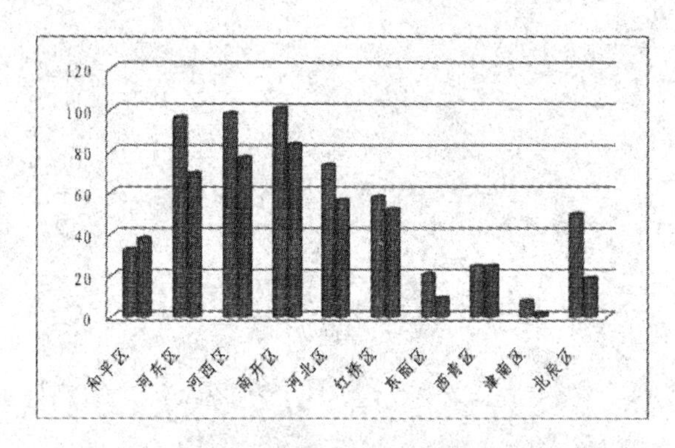

图2　各区现状常住人口和户籍人口对比图

（左柱为常住人口，右柱为户籍人口）

从人口密度来看，中心城区平均为1.66万人/平方千米，市内六区平均为2.43万人/平方千米，与上海、北京等城市同等概念的中心城区数值相近。有10个街镇的人口密度超过了4万人/平方千米，最高的街道达到5.4万人/平方千米，即人均城市建设用地只有18.5平方米。

从人口总量的发展速度来看，整个中心城区与2000年相比，常住人口增加了约120万人。从市内六区来看，2006年以前基本变化不大，2006年以后增长相对较快，总体增长速度远超2006版“总规”所提的“2020年控制在470万人以内”的要求。在市域范围内作比较，中心城区人口的发展速度远低于滨海新区，与农村地区相当（图3）。

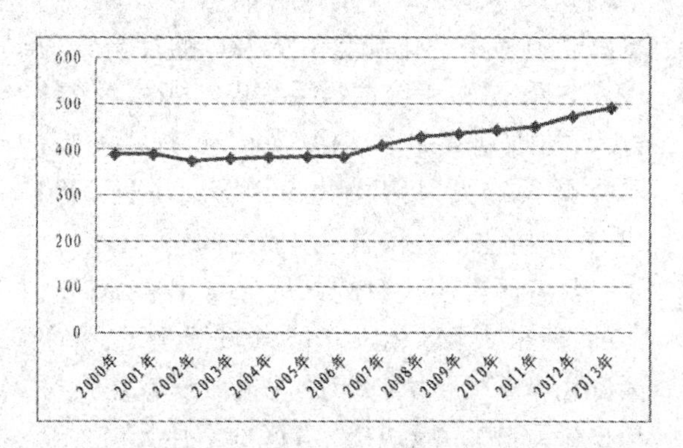

图3　人口历年变化趋势图

（因无中心城区准确历史数据，图中仅为市内六区数据）

从人口分布的发展趋势来看，中心城区整体上人口向外疏解趋势明显，市中心区域人口减少，靠近外环线的边缘区域增加。东南区域普遍有较大幅度增加。此外，和平区常住人口已呈现向外疏解的态势（图4）。

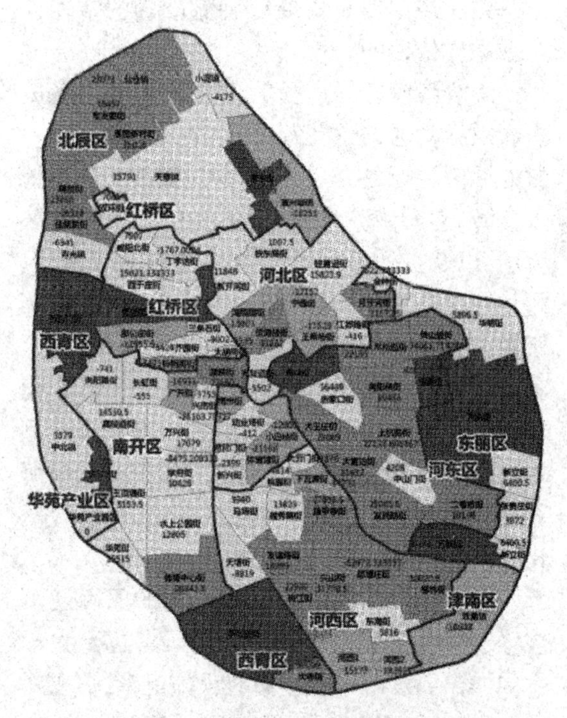

图4　人口增减变化图

2　现状土地使用与建设情况分析

2.1　现状土地使用情况

中心城区范围土地总面积约335平方千米，按照国家现行用地分类标准定义，城市建设用地的总规模约306平方千米。其中，所占比例最大的类别是居住用地，约占1/3（果然，城市的功能首先是人类的聚居地）；其次是道路用地，约占15%（虽然，交通还是很堵，但道路占地真是不少了）；然后是公共管理与公共服务设施用地，约占10%；除了居住，中心城区的土地还有约7%用于商业服务业、10%用于工业、9%用于绿地广场；此外，还有市政交通设施和物流仓储两类功能用地约各占2%；另有部分城市建设用地正在施工建设中，主要分布在解放南路地区、柳林地区等城市重点发展区域。除城市建设用地之外，尚有约29平方千米土地，用于河流坑塘、农林种植、铁路交通等功能。

城市土地的使用功能比例有其普遍的规律，体现在国家的相关标准中。与标准相比，天津中心城区的土地使用功能比例大体上呈现“一高两低”的特点。高于标准的是公共管理与公共服务设施用地，具体包括行政办公、教育科研、文化体育、医疗卫生等等，这些都是所谓的“中心”城区应该有的功能，而且服务要辐射整个天津甚至河北省的同胞们，占地多点儿可以理解，居住在中心城区的同胞也可以欣慰了：基本上可以说明中心城区的市、区级的大中型公共服务设施（小型的社区公共服务设施一般隐含在居住用地类别中）在用地空间意义上是足够的。低于标准的是工业用地、绿地及广场用地这两类，工业用地我们不好说比例低了好不好，因为涉及比较复杂的因素，比如中心城区就业岗位的合理数量与构成、土地效益的市场选择、工业外迁和东移的政策、产业升级和高端化的趋势等等，因此我们来看看绿地及广场用地，它明显低于标准的比例，说明我们的绿化环境和游憩空间没有足够的用地来保障。

从不同用途土地的空间分布来说，居住用地在中心城区范围内分布较为均匀；商业服务业设施用地主要分布在和平区等核心区域，工业与仓储物流用地则主要分布在外围地区。从局部来看，核心区土地使用功能混合的程度较高，尺度较小，而外围地区的单一功能区块较多，尺度较大，从城市活力、职住平衡等角度而言，后者会更为不利。

2.2 土地使用变化分析

与2005年相比，工业仓储用地减少了约20平方千米，目前仅剩下2005年的约60%，10年来中心城区工业东移、外迁的成效相当显著；非建设用地减少了30多平方千米，每年减少3~4平方千米，即城市建设逐年向外围扩展，另外正在施工的用地多了很多，反映出城市建设活动比2005年大量增加。

进一步对比1999年的相关数据，从三个时间节点来看，工业用地从2005年之后的减少幅度和速度明显大于2005年之前，按照这个减少速度，不远的将来，中心城区的工业用地将会是大熊猫似的稀缺存在（图5）。

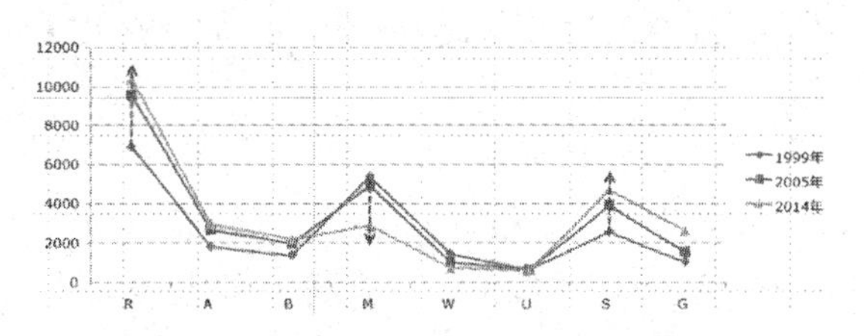

图5 中心城区土地使用变化趋势图

2.3 建设情况分析

中心城区现状建筑总面积为2.4亿平方米，城市建设用地平均开发强度为0.76，平均建筑密度为19%，平均绿地率为25.6%。

与2005年相比，建筑总规模增加了0.6亿平方米，其中，居住建筑的增量占71%；平均开发强度提高了0.17，平均建筑密度则降低了1%，城市的平均“身高”有了明显增长。

从各类主要用地的具体情况来看，现状居住用地的平均容积率为1.52，平均建筑高度约为5层，可见住宅仍以多层占主导。居住用地平均建筑密度偏大，达30%，平均绿地率则严重偏低，仅为17%。人均居住用地约18平方米，人均居住建筑面积约28平方米，均低于相关的国家标准和地方标准（表1）。

表1 居住用地现状部分数据与标准指标对比表

项目	标准指标	现状数据
人均居住用地面积/(m^2/人)	20~28	18.44
居住用地绿地率/(%)	35~40	17

注：表中人均居住用地标准指标为《城市居住区规划设计规范》中“多层”所对应的人均指标。

现状工业仓储用地分布在西北和东南，总体较零散，平均容积率仅为0.50，土地的集约利用程度严重不足，与中心城区的整体土地使用强度和效益不匹配。与2005年相比，工业仓储用地大幅减少，说明外迁很明显，但工业仓储用地的平均容积率仅提高了0.09，说明留下的这些工业仓储用地并未做多少集约化利用方面的改造，大多是一种被动的暂时的留存，实际情况也是如此，有不少工业企业处于停产状态。

现状商业服务业用地平均容积率约1.36，平均建筑高度为4层，平均建筑密度为35%，使用强度偏低，土地利用效益低。与2005年相比，开发强度提高了0.52，提高了60%，其原因一方面是原城市边缘的大型的开发强度低的专业市场被迁出，另一方面是近年来商务办公、大型商业设施的建设密集，使土地的集约利用程度有显著提高。

3 现状设施分析

3.1 现状公共服务设施情况

参照《天津市居住区公共服务设施配置标准》(DB 29—7—2008)，结合本次现状调查的目的和具体要求，公共服务设施的调查对象主要为社区配套设施，包括9大类(表2)。

为对应调查对象和社会管理，本次调查将公共服务设施分为街道级和居委会级两个级别进行统计分析。这两级设施的现状情况也呈现出了有所区别的特点。与街道对应的设施中：从设施类别来看，文化设施最为缺乏，其次为司法所、社区综合服务中心等社会管理和新增类型设施；从区域差别来看，并未呈现明显的中心区完善、外围区缺乏的特点，因为东丽区、北辰区设施类型配置也与市内六区相似，较为齐全，因上述两区的发展重心和行政中心都在中心城区内，街道级的管理相对完善。与居委会对应的设施中：从设施类别来看，托老所缺口较大，配置率仅为15%，其次为社区服务站和社区卫生服务站；从区域差别来看，与街道级有所区别，市内六区设施类型较为齐全，环城四区则明显缺乏；从实际管理来看，居委会的覆盖和管理确实存在较多问题。

表2 现状社区配套设施分类表

序号	类别	内容
1	教育设施	中学、小学、幼儿园
2	医疗卫生设施	社区卫生服务中心、社区卫生服务站
3	社会管理设施	街道办、居委会、社区综合服务中心、社区服务站
4	公安司法设施	派出所、社区警务室、司法所
5	养老设施	社区养老院、托老所
6	文化设施	社区文化活动中心、社区文化活动站
7	体育设施	室内综合健身馆、社区体育运动场、居民活动场
8	绿地设施	居住区公园、小区中心绿地
9	商业设施	社区商业服务中心、菜市场、社区商业服务网点

3.2 现状基础设施情况

道路方面，中心城区路网密度为4.5千米/平方千米，与规范要求的5.4～7.1千米/平方千米存在较大差距；次支路网密度不足，是道路拥堵的主要因素；建设快速推进的地区，道路建设严重滞后于土地的开发建设，为当前和未来埋下交通拥堵隐患。慢行交通通行空间被挤占，出行占比不断降低。天津作为一个曾经的自行车“大城”，已渐渐失去自行车的通行空间(图6)。

图6 中心城区现状道路图

轨道交通方面，整体发展速度与城市发展水平不相适应；现状运营线路缺乏与城市其他规划的有效衔接；既有运营轨道线路运营规模仍然偏小，换乘节点少，限制了其优势的发挥；与轨道交通衔接的设施建设滞后。

市政设施方面，个别设施不能满足新形势的要求，存在建设标准低、环境影响大等问题，如雨水泵站、燃煤锅炉房、燃气调压站、消防站等，急需进行改造和扩建；各类市政设施普遍存在场地租赁和借用的情况，不利于持续可靠地提供服务。

4 规划思考

4.1 关于控规管理与社会管理的对接

本次现状调查对于控规甚至其他规划在编制和管理中如何与行政区划和社会管理进行良好、有效的对接，有较深入的思考，包括以下几个方面：

一是需要理顺中心城区范围概念与行政区划的关系。因为没有完整对应的管理区划，涉及环城四区的外环线以内地区的数据调查都非常棘手。从便于统计、规划、管理的角度出发，中心城区与行政区划应当调整一致。

二是中心城区与环外地区如何联动发展。仅从中心城区自身来看，其用地功能构成有很多不合理的地方，但这些不合理其实是更大范围的“合理”，因为中心城区与环外地区甚至滨海新区存在错综复杂的联系，仅从职住关系来看，就是一张复杂的网，而且是动态的网，规划仅以中心城区为对象很难分析得出最真实的结论。同理，仅以中心城区为对象也难以进行最有效的规划管理。

三是中心城区内部的均衡发展也与中心城区与行政区划的适应性有关。近年来中心城区的发展重心持续向南、向东偏移，现有的外环线和之前与之配套的环线加放射路网的格局逐渐不相匹配，是改变环线规划的格局，还是均衡城市的发展，抑或兼而有之，是规划编制和管理需要思考的问题。

四是规划管理与社会管理在基层单元层面的对接至关重要。居委会人口规模介于居住小区和组团之间，那么规划中配置的居住小区级和组团级设施谁来管理和维护？另外，随着新建和改造的居住用地容积率普遍高于2.0，远高于现状的居住平均容积率，由此带来同等服务半径范围内的住房总量增加，即居住人口增多，因此，未来居委会尤其新建地区的居委会人口规模将扩大，天津民政系统要求达到3000户，即8000多人，以使居委会级配套服务设施可以发挥应有的效率。规划有必要将设施的分级与社会管理的分级和发展要求相对应。

4.2 关于控规与配套标准和专项规划的关系

一是要注重标准中相关指标与现状实际情况的结合。以基础教育设施为例，随着近年来人口年龄结构的变化，现状实际适龄学生数与配套标准计算数值相比存在较大偏差（表3）。

表3　现行标准与现状数据下的基础教育设施需求缺口测算对比表

学校	配套标准中的学生数	现状学生数	按配套标准核算的学校缺口		按现状数据核算的学校缺口		备注
幼儿园	280幼儿/万人	213幼儿/万人	3660班	305所	1758班	147所	30幼儿/班
小学	500小学生/万人	383小学生/万人	1646班	69所	多70班	多3所	40小学生/班
中学	440中学生/万人	302中学生/万人	1228班	41所	多43班	多1所	45中学生/班

二是要深入分析和合理落实专项规划的设施要求。现状调查中发现：部分设施已合理规划和建设，却被不合理使用甚至被挪用；部分设施长期空置；部分设施明显不足但通过市场调节完全可以满足实际需求等等。但另一方面，专项规划往往生硬执行相关标准，甚至迎合专业局的意志一味追求设施规模的最大化，如果控规不加以分析判断，容易造成用地的浪费，使该保障的公共利益得不到保障，甚至沦为专业局追求不合理利益的工具。在建成区的更新规划中，控规更应该灵活应用标准，从现状中去发现问题和需求，进行针对性的规划提升和完善。

4.3　关于控规的导向

居住用地和人口的发展如何引导：综合分析现状，考虑与其他城市的对比，天津中心城区的人口总量和平均密度尚未超常，发展速度并未失控（如果不考虑总规要求），人口的分布和发展趋势总体上符合正常规律。在此基础上，我们借鉴其他城市的规划经验，初步提出“适度控制总量，优化均衡布局”的总体策略。将中心城区分为四类区进行规划人口的导控，分别为人口疏解区、人口控制区、人口集聚区、人口引导区，不同的分区实施不同程度的控制和引导措施，以引导人口的有序调整，使中心城区人口的空间布局与城市的形态、功能和资源环境等协调发展。

城市核心区吸引力如何优化：和平区户籍人口高于常住人口，而且常住人口呈逐年减少的趋势，而户籍人口并未如此，这里既有历史的原因如人口居住地外迁而户籍未迁出，也有现在的原因。目前仍然有新的户籍人口加入而居住地并未迁入，是否说明其作为居住地区的吸引力要明显小于其他方面的吸引力，如我们可以想象的优质基础教育资源，以及良好的医疗、文化等公共服务设施条件的吸引力。那么，规划是否应该改善其居住条件，鼓励优质的公共服务资源向更大范围的地区进行均衡配置，使其吸引力更加综合呢？这样也许可以减少部分通勤交通的压力。其他核心区也面临这一问题。

工业用地何去何从、就业空间如何保障：工业面临被彻底挤出中心城区的境地，是否需要控制减少的速度？工业外迁、退二进三的战略是否需要重新审视？工业遗产如何保护和利用？商业服务业面临空置情况，外围的专业市场受外环以内交通限行、土地高效益开发的挤压等，也面临外迁压力。那么未来中心城区的就业空间如何满足？如何引导产业的提升改造、就业岗位的适量和多样化？工业如何提升？现代服务业又如何发展？这些问题尚无完美的答案，需要我们在后续的控规深化工作中持续深入的思考。

5　小结

规划进入存量时代、城市更新时代，规划的价值取向和技术手法也需要转变，其中的一点是更需要从现状出发，以实际的问题和需求为导向来进行规划的编制和管理。本次控规转变思路，改变以总体城市设计为先导和依据的做法，而是从现状出发，进行了将近一年的现状调查，为后续控规的修订奠定了坚实的基础。同时，调查的过程和结果对我们也有诸多的启发，对于我们思考控规以及其他规划的发展有着一定的意义。

参考文献

[1]天津市城市规划设计研究院．天津市中心城区控制性详细规划深化现状调查报告．

[2]天津市城乡建设委员会．DB/T 29—7—2014 天津市居住区公共服务设施配置标准[S]．

"小街廓、密路网"落地中国
——从萨瓦纳模式到天津滨海实践

沈佶　周艺怡　沈伦

（天津市城市规划设计研究院）

摘　要："小街廓、密路网"城市模式的本土化是一个充满斗争与妥协的异常艰难的实践过程。本文分析了美国新城市主义提倡的"窄路密网"城市用地模式，以及在天津滨海新区实施项目中推进该模式的公共服务体制困境与技术规范问题，并初步提出基于城市设计实践的对策建议。

关键词：萨瓦纳模式；窄路密网；公共服务供应体制；社区规划；天津滨海新区

1　"小街廓、密路网"城市模式的发展与实践

1.1　古典时代的城市原型：希腊米利都城

古典时代的人类城市营造，始终存在着两个不同的发展方向：整体性规划的"人工城市"与渐进式有机生长的"自然城市"。其中，在作为统一整体而被设计营造的城市中，追求统一化的空间秩序与多样化的空间特质始终是城市发展的主要特征。

公元前5世纪，"城市规划之父"希波丹姆斯主持了在战争中被毁灭的家乡米利都城重建规划（图1）。规划充分体现了柏拉图的"理想国"思想，遵循古希腊哲理，基于几何学（土地测量法）追求几何和数的和谐，建立起秩序化和程序化的理性城市模式。三个围绕市场综合体的居住社区被宽敞的街道分隔成大型街区，再由支路进行细分。伴随着亚历山大大帝的征服之剑，这种网格城市逐步遍布了整个古代世界，远及波斯和美索不达米亚。

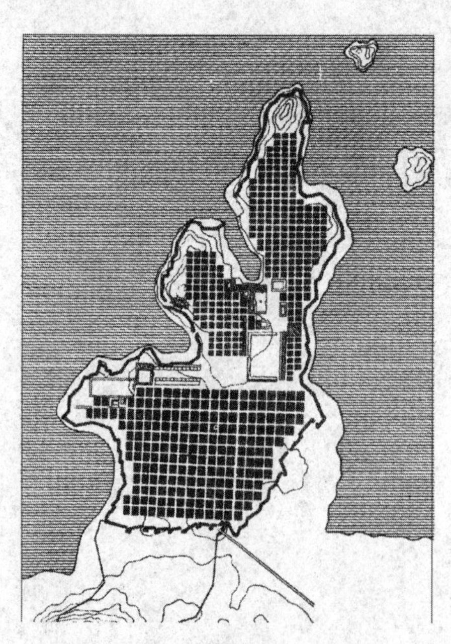

图1　希腊米利都城的城市肌理

（图片源于《世界城市史》）

1.2 启蒙时代的城市范式：美国萨瓦纳城

美国佐治亚州的萨瓦纳城（Savannah，Georgia）始建于1733年，第一代拓荒者詹姆斯·奥格尔索普（James Oglethorpe）将古代罗马军营模式转化成一种可以不断拓展的社区单元细胞模型——城市网格以方形社区为单位，每个社区内有各自的广场，广场尺度大约为315英尺×270英尺（约96米×82米）。每个广场东西两边的地块上布置了教堂、商店等公共建筑，其余两边总共分成40块宅基地，由于共同分享中心位置的公共服务设施，因此各个社区之间保持着密切的社会联系。

这种以“小街廓、密路网、窄道路”为特征的城市形态与空间肌理组织方法，在城市设计专业教科书中被称为“萨瓦纳模式”。由12个街坊围绕中心广场组成的细胞状结构单位，可以不断复制和无限扩展，直到19世纪萨瓦纳城还一直以这种基本模式向外扩展着（图2）。萨瓦纳模式与1785年通过的美国联邦土地法《国家土地条例》一起，随着疆域向西部拓展而成功推广——18世纪与19世纪的美国新兴城市争相效仿，网格状城市几乎毫无例外地遍布整个北美大陆，从东部英格兰新教殖民地城市费城、纽约，一直到西部太平洋沿岸的铁路淘金小镇旧金山、波特兰。

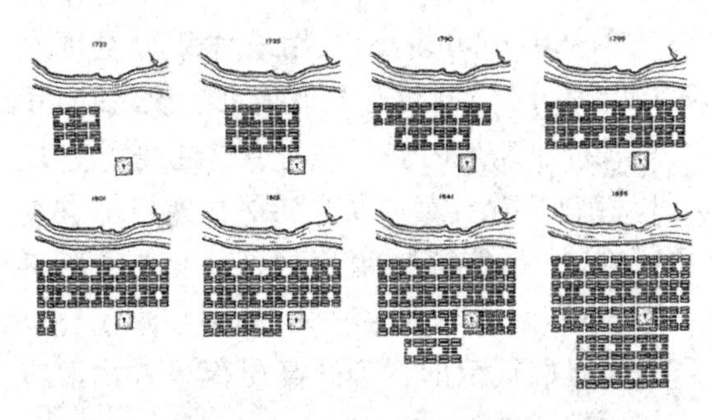

图2 萨瓦纳城120年内的城市演变图解

（图片源于《新城市艺术与城市规划元素》）

在当年北美大陆工程测量技术匮乏和土地投机与开发等因素的影响下，这些城市路网形式基本上都规划为高密度的方格网形式，其特征表现为：连续的直路相交网格，道路宽度较窄并基本一致，无明显的道路等级，同时街坊尺度较小，居住街坊边长均在80~120米之间。一方面是这种间距100米左右的高密度格网系统对城市未来发展可以预留足够的弹性与空间适应性；另一方面，这种土地利用模式在鼓励步行交通、促进社会交往、增加商业沿街面积、缓解交通压力等方面，有助于促进城市内在活力的提升。

1.3 当代北美的城市实践：新城市主义思潮

20世纪90年代初期，在美国新城市主义设计师彼得·卡尔索普（Peter Calthorpe）、丹尼尔·所罗门（Daniel Solomon）等人的大力倡导之下，一些郊区新城规划也从两百多年前古老的“萨瓦纳模式”中汲取人本美学营养，将北美传统的高密度城市格网形态及土地混合使用，与宜人街道尺度、生态绿街系统、TOD开发模式、公交与步行优先交通策略等一系列新理念新技术相结合，提出既充满活力又低碳节能的规划方案，比如美国WRT公司编制的新城市主义代表作加州“圣何塞市小狼谷地区防扩张规划”（Preventing Sprawl in Coyote Valley of San Jose）。

规划在现有路网骨架的基础上，内部街道网确立了美国西海岸湾区典型的750英尺×500英尺（220米×140米）的网格式路网和3:2比例的街坊尺度。这种高度灵活的城市空间骨架，既可以适应未来多种城市土地功能的弹性使用，同时那些被细分出来的步行友好的小型街坊，也有利于整合鼓励居民交往的邻里公园和提升社区活力的城市广场（图3）。

1.4 当代中国的城市实践：从“超级街区模式”到“窄路密网模式”

当代中国城市的住房建设以惊人的速度成长，以至于规划的基础原型与建筑形态都采用了简单而可以快速复制的形态：不断重复的

图3 圣何塞市小狼谷防扩张规划

（图片由美国WRT公司丹尼尔·所罗门工作室提供）

行列式建筑、极宽的街道、漠视行人与自行车交通的超大封闭街廓，成了中国住区建设甚至城市建设的主流都市形态。

随着新城市主义思潮引入中国城市规划领域，这种令人耳目一新的规划思想与设计方法，与专业界沿用至今的惯用方法完全不同。这两种属于城市微观层面的用地与道路布局模式，从专业角度稍加对比就"高下立现"：一种是西方市场经济模式与土地开发机制下，以"小街廓、密路网、窄街道"为形态特征，强调步行优先的高密度、高渗透性、功能混合促进人际交流、社区绿地对外开放的"窄路密网模式"；另一种则是以"大街区、稀路网、宽马路"为形态特征，强调机动车优先的超大尺度、离散的街道空间、内向式封闭管理的"超级街区模式"。国内业界不断有学者在反思"超级居住区"的种种问题（任春洋2008年、赵燕菁2011年、扈万泰2012年），呼吁推进"窄路密网"的城市土地组织模式，反对大型封闭式居住街区已经基本上成为学术界的共识。

与此同时，中国城市设计专业界也积极投入到规划实践中，从城市商务区类型的深圳福田商务区22－23地块规划（美国SOM公司，2005年），到城市新城开发类型的唐山机场新区规划（天津华汇环境设计公司，2009年），再到居住区重建类型的都江堰壹街区规划（上海同济大学规划院，2012年）。笔者所在的设计团队，在天津市滨海新区的未来科技城渤龙湖总部基地、中部新城南组团居住区、于家堡金融商务区等一系列实施项目中，不断实践了这一设计方法。

2 "小街廓、密路网"落地中国的体制困境与对策建议

2.1 反思现行的城市公共服务供应体制

"窄路密网"用地模式的本土化是一个充满斗争与妥协的异常艰难的实践过程。新城市主义所倡导的窄路密网、功能混合、公交优先、社区场所营造等先进理念在当前中国城市快速增长的发展阶段，依然缺乏可以使其茁壮成长的体制土壤。

以滨海未来科技城渤龙湖总部基地项目为例，在最初的城市设计方案中，120～150米见方的居住地块是组成产业生活配套区的基本单位。而在实施过程中，二级建筑开发商从土地市场中一次性拿到几十公顷的土地，而非由城市支路分割后的1～2公顷小幅街坊。开发商在土地招牌挂程序后，总会按照现在国内常见的"居住大盘"操作模式，将八九幅面积在1～2公顷的居住用地合并成一幅面积10～20公顷的传统居住小区来整体开发，造成原来城市设计版本中小尺度的居住街坊重新变成了400～500米见方、用地面积20公顷左右的居住小区；同时开发商请来的建筑师，总会取消原来基地内规划好的道路红线宽度10～12米的横纵支路以及多层居住建筑围合院落模式，按照传统封闭式居住小区"通而不畅"的内部环路、"四菜一汤"的中心绿地公园和满足日照规范的行列式高层板楼方式重新布局（图4、图5）。

这种情况在滨海新区其他土地价格相对低廉的居住新城和产业配套生活区项目上也反复出现，成为规划管理方与开发方不断"拉锯"的地方。开始，笔者认为是建筑师思想保

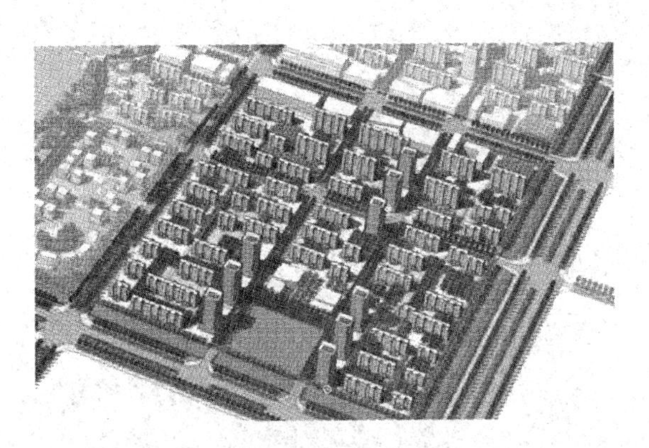

图4 渤龙湖总部基地规划方案中"小街廓、密路网"居住街坊

图5 开发商对同一基地提出的修建性详细规划
（图片由航天置业公司提供）

守、手法陈旧，而开发商习惯了"大盘操作"的开发方式，还没有认识到新模式的优势，于是决定通过制订城市设计导则的方式，与规划管理者一起推进新城市主义城市规划理念。但现实情况却是，大家在办公室就算是经过不断讨论，管理方、建设方、设计方都认为"小街廓、密路网"模式要优于"大街区、稀路网"模式，但真正操作起来，城市居住区的路网格局却又不自觉地回到"大路网、大街区"模式中。

为什么优势如此明显的"小街廓、密路网"用地模式无法在中国城市生根发芽、广为推广？在笔者有机会与开发商坐下来面对面地深入沟通之后，才发现执行中巨大阻力的源头，其实是中国城市现行的公共服务设施供应体制。

中国城市公共服务的供给方式，在很大程度上决定了城市微观层面道路与土地的规划模式。中国城市居民能够享受到的公共服务是两级组织分别提供：第一级公共服务的提供组织是地方政府或有政府背景的一级土地运营方（如每个城市中的城投公司、建投公司），他们为新城未来的投资方（房地产开发商、生产企业、商业办公机构）提供基本公共服务，这些服务包括土地征转、城市主次干道、大型市政基础设施、大型教育医疗机构、公共治安消防等；第二级公共服务的提供组织是具体进行居住区建设与销售的二级建筑开发方，他们为购买新城楼盘的城市居民提供与日常生活息息相关的居住公共服务，包括中小学、大型超市、零售商业街和小区公园等等。

在中国的大部分城市新城中，地方政府或一级土地运营方出于快速开发和土地招商的目的，其所提供的基本公共服务主要是"七通一平"，城市道路与市政基础设施仅修到主次干道，从而形成低密度的城市道路网络。而城市支路和居住区内支路的建设则严重不足，居住区级道路（市政）设施只能交由开发商自建或交"市政大配套费"由政府背景的市政公司代为建设，因此要求二级建筑开发商在担负大量建设成本后，再去向社会开放共享市政资源，显然违背了经济公平原则。

由此可见，个性化的居住公共服务提供的规模越大、数量越多，从摊薄成本的角度居住小区的规模就必须越大。这就解释了中国的城市居住街区规模远大于国外同类街区的内在原因：城市公共服务的两级供应体制，决定了中国居住街坊的大小——地方政府承担的基本公共服务越多，居住街坊就会越小；反之，开发商建设的居住小区自身承担的居住公共服务越多，封闭型居住街坊就会越大——正是这股主导当代中国房地产开发的大型化与规模化趋势，成为"窄路密网"用地模式落地中国的最大阻力。

2.2 现行公共服务体制下的社区规划对策

在近期无法马上改善体制问题的条件下，新城市主义提倡的“百米间距居住街坊”在中国大多数城市新城地区面临难以实施的现实，这就需要城市规划师不必强求“一步到位”，设法在城市形态上找到城市管理方与土地开发方都能接受的“折中方案”。

在滨海新区中部新城南组团城市设计中，规划师将城市支路的间距尺度适当扩大到200～300米，形成一系列用地面积在4～6公顷的居住邻里单元。规划建议以200～300米道路间距为基本参照，恰好是目前城市道路交通规范中确定的城市支路间距。这里包含了对热衷城市干道建设而忽视城市支路建设的现实问题的修正，同时也包含了对现阶段封闭式管理社区的社会现状的妥协——既承认封闭式大型居住街区的现状，又主张减小街区尺度，为创造适宜的街道尺度、有活力的城市街道提供物质空间基础。与此同时，针对两三百米尺度的标准居住街坊，规划建议采用由多层花园洋房、小高层公寓塔楼、沿街商业裙房、社区公园与公共配套设施组合而成的居住空间模式，避免形成单调刻板的低密度行列式高层居住社区（图6、图7）。

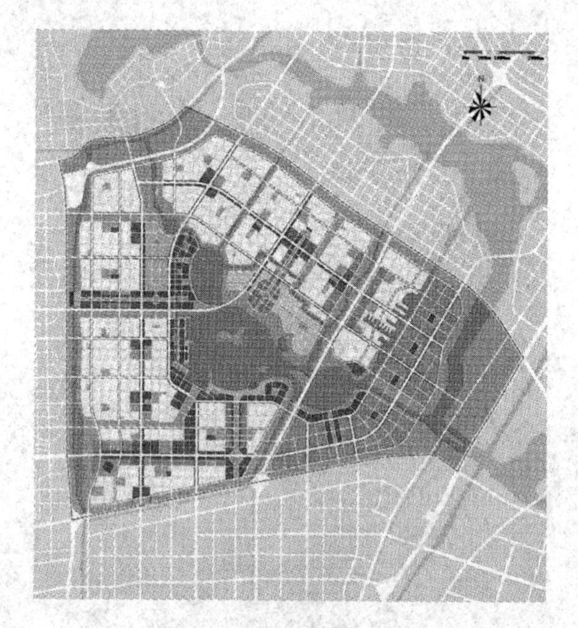

图6 滨海新区中部新城南组团城市设计

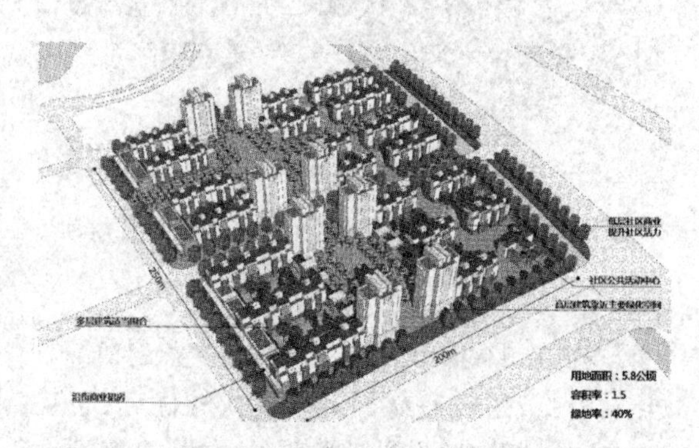

图7 城市设计中的“小街廓、密路网”标准居住街坊

从长远发展来看，推进以“窄路密网”为形态特征的土地组织模式，地方政府公共服务职能的精细化是必经之路。地方政府的各个城市建设与管理维护部门需要放弃按照超级街廓住区尺度的粗放式管理方式，规划管理、交通管理、市容环境卫生、公安消防等部门将管理职责范围深化细化到城市支路层面。

在不断加大与深化地方政府或者城市一级土地运营商的公共服务力度与层次的同时，与此相应的是地方政府针对城市居民征收物业税来平衡城市运营成本的增加，从而减轻二级建筑开发商的公共服务范围与成本，使他们能够在经济上减轻运营成本负担，接受日益缩小的开发尺度与运营规模。

3 “小街廓、密路网”落地中国的技术规范问题与对策建议

“窄路密网”用地模式落地中国的最大阻力来自于现行的公共服务设施供应体制；同时，现行的以机动车交通优先为出发点的道路交通规范，却是一支以小博大的“无形画笔”，时刻左右着城市社区的最终形态——管理方、开发商、规划师都无法承担挑战规范的“时间成本”与“职业风险”，在高容积率要求下还要符合现行城市规范，其结果必然是城市难逃“大街区、稀路网、宽马路”的老路，这些规划

师习以为常的技术规范，的确到了必须逐步调整的时候了。

3.1 道路结构系统：从“树型分级结构”到“匀质网络结构”

为了保证城市机动车交通的通行顺畅，《城市道路交通规划设计规范》（1995 年版）通过四级道路分级、道路网密度、道路宽度等一系列控制指标，引导城市道路系统形成以汇集交通流为主要特征的树型分级的道路结构（表 1）。

表 1 大城市道路网规划指标①

项 目	城市规模与人口/万人		快速路	主干路	次干路	支 路
机动车速度/(km/h)	大城市	>200	80	60	40	30
		≤200	60~80	40~60	40	30
道路网密度/(km/ km^2)	大城市	>200	0.4~0.5	0.8~1.2	1.2~1.4	3~4
		≤200	0.3~0.4	0.8~1.2	1.2~1.4	3~4
道路中机动车车道条数/条	大城市	>200	6~8	6~8	4~6	3~4
		≤200	4~6	4~6	4~6	2
道路宽度/m	大城市	>200	40~45	45~55	40~50	15~30
		≤200	35~40	40~50	30~45	15~20

注：因篇幅所限未列出中等城市与小城市的技术指标。

其实，在对该规范的条文解释中曾经特别明确地提出要重视城市支路的建设——“城市中支路密、用地划成小的地块，有利于分块出售、开发，也便于埋设地下管线、开辟较多的公共交通线路，有利于提高城市基础设施的服务水平。对照国内外一些城市的实例和经验教训，在道路网中必须重视支路的规划”。

但是，在实际城市建设中，出于快速开发目的，城市道路仅修到主次干道，从而形成低密度的城市道路网络。缺乏支路有力补充的树型分级路网结构，再加上现行居住小区规划强调“小区道路通而不畅”，结果表面上是横纵分明的方格网道路，实际是主干道间距 800~900 米、次干道间距 500~600 米，从而围合成面积 20~30 公顷以上超大尺度的街廓。

树型分级道路结构的替代方案，是采用弱化道路分级、强化道路结构高连续性、最大化道路密度和十字交叉路口数量、最小化道路红线宽度的匀质网络道路结构，这是推进“窄路密网”模式的关键技术，亦是“公交优先、步行优先”基本原则的集中体现。与多车道的单一大型主干道相比，采用细密匀质的街道网络可使出行效率和安全性显著提升（图 8、图 9）。

在大力建设公共客运系统的前提下，逐步减少和取消位于城市中心区内的高速公路与快速道路，从而达到减少城市机动车交通总量和改进交通出行方式的效果。同时，在规划中将城市主干道、次干道、城市支路三级道路的道路密度按照技术规范中的上限取值，而道路红线宽度（主要是车行道数量与宽度）按照技术规范中的下限取值。在历史街区与城市商

① 中华人民共和国建设部. GB 50220—1995 城市道路交通规划设计规范[S].

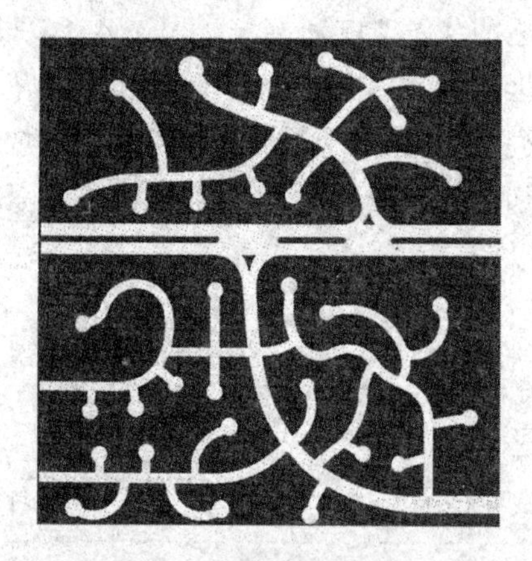

图8　树型分级结构

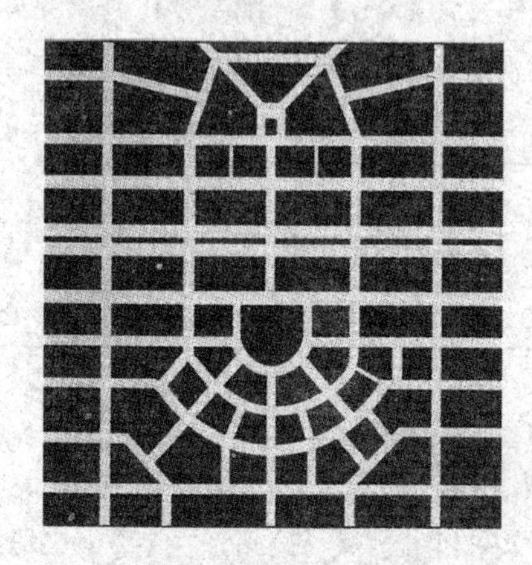

图9　匀质网络结构

（图片源于《城和市的语言：城市规划图解词典》）

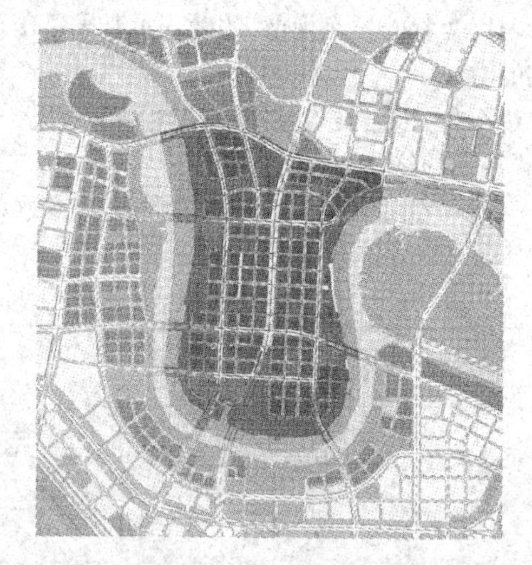

图10　于家堡商务区控制性详细规划

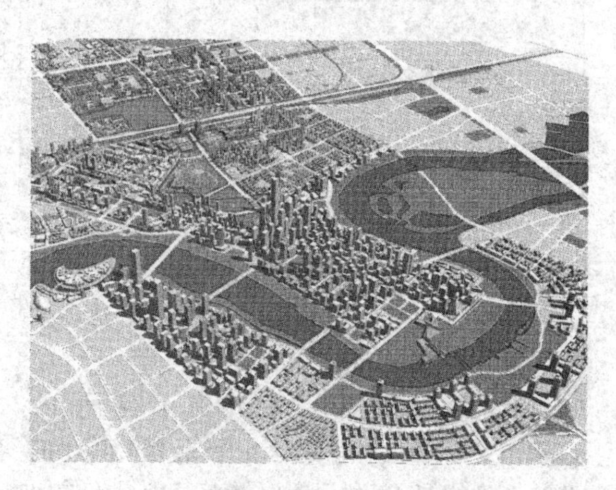

图11　于家堡商务区"窄路密网"的空间组织结构

业商务活动集中区域，甚至可以通过设立特别管制区制度和特别论证程序等方式，鼓励道路密度与道路宽度突破现行技术规范，分别实现最大化与最小化的正向调整。

以滨海新区于家堡金融商务区为例，在保证京津城际车站选址于家堡金融区北端，实现与北京南站45分钟通勤交通的前提下，交通规划基于"公交优先、轨道先行"原则，规划采用"窄路密网"的空间组织结构，道路间距在100米左右，形成密路网结构。规划道路断面除三条城市主干道采用40米红线宽度外，其他道路不再划分次干道与城市支路两个等级，平均红线宽度控制在20米，力图打造一个适合步行的慢行系统体系（图10、图11）。

3.2　城市交通规划：从"交通畅达"到"交通稳静化"

20世纪90年代，美国在新城市主义发展背景下学习欧洲荷兰与英国的经验，以加州伯克利城市交通实践为开端，将控制机动车车速的"交通稳静化"（Traffic Calming）理论逐步发展成为完整成熟的技术措施。"交通稳静化"并非要禁止机动车的通行，而是通过技术措施为步行者、自行车使用者和社区居民营造安全和愉悦的道路环境。其中，因为必须与"窄路密网"的城市形态相配合，其与现行道路交通规范有相冲突的地方，主要包括以下三个方面：

3.2.1　减小道路转弯半径

较大的道路转弯半径允许机动车以较高速度转弯,还会增加人行穿过车道所需时间和暴露于移动交通的潜在时间,更不利于土地的集约高效利用。较小的转弯半径迫使机动车在转弯前减速或接近完全停止,并缩短了人行横道长度,增加步行的连续性。因此,减小转弯半径是指在街道交叉口的转角处,鼓励道路红线为直角相交而非国内现行规范的切角相交,鼓励路缘石的设计转弯半径减小到 5 ~ 10 米而非国内现行规范的 15 ~ 20 米,迫使机动车在转弯时减速,以确保过街行人的安全(图12)。

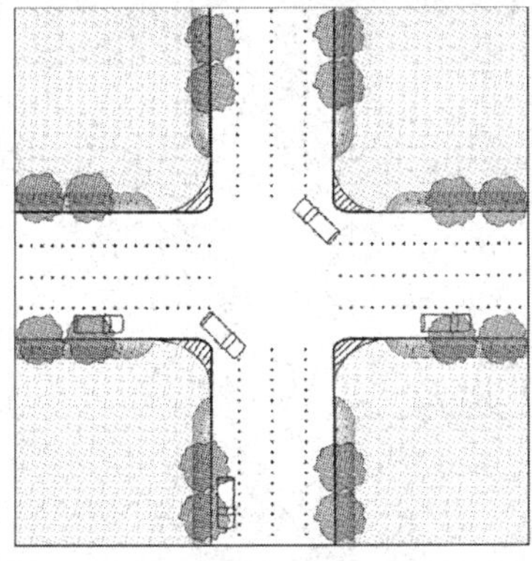

图 12　减小道路转弯半径

(图片源于《城和市语言:城市规划图解词典》)

3.2.2　设置速度瓶颈

设置速度瓶颈,是国外"窄路密网"建设模式中"交通稳静化"的一项成熟技术措施,而在中国现行道路规范中则是一个空白。机动车在宽阔平直的城市道路上行驶时,驾驶者一定会提高车速。而速度瓶颈则将直而宽的道路改变为曲而窄的道路,从而降低机动车车速。速度瓶颈经常以成对的方式错位安装在城市次干道或支路两侧,以道路总宽度来确定其进入道路的尺寸,一般进入道路的宽度控制在 3 ~4 米之间,不仅未对驾驶者产生不良影响,而且还能对营造丰富的城市街道景观起到良好的促进作用(图 13)。

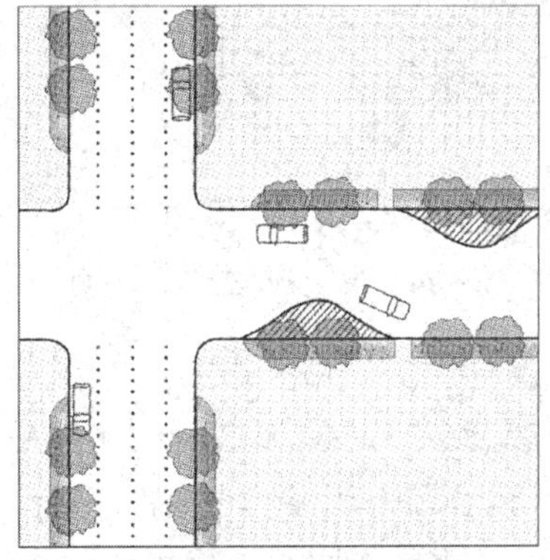

图 13　设置速度瓶颈

(图片源于《城和市语言:城市规划图解词典》)

3.2.3　缩小交叉路口

与国内城建部门经常进行的道路交叉口拓宽工程不同,缩小道路交叉口成为"窄路密网"用地模式中广泛采用的"交通稳静化"技术措施。随着道路宽度的加大,交叉口的人行距离也随之加大,行人过街时间延长,导致交通事故的发生率上升。交叉口缩小是将道路交叉口处宽度缩小,拓宽交叉口人行步道,减小人行横道的长度,从而减少行人过街的时间,以保证行人过街的安全性。同时,从绿色街道和生态市政的角度来看,较小的街道面积可降低硬质路面比例,有利于减少地表雨水径流,提高城市步行环境质量(图 14)。

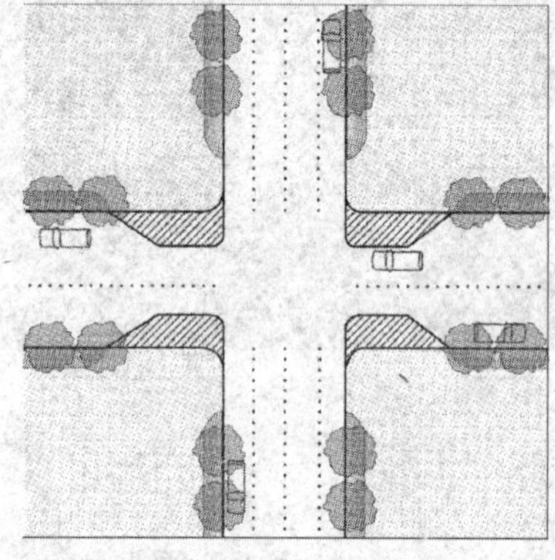

图14　缩小交叉路口

（图片源于《城和市语言:城市规划图解词典》）

4　结语

“小街廓、密路网”的理想城市用地模式，如何能够突破目前中国城市的体制困境与技术规范难题，在现代中国城市中“落地生根”，从而改变主宰中国城市面貌多年的粗放式空间发展状态，依然还有极为漫长的道路要走。

当代中国正在将“窄路密网”用地模式从理论层面落实到实践层面——提倡绿色街道体系的天津中新生态城，强调步行友好、公交导向型的重庆悦来生态城，注重功能混合、慢行系统的无锡中瑞低碳生态城等等，就是典型的例子。虽然目前国内的专业思考与实践之路，尚不确定最终能否突破重重体制屏障而真正走通，但是如果现在不开始，那么永远都无法达成目标。

参考文献

[1]L. 贝纳沃罗. 世界城市史[M]. 薛钟灵，译. 北京:科学出版社,2000.

[2]安德鲁斯·杜安伊. 新城市艺术与城市规划元素[M]. 隋荷，孙志刚，译. 大连:大连理工大学出版社,2008.

[3]E. D. 培根. 城市设计[M]. 黄富厢，朱琪，译. 北京:中国建筑工业出版社,1989.

[4]任春洋. 高密度方格路网与街道的演变、价值、形式和适用性分析——兼论“大马路大街坊”现象[J]. 城市规划学刊,2008,174(2):53-61.

[5]赵燕菁. 城市风貌的制度基因[J]. 时代建筑,2011(3).

[6]扈万泰，Peter Calthorpe. 重庆悦来生态城模式:低碳城市规划理论与实践探索[J]. 城市规划学刊,2012,200(2):73-81.

[7]杨德昭. 新社区与新城市——住宅小区的消逝与新社区的崛起[M]. 北京:中国电力出版社,2006.

[8]韩超，袁舒萍，李强. 国外交通平息理论研究及应用[J]. 规划师,2007,23(9):94-97.

[9]卡门·哈斯克劳. 文明的街道——交通稳静化指南[M]. 北京:中国建筑工业出版社,2008.

[10]迪鲁·A. 塔塔尼. 城和市的语言:城市规划图解词典[M]. 北京:电子工业出版社,2012.

“社会网络”视角下的社区自治理规划方法研究

霍玉婷　汪洋　张斌
（天津市城市规划设计研究院）

摘　要：本文以社会网络理论为基础，希望通过探讨社区中个体的行为以及个体之间的联系对群体的影响，来寻求有利于促进积极因素传播的积极的社区构建方法，从而实现社区自治理。根据不同社区成员对社区联系的贡献程度，本文将家庭单元内的社区使用者分为两个群体——“社区活力人”和“社区隐形人”，以社会网络理论为原则，以家庭为单位，构建了简化的“社区网络连接”模型，通过不同家庭组成和连接强度的图示化表达，总结社会关系规律：社区弱连接——即不同家庭社区活力人之间的联系是社区活力构建的核心内容。本文以强化弱连接的数量和质量为目标，从规划层面探讨了通过优化混居比例、完善特殊社区生活服务设施以及营造特定的联系空间，有目的地引导特定使用者进行不同的活动，从而强化社区人际网络连接，促进社区活力。

关键词：社区治理；活力；社会网络；规划

当前，我国正处于社会经济转型、城市社区重构的关键时期，随着贫富分化、职工下岗、老龄化加剧和城市流动人口增多等社会问题逐渐显现，传统的行政主导的社区管理模式表现出不适应性，越来越多的管理学、社会学领域专家开始讨论新社区治理方式和方法。同样地，基于社会和城市空间的对应关系，新的社区治理要求也给建立在计划经济体制基础上的传统住区空间认识论和规划研究方法带来重大挑战。

1　社区相关概念界定

1.1　社区

“社区”是社会学的一个核心概念，从被早期社会学家关注算起，已有近200年的历史。吴文藻对社区概念的界定为：“社区即指一地人民的实际生活而言，至少包括三个要素：人民，人民所居处的地域，人民生活的方式或是文化。”

20世纪80年代，社区的提法真正进入中国，为人们所熟知，却被赋予了完全不同的内涵，2000年底中共中央办公厅、国务院办公厅转发的《民政部关于在全国推进城市社区建设的意见》［中办发（2000）23号］明确提出，“社区是指聚居在一定地域范围内的人们所组成的社会生活共同体”。在这个文件里，划定了社区的范围，“目前城市社区的范围，一般是指经过社区体制改革后作了规模调整的居民委员会辖区”①，也确定了社区的行政和社会的双重作用，即城市发展的基本载体和基层管理单元。这导致规划对社区的介入多限于空间和管理层面，而居住区域之外的社会亲密关系被忽视。

社区不是管理模式，不是空间组织，而是一种生活方式。从这个角度来说，当代中国没有真正意义上的“社区”。

1.2 社区治理

中国的社区经历了传统住区、单位大院和现代居住小区三个阶段。20 世纪 50 年代中期，在强力行政要求主导下，居委会制度与单位制度管理模式相结合，社区主体成功实现了“社会人”向“单位人”的转变。“单位管理”格局的解体使得传统体制下由单位组织承载的社会管理功能不可避免地发生严重的萎缩，市场经济主导的新的社会组织方式并未成功实现。现在的社区主体，可以从空间归属上勉强称为“社区人”，是街道-居委会两级管理模式下的被管理者。“几十年来，围绕社区建设和发展常有一些争议声，如认为社区治理存在着行政化和社区居民自治两种导向，而前者又在实际生活中占据了主导地位。二者的冲突造成了社区治理中的不少问题。一方面是政府的行政化推动模糊了国家与社会的界限，使得社会力量本身缺乏独立发展的意愿和能力。在具体的社区治理过程中，明显地表现为政府对社区事务的热情关注和大力投入。而另一方面是社区居民的漠然处之，社区意识的缺失和薄弱。”②

社区自治“是在民主协商、决策以及管理等自治理念的引导下，通过协调、动员社区内的各种组织和人员，平衡多种利益关系而实现的社区公共事务多元化管理，是政府及非政府组织合作管理社区公共事务的过程”。面对各种社会问题，作为社区治理的基层单元，社区自身需要解决的首要问题是如何重建其失去的情感支持和情感归属，如何重新寻获某种层面的组织性支持，即将“社区人”重新连接，形成紧密互动的“社会网络”，通过提升“社区网络”活力，促进社会力量的独立意愿和能力。

2 基于社会网络理论的社区连接分析

社会网络分析的兴起正是应对现代都市生活网络化的趋势。其发展最早可追溯到 20 世纪 30 年代人类学家拉德克利夫·布朗（A. R. Racliffe Brown）和社会心理学家莫雷诺（J. Moreno）等人的开创性研究，20 世纪 70 年代在格兰诺维特（M. Granovetter）等人关于“关系网络”的研究推动下迅速发展壮大，并逐步成为社会学的一个重要新兴分支，为研究社会结构提供了一种全新的社会科学研究范式。

2.1 “社会网络”理论关于行为方式的探讨

社会网络理论的核心在于探讨个体的行为以及个体之间的联系对于群体的影响。而这正是“社区”所致力于构建和实现的。其理论的基本观点如下。

2.1.1 连接改变生活

人类连接在一个巨大的社会网络上，我们的相互连接关系不仅仅是我们生命中与生俱来的、必不可少的一个组成部分，更是永恒的力量。这种连接导致了社会网络具有比每个个体综合更强大的力量，每个人在连接中都处于一个独特的位置，我们的选择、行为、思想、情绪甚至是希望，可以沿着这些连接进行扩散和传播，最终影响整个网络。③

2.1.2 网络强化群体感受

在社会网络中，人们倾向于去要别人想要的东西，将别人的选择作为认识世界的有效途

---

① 李文茂，雷刚. 社区概念与社区中的认同建构[J]. 城市发展研究，2013(9).

② 吴晶. 从“全能社区”到“核心社区”——中国城市社区建设的途径思考[J]. 西南民族大学学报（人文社会科学版），2013(11).

③ 【美】尼古拉斯·克里斯塔基斯，【美】詹姆斯·富勒. 大连接[M]. 北京：中国人民大学出版社，2012.

径。有共同点的人聚集在一起,互相影响。借助网络,人们可以收到“总体大于部分之和”的功效。

2.1.3 核心点提升网络整体活力

社会网络由人和连接构成,根据联系的强弱,分为弱连接和强连接。弱连接是指社会关系网络中较少的沟通与互动,常常扮演不同群体间的桥梁角色,可以将不同的群体结合为更大的网络。人们常常借助弱连接关系进入网络关系,从而实现快速的信息传播和交换。强连接是指相距三度之内的人之间的联系,它能将作为个体的个人结合为群体。作为更加相互信任的连接关系,强连接可以直接引发行为的传递。

在复杂的网络连接中,存在边界,也存在核心,与他人建立的强连接和弱连接路径越多,越处于连接临界位置,表示越接近网络核心,而对核心点的作用力可以快速直接地传遍整个网络。

2.2 社区“网络连接”模式分析

美国社会学家 R. E. 帕克曾指出:“城市生活的一个极大的特征就是各种各样的人相互见面又相互混淆在一起,但是却从未相互充分了解,因此个人和个人组成的团体由于在情感和了解方面相互远离,他们完全生活在相互依存的状态,而不是情感亲密的状态中。”①

你是否曾经惊讶,自己三岁的孩子可以说出一连串住区内小朋友的名字以及他们父母的职业,刚来一周的老人已经加入邻居们的广场舞并且能说出邻居亲戚朋友的孩子的就读学校。这一切都让相同环境生活多年的职业人士觉得难以置信:我们生活的网络如此紧密和庞大。

2.2.1 基本单元

在这里,依据其对社区联系的贡献程度,我们将每个家庭单元内的社区使用者分为两个群体(图1),我们称之为“社区活力人”和“社区隐形人”(图1)。

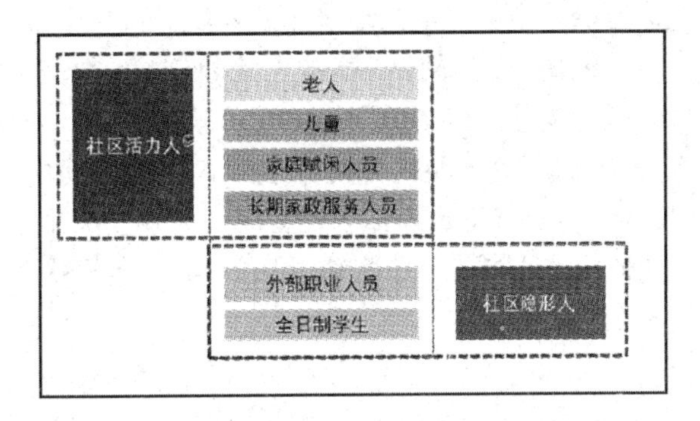

图1 社区使用群体划分示意图

(1)社区活力人。指在社区内进行大量交流活动的人群,这个概念与户籍,甚至与居住所在位置无关,仅仅与活动范围密切相关。这个群体包括居住在社区内的老人和学前儿童、家庭赋闲人员,以及停留一定时长的探亲、家政服务人员。根据2010年第六次人口普查数据,这部分人口约占总人口比例的30%,除了亲友社交外,社区生活是他们的全部,他们之间形成的信息交流和活动形成了社区网络。

(2)社区隐形人。指对社区活力贡献较少的人群,包括社区内全日制学生和外出就业人员。作为占人口70%以上的社区主体,毫无疑问,他们是维系家庭内部连接的关键,却只有不足15%的时间进行交流型的社区活动,如日常和周末散步。对这部分人群来说,社区生活只是他们除了工作、社交之外的一小部分生活,他们有更多选择,对社区公益性服务设施的使用频次很低。

2.2.2 社区网络连接

本研究尝试以家庭为单位,构建一个基于人与人之间“网络连接”的“社区网络”。如图2所示,该社区网络由点和线组成,灰色点代表社区隐形人,黑色点代表社区活力人;由其组成的家庭成员内部由黑色线条联系,代表强连接;不同家庭社区活力人之间的联系为弱连接,由灰色线条表示;双边线表示活力家庭,是

① 【美】R. E. 帕克. 城市社会学——芝加哥学派城市研究[M]. 宋俊岭,郑也夫,译. 北京:商务印书馆,2012:97.

社区网络中起交流互动作用的家庭。

依据“社会网络”基本理论，该社区网络模型构建遵循以下原则：

(1)家庭成员内部的连接最为坚固，为强连接；不同家庭之间基于社区活力人建立起来的连接为弱连接，是构建社区网络的主要途径。

(2)一旦两个家庭基于某两个社区活力人建立起联系，那么他们之间的联系就至少扩大至家庭内所有社区活力人。

(3)同一社区内，一个家庭一般与不超过5个其他家庭建立联系。

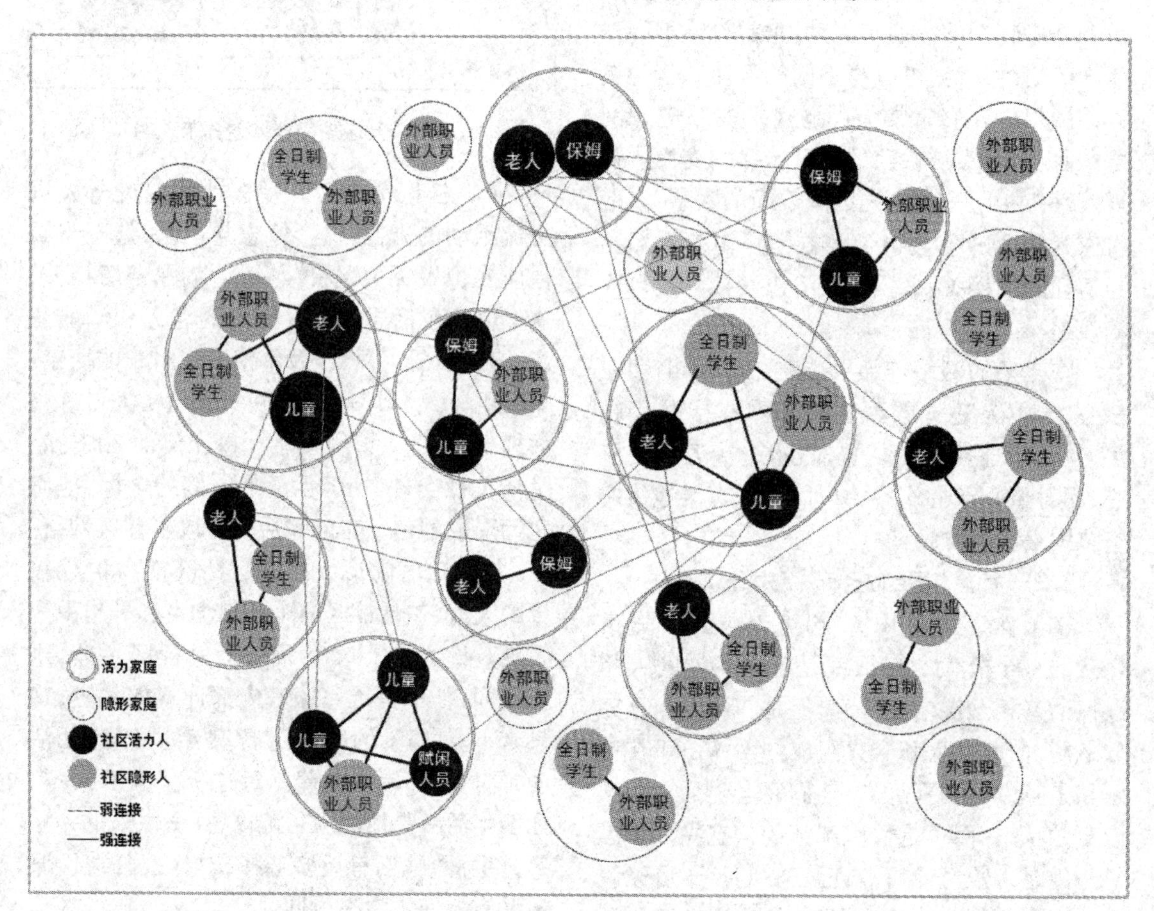

图2　社区网络模型示意图

这个网络模型告诉我们：

(1)全部由社区隐形人构成的家庭游离于社区网络之外，其在社区内所占比例越高，社区活力越低。

(2)社区网络化程度取决于活力家庭的数量以及社区活力人的数量。最佳方式是社区活力人均匀地分布于社区内，其相互沟通越多，红线连接越密集，社区网络化程度越高。

(3)社区内的行为方式、价值观甚至情绪沿着弱连接进行传播，处于网络中心的家庭更趋向于影响更多的人并且更容易受影响。

当然，这只是一个简化的模型，真正的社区网络随着社区规模的扩大以及复杂就业类型等因素的变化，将出现群体化等更为复杂的网络形式，但其构成的基本框架和原理不变。

3　新兴现代社区活力缺失的因素分析

3.1　活力人的减少

3.1.1　双职工家庭的出现

“双职工”一词是在新中国百废待兴的劳动力需求和提高女性地位的妇女平等政策背

景下出现的。1949年底,全民所有制单位共有女职工60万人,1960年,这一数字激增至1008.7万人①,增加了近17倍,这一变化带来的长远影响,促使我国长期维持了高女性就业率。2014年,根据贝恩公司开展的职场调研,中国女性就业率高达73%,领先美国、英国等发达国家,是全世界女性就业率最高的国家之一。

考虑几千年来女性在中国社会以家族为单位的社会网络中所起的作用,不得不说,大量双职工家庭的出现也直接导致了“空巢社区”的出现,通勤的潮汐和空荡的小区正是其直接产物。笔者认为,传统社区的消亡不仅仅是由城市空间的改变引起的,更是由活力人的大幅衰减造成的。

3.1.2 家庭人员构成的变化

为什么在今天看来,新兴社区活力远不如老旧社区热闹?当然,纷繁杂乱的菜市场、狭窄的街巷底商是一定的原因,也是直接的表现,但其根本原因是社区人员构成的差异。

改革开放30年以来,我国家庭观念发生了很大的变化,家庭结构也发生了重大变化,家庭子女减小,家庭规模减小,家庭结构简单化。以南京为例,1982年,家庭规模5人及以上户家庭占主导(31.83%),3人户占20.67%,2005年,家庭规模5人及以上户家庭仅占8.52%,2~3人户转变为主导(表1)。②

表1 家庭结构变化统计表

	1982年	1990年	2000年	2005年	2010年(六普)
1人户	11.85	8.46	12.12	14.13	17.95
2人户	12.43	14.27	23.51	28.67	27.83
3人户	20.67	33.5	39.58	37.57	33.16
4人户	23.22	24.1	14.31	11.11	12.13
5人及5人以上户	31.83	19.67	10.48	8.52	8.93

家庭结构的简单化直接导致代际家庭分裂为老年家庭和年轻家庭两类。同时,由于居所受到的代际传承关系和经济条件的影响,社区也呈现出一定的按年龄分层的现象。老年人、服务业者趋向于在较老社区集中,新建住区基本面向工薪以上阶层年轻人,以婚房、三口之家改善型居住为主。

3.2 弱连接路径的减少

3.2.1 弱连接断裂——以“单位大院”为代表的共同感社区的消亡

改革开放以后的市场经济促进了中国从经济体制到外部空间的巨大变化,都直接切断了社区弱连接,主要体现在两点:

第一,土地制度改革。由于土地经济的崛起,长期积累的地缘文化和认同感被破坏。由于大部分城市一直以来都在延续有机生长,所以传统居住地基本代代相传,空间长期集聚积淀的地缘人脉是除了血缘以外较为牢固的关系,也是最强的“弱连接”之一。以胡同和里弄为代表的生活正是如此。轰轰烈烈的城市改造运动正是把所有连接打乱重组的过程,这个过程破坏了原有的社会网络体系,而基于地缘关系的网络构建还需要很长的培养过程。

第二,住房制度改革。住房分配制度在一定阶段通过弱连接向单位人的转移和延续弥补了土地制度改革带来的弱连接断裂。然而,随着单位的松解以及住房分配从传统的福利分房制度向市场化转变,这一连接再次断裂。

3.2.2 新连接培育空间和机制不足

现代住区发展了20多年,一度受严格功能划分和空间形象思维影响,抑制了弱连接培育空间发展,以对底商态度的变化为例。

改革开放以来,规划对底商的态度经历了

① 徐敏.建国以来中国女性就业的历史沿革[J].广西党史,2006(11).

② 肖云中.家庭结构的变化及原因[M]//社会学概论.北京:清华大学出版社.

从热到冷再到热的过程，特别是2005—2010年，各地在底商遍地开花的情况下，技术和管理人员开始从城市形象、环境品质、消防规范等多方面提出对底商建设的控制，在这一阶段，天津大量新建住区开始了纯住宅加集中公建的布局，形成了奥体、梅江等新兴居住版块。以时代奥城居住区为例，规划总用地面积29公顷，商业服务和社区综合服务分别集中配置于两侧，小区外围均是开敞式围墙，不设底商。由于最远端住宅距商业服务最短直线远达1千米，基本不能起到服务内部人群和搭建连接的作用。反而是周边老旧小区底商的小超市和一路之隔的早市，受到大家欢迎。近年来，大家开始反思，特别是拿这个时期的新建小区和20世纪90年代住区比较，提出了新城市主义社区和“开放住区”的概念，并做了一些尝试，旨在重新认识“街区”和“小型便利商业”对社区活力的作用。

4 规划建议

在传统居住区开发及设施配套研究中，多以职业人为研究主体，根据年龄结构、就业方式和职业类型确定居住产品的类型和布局。根据“社会网络”的研究结论，学龄前儿童、老人等非就业人群甚至家庭服务人员作为真正起作用的“街道之眼”，才应该是社区规划的“关注点”。以此为基础，以提升活力为目的，对社区规划提出了两条建议。

4.1 建议一：增加弱连接数量——增加社区活力人

4.1.1 养老融入，构建新型混合社区

规划建议通过市场手段调节，通过在社区内按一定比例配建老年住宅推动以家庭为单位的养老，实现老年住宅与传统社区的混合建设。

一方面，在政府主导下，可以借鉴珠海等地商品房社区内配建公租房的模式，通过折减基建配套费、进行容积率奖励等多种方式，引导开发商在商品房住区内搭配建设一定比例的老年住宅。

另一方面，在市场主导下，可借鉴近几年新加坡兴起的“双钥匙单位”。该模式最早起源于1986年建屋发展局为推动多代家庭在一起生活推出的。近年来，越来越多的大型私宅开始建设一定比例的双钥匙单位。该模式最大的好处在于两个独立的套间、两套钥匙、两套齐备的设施、一套房产证、一次按揭。不仅可以保持私密的共同生活，实现社区家庭结构的调整，即使出租也可以实现无障碍的沟通管理。这种方式不仅从数量上增加了社区活力单元，还通过缩减社区内家庭的数量，增加了社区网络密度。2011—2014年首两个月，新加坡共推出1976个双钥匙单位，市场接受比例在90%左右。

4.1.2 建立与保障房社区对口职业中介机构

通过通道式职业中介机构的建立，既解决了保障房社区内中低收入人群的就业问题，也保证了社区家庭服务人员的可靠性，还可以通过家庭服务人员之间的联系和交往，促进社区业主之间的间接交流。

4.2 思考二：强化弱连接质量——以社区活力人的需求为核心塑造公共空间

目前，受市场经济影响，住区规划建设以及设施配套的目标人群主要为家庭经济收入主体，即青壮年。在进行标准配套的基础上，围绕他们的收入水平、年龄特点、生活习惯进行服务增减，如酒吧、健身房、美发店等。然而，正如前文提到，对于职业人来说，社区生活只是除了工作、社交之外的一小部分生活，他们有更多的选择，对于社区配套的享用极少，更多的是陪伴老年人、儿童等活力人进行辅助性使用。

所以，规划应转变思路，围绕社区活力人进行空间塑造和设施配置，通过为他们提供更多、更便利的交往空间，建立更多、更为稳定的

弱连接。针对老年人、学龄前儿童以及其他赋闲和服务人员的活动规律和特点，提出以下两点规划建议。

4.2.1 完善社区服务类型

4.2.1.1 针对学龄前儿童和小学生，设立社区儿童服务中心

在长期独生子女政策影响下，孩子越来越成为家庭的关注焦点，而围绕着孩子建立社会联系的趋势也越来越明显。同时，由于三口之家和双职工家庭比例的增加，学龄前儿童的照顾看护和学龄儿童的接送成为很大的社会问题。日益增多的早教中心、儿童游乐设施、“小饭桌”等正是针对这一问题的市场产物。

正如老年人日间照料中心一样，完全可以以社区为单位集中解决问题，同时，通过社区儿童服务中心的建立和亲子社区活动，可以有效地建立以儿童为活力点的社区社会网络体系。

4.2.1.2 针对老年人和闲散人员，增设服务中心，开展多样化文体兴趣活动

随着大家庭分化成不同代际的小家庭，老人很少参与下一代的家庭生活，更趋向于充实自身的生活，寻求更多的交往。因此，供老年人交流的空间远比健身设施等物质本身来的重要。因此，老年日间照料中心不能只是一个为了满足配套而偏远空阔的房间，社区必须赋予其更多的内涵和功能。现在各城市兴起的社区老年食堂也是很有意义的尝试。

4.2.2 调整社区空间布局

4.2.2.1 适当降低绿地率，增加活动场地面积，丰富活动类型

绿化环境是评价社区质量的重要标准，也是改善社区微气候的主要手段。但是，针对我国景观绿化特点，大部分绿地为不可参与绿化，绿地率越高表示可供人活动的室外空间越少。老年人和儿童对室外活动时间有很高的需求，因此，规划建议可以适当降低社区绿地率，保证每个建筑围合空间必须有可以进行3~5人交流活动的硬质空间。

同时，借鉴新加坡公寓设施，可以在社区内新增烧烤区、聚会区等设施，促进社区隐形人的参与。

4.2.2.2 增加沿街商业和便捷的小型生活服务设施

大型超市和卖场对购物人群有周期性的吸引力，而可达性较好的小型商业和生活服务设施，是日常生活的必要配置。特别是需要有一定时间停留的设施，是促进社区交流的重要场所，如理发店、小型超市等。同时，此类设施应尽量避免设置在二层、地下等建筑内。

总的来说，在社会经济快速发展、城市高速建设的背景下，面对社会关系、家庭结构的变化和重组，如何创造一条适合市场经济的社区建设道路，还是一个新的课题。社会因互动而生，人与人之间连接关系的构建，是构建活力和秩序的社区的核心，也是改变的开始。

参考文献

[1]李文茂，雷刚.社区概念与社区中的认同建构[J].城市发展研究，2013(9).

[2]吴晶.从“全能社区”到“核心社区”——中国城市社区建设的途径思考[J].西南民族大学学报(人文社会科学版)，2013(11).

[3]【美】尼古拉斯·克里斯塔基斯，【美】詹姆斯·富勒.大连接[M].北京：中国人民大学出版社，2012.

[4]【美】R.E.帕克.城市社会学——芝加哥学派城市研究[M].宋俊岭，郑也夫，译.北京：商务印书馆，2012：97.

[5]徐敏.建国以来中国女性就业的历史沿革[J].广西党史，2006(11).

[6]肖云中.社会学概论[M].北京：清华大学出版社.

多种利益诉求下的规划设计变迁及探索
——记天津西站地区城市设计

吴书驰　田垠
（天津市城市规划设计研究院）

摘　要：本文通过对天津西于庄地区城市设计规划实践的梳理，深入剖析了该棚户区改造过程中不同阶段的多元利益主体及其不同诉求，通过对具体的规划事件的分析，揭示利益冲突和规划设计之间的关系，并给出了若干规划执行上的有效建议。

关键词：天津西于庄；利益主体；利益冲突；规划设计

1　引言

当下，受经济全球化影响，我国的经济社会发展呈现“新常态”之势，社会公众日益关注城市发展的规划与决策。在城市规划制定和实施过程中，直接或者间接地参与规划的编制、审批、执行、评估及监督的个人、团体和组织，都可以被认为是城市规划的相关利益主体。从整个城市的全局与长远考虑，充分关注各类主体的价值取向，协调各类主体的诉求矛盾，引导各类主体的利益平衡，对城市规划的运行机制进行调整，是当前城市规划工作的一项重要任务。

沟通式规划，又称为协作式规划，其概念源于1981年哈伯马斯（Habermas）提出的“畅谈式的内容具有合理性”。该概念的内涵已被大大扩展，出现了诸如联络型规划、辩论型规划、协作式规划。英国的帕特西海利是支持该理论的主要代表人物，他认为城市物质环境、空间规划往往受制于特定的政策环境。规划对社会、经济、环境和政治之间的协调关系研究甚少。规划编制过程中尊重不同产权所有者的利益，而采用沟通式规划方式就能在市场经济多变、多元利益主体环境下协调这些矛盾。

笔者近期参与的天津市城市副中心西于庄地区城市设计便呈现出一种动态的规划模式，折射出“协作规划”的倾向，预示着在“新常态”的背景下，中国城市规划正在发生方式转变。基于多方利益参与的设计模式，初探城市设计的协作过程，以期能为现阶段国内相关城市规划实践提供参考。

2　规划背景与项目概况

西于庄地区，位于天津市红桥区东南部、西站北侧，规划定位为天津市西站城市副中心的核心区域。该地区低矮、老旧的住宅成片，房屋质量差，平均每户的建筑面积仅有10～15 m^2，交通极其不便利，环境卫生极差，是典型的城市棚户区。据统计，该地区约占地133 ha，启动区64.1 ha，总建筑面积约35

万 m^2。现状危陋平房建筑面积 30.38 万 m^2，约 9850 户。其中住宅 25.25 万 m^2，居住着约 9800 多户困难家庭，非住宅 5.13 万 m^2，约 50 户。一河之隔的对岸，就是现代化综合交通枢纽——天津西站。高速城际铁路和城市交通枢纽的建成，使这里成了京津冀一体化发展轴上进入天津的第一站，赋予了这片区域天津中心城区的“西北门户”地位，为该地区带来了巨大的发展机遇。然而，其特殊的“内陆型”地理位置，与大范围的棚户区改造，以及几条地铁线的下穿，也为这次规划带来了空前的挑战。2013 年末，随着李克强同志的到访，棚户区改造的定向安置房项目正式开工，西于庄地区的城市更新拉开序幕。城市中心区的棚户区改造，向来都是利益关系错综复杂，利益诉求的博弈直接决定规划设计的变迁（图 1、图 2）。

3 城市规划设计过程中的利益博弈

“政策过程是一个政治选择、制定和实施的过程”。在这个过程中，“来自社会不同阶层和利益群体的要求和压力、政治领导人的政治价值观、官僚政治以及社会经济结构的变化因素等，无疑会对政策选择、制定和实施产生影响”。考察发达国家城市规划的发展过程，大体上都经历了从“关注物质空间”向“关注社会经济”再向“作为公共政策”转化的过程。与此相适应，城市规划也经历了由政府（权力）和规划师（知识）主导的制度安排，转向政府（权力）、规划师（知识）、公众（社会）、开发商（资本）多方参与和共同治理的制度安排。西于庄的规划编制工作，也经历了这样一个多元博弈的过程（表 1）。

图 1 西于庄地块规划范围

图 2 西于庄棚户区内景（左图）和天津西站（右图）

表 1 西于庄不同阶段城市更新模式下利益主体构成及利益冲突的变迁

城市更新阶段	利益主体构成	利益冲突焦点
政府主导时期 2005—2008 年	政府、产权人、公众	政府与产权人：全域公共利益分配；物业补偿标准。 政府与公众：全域公共利益分配
市场主导时期 2008—2012 年	政府、开发商、产权人	政府与开发商：开发条件的博弈。 开发商与产权人：交易性冲突
多元化主体时期 2013 年至今	政府、社区（单位）、开发商、产权人	政府与社区（单位）、产权人：全域公共利益分配；物业补偿标准。 政府与开发商：开发条件的博弈。 社区（单位）与产权人：局域公共利益分配。 开发商与社区（单位）、产权人：交易性冲突

在市场经济体制下的城市中，来自政治需要的“政府力”和来自经济利益需要的“市场力”以及来自住区内部环境改善自身需求的“公众力”是推动棚户区改造的基本力量，这三种力量相互制约、相互作用。它们对于棚户区改造的推动贯穿于始终，但作用程度不尽相同。这种三方博弈机制，导致了一些项目在不同时期规划导向的不同。基于此三种力量的变迁，可将本案中西于庄地区的规划编制工作，划分为以下三个阶段。

3.1　政府绝对主导时期

政府主导的城市更新模式，是指由政府直接组织，国有企业负责实施的城市更新模式，更倾向于一种行政行为。本案中，2005—2008年，地方政府对经济资源的控制权，使得地方政府在城乡规划的制定和实施中拥有绝对的主导地位。城市规划，在某种程度上，从设计之初就更多地体现了地方政府的意愿。在这一背景下，天津市推出“一主两副”的规划思路，赋予了西站地区综合性城市副中心的区域定位。伴随着西站交通枢纽的落成，西于庄的城市地位不断被提升，相应的规划也应运而生（图3、图4）。

总用地面积：617 ha

C2：94.45 ha

C8：37.52 ha

R2：85.54 ha

C2/C8/R2比约为4∶2∶4

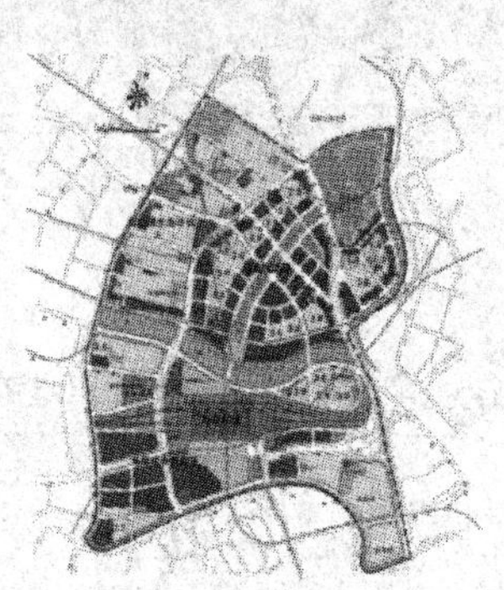

图3　政府主导时期的西于庄地区用地布局

在彼时的规划中，全盘拆除西于庄地区的现状建筑，整个地区除了道路、绿化及市政设施用地，剩余全部规划成商业用地。中间设置的宽阔的绿轴贯穿南北，建立西站和西沽公园的绿色通道。公建沿绿轴两侧布置，形成圈层

图4　政府主导时期的方案总平面

状的商务带，其规模几乎达到了总量的90%。宽阔的道路和密集的路网，配以大量的超高层，体现了新建副中心的气派和宏伟。雄心勃勃的规划，展示出天津发展的急切与焦躁。然而，此版规划存在着如资源分配不公、交通等诸多问题。一方面，对居民的搬迁意愿考虑不周，采取机械的通盘异地还迁的模式；另一方面，对市场的预期估计不准确，设置了大量的办公、酒店、集中商业等业态，严重超出市场需求。正是政府功能的错位和对资源配置的失衡，导致了此版方案的不尽合理。

3.2　市场力量主导时期

城市更新中一个重要的主体就是开发商，其对城乡规划的积极参与目的是为了实现自身的经济利益，既是规划的参与者也是受益者。2008年，市场的力量渐渐凸显，开发商的介入为西于庄地区的更新提供了资金支持，同时为规划设计提供了新的思路。开发商凭借雄厚的资金优势，可以直接投入城市建设，以换取直接决策者的规划政策支持。他们拥有接近决策者的渠道和相对平等的谈判地位。出于对自身利益的考虑，他们必然会对规划决策过程施加影响。开发商和政府之间的利益冲突焦点为规则性冲突，具体体现在开发规则和开发条件上的博弈。一方面，政府会通过开发条件控制开发行为，另一方面，开发商为了

追求利益的最大化，必然会尝试改变和突破规划条件（图5、图6）。

总用地面积：617 ha

C2：96.42 ha

R2：123 ha

C2/R2比约为4：6

图5　市场主导时期的西于庄地区用地布局

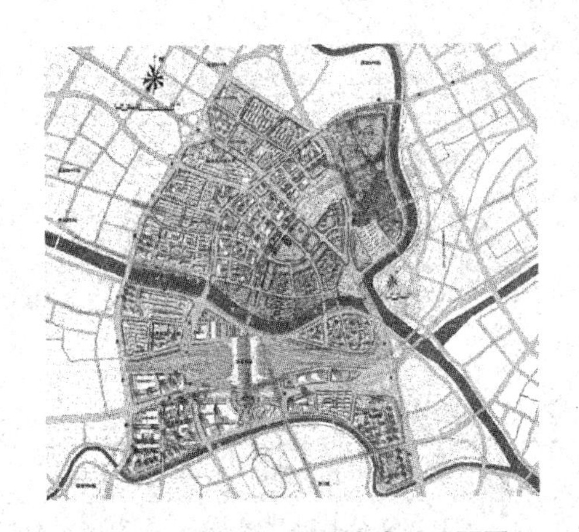

图6　市场主导时期的方案总平面图

在本案中，博弈的过程集中体现在用地性质的变迁和建筑规模的确定。政府和开发商之间达成协议，给规划方案带来了全方位的改变。首先，地区的功能定位发生了微妙的变化，副中心由单一的商务办公中心转化为集居住、商业、办公功能的综合性城市生产服务中心；其次，公建与居住规模配比调整为5∶5，开发总量也大幅下降，更多的居住用地进入土地交易市场。另外，公建的规模在大幅降低的同时，业态也呈多元化发展，引入了电子商务、金融服务，信息服务等功能。此轮规划的调整，很大程度上体现了政府对开发商的妥协。客观地说，功能业态的分布和配比更加合理，居住功能的补全，很大程度上保证了土地资金的平衡，也避免了诸如“夜间空城”、“通勤钟摆”等城市病。

存在的隐患就是，在自身的经济利益的驱动下，开发商会求诸于地方政府的“权力”，用行政手段强制分配土地资源，获得城市土地的使用权，损害公众利益。在现行的土地财政模式影响下，地方政府为了增加财政收入，很容易与开发商形成利益联盟，而倾向于黄金地段的棚户区地块高价拍卖，以获得更高的土地收入。由此，也引发了地方政府、开发商与公众之间更加多元化的利益冲突。

3.3　多元化利益主体主导时期

在国务院发布《关于加快棚户区改造工作的意见》（2013版）后，西于庄地区的拆迁入户调查工作开始，规划设计进入深度调整期。数量占优势的普通民众开始寻求突进表达利益诉求，产权人直接关心补偿标准，市政设施、公共服务、就业环境则是其他民众关心的公共利益，并对政府能否代表他们的利益表示怀疑。此时利益主体不再是单一强势力量的主导，利益诉求呈多元化、复合化发展。规划方案的出台，实际上是政府决策者、规划部门、开发商和公众等多方博弈的利益平衡方案（图7）。具体来说，在这个时期，参与到规划设计中的有如下主体（表2）。

用地代码	用地名称	用地面积/万m^2	比例
规则总用地面积		133.1	
R	居住用地	33.6	50.6
RS	中小学托幼用地	8.3	12.5
C（经营性）	商业性公共设施用地	23.0	34.6
C（公益性）	公益性公共设施用地	1.5	2.3
可建设用地		66.4	100
S1	道路用地	37.1	
S2	广场用地	1.5	
U	市政公用设施用地	1.3	
G	绿地	26.8	

用地代码	用地名称	用地面积/万m^2	比例
规则总用地面积		64.1	
R	居住用地	12.1	42.3
RS	中小学托幼用地	2.2	7.7
C（经营性）	商业性公共设施用地	13.8	48.3
C（公益性）	公益性公共设施用地	0.5	1.7
可建设用地		28.6	100
S1	道路用地	27.7	
S2	广场用地	1.3	
U	市政公用设施用地	0.4	
G	绿地	16.1	

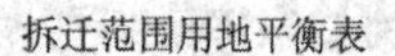
拆迁范围用地平衡表

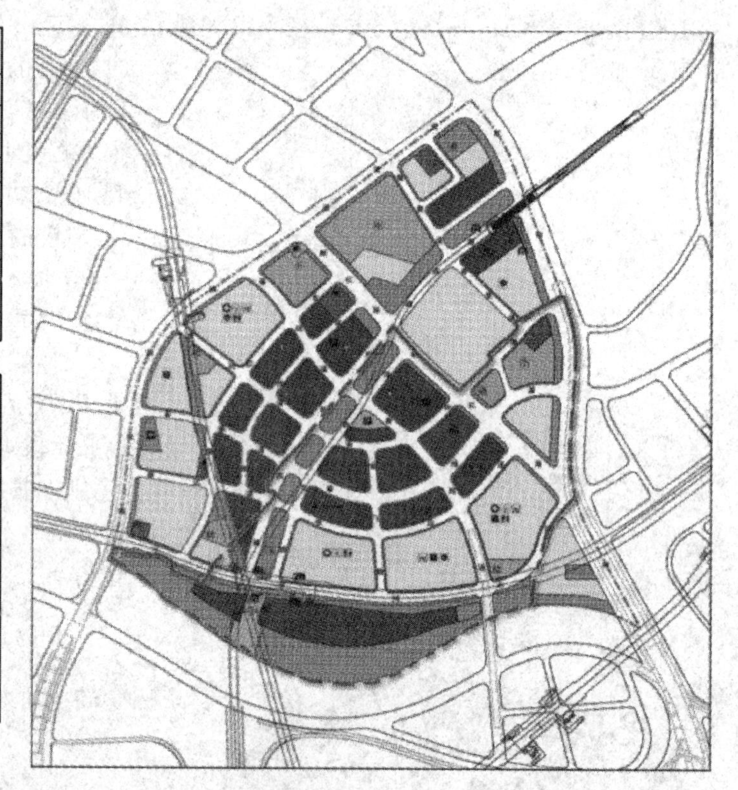

图7　多元化主体利益协调后的用地布局

表2　西于庄城市更新多元化利益主体下的利益协调与方案变迁

开发参与者		期限	参与动机	对方案的调整诉求
地方政府（广义）	市政府	长期	社会整体利益和公共利益最大化	①强调功能配比的平衡，突出副中心概念；②强调公共设施的可实施性
	区政府	长期	红桥区的公共利益最大化	①土地出让资金的平衡；②居民的合理安置
	规划、国土部门	长期	公共利益最大化	①和天津整体规划的接驳；②城市形象与功能定位契合
	文保局	长期	公共利益最大化	文保单位、历史建筑的保护
	建交委	长期	公共利益最大化	①保证重大基础设施的落位；②保证路网的实施
	河北工业大学	长期	公共利益最大化	保证校区用地和财产的完整性
开发商	房地产开发商	短期	自身利润最大化	降低拆迁成本，增加销售面积，追求经济利益最大化
	地铁资源公司	长期	地铁的建设和维护运营	地铁线位、站点的实施，地铁物业的利益最大化，降低拆迁成本
	土地整理单位	短期	土地整理便于出让	降低土地整理成本

续表

开发参与者		期限	参与动机	对方案的调整诉求
民众	业主(居民委员会)	长期	支出最小化	配套服务设施,还迁补偿标准、房型、地点
	邻近土地的所有者	长期	保持房地产价值	配套服务设施,不影响居住环境
	公众或旅游者	长期	中立或寻求公共利润	区域特色、完备的公共服务
施工方	建筑公司	短期	有助于其事业的发展	降低成本,经济合理
	设计者 (建筑师、规划师)	短期	寻求利润	有,前提是该外观能够证明他们的能力并有助于其事业的发展

可以说,这个时期的利益冲突是全方位的,规划过程的主要内容就是在承认这些矛盾的基础之上,保障各种利益主体拥有充分的权益表达权,进行协调和平衡。下文将列举三个规划事件,来解释规划协调的过程(图8)。

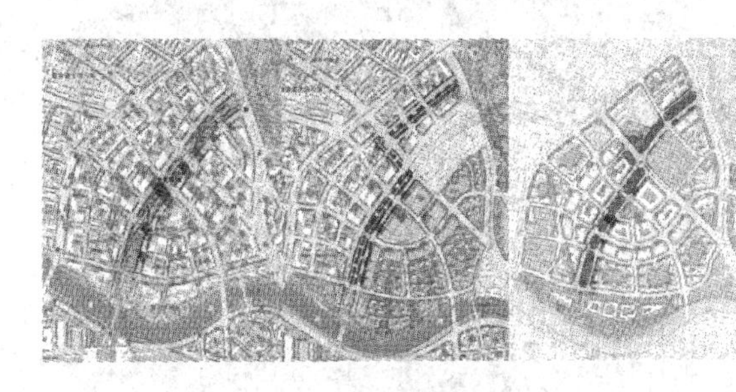

图8　方案绿轴的变迁

3.3.1　绿轴的变迁

绿轴的变迁很直观地反映了市政府、公众、河北工业大学、开发商之间的协调过程。绿轴的设置,是市政府对公众利益关注的直接体现。流畅的线型、100 m 的宽度,对公共空间的构建起到决定性的作用,也保证了相当的绿地率。但是随着开发商及产权人的介入,他们的利益诉求深刻地改变了规划方案。对开发商而言,住宅用地的规模越大,他们的利润越高。协调的结果就是,公共绿轴宽度缩减到 50 m,以保证出地率。而对部分产权人而言,出于对搬迁补偿标准的不满,银杏公寓居民大多决定不搬迁。出于对产权人意愿的尊重,规划绿轴改道河北工业大学,如图9所示。依据此方案,绿轴的实施还需等到河北工业大学的搬迁,也就是说长时间内,绿轴将会成为一个封闭绿带,并不符合市政府的初衷。为协调此矛盾,方案三应运而生。如图10所示,绿轴依然借道银杏公寓,一次性修通,但是局部变窄。但是涉及银杏小区内三栋楼的动迁,需要政府和产权人进一步与住户沟通。方案三,绿轴涉及的拆迁成本降到最低,也可以保证实施。这似乎是一个兼顾了各方的结果,但是三栋住宅的拆迁需求留下了隐患,随着地铁资源公司的介入,这个矛盾点最终暴露出来。

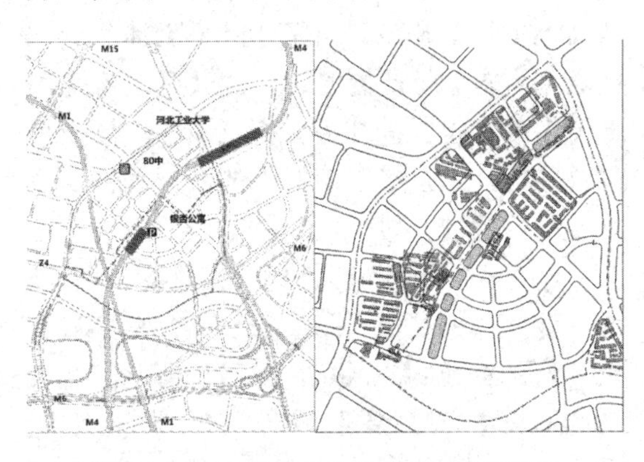

图9　西于庄地铁站位及绿轴调整示意图

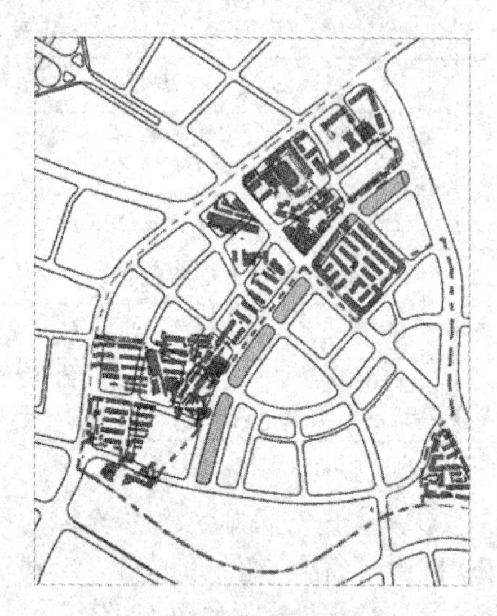

图10　方案三的绿轴形态

3.3.2　4号线地铁站点的选择

地铁4号线在西于庄地区规划设置了两个站点，其中一个已完成主体结构，另外一个为折返站。为保证实施性和避免拆迁，4号线的线位置于绿轴之下。如果采用方案三，其涉及的三栋住宅楼的拆迁成本，会导致地铁建设成本的增加。显然，方案三并不符合地铁公司的利益诉求。与此同时，开发商、区政府也不愿意主动承担三栋住宅的拆迁成本。国土房管局的拆迁办公室与产权人的搬迁补偿协商一度被搁置，规划方案难以推进。

经过长时间的论证和协调，最终，由于河北工业大学的妥协，得到了最终解决方案，如图8所示：绿轴避开银杏小区，从河北工业大学的操场穿行，并留足宽度。4号线线位跟随绿轴的走向，进行局部微调。绿轴转折处局部放大，设置成城市景观节点，形成完整的公共空间体系。此方案，牺牲了河北工业大学的局部利益，兼顾了区政府、地铁公司、产权人利益诉求，同时，公共绿地也得以保证实施。

3.3.3　历史建筑地块的变迁

接下来，最新批复的第四批天津市文物保护单位名单，使得文保局也参与到此轮规划中，导致规划方案再生变数。如图11所示，总共涉及四栋建筑，分布在子牙河北岸。其中4号建筑，为原红桥客运站，已有99年历史。鉴于此，文保局要求所有的文保单位全部予以保留，并设立相应的风貌协调区，制定相应的保护措施。

图11　文保单位位置及现状示意图

保护措施的制定，将不可避免地降低相应的开发量，导致规划条件的变更，触发了开发商和文保局、规划管理部门之间的利益冲突。

在综合考虑之后，开发商做出了必要的退让，历史最悠久的原红桥客运站予以原址保留，进行原地修缮和立面整治。

4　结语

以上规划设计的变迁，只是众多利益主体之间相互制衡与协调的表征体现，整个西于庄规划，就是一个动态的平衡过程，也是各方利益之间相互协调、相互妥协的过程。这种过程，深刻地体现了经济体制的变化，也给规划设计带来全方位的影响。笔者认为，在现行规划环境下，面对复杂的多元利益主体，站在社

会公平与保障公共利益的角度,规划设计过程的调整应坚持:

①在利益主体多元化的背景下,强调综合、协调的"过程规划"。在设计过程中,不设定终极的蓝图目标,而是通过各利益主体在达成共识的条件下,自下而上推动规划设计的进程。

②在规划设计过程中,强调"有的放矢",即精准把握利益冲突的焦点,选择合适的规划立场,在保证公共利益的前提下,有目的地调整功能和空间布局,提出针对性的协调方案。

③城市规划作为利益协调的工具,有条件成为城市更新中各方利益制衡的平台。因此在规划过程中,规划师应在基于自己专业判断的基础上梳理利益主体的构成,理清功能和空间中所涉及的利益冲突,制定针对性规划措施,引导城市更加合理化的发展。

参考文献

[1]阿尔伯思.城市规划理论和实践概论[M].北京:科学出版社,2001:45-46.

[2][美]詹姆斯.M.布坎南.自由、市场与国家[M].竺乾威,胡君芳,译.上海:上海译文出版社,1988.

[3][英]卡莫纳,等.城市设计的维度[M].冯江,译.南京:江苏科学技术出版社,2005:21-218.

[4][美]E.D.培根,等.城市设计[M].黄富厢,朱琪,译.北京:中国建筑工业出版社,1989.

[5]姚凯.城市规划管理行为和市民社会的互动效应分析——一则项目规划管理案例的思考[J].城市规划学刊,2006(2):75-79.

[6]任绍斌.城市更新中的利益冲突与规划协调[J].现代城市研究,2011(1).

[7]吴可人,华晨.城市规划中的四类利益主体剖析[J].城市规划,2005(8).

[8]雷翔.城市规划决策程序的若干问题探讨[J].规划师,2000(5).

BIM 技术助力国家海洋博物馆精细化设计

刘欣　卢琬玫　王巍　冯蕴霞

（天津市建筑设计院）

摘　要：本文以国家海洋博物馆为例，详细研究了 BIM 在非线性复杂形态建筑中的应用经验，讲述了基于性能评价优选、参数化建模技术及计算机生成方案等设计方法，并对参数化设计的工作流程及方法进行进一步介绍，同时详细展示了建院 BIM 工作的组织和应用情况。

关键词：BIM 设计；建筑参数化设计；复杂形体；表皮设计；IAO 体系

1　工程概况

1.1　项目简介

国家海洋博物馆是我国首座国家级、综合性、公益性的海洋博物馆，建成后将展示海洋自然历史和人文历史，成为集收藏保护、展示教育、科学研究、交流传播、旅游观光等功能于一体的国家级爱国主义教育基地、海洋科技交流平台和标志性文化设施，成为国家最高水平、国际一流的海洋自然和文化遗产收藏、展示和研究中心。

该项目总建筑面积 80 000 m^2，其中：公众服务区 11 396 m^2；教育交流区 5157 m^2；陈列展览区 39 275 m^2；文保技术与业务研究区 3586 m^2；藏品库房区 13 199 m^2；业务办公区 3921 m^2；附属配套区 3466 m^2。同步实施室外陆地展场和海上展场，以及海洋文化广场、道路、停车场及园林景观绿化等室外工程（图 1）。

图 1　海洋博物馆鸟瞰图

1.2　工程特点和难点

国家海洋博物馆项目的设计灵感来源于"张开的手掌、海星、鱼类、海葵、港口中的船只、白色珊瑚壳"等与江河湖海有着密切联系的事物。本工程的特点及难点就在于建筑拟态的特殊外形以及外表皮的有理化设计。

在本项目中应用建筑参数化解决了以下问题：

①非线性建筑形体内、外空间的结合；

②非线性建筑形体与结构体系的交互设

计；

③非线性建筑表皮有理化；

④非线性建筑内部空间与设备管线的集成。

首先通过已有地形图获取场地的基础信息，以此为基础建立三维地形模型，并将建筑功能要求、规划条件、经济技术指标以及自然气候信息以数据信息的方式汇总到模型中，结合建筑创意进行方案设计。

通过 BIM 对建筑和场地进行整合，高效提取相应的数据，结合设计灵感形成概念方案（图2）。

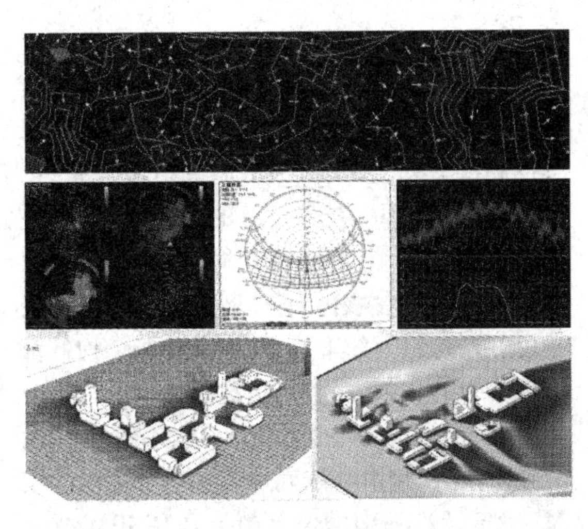

图2　场地环境分析

再对模型形体进行分析，得出放样截面转角处的半径变化，通过有理化形体截面，统一截面控制线的转角半径。以优化后的截面控制线为基础，生成新的建筑形体模型，运用参数化手段，结合初步的结构体系概念将形体截面控制线扇形排布，实现形体曲率的连续并加强非线性元素（图3）。

通过对建筑内部功能的要求，笔者对这些截面提出了尺寸的要求，如场馆的展陈位置与高度的结合，场馆的功能需要与截面定位及宽度的联动（图4）。

为了保证建筑能够顺利建设，组成这些截面的虚线均是通过参数严格控制的。通过这

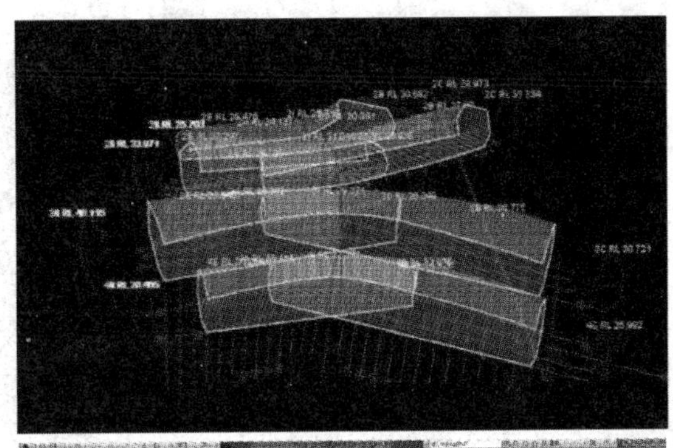

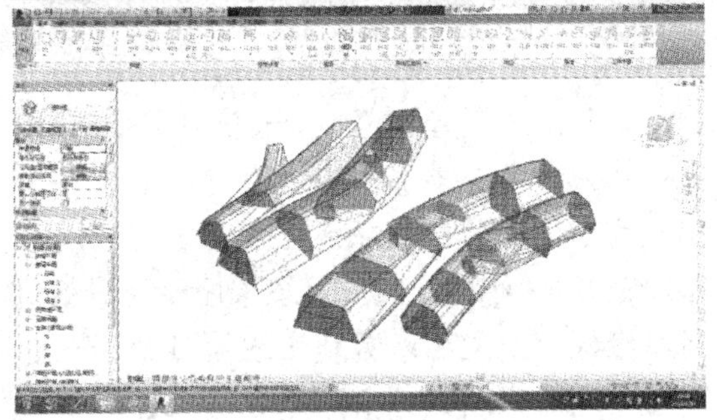

图3　自由形体的参数化过程

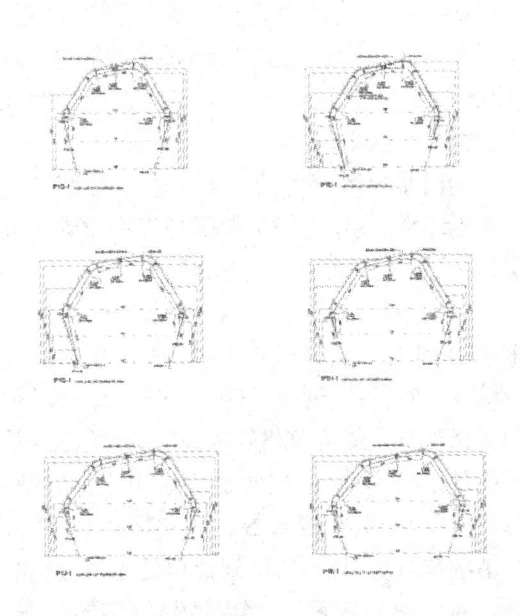

图4　截面定位及尺寸要求

一系列的调整，最终确定了一个符合建筑功能要求的形体（图5）。

提取模型的形体以及初步结构体系概念作为模型分析的基础。根据鱼鳞纹理的创意概念集合结构斜撑概念的走向，在形体中铺设

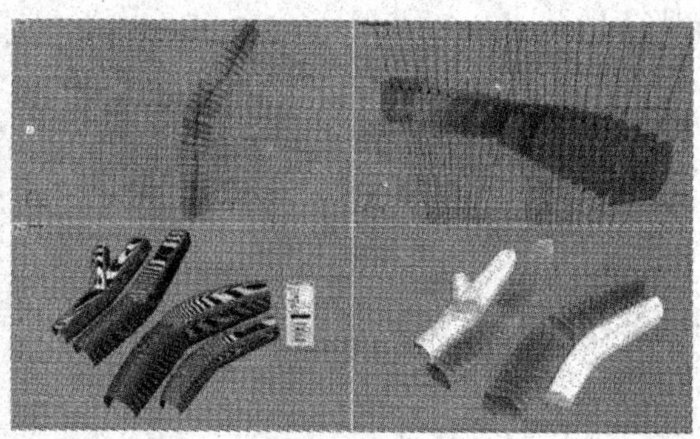

图5　截面控制线的参数化过程

了菱形和1/2错缝三角形的表皮划分形式，对模型快速提取嵌板规格，计算内角差方并分组。事实证明菱形嵌板的规格数远少于1/2错缝三角形，则确定表皮肌理采用菱形嵌板进行继续深化。运用参数化表皮设计最经典也是最常用的“干涉”、“渐变”方法来诠释表皮的设计。在纵向构成上，观察到建筑整体立面是从等边的六边形逐渐变形为菱形的过程。运用参数化手段对表皮进行拆分，规格化表皮等处理最终将建筑表皮嵌板规格数量控制在可接受的范围之内(图6)。

同时结合有理化的表皮反过来微调结构斜撑的布置，使结构构成逻辑与表皮龙骨布局保持一致，最大化地节省龙骨用量。

结合建筑的复杂形体和使用需求，采用了钢-混凝土混合结构形式，为了精确合理地进行结构计算分析，通过BIM提取三维定位线，利用插件导入结构分析软件，并对相关图元赋予构件及截面属性，据此搭建结构受力模型。随后施加荷载，设定参数，利用有限元软件进行结构体系受力试算，得到合理的受力分析结果。通过各工况下内力分析图、位移形变图、周期阵型图等，判断结构的受力性能，优化支撑体系布置方式，比较含钢量，最终得到最优结构布置方案。

2　BIM组织与应用环境

2.1　BIM应用目标

利用BIM技术可视化、参数化、精细化、信息完整等技术特点参与建筑工程项目设计全过程。

2.2　实施方案

在可行性研究阶段，利用BIM技术建立的概要模型，可清晰高效地分析项目方案，也可提高决策质量，大大减少时间以及经费；设计阶段，运用BIM技术设计的建筑模型，在充分表达设计意图、解决设计冲突的同时，每个构件本身就是参数化的体现，其自身包含了尺寸、型号、材料等约束参数，模型中每个构件都与现实中的实物一一对应，这些信息通过整合完整地传递到后期的建筑、运维阶段；在建设实施阶段，模型清晰准确地表达设计意图的同时，在建设过程中的关键节点运用BIM技术进行施工模拟，既方便建造又能避免建设过程中出现事故，而通过数字化的表现形式，设计方、建设方能够选择判断出合理、安全、经济的建设方式，投资方、设计方、建设方均能够从中受益；在运营维护阶段，通过前几个阶段的工作，形成了不断完善的BIM参数模型，其拥有建设项目中各专业、各阶段的全部信息，可以随时供业主查询使用，此BIM参数模型可以实时地提供建筑性能以及使用情况、建筑容量、建筑投入使用时间甚至是建筑财务方面等多种信息。

2.3　团队组织

天津市建筑设计院BIM设计中心由建筑、结构和机电全专业技术骨干组成，组成人

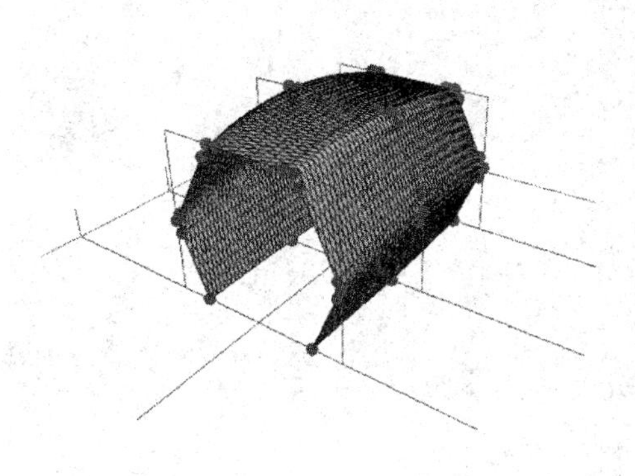
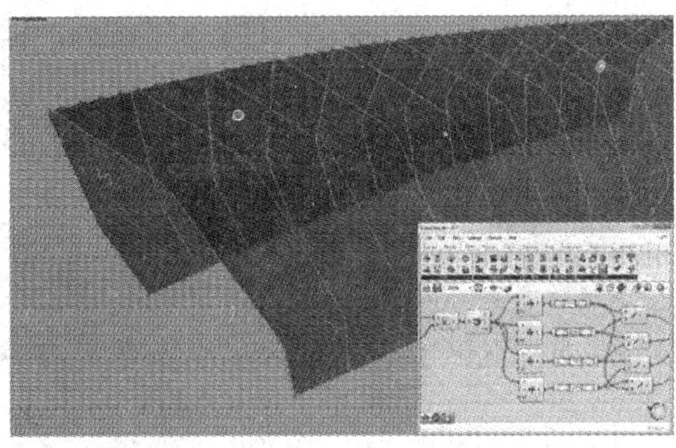

图6　建筑表皮参数化

员不仅有丰富的 BIM 实践经验,还有丰富的设计经验及项目管理、总承包管理经验,真正做到设计师用 BIM 做设计,并将 BIM 贯穿于建筑全生命期中。

2.4　应用措施

通过熟练运用 BIM 技术进行设计,在同等时间下,可以极大地提高设计质量,同时给造价、施工、运维等后续程序留出接口,使建设全过程(规划、设计、建造、营运)的信息保持一致,更好地发挥 BIM 技术的优势,获得综合效益。

2.5　软硬件环境

软件方面,本项目在 Autodesk 公司系列软件 Revit 的基础平台上,大量运用目前建筑参数化设计的主流软件:Rhino-Grasshopper 及 CATIA。

随着硬件技术和设备的不断发展,对 BIM 应用也产生了更好的技术支持。本项目结合 3D 打印技术,将 BIM 模型的海量数据根据需要实体化地快速呈现,也可以看作虚拟和现实的衔接(图7)。

3　BIM 应用

3.1　BIM 建模——应用天津市建筑设计院 BIM 模型深度分级

利用 BIM 技术建立起来的动态信息模型具有很好的统一性、完整性和关联性,它作为载体集聚了不同设计阶段的信息,贯穿于整个设计全生命期。随着设计阶段的不断深入,BIM 的核心数据源也在不断地完善和传递。在设计过程中,设计师在不同阶段所关注的内容不同,而 BIM 的核心数据源也必须随着设计师在不同阶段的关注点而进行广度与深度的调整,从而使模型的精度和信息含量符合设计不同阶段的需要,因此本项目应用了天津市建筑设计院 BIM 模型深度等级划分的规定。各专业深度等级划分时,按需要选择不同专业和信息维度的深度等级进行组合,并注意使每个后续等级都包含前一等级的所有特征,以保证各等级之间模型和信息的内在逻辑关系。在 BIM 应用中,每个专业 BIM 模型都应具有一个模型深度等级编号,以表达该模型所具有的信息详细程度。同时模型深度尽可能符合我国现行的《建筑工程设计文件编制深度规定》中的设计深度要求,本项目满足建筑设计的三级模型深度。

3.2　BIM 应用情况

天津市建筑设计院 BIM 设计中心结合多年 BIM 应用经验总结出一套 BIM 项目应用方法,即 I. A. O 体系。它是通过收集梳理信息对设计提出问题和要求,然后分析找到解决问题的方法,最终用分析结论指导设计。在非线性建筑设计中,以模型的发展为主线,并将 I. A. O 体系作为模型更新发展的方法,使 BIM 模型在设计过程中螺旋上升并最终完善。通

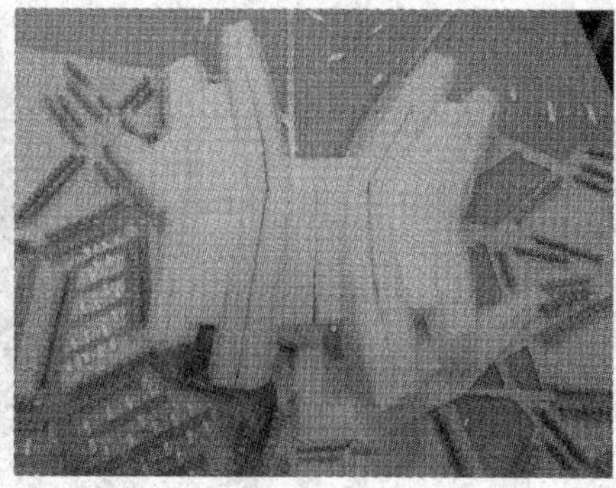

图7　BIM与3D技术结合打印模型

过BIM在非线性建筑设计中满足建筑功能需求,并利用可持续设计理念满足室内空间舒适度(图8)。

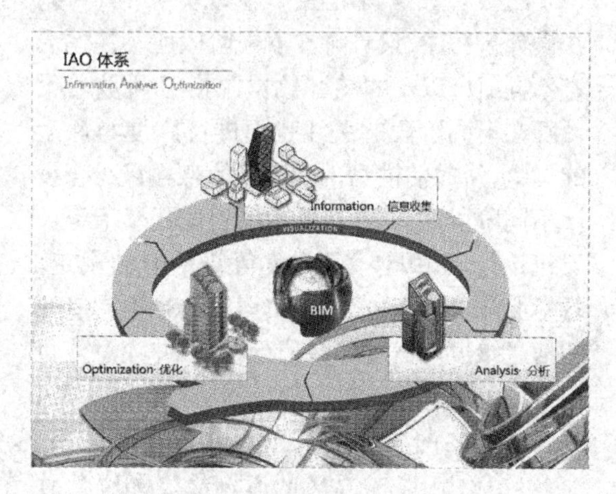

图8　BIM应用的I. A. O体系

本项目BIM应用方法如下:以建筑专业为基础,从BIM主模型中提取相关空间的信息进行日照分析,制定遮阳及光伏设备排布策略,同时将建筑形体数据提交给结构专业,结构专业针对非线性建筑形体进行节点分析,并根据分析结果进行结构优化;在机电设计方面,以建筑专业提交的形体信息和日照分析结论为基础,进行室外风环境、噪声控制、室内外舒适度等分析,指导机电方案的优化。

4　应用效果

运用BIM参与项目设计不仅提高了工作效率,直观立体地对建筑内、外部进行表达,使设计者的理念、意图等各方面信息完整地传递给建造者、使用者和管理者,同时还给造价、施工、运维等后续程序留出接口,极大地提高了设计质量和深度。

设计师利用BIM技术参与优化了项目的建筑能耗分析、日照分析、声学分析、流体分析等各项模拟分析,同时结合业主方通过BIM可以确定恰当的成本、能源及环境目标,得到更可靠的设计产品;在项目组织方面,通过BIM的可视化效果,业主更多地参与设计过程,提高对方案设计的理解和把控能力;在过程方面,通过BIM可以在施工前对建筑的外观和功能做出合理评价,有助于对设计变更的管理,缩短工程建设的进度。

5　总结

5.1　创新点

在BIM技术的支持下,项目设计将各专业有机地完美融合,从外观选择到结构布置,都得到全面分析、多方比较。声、光、水、暖、电等各项设计,均实现了理性布置、综合考量(图9)。

在满足人们审美与功能的需求外,做到了将技术创新融入其中。建筑外观做到了与周边环境、自身功能的完美结合,而建筑表皮的细节设计也成功诠释了建筑物整体与细部的和谐统一。

在设计之初就秉承绿色建筑理念,无论是项目外部体量,还是内部采光、能耗等各项设计,在满足舒适度的同时,将低碳、环保、节能

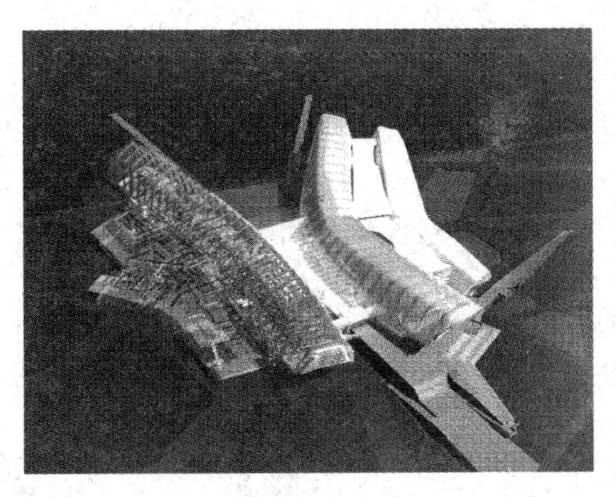

图9 海洋博物馆 BIM 模型

作为设计标准和依据，打造出真正的绿色建筑。

5.2 经验教训

目前国内尤其是在建筑设计领域，BIM 技术已被从业者广泛接受，并逐步形成一定的基础应用，在设计过程中，大部分应用都限于碰撞检测、设计优化、性能分析和图纸检查等方面，而在全过程三维设计、方案推敲、施工图深化和协同设计上的应用比例较少。基于 BIM 的全过程设计不仅要求各专业之间配合好，还要求精确、协调、同步。因为相比于传统的工作方式，设计者们有更多的工作内容要表达，有更多的技术问题要解决，有更多管理问题要面对。所以需要重新定义和规范新的设计流程和协作模式，保证基于 BIM 的设计过程运转顺畅，从而提高设计工作效率，保证设计水平和产品质量，降低设计成本。

通过此次项目的 BIM 应用实践，希望能够为 BIM 技术应用于建筑设计全过程的普及和推广提供参考和借鉴，共同提高设计行业的 BIM 技术水平。

二等奖 论文

数据分析在城建档案中的应用
——以天津市区居住用房分析为例

王文治
(天津市城市建设档案馆)

摘　要:为了充分利用城建档案馆存储的档案信息,以 Excel2007 为主要工具,通过数据分析的方式,验证城建档案信息是否可以如实反映城市规划和城市基本现状。

关键词:城建档案;数据分析;天津城市规划

数据分析是使用适当的统计分析方法对收集来的大量数据进行分析,加以汇总和解释并消化,以求最大化地开发数据并总结出研究对象的内存规律。

天津城建档案馆建馆 30 多年来,保存着各类城建档案 51 万卷。近年来,随着信息技术的发展和数字档案馆建设的持续开展,馆藏档案的数字化工作逐渐规范和完善,80% 的档案已经实现了数字化,这为档案信息的深度利用提供了丰富的数据资源。为了有效管理不断产生的建设项目电子档案,城建档案馆投入大量的精力进行研究,制定了城建档案数据接收标准,以规程规章的形式对建设项目电子档案信息的归档进行了规范。大量进馆的建设项目电子档案形成了丰富的信息资源,这些数据成为了数据分析的第一手资料。

在大量的建设项目电子档案数据的基础上,本文尝试对馆藏的档案数据进行分析,验证馆藏档案信息是否可以反映天津的规划发展:

①天津市市内六区城市居住区建设分布情况,是否符合天津市市区人口分布;

②天津市各行政区的居住用房项目档案数据是否与城市居住用地规划一致;

③如果居住用房面积不符合人口分布数量,能否找到原因。

本文通过数据分析的方法,针对城建档案信息的特点,对其进行一次的简单利用,以此扩展城建档案信息的利用范围和方式,为进一步挖掘城建档案信息做好基础和准备。

1. 天津市市内六区情况概述

天津市市内六区是全市的行政、经济、商贸、金融、教育、医疗中心,由和平区、河西区、河北区、河东区、南开区、红桥区组成。其中和平区是天津市政治、商贸、金融、教育、医疗卫生中心。南开区是天津市规模庞大的仪表电子、机械制造工业中心,同时以商贸金融、饮食服务等行业为重点的第三产业发展迅速。河西区是天津市重要的政治活动、文化活动中心,重要的政治活动、国际交往、经贸科技文化交流活动均在这里举行。河北区拥有天津市重要的交通枢纽,天津站、北站、京津塘高速公路进出口均在河北区。

各行政区人口与面积详细情况如表1所示。

表1 天津市各行政区人口与面积情况简表

行政区	常住人口/万	面积/km^2	人口密度/(人/km^2)
和平区	27.3	9.92	27 520
南开区	101.8	40.64	25 049
河西区	87	37	23 514
河北区	78.8	27.9	28 244
河东区	86	39	22 051
红桥区	53.1	21.3	24 930

通过简表可以看出市内六区中，和平区面积最小，但是人口密度最大；南开区面积最大，人口密度在市内六区中排第三位。

根据各行政区人口分布情况可以假设，在和平区和南开区的居住用房建设工程项目，建筑面积在6个行政区中应该较大。为了验证这个假设，将对建筑工程类档案信息进行分析，分析各行政区居住用房项目的总建筑面积、占地面积、卷数等信息，检验和平区和南开区的居住用房总建筑面积是否在6个行政区中排名靠前，占地面积与本行政区面积比例是否最大。

2. 馆藏档案信息概况

目前天津城建档案馆馆藏建设项目工程档案近12万卷，涵盖从20世纪70年代以来的各种类型建设工程信息。建设项目电子档案根据住建部印发的《城市建设档案分类大纲》分类，具体包括道路工程类、桥梁工程类、建筑工程类以及管线工程类四大类别，根据此次数据分析的目的，主要将针对建筑工程类档案信息进行。

目前馆藏建筑工程类档案字段设计如表2所示。

其中，密级、保管期限为档案管理项，由档案馆管理人员填写，其他项由建设单位档案管理人员填写并负责其真实性。

表2 建筑工程类档案字段

密级	著录员	发证机关	总投资
保管期限	入库	发证日期	建设工程规划许可证
分类项目号	检验员	开工日期	房屋所有权证号
总卷数	地块编号	竣工日期	建设地点(区)
工程名称	总占地面积	建筑分类	建设地点(路)
国有土地使用证号	总建筑面积	附注	著录日期
建设地点(街)	建设用地规划许可证		

根据分析目的对所有建筑工程信息进行检索，检索结果信息条数不到1万条，所以决定此次数据分析的工具使用Excel2007。

3. 数据处理与分析

3.1 数据提取

首先进行数据提取工作。为了保证分析目标数据的正确完整，符合数据分析的要求，在数据导出时排除了与此次验证无关的字段，只保留与验证内容有关的字段，如表3所示。

表3 数据提取后字段

建筑分类	总投资	总卷数	总建筑面积	开工日期	位置(区)	地址(街)
建设地点(路)	土地性质	竣工日期	地址(号)	工程名称	建设单位	总占地面积

根据这些保留的字段将建筑工程类档案数据进行检索、导出。

3.2 数据整理

在电子档案产生的过程中，有可能出现如下的情况：

①纸质档案某些内容的缺失。尽管这些缺失是纸质档案编制过程中允许的，但是这些空白项还是会对数据分析的结果造成影响。

②信息著录时产生的错误。比如数据输入错误、数据漏输入等，这些错误会严重影响

数据分析的结果。

这个步骤对导出的数据进行数据处理和数据清洗，将上面出现的各种问题通过技术手段进行处理，使它们成为能够使用的数据。针对空缺数据和逻辑错误数据采用不同方法进行处理。

在对空缺数据处理上：本次分析的范围是6个行政区，因此字段中的“位置（区）”项不能为空。筛选定位出所有“位置（区）”为空的项目，根据“地址（街）”和“建设地点（路）”项判断其属于哪个行政区，如果“地址（街）”和“建设地点（路）”项也为空，则通过“工程名称”项判断所属的行政区。在总投资、总建筑面积和占地面积等数值型空缺项方面，通过查阅纸质档案的方式进行补充。

在对逻辑错误数据处理上：先使用函数对过高或者过低的数值进行筛选，再用人工的方式将错误的数据进行修正。

最后得到数据表，如图1所示。

1	计数	建筑分类	总投资	总卷数	总建筑面积	开工日期	位置	FIELD242	FIELD25	FIELD213	竣工日期	FIELD243	工程名称
2	1	商业用房		9	4912.53	1995/5/1	和平	湖北路	I6.2-15		1996/6/1	23号增1号	沃特娱乐总汇宾馆
3	1	居住用房	1800	11	14972	1997/1/15	和平	宜昌道	I1.1-31		1998/6/20	宜昌南里	宜昌南里2#
4	1	行政办公月	1400	9	6457.54	1994/4/1	河西	围堤道	I2.2-25		1995/12/1	解放南路	天津市电力工业局城南供
5	1	行政办公月	686	10	5500	2000/3/10	南开	育梁道	I2.1-02		2000/9/25	4号中共天	中共天津市委党校局级学
6	1	工业仓储月	22055	171	9573	1989/8/5	东丽		E3.1-10		1993/4/28	外环线南	天津市东郊污水处理厂
7	1	市政公用设	18500	141	53630	1986/4/9	河北	建昌道	E3.2-01				新开河水厂工程
8	1	工业仓储用房		4		1983/6/13	北辰		E3.3-03		1983/12/21		北仓灌站倒残工程
9	1	行政办公月	383.15	9	4245	1991/12/30	河北	进步道	E3.5-01		1992/12/31	39号	天津市电力工业局调度配
10	1	市政公用设	82	3		1993/2/14			E3.6-02		1993/8/23		水利部、海河水利委员会
11	1	市政公用设	990	9	6230	1991/12/16	河北	月纬路	E3.6-04		1992/12/25	15号	天津市内电话局月纬路局
12	1	市政公用设	2669.35	14		2000/4/25	南开	清化祠大街以	E3.1-32		2001/8/15		（广开四马路排水工程泵
13	1	工业仓储月	25173.12	52	13271	1998/1/21	河西	洞庭路南	H1.8-08		1999/12/1		菲仕兰（天津）乳制品有
14	1	居住用房	450	14	7023	2000/12/8	和平	四平西道与宝	I1.1-43		2001/12/18		天津市和平区四平西道兴
15	1	工业仓储用房		91		1999/6/1	东丽	张贵庄机场迎	G3.1-06		2001/6/30		民航津京输设管道工程中
16	1	行政办公月	70000	75	68000	1994/9/19	河北	海河东路远洋	I2.2-37		2002/8/26	1号	天津远洋大厦
17	1	工业仓储月	8898	83	50161.56	2001/11/10	东丽	华明镇北坨村	I9.4-20		2002/9/24		天津中央直属棉花储备库
18	1	居住用房	25920	278	138960	1997/11/1	南开	华苑居住区东	I1.2-41		1999/9/1		华苑小区长华里
19	1	居住用房	272.38	2	8285.38	1989/6/19	东丽	津塘路两侧	I1.2-107		1990/9/30		嘉祥里三，四号楼
20	1	行政办公月	129	2	1837	1990/12/1	河东	十一经路	I2.1-11		1991/10/1		河东区人民武装部办公楼
21	1	居住用房	392	2	14000		东丽	利津路，招远路	I1.2-106		1992/12/1		东丽区万新庄乡詹庄子住
22	1	居住用房	525	2	16462		南开	宜宾道与咸阳	I1.2-112		1992/12/1		铝合金住宅1号楼，2号楼
23	1	文教用房		1	3787	1993/10/1	河东		I1.2-122		1994/4/1	大直沽	天津市河东区大直沽后台
24	1	居住用房	334	1	9550	1992/6/1	南开	西湖道	I1.2-113		1992/11/30		天津市丝绸印染厂1，2号住
25	1	体育用房	145000	172	158000	2003/8/1	南开	卫津南路	I4.5-08		2007/7/1	奥林匹克	天津奥林匹克中心体育场
26	1	商业用房	6230	25	33074	2004/6/14	南开	古文化街	I6.1-71		2006/4/1		古文化街海河楼商贸区16
27	1	交通设施月	438.8	8	441	2005/11/15	南开	士英路	E4.1-15		2006/4/21	38号	天津公交枢纽站工程动物
28	1	交通设施月	594.58	7	792.55	2005/5/5	南开	士英路	E4.1-14		2006/1/24	38号	天津公交枢纽站工程解放
29	1	交通设施月	521.59	6	791.3	2005/11/11	南开	士英路	E4.1-35		2006/4/14	38号	天津公交枢纽站工程丁字
30	1	交通设施月	510.09	8	853.13	2005/7/15	南开	士英路	E4.1-25		2006/1/24	38号	天津公交枢纽站工程 梅江
31	1	商业用房	1020	28	26300	2004/6/1	河北	海河东路与进	I6.1-69		2007/6/4		天津市河北区海河东路55
32	1	交通设施月	487	6	771	2007/7/25	河东	天山北路与龙	E4.1-13		2006/1/23		天津公交枢纽站工程太阳
33	1	商业用房		25	11238	2006/2/20	河西	太湖路	I1.2-687		2006/11/21	17号	通达尚 31#、32增

图1 数据表

3.3 数据分析

在上一步产生的数据表的基础上建立数据透视表，见表4。

表4 数据透视表

序号	行政区	总占地面积/m^2	总卷数	总建筑面积/m^2
1	和平区	470 971 837	10 264	8 556 754.21
2	南开区	16 799 136.82	16 147	21 845 149.37
3	河西区	127 569 026.8	15 948	19 227 970.63
4	河北区	82 518 399.9	5035	15 377 074.47

续表

序号	行政区	总占地面积/m^2	总卷数	总建筑面积/m^2
5	河东区	330 915 290.6	9181	54 666 055.77
6	红桥区	6 879 012.53	4074	13 949 502.28

从表1中可以看出，河东区和南开区项目总建筑面积最大，项目数量上河西区和南开区建筑项目最多。因为表中的各区项目情况包含所有类别的建筑分类，为了能够得到准确的居住用房项目情况，对建筑分类再进行一次筛选，筛选内容为“建筑分类”项，内容为居住用房、住宅用地等类型，见表5。

表5　筛选后的项目信息

序号	位置	总建筑面积/m^2	总卷数	总占地面积/m^2
1	和平区	3 614 589.87	5071	1 068 866.72
2	南开区	14 863 817.31	9710	12 213 966.28
3	河西区	9 910 013.85	9500	12 771 138.17
4	河北区	5 603 960.28	2926	9 521 821.18
5	河东区	51 464 385.67	5513	328 672 086.8
6	红桥区	6 855 907.86	2507	6 071 395.57

再次筛选之后得到6个行政区居住用房项目信息，对比本身的占地面积，可以计算居住用地占地面积和本区面积的比例，见表6。

表6　居住用地占地面积和本区面积的比例

序号	位置	住房占地面积/m^2	行政区面积/km^2	住房占地面积与区域面积比例/(%)
1	和平区	1 068 866.72	9.92	10.77
2	南开区	12 213 966.28	40.64	30.05
3	河西区	12 771 138.17	37	34.52
4	河北区	9 521 821.18	27.9	34.13
5	河东区	328 672 086.8	39	842.75
6	红桥区	6 071 395.57	21.3	28.50

6个行政区的居住面积比例中，河东区最大，数值与其他区差异巨大，因此对河东区的居住项目进行数据排查，发现有一个项目的占地面积非常巨大，不符合逻辑，返回到上一步查找错误原因。经过检查发现，河东区某一个项目在信息著录时单位设置错误，将以平方米为单位的数据填写到公顷为单位的数据项中，导致数据扩大了10 000倍。

同时经过数据整理，还发现很多地下项目，如地下停车场等，独立于所在项目，也作为单独的项目进行管理，但是其占地面积数值同地上项目一样，导致上一步的操作将地下项目同地上项目共同统计占地面积，造成错误。

针对上面发现的错误，进行两方面的修正：

①通过公式对建筑面积和占地面积过大或者过小的数据进行检查，检查到错误的数据后同原始纸质档案进行比较、修正；

②同一个地段、项目名称类似或者占地面积相同的数据进行检查，当出现符合条件的数据时，由人工进行进一步的检查和修正。

将发现的错误进行更新后的数据表，见表7。

表7 更新后的数据表

序号	行政区	总建筑面积/m^2	总占地面积/m^2	行政区面积/km^2	占地面积与区域面积比例/(%)
1	和平区	3 614 590	1 068 866.72	9.92	10.77
2	南开区	14 863 817	12 213 966.28	40.64	30.05
3	河西区	12 214 182	14 024 440.62	37	37.90
4	河北区	17 603 960	1 521 821.18	27.9	5.45
5	河东区	8 052 228	6 171 286.79	39	15.82
6	红桥区	6 855 908	2 071 395.57	21.3	9.72

更新之后的数据表展示了居住用房建筑的各区比例（见图2）。其中河西区和南开区居住用房占地面积最大，南开区和河北区居住用房总建筑面积最大。占地面积与行政区面积比例说明该行政区居住用房面积同其他用地面积的比例，南开区、河西区都处于30%以上，和平区比例最低，只有10%。

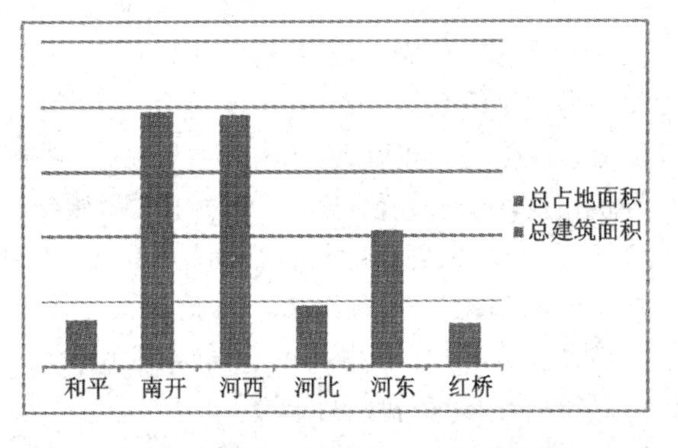

图2 各区居住用房占地面积与建筑面积图

3.4 数据分析结果与结论

(1)居住用房的总建筑面积。

从表4中可以看到，在6个行政区中，南开区和河西区用于居住用房的总建筑面积最大，和平区总建筑面积最小。

河西区和南开区居住用房建筑面积在市内六区也是最大的，拥有天津最大的居住区华苑、王顶堤、梅江等居住区。天津四大居住区分别为华苑居住区（南开区）、大梅江生态居住区（河西区）、丽苑居住区（河东区）和瑞景居住区（北辰区）。位于南开区的华苑居住区始建于1992年，规划总建筑面积205万 m^2，规划人口5.6万人。位于河东区的丽苑居住区，始建于1998年，规划总建筑面积218万 m^2，规划人口5万人。华苑居住区和丽苑居住区是天津市早期开发的两大安居工程之一。大梅江生态居住区是天津市继华苑居住区和丽苑居住区之后的第三片由市政府统一组织建设的安居住宅区，始建于1999年，规划总建筑面积642万 m^2。因此南开区和河西区用于居住用房的总建筑面积在天津市范围内较大的结论符合天津市居住区规划现状，同时也与其规划发展目标相吻合（见表8）。

表8　天津市行政区功能规划发展目标

行政区	发展目标
和平区	市级金融中心、商业中心和文化艺术中心
河西区	现代化的居住区，集居住、旅游、文化娱乐为一体的综合性地区
河东区	以交通枢纽为依托，便捷、快速、多层次的交通体系，铁路交通枢纽和海河东岸的商务中心
南开区	功能完备、生态平衡的现代化新区，主要环境指标达到国内大城市领先水平
河北区	创造良好的居住条件；形成种类齐全，形式多样的文化、体育交流体系，完善区、街两级文化设施
红桥区	旅游、居住环境优美的分区，天津市的商务、交通副中心，辐射国内的北方小商品集散地

和平区常住人口最多，但是居住用房总建筑面积排名倒数第二，与逻辑不符合。为了检验分析结果是否正确，引入人口密度和住房指导价格这两个参数，对比6个行政区住房指导价格，和平区住房指导价格最高，同价格最低的红桥区相比高30%以上。行政区面积小、人口密度大、居住用房面积小，导致住房价格最高，符合一般逻辑（见图3）。

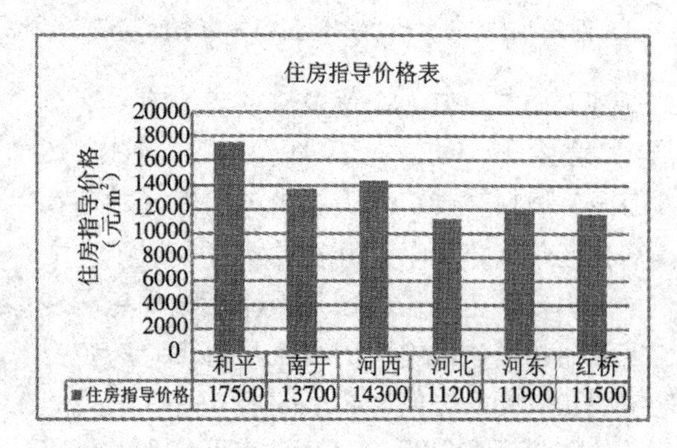

图3　天津市行政区住房指导价格表（2014.6）

（2）居住用房占地面积。

在居住用地方面，河西区和南开区住房用地面积最大。2010年河西区和南开区在行政区居住用地规划表中居住用地面积分别为1341.5 ha和1314.1 ha，档案统计数据河西区和南开区分别为1402.44 ha和1221.39 ha，与规划居住用地基本一致（见表9）。

表9　各行政区居住用地规划表（2010年数据）

行政区	用地面积/ha	占总用地比例/（%）
和平区	327.2	32.8
河西区	1341.5	36.3
南开区	1314.1	32.7
河东区	1487.8	35.9
河北区	1056.82	36.28
红桥区	846.76	39.64

和平区的居住用地面积在6个行政区中排名最后，这是因为和平区总规划面积在6个行政区中是最小的，而且天津市市级商业中心位于和平区，总占地390 ha，两个市级次商业中心之一的小白楼商业中心也位于和平区，总占地36 ha（另外一个市级次商业中心在滨海新区）。这些以商业零售业为主的购物、旅游、娱乐综合区占据了大量的用地。

对比2010年和平区居住用地规划表中的数据327.2 ha，从各区居住用地占地面积比例上看符合城市规划的现状。

在6个行政区中，居住用房占地面积与行政区面积比例最大的区是南开区和河北区，这与天津市各区人口密度分布基本一致（见图4）。

和平区人均用地面积较小，甚至仅为河东区的50%，人均居住面积在6个行政区中也是最小的，加之常住人口数量较大，因此表4中和平区居住占地面积小的现象符合现状（见表10）。

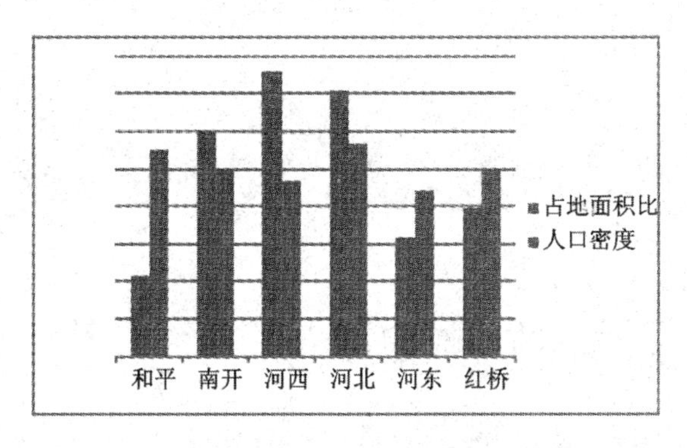

图4 各区居住用地与人口密度对比图

表10 各行政区居住用地人均用地面积表

行政区	人均用地面积/(m^2/人)
和平区	11.22
河西区	19.43
河东区	22.43
南开区	17.1
河北区	21.47
红桥区	22.23

关于数据准确性的问题：

①由于建设工程档案竣工后才移交档案到城建档案馆，因此城建档案信息相对滞后，而城市规划又是前瞻性的，因此档案数据有可能和规划数据在一段时间内有差异。比如：河东区建设用地规划面积达到1487 ha而实际档案记录数据只有617 ha，相差870 ha，一部分原因是由于建设项目尚未向档案馆移交档案从而导致统计结果的不准确。

②一些建设年代较早的项目档案信息没有在档案馆保存。如：20世纪80年代之前建设的项目，很多的居住用房建筑档案没有移交到城建档案馆，因此此次数据分析没有获得这一部分的数据。比如：河北区和红桥区档案卷数量远小于其他4个行政区。

4. 体会与收获

馆藏档案的信息开发利用是档案馆专业服务的核心，以数据分析为手段，开发档案信息的深层价值，是未来档案利用和编研的重要方式。

4.1 做好数据整理工作

数据收集与整理为数据分析工作提供了素材和依据，只有对解决问题有价值、有意义的数据才能得出正确的数据分析结果。同时在数据整理中也要对这些数据进行检查，一旦发现问题就要找到错误产生的原因并加以改正。虽然只有正确的数据才能准确地反映问题，但是由于各种局限性，这些档案信息还会产生一定的误差。尽管如此，城建档案数据分析的结果还是可以作为参考，指导我们工作。

4.2 对规划工作的印证与记录

城建档案是对城市建设的记录，从城市规划的角度分析城建档案信息，一方面是对过去城市规划建设的印证，另一方面也是对城建档案信息的检查。一般来说城建档案和城市规划发展是一致的，当出现差异的时候，以科学的方法分析造成差异的原因，可以找出目前档案工作的不足，同时也可以评估城市规划发展的程度。

4.3 数据分析的作用

数据分析主要有三大作用：现状分析、原因分析和预测分析。具体在城建档案管理工作中，也可以以多种方式开展工作，通过科学的方法指导城建档案的接收、利用等。比如：对档案的进馆时间、卷数等项进行分析，可以尝试掌握档案接收进馆的一些规律，缓解丰富馆藏与优化馆藏的矛盾；通过对档案信息利用用户行为的分析，可以对未来的一些档案利用趋势进行科学的预测，针对各个群体的利用特点提供个性化的服务，做到最大限度地满足社会需求。

5. 结束语

建设工程档案数据都是在项目竣工之后才接收进馆，因此数据有明显的滞后性，尽管如此，城建档案数据虽然不能完全反映城市规划的现状，但是作为城市规划建设的记录，城建档案可以从时间的角度折射出城市规划发展的阶段趋势，并且在总体角度和城市规划保持一致，为未来的城市规划做出贡献。

从社区规划到社区更新
——社区改造的启示和方法

王强
（天津中怡建筑规划设计有限公司）

摘　要：近年来，由于经济的快速发展，城市进入了快速扩张的发展阶段，为了让老城面貌与城市发展相符合，城市更新成为了城市建设内部调整的措施之一。在老城中，社区是重要的组成部分，也是居民生活的主要场所。城市更新的内容之一就是针对老旧社区的更新改造，这是与社区规划既联系又有所区别的一个新的领域。本文结合实际参与的旧有社区改造项目，指出现阶段旧有社区存在的忽视人的需求、公共资源分配不均和缺乏识别性、归属感等问题，并提出社区更新与社区规划的内容区别和在社区更新中应采取的规划方法：社区发展现状调研——制定目标和规划方案——实施保障措施到位。最后结合实际工程遇到的常见问题，提出供参考的解决办法，为规划师们打开思路，更好地从社区规划设计走入社区更新设计，投身到城市更新建设中去。

关键词：社区；社区规划；社区更新；公众参与；绿地；停车；公共设施

1　引言

19世纪德国思想家海涅曾言：“每一个时代都有它的重大课题，解决了它就把人类社会向前推进一步”[1]。自改革开放以来，伴随城镇化的不断发展，越来越多的人走入城市，使城市建设达到了空前的规模。但随之而来的问题是给城市本身带来了极大的负担：土地资源紧缺、交通拥堵严重、环境不断恶劣、教育资源分配不均等，这些问题都与居住其中的人们有着很大的关系。面对新的变化，人们抱持了两种主要的观念：其一是向内城转移，目的是抢占城市核心的稀缺资源，包括地段资源、教育医疗资源、交通资源等；其二是向外城转移，远离嘈杂、污染的市中心。面对人们的选择，我们必须清醒地认识到：由于土地的稀缺性和建设成本的不断提高，使得城市核心区的房价居高不下，向内城转移的成本不断提高，而机会却越来越少；而实际的城市核心区内除了凤毛麟角的新建社区外，还有大量的老旧社区，它们占据了城市的核心地段、拥有各种优质资源，但它们的现状却与城市核心区的形象极其不符：楼体破旧、设施残破、内部功能不全等，由于拆除重建它们的建设成本太高，因此社区的改造即社区更新成为针对此类社区的一剂良方，既可以满足对社区内部建筑、景观、设施等多方面的治理需求，又避免整体拆除带来的多方面矛盾和资源的浪费。

目前很多城市都在开展城市更新运动，对城市形象进行整体提升改造，其中对社区的更新改造与居民关系非常密切，也更能体现对人的关怀。本文意在从人的需求出发，结合这些年参与的旧有社区改造项目的经验，从社区规划角度探讨新形势下社区更新的设计方法和常见问题的解决办法。

2 社区规划与社区更新的理论概述

2.1 社区与社区规划

社区一词最早起源于德国社会学家 F·b 滕尼斯于 1887 年出版的《社区和社会》，滕尼斯的观点指出社区是基于亲族血缘关系而结成的社会联合。自此观点之后，关于社区的概念又有很多拓展，比较典型的有以下几种：

E·W·伯吉斯强调“社区的地域环境”。

B·菲利普指出，“社区是居住在某一特定区域的、共同实现多元目标的人所构成的群体。在社区中，每个成员可以过着完整的社会生活”。

方明等人在《观察社会的视角——社区新论》中曾指出，“社区一般是指聚集在一定地域范围内的社会群体和社会组织，根据一套规范和制度结合而成的社会实体，是一个地域社会共同生活体”。

社区按在城市中的主要功能可分为居住型、商贸型等多种类型。本文主要讨论的是居住社区，即聚集而居的一定数量的人群形成的地域共同体，包括围绕居住活动而展开的社会活动，为居住活动提供的各种服务设施，为确保这些活动能正常运行而形成的相对独立的自主性机构，以及生活在其中的人们在认知意象、心理情感上具有较一致的地域观念、认同感与归属感。

社区规划是伴随近代城市规划理念与理论的发展、成熟而逐步演进的。早在 19 世纪末，英国人霍华德提出“田园城市”构想之际，便有了社区规划的雏形。社区规划是以社区为单位的规划，是对社区建设的整体部署与设计。

2.2 社区更新

近年来，我国各地都在开展城市更新改造工程，针对现有城区存在的一些问题，进行梳理、整治和提升工作。这些工作包括对道路、建筑、景观、社区等多个方面，其中针对社区更新的工作与百姓的利益关系最近，也是各级政府和部门最关心的问题。

叶南客在《都市社会的微观再造——中外社区比较新论》一文中指出：社区重建又称社区更新，它既是一项复杂的社会系统工程，又是一个长期的可持续发展过程，只要城市在发展，科技在进步，再先进的建筑都有落后、需要重建的时候。我们可以回想十几年前在建设社区时，我们是否会意识到需要这么多的停车位，需要光纤入户等问题。而今天我们的住宅小区虽然设施齐全，但谁又能保证再过多少年后，仍然会因为无法满足新的需求而重建。

因此社区更新应该是一个不断完善、与时俱进的过程，社区更新项目应该设一个专门的、常设的机构，站在标本兼治、可持续发展的高度来规划，并以自身良性循环的方式进行。同时社区更新还必须依法进行，不但总的法规、更新区的确定标准要明确，而且对每一个项目都必须进行论证并公开方案，以法规的形式作出具体的规定，这些规则要交给公众，并不为一时的经济因素而修改，以防止参与更新的机构为追逐最大利益而牺牲更新标准。[2]

3 现阶段旧有社区存在的主要问题

现阶段伴随生活水平的提高，人们对居住环境的要求也越来越高，但原有社区规划中单一的结构模式、统一的用地指标、面面俱到的用地构成、按人口数量分配的设施等，都暴露出设计中无视个体需求差异的问题。这些非人性化的设计和对未来发展趋势的预估不足，使得现有很多旧有社区存在诸多问题，不能满足人们新的需求，并造成在生活中的很多矛盾。结合参与的近些年的城市更新项目，特别是社区更新项目，我认为目前旧有社区主要有以下几个问题：

①原有规划单纯从经济目标出发，忽视人的需求，不符合以人为本的原则。

②现状公共资源配置不合理，忽视不同人群的需求，导致公共服务设施与居民阶层不相匹配。

③居住区缺乏可识别性、居民没有归属感。

4 社区更新的内容及方法

4.1 社区更新的内容

社区更新主要是针对城市中旧有社区进行的涉及建筑、景观、道路、设施等多方面的综合整治工程，是城市更新的重要组成部分。社区更新的目的是通过先进的规划理念、有效的沟通协调和完善的实施保障，来解决原有社区规划中资源分配不均、缺乏人性化关怀、不能满足居住需求等方面的问题，是基于原有社区规划基础的一次再提升规划设计。社区更新的规划内容不同于传统社区规划，主要表现为：

①服务主体不同。社区更新规划服务主体是社区居民，而非传统的社区规划那样服务于城市政府，为城市的发展出谋划策。

②建设周期和结果不同。社区更新规划是建设和维护的过程，更多地强调后期的能动作用，以实现生态平衡、社区平等和自治为目标。传统规划是一个简单的建造过程，以人造景观为最终结果。

③社区更新效应的长期性和领导追求政绩的短期性的矛盾。由于社区更新所关注的是居民的切实需求，以解决问题为主，而不是强调经济效益，因此就决定了政府不可能有很多资金投入到社区更新中，而只能是极少数的"试验田"。

由此可见，社区更新更偏向于人，而不是物；关注的重点是具体人群的社会需求，在追求整体效益之外更强调公平的发展和对人本的关怀。

4.2 社区更新的方法

基于社区更新的"自下而上"的设计特点，在实际规划设计中，所采取的方法主要包括以下几个方面。

4.2.1 社区发展现状调研

社区更新规划是对旧有社区的提升整治，其基本依据就是现状社区的情况，因此对社区现状发展调查和研究是设计的第一步，要实现社区更新的目标，就必须了解社区情况和目前存在的问题。

调查的主要内容包括：居民的收入水平、职业状况、家庭及人口结构等；社区环境状况；公共设施的配置情况，包括人均指标、质量、便捷程度、使用率及使用主体等；现有公共空间的使用频率和使用时间的调查；居民的居住状况，包括居住面积、日照、通风等；居民日常生活中的主要步行路线的调查；居民之间相互协作、依赖的程度等。

社区调研可以采用问卷调查或与居民代表、居委会、物业等的座谈，以及实地考察调研等方式开展，对收集的数据进行分类和整理，将总结的内容进行二次沟通，以达到调研与实际相符合，能准确掌握社区现状情况的目的。

4.2.2 制定目标和规划方案

根据社区基础资料的整理，确定社区目前的主要问题和矛盾，并针对问题和矛盾确定近、远期的整治目标。规划中分别确定各期目标完成的年限以及具体的方案计划、预算等。

对于目标的制定应结合社区实际出发，实事求是，切实为居民服务。方案设计应从多角度出发，设计多个方案进行比选，将选中的方案广泛征集社区居民、物业、相关单位的意见，在此基础上进行修改和补充。通过公众参与的方式，让居民增加参与性和认同感，提高主观能动性，这样更便于日后项目的实施。

规划设计中还应强调"留有余地"的设计理念：目前社区规划是不允许居民对其进行任何改造的终极式、固定化的营造方式，拒绝内部空间环境针对居民日常生活内容和需求做出反应和调整的可能，是非人性化和不可持续的方式；社区更新规划应适当留出一定余地，供日后居民根据自身实际需求与变化进行适应性的改造建设，同时这样也有利于为居住者提供参与社区建设的机会，让他们为公共空间环境的设计与营造做出自己的贡献，并让他们承担一定的责任，这必然会增强他们对社区及空间环境的归属感、认同感，并形成强烈的社区意识。

4.2.3　实施保障措施到位

任何项目的顺利开展都与项目的组织实施保障分不开，强而有力的保障对项目推进至关重要。对于社区更新规划的项目，由于出发点不是以经济利益为目标，难免会在项目进行过程中出现“雷声大雨点小”或“虎头蛇尾”的问题。我参与的部分此类项目有些就是由于资金、人力或物力等的问题，在实施工程中很多设计想法没有实现，虽然解决了部分老旧社区的实际问题，但由于整治不彻底，会给后面造成隐患或出现返工的问题，造成资源的浪费。

因此这里提出几点建议，供参考。

1）规划人员的确定

采用“三三制”原则，即项目负责的政府人员、规划设计人员和社区居民各占1/3。各自职责明确：政府人员负责制定社区更新项目各项要求、资金筹措以及各个相关部门的协调工作；规划人员完成具体方案设计、时间进度安排等；社区居民参与社区更新规划，对规划内容提出意见和建议，并在规划允许范围内改建自己的住宅及环境等。

2）推进公众参与的深度和力度

项目的开展离不开居民的支持，尤其老旧社区更新规划，与居民的日常生活息息相关。居民在此社区居住已达数十年，是最有发言权的，无视了他们的意见，项目无论是规划设计还是后期推进都会遇到困难。

S·R·Amstein 指出：真正意义上的居民社区参与，不但包括被告知信息、获得咨询和发表意见等权利，而且还包括居民对社区环境的维护，以及对整治过程的参与和控制。要推进公众参与，就必须调动居民的积极性，比如在社区更新规划中可确定社区居民可以自建的范围、项目和实施程度，并提供多方案供居民比选，增加居民的参与性；可充分利用居委会、物业、各种居民团体等组织的优势，促进居民间的互动。

3）管理体系要健全

好的项目除了设计、实施的保障外，后期维护也十分重要。这就要求要有一套完善的管理体系。包括居民、居委会、物业公司、上级部门等多个环节，针对不同层级，应有对应的管理内容和措施，以保障更新成果的效果。

5　社区更新中的常见问题及解决办法

通过以上的分析，我们能够看出社区更新和传统社区规划还是有很大不同的，做好一个社区更新项目需要方方面面的配合，而社区自身也有各种各样的问题，这些问题很多都是当初规划时没有预见或考虑到的问题，在实际生活中日积月累形成社区居民诟病的源头。

这些年参与一些旧有社区更新项目，针对共性的一些问题，总结了一些设计心得。

5.1　停车难的破解

停车难，这是目前旧有小区的通病。究其根源是伴随人民生活水平的提高，人们收入增加，买车已不是难事，但原有小区规划时未充分考虑到人民生活的变化，车辆增速如此之快，以至于目前的小区内停车空间严重不足，无论广场还是绿地都停满车，甚至消防通道上也堵满车，严重影响居民的出行和安全。

针对这个问题，可以通过以下四种方式进行化解。

1）从规划角度调整用地性质，改建部分小区绿地为停车场

依据新公布的《物权法》的规定，小区的绿地和道路属于全体业主共有，业主有权通过业主委员会向相关规划部门申请更改小区规

划，要求将部分小区绿地变更为车库，在规划更改申请获得通过的情况下，业主可以自建或由设计公司对绿地进行改建，以补充车位不足。当然为了营造良好的小区环境，建议不要忽略了整体环境，而要选择一些边角部分的绿地进行改建，比如利用楼间阴影区内的绿地进行改造，将长势不好的植物剔除，改建为停车场；利用楼侧面的狭长空间规划车位，这样不会对现有绿化面积造成大影响（见图1）。

图1　楼间阴影区停车改造

同时大力倡导将新开辟的停车区做成绿色生态停车场，即在尽量不减少停车数量的前提下对停车场环境予以充分绿化，做到停车、绿化兼顾。具体做法是在停车区铺设草皮或草坪砖，以增加绿地面积；并在车位之间或停车场的四周辟建绿化林带，种植树冠宽大的庇荫乔木，利用树木作为车位间的隔离绿带，使乔木遮挡阳光，草坪覆盖地面，最终达到“树下停车，车下有草，车上有树”的效果。

2）合理规划停车空间，可向空间要车位

针对小区的规划和实际情况，可结合小区道路宽度进行合理划线，在确保行车畅通、安全的前提下，可实行单侧停车、单向行驶的方式，并结合道路宽度采用垂直、平行、斜向停车等不同方式，解决小区车辆通行和停放的问题。其中小区内的车行主干道采用5～6 m即可，楼前的小路按4 m设置，其余宽度可做垂直或斜向车位，如果是单行道或者环路，做4 m车道也可以（见图2）。

图2　小区主路旁停车改造

向空间要车位，是解决现阶段旧有小区用地紧张的方式之一。其场地可以利用小区的集中停车区域建设，同时要兼顾立体停车对日照和消防的影响，保证居住舒适和安全。目前困扰建立立体车库的最大问题是资金，建议可通过业主委员会商讨，通过民间资金或集资修建，本着“谁投资，谁受益”的原则，可以委托物业公司进行管理，扣除管理费和投资成本后，其收益归业主所有。

3）加强管理，有效监控

目前小区，尤其是旧有小区缺乏物业管理，因此小区里内部和外部的车辆都很多，不利于小区自身的停车管理。因此建议小区引进物业，并引入智能化车辆管理系统，这样既可以有效管理小区内部车辆，避免外部车辆的进入，又可以实时监控小区停车情况，提示剩余车位等信息。

5.2　绿地变菜地的问题

除了车位问题外，现在旧有小区多位于市核心区，内部人口组成老年人占了很大的比例，出于消遣、爱好，部分居民将公共绿地改为了自家菜地，这也是目前社区更新中常见的问题之一。

这种行为侵害了小区业主的公共利益，属于不合法的行为。但是也有部分业主认为种菜就如同下棋一样，是一种业余爱好，而且成熟的蔬菜还可以赠予邻居，增加邻里关系，何乐而不为。这里我想强调一下，虽然表面上看起来闲置的绿地改成菜地是“变废为宝”，但实则不然，其一居住小区内的用地性质是住宅用地，而不是农业用地，把绿地改成菜地，就是擅自改变了土地性质；其二物权法规定了小区区划内的绿地属于业主共有，要改变其形态、用途，应由业主共同决定，个人无权擅自分配使用。

目前在小区内这类问题十分普遍，也是屡禁不止。我想从小区人员构成情况考虑，目前小区内多为留守老人，他们需要有自己的兴趣爱好来打发时间，有些人选择了种菜，这时我们要运用正确的方式进行引导和处理。首先是对居民观念的转变，通过法律的宣传，建立正确的观念；其次可以通过业主委员会进行裁决，如全体业主同意，可利用闲置场地或一些边角绿地进行改造，这样不对绿地面积造成大影响；再次是加强管理，强化物业和居委会的监督职能，对私建菜地进行取缔，对可建菜地进行监管，达到不影响小区环境的目的。

这里也对新规划的居住小区设计提出建议，是否可以在设计之初满足各项指标的情况下，开辟一块“开心农场”作为满足居民生活乐趣的场所，更好地适应居民的需求，减少后期的矛盾。

5.3 社区公共设施功能的适应性

社区公共设施主要指邻里性公共实施，此类设施的特点受居住区规模的影响，范围较窄，指距离部分社区成员很近的公共设施。主要有户外广场、邻里绿地公园、小型运动设施、社区活动中心、儿童游戏场地等。

目前小区规划更多的是关注环境空间的商业价值，建设很多的商业设施，这无疑会对居民的正常生活产生干扰，并对居民的生活安全造成隐患。

对于现有小区的居民而言，小区公共设施的使用人群主要集中在老人和儿童，他们在小区的停留时间最长，因此小区公共设施的设计更应关注这类人群的需求。特别是在旧有小区的改造中，应增加无障碍设施、健身设施、阅报栏、安全卫生公告栏等，弥补早期规划中设施考虑不全的问题。

针对老年人的健身需求，可以结合现有小区游园的铺装改造增加部分卵石铺设的健走步道，步道围绕现状花园，既能健身活动，又可以欣赏小区环境；采用石质的桌椅取代木质材料，增加小区设施的耐久性；儿童活动区地面可采用彩色塑胶或混凝土地面，既能保证安全又富有趣味性；在广场等集中铺装场地周围增加座椅等休憩空间，也可结合乔木设置围树椅（见图3）……总之，对小区公共设施的设计应面向使用人群，从细节、实用出发，体现人性化。

图3 社区游园公共设施提升改造

6 结语

目前，中国正处在一个发展变革的年代，随着经济的进一步发展，我国城市将从快速扩张走向内部调整与扩张并行的发展之路。城市更新成为城市发展新的手段，而社区是与百姓生活息息相关的场所，针对社区的更新改造是以解决矛盾、完善功能为出发点，它是在原有社区规划基础上的提升、再造。解决好社区更新问题，就是为百姓服务，是人本关怀的体现。

中国发展正在经历转型，我们作为规划师，规划设计理念也需要转变：应从对建筑形式和空间的片面关注，回归到对建筑和空间中所发生的人的多样化生活、交往生活的关注；从对物质、利润、效率的诉求，回归到对社会、经济、环境综合效益的追求中，实现对人类自身存在方式与意义的关注。

本文希望通过参与过的一些社区更新项目，总结遇到的问题和解决的办法，以抛砖引玉的方式为规划师们打开思路，使其更好地投身到城市建设中去。

参考文献

[1] Hiller B. Space is the Machine: a Configurational Thoery of Architecture[M]. Cambridge: Cambridge University Press, 1996.

[2] 杰拉尔德·A·波特菲尔德，肯尼斯·B·霍尔·Jr. 社区规划简明手册[M]. 张晓军，潘芳，译. 北京：中国建筑工业出版社，2003.

大数据视角下城市规划执法管理探究

郭洪源
（天津市规划执法监察总队）

摘　要：大数据，英文名称 big data，顾名思义就是数据量巨大的数据集合，不能在一定时间内利用传统技术工具对其进行操作、管理和分析。我国大数据刚刚起步，各企事业单位相继建立了各具特色的规划数据管理系统，对规划执法管理者而言，如何对海量数据深度挖掘和高效运用，成为了新一轮的热点话题。我们通过文献研究、定量分析、交叉研究等方法撰写本文。首先通过现状回顾，阐述了大数据时代的到来对规划执法管理的影响；其次通过需求变异，提出大数据时代对规划执法管理的新要求；再次通过对一些大数据软件应用的探讨，为解决大数据时代规划执法管理中的问题打开思路，最后展望大数据时代规划数据管理的发展趋势，为规划执法和规划许可证后管理工作服务。

关键词：大数据；规划执法管理；规划许可证后管理

1　现状回顾

最早提出“大数据”时代到来的是全球知名咨询公司麦肯锡，麦肯锡公司在研究报告中称：“数据，已经渗透到当今每一个行业和业务职能领域，成为重要的生产因素。”2014 年 3 月 16 日，新华社发布中共中央、国务院印发的《国家新型城镇化规划（2014—2020 年）》，印发通知中指出，“四化同步，统筹城乡。推动信息化和工业化深度融合、工业化和城镇化良性互动、城镇化和农业现代化相互协调，促进城镇发展与产业支撑、就业转移和人口集聚相统一，促进城乡要素平等交换和公共资源均衡配置，形成以工促农、以城带乡、工农互惠、城乡一体的新型工农、城乡关系。”[1] 这些内容将拓宽我国新型城镇化发展道路，并为规划信息化发展指明方向，正如习近平总书记指出的那样“没有信息化，就没有现代化”。

1.1　我国规划信息化发展现状

规划信息化是一个多技术结合、管理复杂、工期长的综合信息工程，涉及大量人力、物力投入，我国规划信息化发展普遍缺乏战略性的规划，面对日益突出的矛盾问题显得办法不足。我国规划信息化发展在过去一直受到 IT 技术制约，发展缓慢。现如今随着我国 IT 产业的快速发展，技术紧跟时代潮流革新，规划信息化领域的整体格局也从数字化向信息化转变。IT 主流技术的介入让我国规划信息化管理更加科学合理，并向全面化、可持续方向发展。全面化的规划信息化可以提高规划管理水平，减少冗杂工作量，显著改善各环节工作效率。规划信息化的可持续发展，在空间地理信息服务、城市建设动态监测、规划编制与审批决策等方面的影响尤为明显，大到城市规划布局，小到购物出行路线，人们生活越来越离不开现势性的规划信息。在为人们带来便利的同时，不间断的更新工作使得规划数据不仅数量庞大，而且种类繁多，难以用常规技术及时管理和分析，问题主要表现在以下3个方面：

1)“信息孤岛”现象

目前信息化建设成果的取得，无论是数据库建设、应用系统建设，还是基础设施的建设，大多是从某一项的具体业务需求出发，是遇到一个问题解决一个问题，往往解决的是局部问题，缺乏整体的考虑，在解决这些问题时所采用的技术体系不一、标准规范不一、应用接口不一，导致各个部门、各个应用系统之间数据交换困难，产生“信息孤岛”现象，更不用说在此基础上进行信息的深入挖掘与应用。

2)多系统“不协同”的作业现象

由于早期的系统多是仅仅解决某一局部问题而建立的，而这些问题之间在业务上是相互关联的，导致规划业务人员为完成一项审批业务，需要登录多个应用系统，以手工的方式在不同的系统间来回切换，即出现了一个业务需要多系统“不协作”的作业来完成的现象。

3)信息系统制约了规划业务的调整与改善

在一些信息化开展较早的城市，信息化不但没有成为推动业务流程演进和优化的工具，反而因为流程改变必须获得信息系统的支持，而由于信息系统的技术路线庞杂、标准多样、开发商不能提供及时服务等因素，导致信息系统的应变迟缓，反而制约业务流程和规章制度的适时改善。

1.2 国内外规划数据管理情况

在全国“智慧城市”发展的驱动下，各地相继开发出诸多功能各异、平台多样化的规划数据管理平台，有针对多规合一的“一张图”平台，也有针对电子报批的“电子政务”平台，还有针对综合数据管理分析的“专题应用”平台等，其核心内容是建立统一的数据和管理平台。但随着“大数据”时代的到来，规划管理要求也在不断提升，各地区规划局对规划数据的内容和范围有了更高、更具体的要求，需要从内容上全面整合各类规划专题数据，空间上统筹各区、县(县级市)范围信息，形成纵贯地上、地面、地下，横穿过去、现在、未来的规划信息综合展示平台，将地图作为入口实现所有规划信息的业务关联，以更加简单、方便的方式有效展示规划信息，增强对大规模数据的分析挖掘能力，让数据库内的数据不再“沉睡”。以天津市规划管理一张图系统为例，此次一张图展示系统以地图作为所有规划信息的统一入口，按照业务关联组织模型，使系统作为串联所有规划业务的终端窗口，使不同人员可以快捷地获取所需的信息以便参考。其特色是通过规划资源目录梳理，完成对专题数据的整合，建成内容涵盖地上(三维数据)、地面(用地、道路)、地下(综合管线)，时间上纵贯过去(历史影像)、现在(业务审批)、未来(规划证后管理)的全维度数据支撑。

大数据技术引入国内已有几年时间了，多数处在数据管理分析的初级阶段，但在大多数发达国家和部分发展中国家与地区，企业结合城市规划与城市地理信息系统建立的城市规划与管理的数字化工程，可以更加便利地开展实际业务，在数据的结合与分析应用方面相比国内更为成熟，可在实际工作中发挥显著效益。据不完全统计，应用地理信息系统的城市和地区的比例由1992年的40%迅速上升到2011年的90%以上，为企业的大数据应用提供了数据基础。以美国旧金山DPR建筑公司[3]为例，DPR使用了Autodesk公司的三维技术，设计师们能整合空气流动、建筑朝向、楼板空间、环境适应性、建筑性能等多种数据，形成一个虚拟模型，各种数据和信息可以在这个模型中实时互动。通过这种方式，建筑师、设计师、甲方业主以及施工队伍能够以可视化方式掌握遍布整个运作环境下的数亿个数据标记。

2 需求变异

《纽约时报》2012 年 2 月的一篇专栏中称，“大数据”时代已经降临，在商业、经济及其他领域中，决策将日益基于数据和分析而作出，而并非基于经验和直觉。规划业务的全面电子化和充分信息化，带来了规划数据资源的加速生产和持续堆积，在全面渗透到各业务条线的同时，数据规模也呈现出爆炸性增长趋势，规划数据管理正迈入“大数据”时代！

2.1 规划理念变更

大数据时代规划理念正在从场所空间向流动空间（移动空间）转变。传统规划主要表现为孤立建筑的唯美性，辅以可视化形式区域展示成果。现在规划的主旨是不把空间作为一种消极、静止的存在，而是把它看作一种生动的力量。在空间设计中，避免孤立、静止的体量组合，而追求连续的运动空间。空间在水平和垂直方向都采用象征性的分隔方式，而保持最大限度的交融和连续，实现通透、交通无阻隔性或极小阻隔性。为了增强流动感，往往借助流畅的、极富动态的、有方向引导性的线型。规划理念的变更需要我们不仅在规划设计时分析巨量的规划数据，并最大限度地融入周边环境。

2.2 规划数据来源

大数据时代规划数据来源正在从单一化向多元化方向发展。随着谷歌、百度等一系列互联网地图的开放与共享，越来越多的人使用苹果、三星等带有地理信息标记功能的智能手机，规划数据的获取更加方便快捷。我们认为经过上述方式获取的规划数据通过图形规整、指标核算、数据入库、行政审批等步骤，同样可以保证法定规划数据的质量。随着城乡一体化的发展，越来越多的乡镇规划数据与城市规划数据融合，政策性纳入城乡规划管理范畴，进一步完善了规划数据管理内容。多元化的获取方式让越来越多的人真正参与到规划中，规划数据不再神秘，更加“接地气”。

2.3 规划执法应用

大数据时代的规划执法应用，不再局限于数据管理，我们认为要更具操作性。可以按照业务关联组织数据逻辑模型，使系统作为串联所有规划业务的终端窗口，傻瓜式操作使不同的部门管理人员可以快捷获取所需的信息参考。规划管理软件在规划服务中介机构、数据管理部门、行政审批部门的应用已十分广泛，相关研究也层出不穷。当下移动终端大屏触摸浏览方式的流行，更是将规划执法应用向移动平台方向发展，向执法人员个体末端延伸，出色的硬件设备可以极大地规范执法流程，提高规划执法效率。

3 我市在规划执法监察领域中大数据技术的应用

传统的 AUTOCAD 平台 + WINDOWS 文件夹存储方式已然淘汰，协同管理平台（OA 系统）、地理信息平台（GIS 系统）、电子报批平台（SOA 系统）正在流行，其在规划数据管理工作中被广泛应用。以天津市规划执法监察数据管理软件 - 建设项目监督管理系统应用为例，一部分数据部署在市局，一部分数据部署在区县，通过在市局部署数据中心，在区县服务管理节点，在规划数据管理的过程中，市局管理者通过对节点数量的控制，既能达到对规划数据的权限管理，又能保证使用者可以流畅调用、分析数量巨大的规划数据，最大限度减小地域的影响因素，简化执法管理流程，加强执法监督力度。

大数据时代是一个信息化的时代，建设项目监督管理系统软件的应用，可以使管理者和使用者轻松地通过服务端管理、整合和分析规划数据，极大地提高管理效率、规划证后监管和执法监察效率，然而在软件的使用中还存在着不足之处，主要有以下4点：

1）重数据轻总结

目前我市规划系统通过多年的信息化发展，积累了丰富的信息系统资源，除数据资源外，还包括应用软件、硬件和网络设施等。在建设项目监督管理系统软件的应用中，证后管理过程中数据的及时输入基本能够做到，但是对于系统数据的总结和由数据总结工作衍生出的证后管理工作总结存在不足。

2）重软件轻应用

大数据时代的资源建设是在不断磨合中进行的，特别是应用系统配套的基础设施和数据资源，目前仍然存在着软件和设备配备齐全，但对系统的应用仍有差距，未能较好地发挥软件的管理应用功能。

3）重固定设备轻移动设备

相较于环保等其他执法队伍，目前我们的软硬件配置仍局限在固定终端，对于移动终端的配备仍有差距，在执法现场、工作一线和执法工作末端的大数据系统应用仍存在空白。

4）内外部协调性差

大数据时代数据寿命被不断降低，各规划局组织优化和业务调整较频繁，但是支撑已有系统的基础平台只是一个工作流建模平台，内外部协调沟通能力差，很多系统的应用之间存在交叉和重复，系统速度不断降低，造成了大量的投资浪费。

4 大数据技术在规划执法管理领域中发展趋势

4.1 网络化的"多规合一"平台、城市规划的编制和执法管理向定量化发展、目标化规划定制、全过程数字规划管理

许多规划局已经运行"多规合一"平台很多年了，多半是基于局域网构建，巨量的规划数据增加了数据共享的难度。随着城乡一体化程度的加大，也许在不久的将来，城市与城市之间将不再有乡村规划缓冲，城乡结合部、城城结合部的城市建设发展要求各级别的规划数据都可以在统一的技术平台操作。并且大数据时代的"多规合一"平台网络化特征更加明显，数据同步服务、分布式内存缓存、规划私有云等在线服务将真正渗透到业务工作的方方面面。

4.2 城市规划的编制和执法管理向定量化发展

城市规划的顺利实施离不开编制和管理，二者是统一结合的关系，当前发达区域的规划层出不穷，偏远地区的规划又无人问津，资源不对等问题严重。在未来，大数据支持下的城市规划和执法管理将为管理者呈现可视化的规划分布情况，利于其宏观上调控和部署方案，让城市规划的编制和管理向定量化方向发展。

4.3 目标化规划定制

大数据时代是一个彰显个性的时代，在规划数据管理上亦是如此。通过对规划项目建设热点区域的追踪，可以提供灵活的规划管理和规划数据的展现方式，这以当前的技术水平完全可行。通过常规技术建立大量的分析模型，分析海量建设项目信息，针对性地制定规划执法监察管理方案，提高规划执法监察工作的效率。

4.4 全过程数字规划管理

大数据时代的全过程数字规划已经从"数字化"向"信息化"方向转变。在未来，规划数据整合将不再需要数据整理和属性录入，而是通过信息化手段直接获取带有属性的规划数据，利用大数据管理软件对海量数据进行筛选和检核，自动分析管理，最大限度地减少人为干预产生的误差，精度更高。全过程数字规划的主流构想是具备个性化服务、数据通信、搜索引擎等主要功能，自定义业务流程更加适合规划数据政策性调整，避免系统重复建设。相信不久的将来随着大数据的发展，全过程数字规划真正可以做到全流程监督管控。

5 结束语

大数据时代是一个技术飞速发展的时代，软硬件技术更新速度之快已经超出了规划数据管理者的预料。规划执法数据管理是一项漫长而复杂的工作，工作需求的不断变化以及新技术对传统业务模式的冲击，目前协同管理平台（OA 系统）、地理信息平台（GIS 系统）、电子报批平台（SOA 系统）正在流行，其在规划执法数据管理工作中被广泛应用。天津市规划局在规划执法监察数据管理软件－建设项目监督管理系统应用，使得管理者和使用者轻松地通过服务端管理、整合和分析规划数据，极大地提高管理效率、规划证后监管和执法监察效率；然而在软件的使用中还存在着重数据轻总结、重软件轻应用、重固定设备轻移动设备、内外部协调性差等不足之处。

大数据时代下的规划数据管理工作呈现的不仅是程序化业务流程，更是智能化管理模式。我们需要把握大数据系统在规划执法管理领域中的发展趋势：网络化的“多规合一”平台、城市规划的编制和执法管理向定量化发展、目标化规划定制和全过程数字规划管理；在规划编制、行政审批、证后管理和规划执法方面更好地运用大数据管理技术，更好地利用规划数据，为城市发展需要和规划执法管理及时、客观的规划数据分析结果，为建设“智慧城市”服务。

参考文献

[1]维克托·迈尔·舍恩伯格. 大数据时代[M]. 杭州：浙江人民出版社，2012.

[2]李娜，张永玉，等. 基于版本管理的城市规划数据更新及审批的研究［J］. 城市勘测，2011(12).

[3]何非，何克清. 大数据及其科学问题与方法的探讨[J]. 武汉大学学报（理学版），2014(2－24).

[4]朱东华，张嶷，等. 大数据环境下技术创新管理方法研究[J]. 科学学与科学技术管理，2013(4).

[5]张江辉. “一张图”地理资源元数据初探[J]. 国土资源信息化，2012(6).

[6]罗亚. 大数据时代背景下的规划信息化创新与跨越[C]. 第七届规划信息化实务论坛，2013.

[7]李时锦. 大数据时代城市规划信息化的几点思考[C]. 第七届规划信息化实务论坛，2013.

[8]高文君. 关于城市规划数据标准化的研究与实践[C]. 转型与重构——2011 中国城市规划年会论文集，2011.

生态都市主义语境下的芦山震后重建规划

杨宏
（天津市城市规划设计研究院）

摘　要：芦山的重建规划中，我们尝试从生态都市主义的视角出发，更为精细化地使用规划手法和评价规划影响。对地区的现有要素，历史风格加以辨识和分析，并对空间规划的作用进行充分的认知，尝试赋予重建规划以更为丰富的内涵，在节能减排、文脉传承、社会生态延续和消除心理影响等多方面取得平衡，从而使灾后重建的过程和结果都能产生长远且积极的影响。

关键词：生态都市主义；社会生态；脆弱性；传统风格；公众参与

1　何为生态都市主义？

生态都市主义由莫森·莫斯塔法维提出，是将城市看作一个生态系统，试图从社会、经济、文化、规划设计和技术等多方面，来创造一个和谐、高效、绿色、城市时代的人类栖居环境的设计思想。

相对于其他使用全新科技语汇而让传统设计人员难以入手的理念而言，生态都市主义更基于城市日常生活的各个层面，它并未抛弃我们传统的规划设计手段，甚至包含那些原住民在聚落选址与民居建造方面的古老哲学，而是尝试用现代的生态学理念对其重新认知，深刻理解其中的生态学意义，从而有选择性地在设计中使用。

生态都市主义的另一重要特征是其十分注重伦理的尺度。比起逐条分裂地对尺度、混合、密度提出要求，它更加强调各要素在可持续性伦理价值观下的相互关联。这种伦理尺度通常直接体现在设计中对社会生态的关注与设计手法中的回应。

尤为值得注意的是，此种伦理尺度中强调的社会脆弱性问题，我们可以作如下理解：自然乃至自然界的突发事件本身并不是灾害性的，灾害性这一特征只有当被还原到社会影响和社会作用的语境基础上方能显现出来。在自然灾难发生后，社会过程与社会条件在难以定义的危险面前，不同地域、文化、经济条件下的人群暴露程度是不平等的，这种不平等体现在灾难及救助过程中生命、财产、社会关系、生活方式和文化等被影响的程度上，而这些影响都可能是永久性的。

2　生态都市主义语境下的重建规划

2.1　保护原有社会生态

芦山作为一个古老的山地县城，在近些年的发展中不可避免地受到了城市化建设的影响，但相较城市地区，速度仍是十分缓慢的。

县城的经济支柱为服务于周边村镇的生活服务业，以及近年发展起来的根雕手工业。

突如其来的地震让这个古老县城和居民遭受重创的同时，赫然站在了历史的转折点。随之而来的重建工作带来大量注资，使整个地区的发展进入超常加速进程，极有可能对原有产业结构、生活模式、传统文化带来重大改变。这种机遇如一把双刃剑，一旦失控，重建工作将会变成一场无形的地震，颠覆地区原有的社会生态格局，给人们的生活带来长久的影响。

在县城作为场镇的上百年中，居民们自愿或被迫地离开土地，选择在县城老城的十字街上临街购一方地，盖一间前后两进小院，临街为店铺经商，后面为自家居住，或许生意并不红火，但足以贴补家用，而顾客寥寥的时刻也恰好是邻里乘凉、搓麻将、拉家常的大好时机。

新中国建立后的几十年间，这种生活模式并未发生根本性的改变，只是两进小院变成了内天井的三层小楼，“前店后坊”（图1、图2）成了“下店上坊”（图3、图4），店铺的集中地也由芦山河西岸的老城十字街蔓延至了东岸的先锋路（图5）。

图1　老城南大街上的“前店后坊”院落（一）

因此，当我们编制芦山河东岸新城区的重建规划时，在西岸老城区已明确规划为历史文化旅游区的前提下，我们提出将新城先锋路这条贯穿东岸的自发形成的本地商业街保留下来，针对房屋质量和损毁情况，尽量对损坏建筑进行原地加固和修缮，而其中的商户也本着自愿的原则予以保留。从而最大限度地保留当地人赖以生存的生产经营模式和已有的商业氛围，避免因旅游带来的同质化竞争和生产关系、社会关系断裂。

2.2　传统建筑风格的生态学角度辨析

古老民居的建造，蕴藏着复杂的哲学，它们通常既包含着对当地自然环境的顺应与利用，也包含因可取材料有限不得已而为之的因陋就简，这其中有睿智，也有无奈，而如今很多已无法得到人们的理解。

越来越多古老的村镇，主动或被动地沦为游客进行文化消费的目的地。出于对复古唯

“前店后坊”的典型模式
A
A
南
大
街
A-A剖面图
挑檐0.8~1 m
砖木结构
天井
铺面5~6 m面宽
院落主入口（穿堂）
铺面5~6 m面宽
天井
木结构

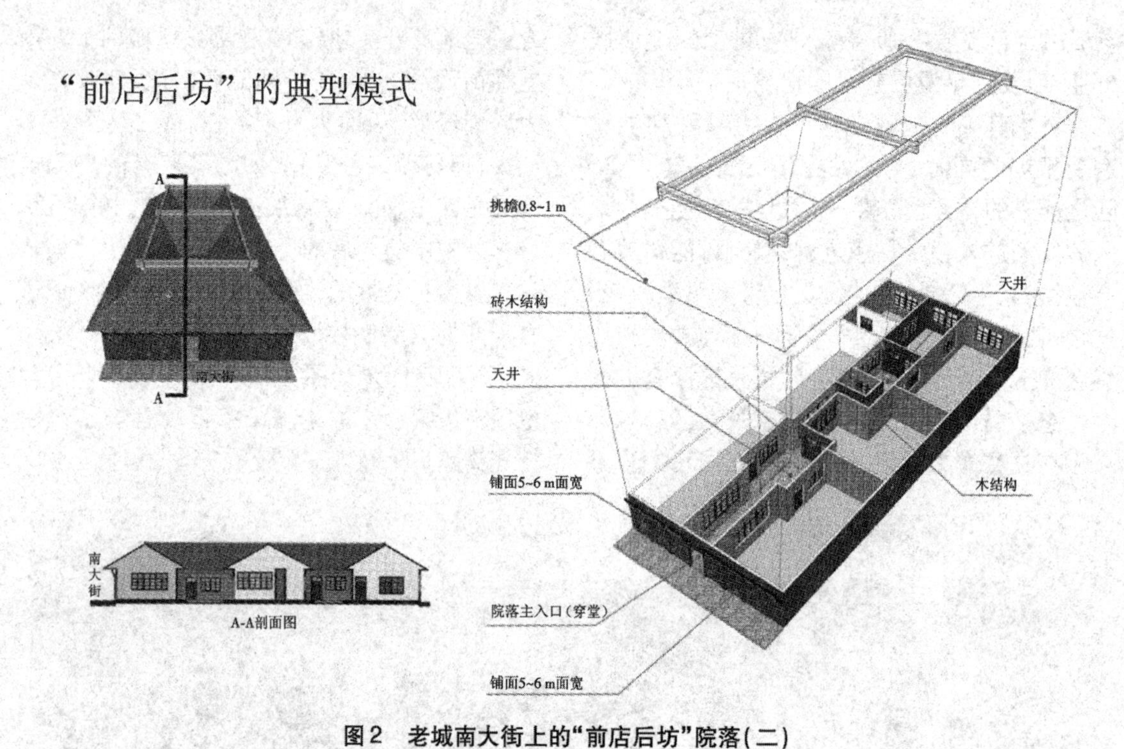

图2　老城南大街上的“前店后坊”院落(二)

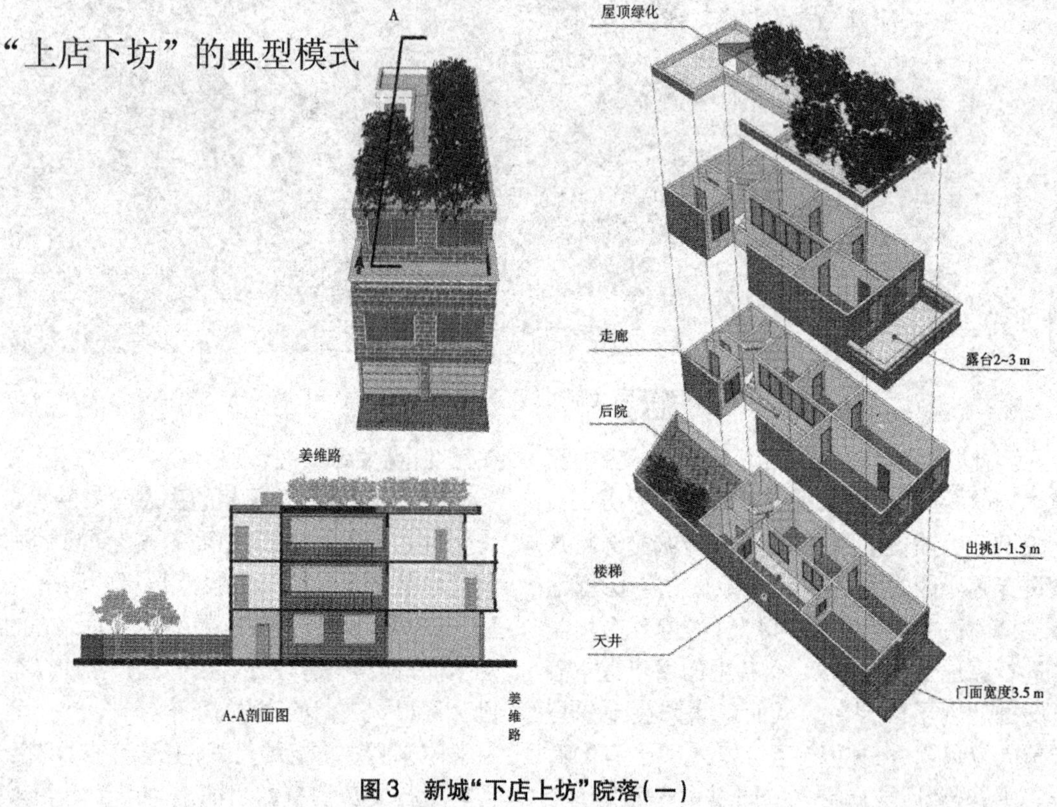

“上店下坊”的典型模式
A
姜维路
A-A剖面图
姜
维
路
屋顶绿化
走廊
后院
楼梯
天井
露台2~3 m
出挑1~1.5 m
门面宽度3.5 m

图3　新城“下店上坊”院落(一)

图4　新城“下店上坊”院落(二)

图5　先锋路

美主义的崇尚,人们只是贪恋着这里的风光旖旎或是古香古色,而除却基于保护历史地区整体风貌的考量,还充斥着大量以“传统”名义对古老做法的盲目复制。这一方面使得历史遗存真假难辨,而另一方面当地居民也被迫禁锢于古老建造方式可能带来的不便中。在另一个时代、另一种条件下重现过去的城市,并不是我们所希望的,我们既不能步履蹒跚地退回明清场镇,也不能莽撞轻率地驶向现代化大都市。我们所要给出的是符合当代环境需求,满足生理、心理多重需求的设计。

在芦山新城片区,我们对于传统风格的态度更多的是辩证地借鉴当地古老建造中利于节能的方式,并通过这类做法为当地居民保有熟识、亲切的家园环境,留住他们的乡愁。为此,我们开展了一项关于“新芦山风格”的研究。研究共分为四个阶段：

第一阶段，梳理芦山现有传统建筑风格。

第二阶段，参考巴蜀地区传统建筑风格补全芦山传统建筑风格体系。

第三阶段，检视基地中传统风格的延续与摒弃情况。

第四阶段，基于社会生态的元素取舍。

在前面提到的"前店后坊"典型民居模式中，面阔通常 5 ~ 6 m，刚好一间自家小生意铺面的大小，其后是两进的院落，内有狭小天井兼做采光和排水之用，既避免了蜀地过多的日晒，又利于山区雨季的排水（图 6）。此外，出檐骑楼（图 7）、退台露台（图 8）是老城传统建筑中出现较多的做法，这些传统做法也都是在蜀地山区日照强烈、气温高、湿度大的环境中有效减少日晒、增加自然通风的古老做法，可大大减少人工降温的耗能。

穿心

穿心

天井

图 6　芦山传统建筑风格要素（一）——内院天井

当然，青瓦双坡屋面、穿斗结构和山墙竹编夹泥套白的传统建筑（图 9）也在芦山老城中存在，但多已破败、腐烂，难以修复，县城内的新建筑普遍采用砖混、钢筋混凝土等现代结构。

考虑到芦山县城起源于山地场镇，其原有的建筑形制不高、类型有限，加之上百年间的政治动荡、现代文明冲击和保护意识的缺失，使得大量文物和有历史价值的建筑相继消失，依现存建筑已不能完整概括芦山建筑的传统风格。因此，我们也尝试了依据地域性原则将研究的空间范围拓展至整个巴蜀地区，搜寻渐已流失的传统建筑风格，以确保研究的严谨。研究过程中，我们发现在巴蜀建筑中，出于安全防卫、彰显身份、强化衔接等多种需求，从传统的民居中衍生出小姐楼、碉楼、过街楼等丰富形态（图 10）。建筑形体与细部方面，老虎窗、天井内的跑马回廊、美人靠（图 11）等做法与芦山县城退台露台的情况一致，都是南方民居中与蜀地气候相适应的做法，被巴蜀建筑所广泛采用，具备节约能耗这一实用性的同时也透出浓浓的生活气息。

图7　芦山传统建筑风格要素（二）——出檐骑楼

图8　芦山传统建筑风格要素（三）——退台露台

为了辨析多种传统风格特征（图12），我们尝试追溯民居建筑的本源，可以概括为三个问题——“使用”、“修建”以及“如何建”。其中，“使用”更多关注建筑是否符合人们的生产、生活习惯，体现了人们最基本、最质朴的生活方式，人们不论在何种经济条件下都极力追求，其中符合生态原则的做法在“新芦山风格”中也应加以延续；而“修建”则更多地

图9　芦山传统建筑风格要素(四)——材料

图10　巴蜀传统风格补充(一)——小姐楼、碉楼、过街楼等

反映经济水平、文化审美、宗教信仰、意识形态等的追求，尽管其美好但需要一定经济条件的支持，这也是芦山县城中此类特征发现较少的原因，考虑到增强文化认同感和重塑

图 11　巴蜀传统风格补充(二)——镂空花砌、美人靠

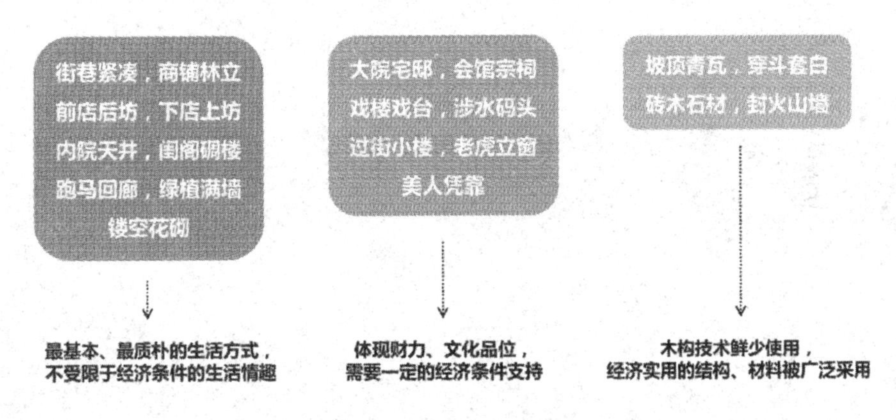

图 12　传统风格要素辨析

信心的需要，在“新芦山风格”中建议局部加以恢复。“如何建”则主要指建筑结构与材料，随着科技的发展，传统的木构已经由于不利于资源保护和耐用性欠佳彻底地被更加经济实用的结构和材料所取代，“新芦山风格”中将并不对其进行恢复。

2.3　公众参与

生态都市主义并非只注重规划的内容与结果，而是更强调规划的过程，规划在作为结果用于指导重新建设的同时，还应在过程中充当一次消除恐惧、恢复信心的活动。因此，我们在风格研究的过程中引入了居民意愿调查这一环节：通过选取六种不同风格的参考案例，对当地居民进行调研，通过交谈了解其意愿和深层的原因，使居民参与到重建家园的过程中，调动大家的干劲和信心。

从票数较高的三种风格中，我们总结出居民对未来本地区建设的希望：习惯居住在多层住宅,临水、有院子最佳,希望有阳台、露台、回廊,希望建筑外形少量呼应传统,同时要求色彩更加明快,不要一味灰沉沉。这些十分质朴的回答恰恰表达出他们对习惯的生活场景、熟悉的审美元素和战胜灾难重新生活的强烈需求,与我们之前的结论颇为吻合。

2.4 重建规划

在先锋路沿线建筑的整修和重建中,保留其“上店下坊”的空间组织模式,在重建建筑上适当加设骑楼、阳台、露台、过街楼等功能组成部分;整修和重建建筑局部,增加镂空花砌、美人靠等传统建筑做法,强调绿色节能的同时满足居民精神层面的需求。

3 结语

生态都市主义与其说是一种理念,不如说是一种综合理解自然、社会、文化的态度,它帮我们认识到那些极易被忽视的蕴藏于空间建设背后的复杂关联,并迫使我们在方方面面中找到平衡点。它或许已经超越了“生态规划”的常规研究范畴,但却为我们的建设在保护生态和倡导社会公平的探索上提供了有益的方向。

参考文献

[1]莫森·莫斯塔法维. 生态都市主义[M]. 南京:江苏科学技术出版社,2014.

[2]芦山县城芦山河东岸地区修建性详细规划及建筑设计. 天津城市规划设计研究院 2013 年课题.

[3]李富政. 巴蜀乡土建筑丛书[M]. 北京:中央文献出版社,2011.

基于街镇发展规划的公众参与方法研究
——以滨海新区杭州道街发展规划为例

李硕　刘伟　田嘉　潘昆
（天津市渤海城市规划设计研究院）

摘　要：在老城区发展规划中，公众参与起着至关重要的作用，棘手的问题是不同利益团体的利益诉求，我国在该层面规划的公众参与还有待提高。本文以杭州道街的发展规划为例，探讨了在社区规划中提高公众参与的可能性，具体为：①国内外社区规划公众参与的分析；②在老城区发展规划中公众参与的具体方式与结果分析；③公众参与结果指引社区规划近期建设内容。

关键词：公众参与；社区规划；街道；发展规划

1　引言

社区规划是对一定时期内社区发展目标、实现手段以及人力资源的总体部署。目前我国对街镇发展规划没有一个准确的定义，一般把该层面的规划算作社区规划的一种。2013年底，为进一步深化行政体制改革，滨海新区撤销了塘沽、汉沽、大港三个工委和管委会，同时启动了街镇和功能区的整合工作。由原先的三级变两级，形成了新区政府+街镇基层管理的行政体制。为尽快实现“强街强镇”目标，在区委区政府领导下，新区开展街镇规划编制工作。其中涉及建成区街道5个，杭州道街是其中有代表的一个。老城区发展规划的重点是民生工程的建设，公众参与在其中起到了很大作用。

2　国内外社区规划公众参与动态

2.1　国外社区规划中的公众参与

在西方国家的城市规划中，公众参与自20世纪60年代中期已经作为城市发展的重要内容，同时也是此后城市规划进一步发展的动力。在美国、加拿大、英国等西方发达国家，公众参与贯穿城市规划的整个过程，民众与规划师、管理者一同进行规划、管理，同时对规划实施进行监督。在反复的利益协商，所有的矛盾点都解决后，城市规划的方案才被政府批准，规划成果才能被实施。在日本，当城市规划涉及小区居民利益时，往往会组织市民参与到规划中来，运用先进的规划技术手段，让市民亲手规划设计自己的家园，通过对不同方案的讨论、筛选，得出各方面都满意的规划方案。这些法案和规划案例说明在西方公众参与已经法制化和常态化。

2.2　我国社区规划公众参与现状

2.2.1　国内街镇层面公众参与现状

公众参与作为城市规划理论的重要组成部分是在20世纪80年代末引入我国城市规

划界的。经过十余年的努力探索,公众参与在我国城市规划领域的实践取得了一定的进步。新《城乡规划法》的出台,无疑为城市规划中公众参与的进行提供了法制保障。但我们需要认识到,在国内城市规划当中的公众参与还处于初级阶段,土地国有化的制度决定了在公众参与当中,市民的参与感并不强烈,尤其在规划的编制过程中,市民主动参与提意见的意识较差,公众参与的形式化较严重。

2.2.2 滨海新区行政区划调整对于公众参与的新机遇

近几年,随着滨海新区区政府的成立,原塘沽、汉沽、大港管委会的撤销,新区逐步展开街镇管理体制改革,尝试下放事权。同时设立精干的职能部门,赋予街镇更多的经济社会管理职能,实现强街强镇目标。街镇地位的提升,使它成为向下收集当地公众意愿并向上传递的载体。社区作为街镇的基本组成单元同时又是公众参与的平台。社区—街镇—新区政府这样顺畅的诉求通道不仅使得行政管理更加精简、扁平、高效,同时使得民众的诉求更能直接地被政府采纳。

3 滨海新区老城区街镇规划公众参与的实施方法

3.1 研究对象

杭州道街是滨海新区典型的老城区,22.4万人生活在7.97 km^{2}的土地上,人口密度位列滨海新区第一。此次街镇发展规划涉及很多人的利益,同时该区域内又存在着许多民生问题,尤其以区域内公共服务设施的缺乏问题最为突出。规划编制人员扮演的是专家的角色,一方面希望居民、街道工作人员及有关的政府职能部门积极参与规划,另一方面自己也以积极主动的态度去接触街道的方方面面,全面掌握街道信息,及时与各方交流、沟通,并收集反馈意见。

3.2 杭州道街发展规划的公众参与

编制规划当中,公众参与虽然不像规划编制人员从专业角度提供建议,却是居民对自身利益的一种诉求,可以通过这种方式让居民影响规划编制、规划决策以及规划实施。公众参与不只停留在规划方案公示,而是深入到规划编制过程从而影响规划决策。

3.2.1 参与方式

在前期调研中,规划编制人员采用的是问卷的调查方法,针对居民对相关配套设施密切关注的诉求设计问题,同时问题围绕杭州道街内公共服务设施的供需情况即教育、医疗、文体以及其他设施进行展开,并结合本街镇的实际情况细化各方面的问题设计,增加居民的参与意愿。同时充分发挥街道优势,利用社区资源。以社区作为意见征集的平台,在28个社区(见图1)中随机发放问卷600份,有效回收问卷549份,回收率91.5%(见图2)。

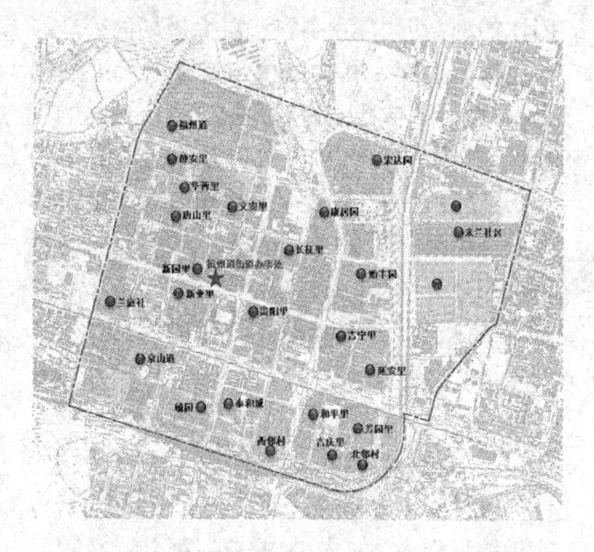

图1 杭州道居委会位置分布示意图

3.2.2 问卷分析

在调查人群中年龄以20~50岁的居民为主,年龄上呈正态分布(见图3);居民职业构成较为平均,以服务业工作者居多,工人、退休人员较多,同时零售业工作者较少(见图4)。

杭州道街道区域综合调研

时间______年______月______日 地点：__________ 调查员：__________

尊敬的先生/女士，您好！

年龄：________ 性别：________

1. 您的职业是：

□学生 □教师 □工人 □公司职员 □干部 □零售业工作者

□服务业工作者 □自由职业者 □退休 □其他________

2. 您现在的户籍是：

1□当地户口 2□外地户口

3. 您现在居住的房屋类型是：

1□6层以下住宅 2□7-11层小高层住宅 3□11-30层高层住宅 4□30层以上超高层住宅

4. 您现在居住的房屋始建于：

1□50、60年代 2□70年代 3□80年代 4□90年代 5□00年以后

5. 您认为在杭州道街范围内，中小学、幼儿园的数量是否满足孩子的教育需求？

1□能 2□不能

如果您认为不能，那么您认为缺少哪些教育设施？（可多选）

1□幼儿园 2□小学 3□初中 4□高中

6.您认为在杭州道街道范围内，医院的数量是否能满足您的医疗需求？

1□能 2□不能

如果您认为不能，那么您认为缺少哪些医疗设施？（可多选）

1□综合医院 2□社区卫生服务中心 3□社区卫生服务站 4□其他________

7. 您认为在杭州道街范围内，文化体育设施是否能满足您日常生活需求？

1□能 2□不能

如果您认为不能，那么您认为缺少哪些文化体育设施？（可多选）

1□图书馆 2□美术馆 3□文化活动站 4□运动场 5□小区内健身器 6□其他________

8. 您认为在杭州道街范围内，其他公共设施是否需要改善？

1□不需要 2□需要

如果您认为需要，那么您认为哪些公共设施需改善？（可多选）

1□楼体立面改造 2□过街天桥 3□公交首末站 4□加油站 5□其他________

9. 您认为从您生活的地点去附近菜市场买菜是否方便？

1□很方便 2□还可以 3□不太方便 4□很不方便

10. 您认为在杭州道街范围内，哪里的交通给您出行带来了不便？

____

给您带来了哪些不便？（可多选）

1□经常堵车 2□人车混行危险 3□车流量过大 4□换公交车不便 5□其他________

11. 您觉得在杭州道街范围内，哪处环境存在脏、乱、差的情况，影响了您的正常生活，亟待改善提升？

____

12. 您对您所生活的区域还有什么意见与建议？

____

图2 调查问卷

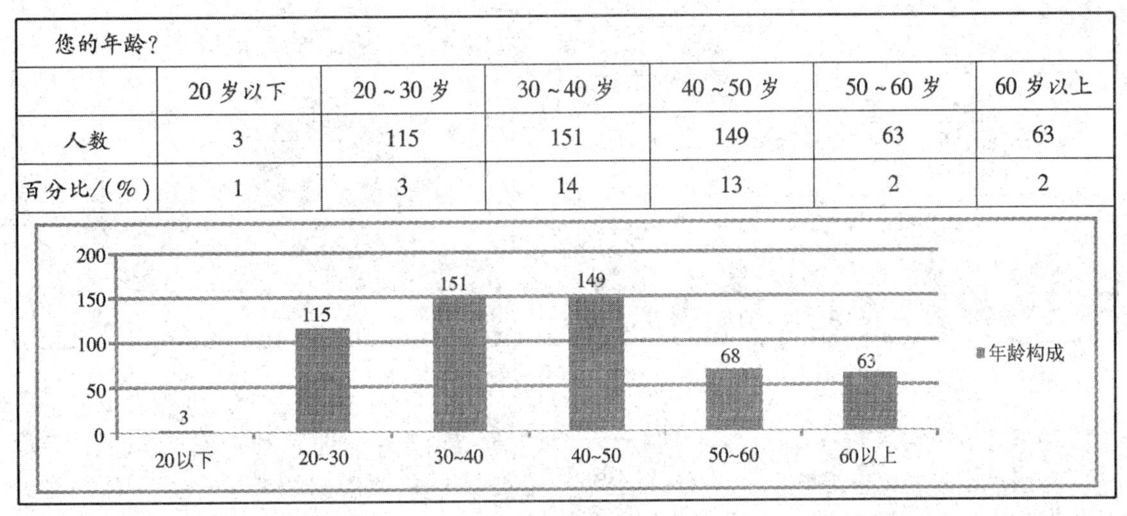

您的年龄？						
	20岁以下	20～30岁	30～40岁	40～50岁	50～60岁	60岁以上
人数	3	115	151	149	63	63
百分比/(%)	1	3	14	13	2	2

图3 年龄问卷

您的职业？										
	学生	教师	工人	公司职员	干部	零售业工作者	服务业工作者	自由职业者	退休	其他
人数	6	15	76	73	13	8	141	85	96	36
百分比/(%)	1	3	14	13	2	1	26	15	18	7

图4 职业问卷

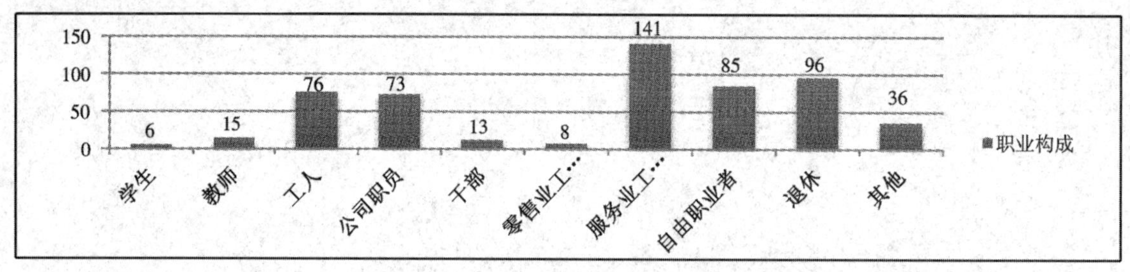

续图4 职业问卷

1)教育设施需求

问起“对教育的需求”时,74.5%的人认为自己生活的区域教育设施满足不了孩子的教育需求。而在这些人当中,24%和22%的居民认为小学和高中数量的缺少尤为突出,大部分的人(占38%)觉得最缺少的教育资源是幼儿园,只有16%的人认为初中数量不足。调查表明居民认为教育资源不足的还是占到了大多数,并且对于幼儿园的需求最高,而对于初中的需求较低(见图5)。因此,通过有效的规划来充实老城区教育资源,完善教育质量是当前需要努力的方向。

您认为在杭州道街范围内,中小学、幼儿园的数量是否满足孩子的教育需求?	
能	不能
140	409

如果您认为不能,那么您认为缺少哪些教育设施?(可多选)				
	幼儿园	小学	初中	高中
人数	334	214	147	224
百分比/(%)	36	23	16	25

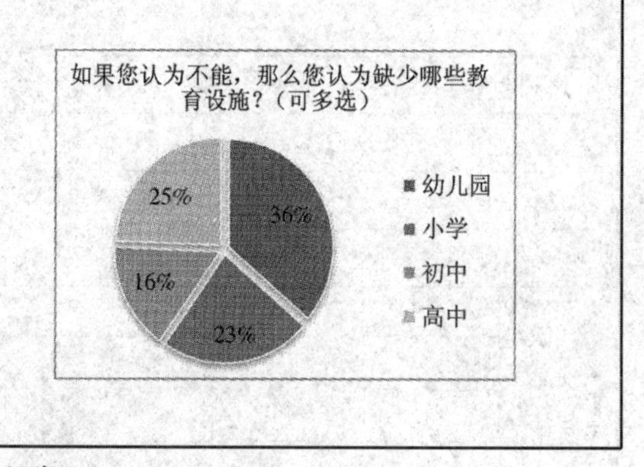

图5 教育问卷

2)医疗设施需求

对医疗设施的调查结果显示,大部分居民认为医疗设施不能满足他们的需要。其中对于综合医院及社区卫生服务站的需求仅有23%及14%,而对于社区卫生服务中心的需求比例高达63%(见图6)。可以看出在老城区衔接上下两级的社区卫生服务中心是不可或缺的。

3)文化体育设施需求

居民对文化体育设施的需求也非常强烈,仅有29.3%的居民认为在杭州道街范围内文体设施充足。而持相反意见的人当中,30%的居民认为缺少图书馆,其次是文化活动站及运动场,需求比例分别为28%和26%(见图7)。不难看出,在物质生活丰富的今天,居民对文化生活的追求越来越高,建设适当的文化体育设施迫在眉睫。

4)其他公用设施需求

居民对其他公用设施的需求同样很强烈,在认为不能满足需求的人中,有64%的居民认为杭州道街范围内的楼体立面需要改造。而对于过街天桥、公交首末站以及加油站的需求都低于20%,分别为17%、14%和6%(见图8)。由此可见,居民在日常生活中对于城市形象还是比较看重的,而对于自己居住的住宅更希望能美化提升。

您认为在杭州道街道范围内，医院的数量是否能满足您的医疗需求？			
能		不能	
151		398	
如果您认为不能，那么您认为缺少哪些医疗设施？（可多选）			
	综合医院	社区卫生服务中心	社区卫生服务站
人数	118	324	72
百分比/（%）	23	63	14

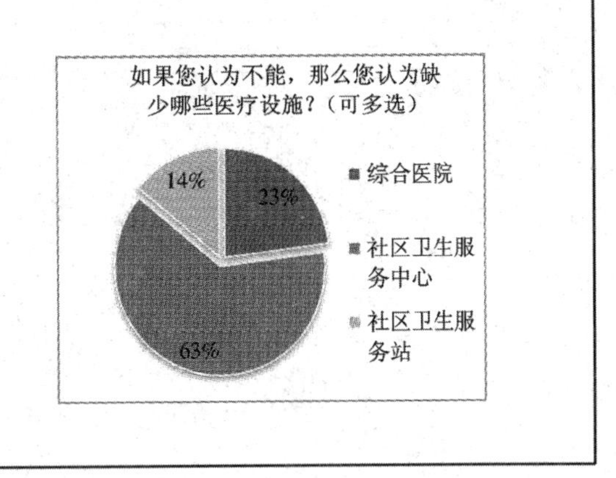

图6 医疗问卷

您认为在杭州道街范围内，文化体育设施是否能满足您的日常生活需求？					
能			不能		
161			388		
如果您认为不能，那么您认为缺少哪些文化体育设施？（可多选）					
	图书馆	美术馆	文化活动站	运动场	小区内健身器
人数	240	64	219	211	63
百分比/（%）	30	8	28	26	8

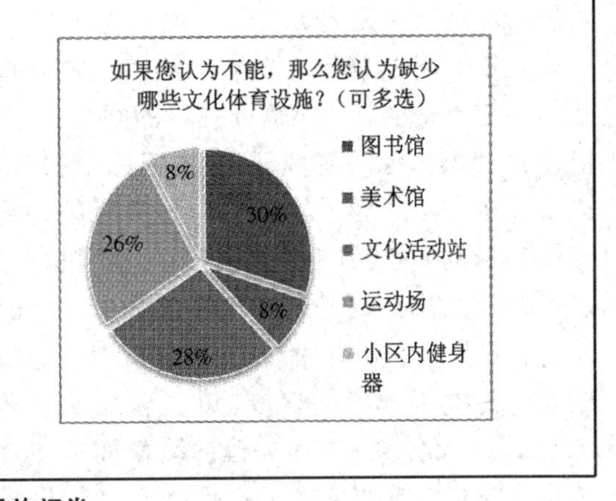

图7 文体设施问卷

您认为在杭州道街范围内，其他公用设施是否需要改善？				
不需要		需要		
190		359		
如果您认为需要，那么您认为缺少哪些公用设施需要改善？（可多选）				
	楼体立面改造	过街天桥	公交首末站	加油站
人数	274	73	60	26
百分比/（%）	63	17	14	6

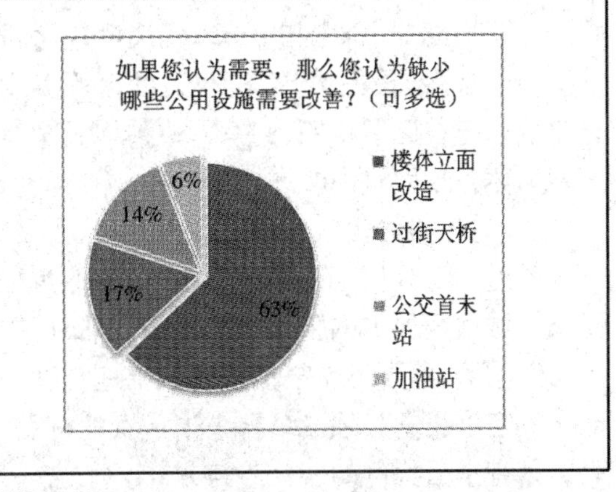

图8 其他设施问卷

3.2.3 小结

通过以上的统计分析，我们可以看出，总体上居民对于公共服务设施的需求是比较强烈的。而在具体需求方面，居民迫切需求的有幼儿园、小学、高中、社区卫生服务中心、图书馆、文化活动站、运动场以及楼体立面的改造

（见图9）。

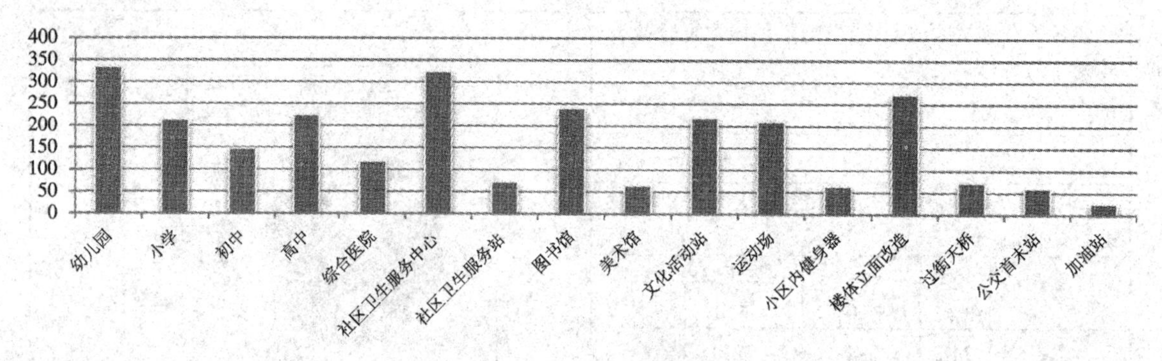

图9 居民对各公共服务设施需求数量

3.3 公众参与结果指引杭州道街街镇发展规划近期建设内容

在街镇规划编制过程当中如何反映公众参与的结果是编制人员需要思考的问题，杭州道街是滨海新区的老城区，土地资源紧张，可以说寸土寸金。为了将缺少的公共服务设施安排到街镇中去，编制人员提出了几个可行方法：在教育方面，提升老城区整体教育水平的同时在铁路以东增加学校，并建议滨海职业学校改建为九年一贯制学校（该校已在高新区选定了新校区）；一方面高校的教学面积增大满足了学校的扩招要求，一方面又给老城区提供了土地，增加建设初高中的可能。医疗方面，扩建塘沽妇幼保健院；同时建议搬迁海员学校，在其中建设图书馆、杭州道社区服务中心和杭州道社区卫生服务中心，改造海员学校操场为体育场（见图10）。

4 结论与讨论

通过以上分析，我们可以得出结论，西方国家在城市规划中的公众参与比较成熟，可以被我们借鉴，但并不能全盘照搬。土地制度的不同决定了我们必须要结合中国自身的特点，建立具有中国特色的公众参与方式。

第一，要充分利用中国最基层的群众性自治组织——社区，将社区作为上传下达、自下而上的公众参与的平台。杭州道街作为典型的案例，由规划师设计、公众参与的形式，借助社区平台让居民表达各自的诉求，通过规划师-社区-居民三方联动的形式让居民参与规划的编制当中。

第二，在老城区发展规划编制中，由于无法进行大规模的规划建设，对现状区域内的功能完善、公共服务设施的提升优化就显得尤为重要，所以公众参与的内容设计中应更侧重如何满足公共服务设施的服务要求。

第三，通过公众参与的结果指引规划设计的方案以保障市民的诉求能在规划中得以体现是公众参与的最终目的。具体做法可参考杭州道街的经验，其一，将公众参与纳入近期建设的项目，在建设时序上，优先规划关乎百姓的民生工程项目。其二，结合现状，在不增加用地的情况下，将不适应老城区发展的功能用地进行置换或者迁出用于因用地紧张而需要增加的公共服务配套设施。

参考文献

[1]陈洪金，赵书鑫，耿谦. 公众参与制度的完善——城市社区组织在城市规划中的主体作用[J]. 规划师，2007，S1(21)：56－58.

[2]陈锦富. 论公众参与的城市规划制度[J]. 城市规划，2000(7).

[3]钱欣. 浅谈城市更新中的公众参与问题[J]. 城市问题，2001(2).

[4]王华春，段艳红，赵春学. 国外公众参与城市规划的经验与启示[J]. 北京邮电大学学报(社会科学版)，2008(4).

[5]曾宪谋. 城市规划公众参与制度分析[J].

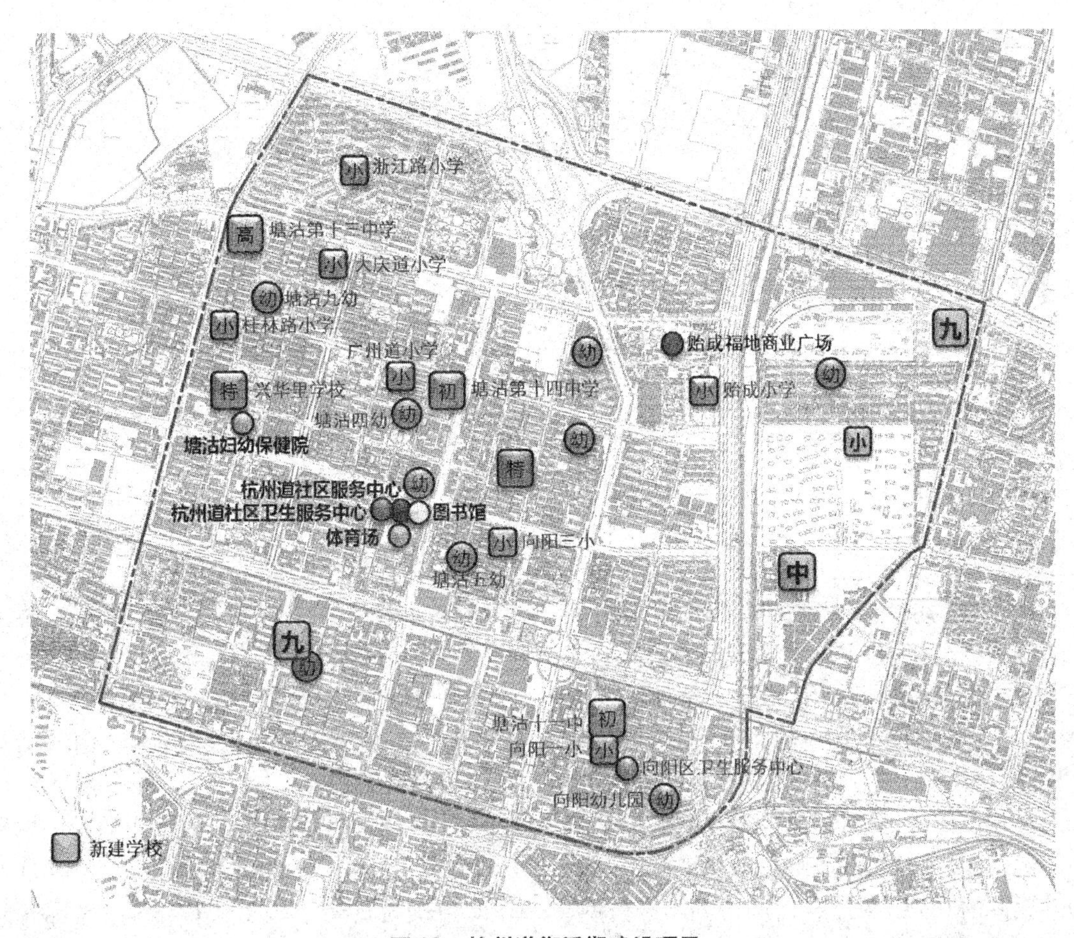

图10 杭州道街近期建设项目

规划师，2005,11(21):16－19.

[6]胡娟，陈芬. 从国外城市规划的公众参与制度反思我国公众参与的发展[J]. 华商，2007(22):7－8.

[7]徐善登，李庆钧. 公众参与城市规划的态度分析与政府责任——以苏州市和扬州市为例[J]. 城市问题，2009(7):73－77.

[8]唐文跃. 城市规划的社会化与公众参与[J]. 城市规划，2002(9):25－27.

[9]张磊，王心邑，王紫辰. 开发控制过程中公众参与制度转型与实证分析——以北京市中心城区控规调整为例[J]. 规划管理，2013(4):70－75.

[10]林雪艳. 社区发展规划编制方法探讨[J]. 规划师，2007(10):48－51.

[11]洪亮平，赵茜. 走向社区发展的旧城更新规划——美日旧城更新政策及其对中国的启示[J]. 城市发展研究，2013(3):21－24.

[12]倪丽莉. 中西方城市规划公众参与机制比较研究[D]. 重庆：重庆大学，2012.

基于共性误差的 CORS 站坐标时间序列分析

吕成亮
（天津市测绘院）

摘　要：共性误差对连续 GPS 跟踪站坐标时间序列分析具有重要的影响。以某省 9 个 CORS 站点为例，采用区域叠加滤波法提取 CORS 站坐标时间序列中的共性误差，然后计算剔除共性误差前后 TEST 站坐标时间序列的周期功率谱图，分析了共性误差对坐标时间序列的影响。最后，利用最大似然法确定顾及共性误差的 CORS 站坐标时间序列噪声模型，结果表明：CORS 站坐标时间序列的三个坐标分量具有不同的噪声性质。

关键词：区域叠加滤波；时间序列；噪声模型

1　引言

在对 CORS 站坐标时间序列进行分析时发现其具有高度的相关性，说明存在共性误差（CME，Common Mode Errors）——即在不同站点坐标时间序列中包含时空相关的公共误差[1]。共性误差的存在使得 CORS 站的公共变化特征掩盖了局部变化特征，影响了 CORS 站坐标时间序列的分析，进而影响 CORS 站速度估值和误差估计[2]。

目前，剔除共性误差主要采用的是主成分分析法[3]。该方法的结果非常直观，但是处理模型较为复杂。本文以 CORS 站坐标时间序列拟合函数模型为基础，采用区域叠加滤波法提取共性误差[4,5]，在此基础上采用最大似然法分析坐标时间序列的噪声模型。

2　方法

2.1　区域叠加滤波法

CORS 站坐标时间序列拟合函数模型为[6]：

$$y(t_i) = a + bt_i + c\sin(2\pi t_i) + d\cos(2\pi t_i) + e\sin(4\pi t_i) + f\cos(4\pi t_i) + \sum_{j=1}^{j_0} O_j H(t_i - T_j) + \nu_i \tag{1}$$

式中　t_i——以年为单位的时间序列中解算历元；

a——常数项；

b——线性速度；

c 和 d 组合——全年周期性运动；

e 和 f 组合——半年周期性运动；

$\sum_{j=1}^{j_0} O_j H(t_i - T_j)$——发生在历元 T_j 处

的 j_0 个偏移常量；

ν_i——残差序列。

采用区域叠加滤波法提取共性误差的主要思想是将同一天所有站点的残差 ν_i 根据各自的权重 p_i，求取加权平均值，作为当天的共性误差值 ε_i。

$$\varepsilon_i = \sum_{i=1}^{i_0} \nu_i \cdot p_i \tag{2}$$

由式(2)可知，采用区域叠加滤波法提取共性误差，主要数据处理包括两部分：

1)求取各站点坐标残差时间序列 ν_i

对于区域 CORS 网而言，天线位置改变引起的坐标改变，站点附近地震引起的同震位移都会产生偏移常量 $\sum_{j=1}^{j_0} O_j H(t_i - T_j)$。通过查询相关资料，本文使用的 CORS 站在数据采集阶段没有发生上述变化，因此偏移常量的影响可以忽略。

由式(1)可知：

$$\nu_i = y(t_i) - a - bt_i - c\sin(2\pi t_i) - d\cos(2\pi t_i) - e\sin(4\pi t_i) - f\cos(4\pi t_i) \tag{3}$$

利用 CATS 软件，以各 CORS 站原始坐标时间序列作为输入数据，可以求出上式(3)中的未知参数 $a \sim f$ 的准确值[7]。然后将参数计算结果反代入式(1)中，可求得各 CORS 站坐标残差的时间序列 ν_i。

2)定权 p_i

各站点每天残差的权重 $p_i = \frac{\kappa}{\sigma_i}$。其中，$\kappa$ 为常数项，σ_i 为各站点原始坐标时间序列中当天坐标值的中误差。通过调用 multibase 命令和 sh _ mb2cats 命令，就可以提取各站点原始时间序列中坐标值的中误差，结果包含在生成的“CATS”文件中，如图 1 所示。

```
# North :    3605787.968 m
# East  :   11223835.846 m
# Up    :         31.644 m
#
# The start time is 2009.00137
# The stop  time is 2010.91096
#
#  Time       N[m]      E[m]      U[m]      N_err     E_err     U_err
 2009.0014   7.96761   5.84627   1.64403   0.00143   0.00149   0.00603
 2009.0041   7.96856   5.84608   1.64302   0.00146   0.00163   0.00618
 2009.0068   7.96501   5.84580   1.66304   0.00152   0.00158   0.00614
 2009.0096   7.96843   5.84704   1.64749   0.00145   0.00151   0.00622
 2009.0123   7.96819   5.84690   1.64578   0.00144   0.00152   0.00616
```

图 1　CATS 文件

该文件由文件头和七列数据组成。其中文件头显示的是站点的位置信息和起始测量时间；第一列表示时间序列的时刻，且必须以年为单位；第二至第四列分别是 N\E\U 三个方向的坐标值，以 m 为单位；最后三列表示相应三个方向坐标值的中误差。由此，可以分别确定各站点在 N\E\U 方向上坐标残差的权重，进而求取所有站点在 N\E\U 上的共性误差值。

2.2　最大似然法

通常情况下，CORS 站坐标时间序列中的噪声是由白噪声(WH)和幂指数噪声(PLN)组成。坐标时间序列的功率谱则由两部分组成：

$$P(f) = P_0(f^k + f_0^k) \tag{4}$$

其中，f_0 是有色噪声分量和高斯白噪声分量的交叉频率；P_0 是常量；k 是谱指数，同时也是待求参数。当 $k=0$ 时，噪声模型为经典白噪声；当 $k=-1$ 时，噪声模型为闪烁噪声(FN)；当 $k=-2$ 时，噪声模型为随机漫步噪声(RWN)。闪烁噪声和随机漫步噪声是幂指数噪声中的两种特例。

利用最大似然法确定 CORS 站坐标时间序列噪声模型的基本思路如下[8]：

①输入剔除共性误差之后的各 CORS 站坐标时间序列，利用 CATS 软件计算各坐标时间序列的谱指数；

②根据计算得到的谱指数，分别提出各站点可能包含的噪声模型；

③对上一步中得到可能的噪声模型逐一进行计算，利用 CATS 软件计算各种可能噪声模型对应的最大似然值；

④通过比较上一步中计算得到的最大似然值，初步确定符合各站点的最佳噪声模型，并以此为假设前提，计算各噪声模型中噪声分量估值；

⑤通过计算得到的噪声分量估值，修改假设中存在的问题，提出适合各站点各方向的最佳噪声模型。

以上的分析思路是基于两个经过论证的结论：

①一般而言，最大似然估计值越大，噪声模型越有效[6]。

②蒙特卡罗模拟实验表明：95%的显著水平下，当两种噪声模型的最大似然值之差大于3.0时，两种模型具有可分性[9]。

3 算例分析

3.1 基线解算

本文选取某省9个CORS站点2009年1月1日到2010年11月30日的数据进行处理分析。根据CORS站的分布情况，选择了该测区附近的6个IGS站作为基准站，依次为whun，bjfs，shao，tnml，gmsd，suwn。

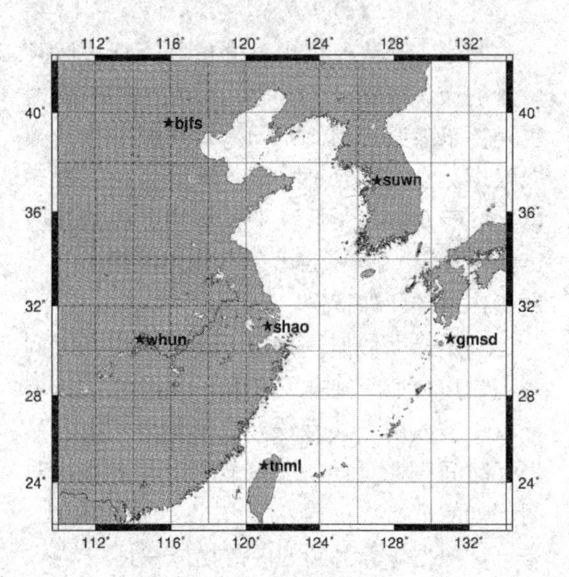

图2 参考站分布图

首先利用GAMIT软件对上述数据进行基线解算。解算策略如下：①采用松弛解（RELAX）解算模式；②用LC观测解模糊度；③采用PWL分段线性方法估计天顶对流层延迟参数，估计间隔为2 h；④考虑测站的固体潮、海潮、极潮和大气负荷潮等模型改正；⑤利用LC观测值组合来消除电离层折射的影响。

对基线解算的结果进行质量检核，其中：99.8%的单天解NRMS值均小于0.2，NRMS的最大值也小于0.25，完全小于该项指标0.3的临界值；基线重复率拟合的相对精度在7.86×10^{-10}，常数部分为2 mm。因此，基线解算质量合格[10]。

3.2 数据分析

3.2.1 共性误差

利用GLOBK软件计算得到所有站点的坐标时间序列，对6个IGS基准站的N\E\U方向的约束量分别为5 cm\5 cm\10 cm。最后按照2.1节中式(2)计算得到上述CORS站在N\E\U三个方向上随时间变化的共性误差值。

如图3至图5所示，离散点是共性误差值随时间在N\E\U三个方向上的点分布结果。其中，横轴表示时间，纵轴表示随时间变化的误差值。

由图3至图5可知，N\E\U方向共性误差后半段的点位分布呈现明显三角函数的特征。因此，假设共性误差随时间分布的散点图可以按照三角函数进行拟合。通过选择不同的拟合模型进行验证，结果发现最佳的拟合模型为$y=a_0+a_1\cdot\cos(\omega\cdot x)+b_1\cdot\sin(\omega\cdot x)$，结果如图3至图5中拟合曲线所示。

从图中可以看出，在N\E\U三个方向上，共性误差值随时间变化呈现出明显的周期变化特性，说明共性误差是一种与时间有关的公共误差，符合共性误差的定义。

同时，在不同的方向上，共性误差值的变化周期并不相同：在N方向上呈现出明显的短周期特性；而在E方向和U方向上则呈现出明显的长周期特性。除此之外，共性误差时

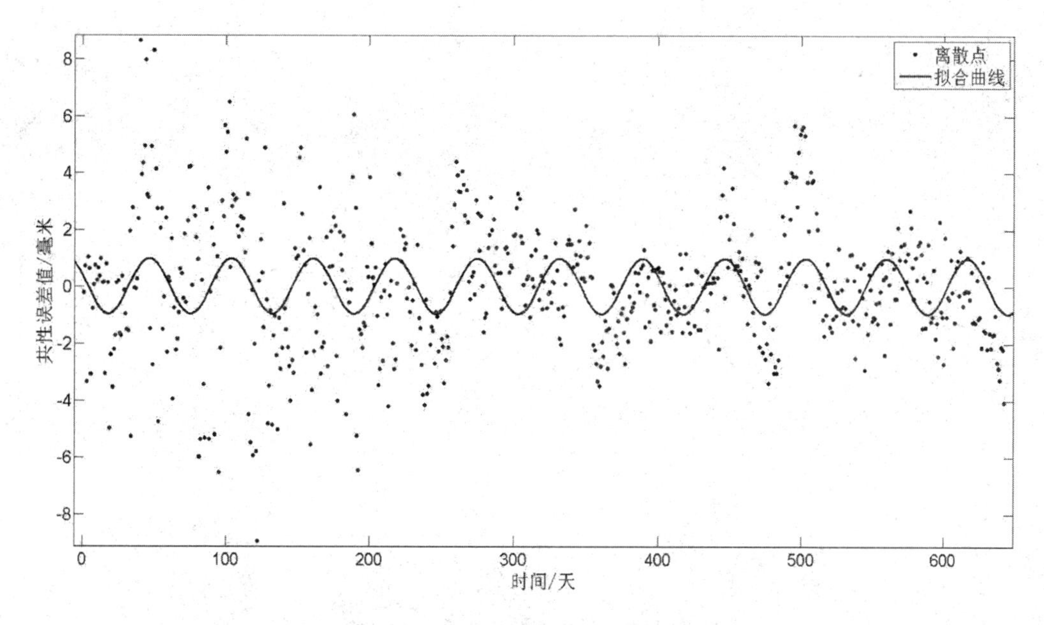

图3 N方向共性误差值及拟合曲线

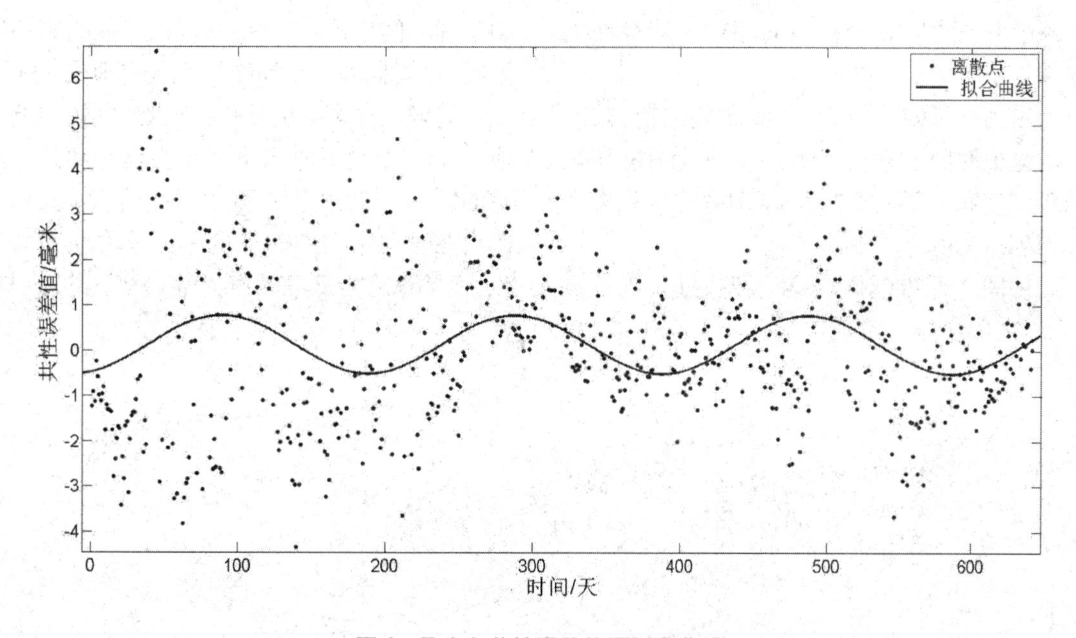

图4 E方向共性误差值及拟合曲线

间序列三角函数拟合曲线的振幅在N方向和E方向大致相同,约为1 mm;在U方向的振幅较大,约为3 mm。

下面以上述9个CORS站中的TEST站为例,研究剔除共性误差前后,TEST站坐标残差时间序列周期特性的具体变化。基本的分析思路:首先利用CATS软件,根据该站坐标残差时间序列生成对应的频谱文件;然后运用matlab编程计算,将站点的频谱文件转换成周期功率谱图[7]。

如图6和图7所示,分别为TEST站剔除共性误差前后各方向的周期功率谱图。图中

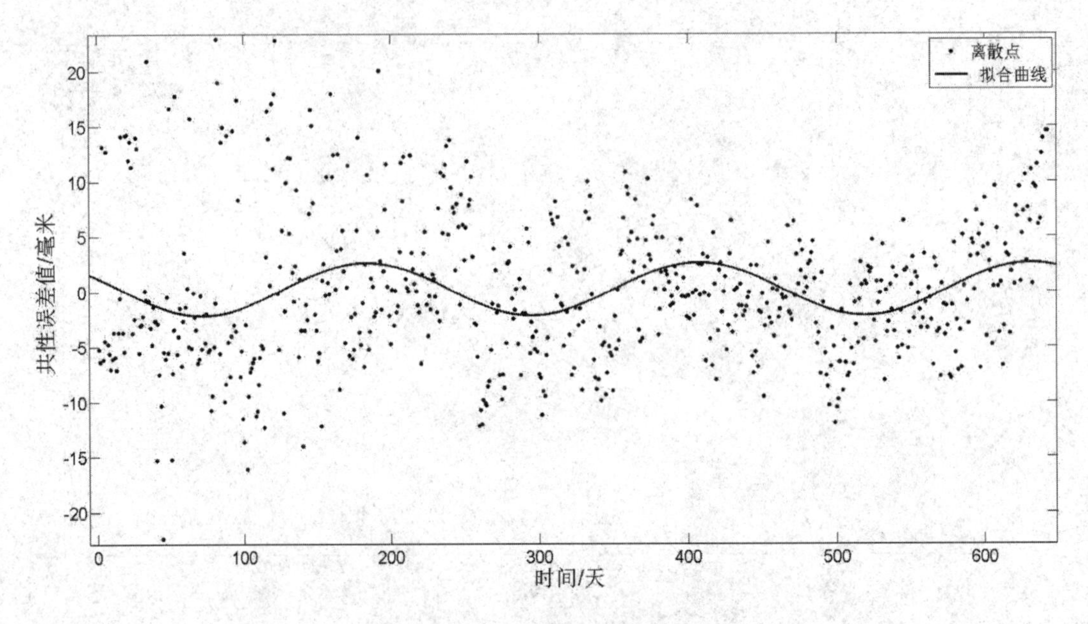

图5　U方向共性误差值及拟合曲线

出现的峰值为残差坐标时间序列可能存在的周期[11]。

由图6可知：未剔除共性误差之前，该站点的坐标时间序列在N\E\U方向上具有明显的年周期和半年周期特性；同时还存在很多短周期项运动。

由图7可知：剔除共性误差之后，该站点的坐标时间序列在N\E\U方向上仅具有短周期项，年周期和半年周期特性基本消失。

造成上述现象的原因：在剔除共性误差之前，CORS站坐标时间序列主要是受到共性误差的影响，称之为大尺度因素的影响。大尺度因素在时间序列中表现出一定长周期项的变化，通常称之为低频噪声信号。剔除共性误差

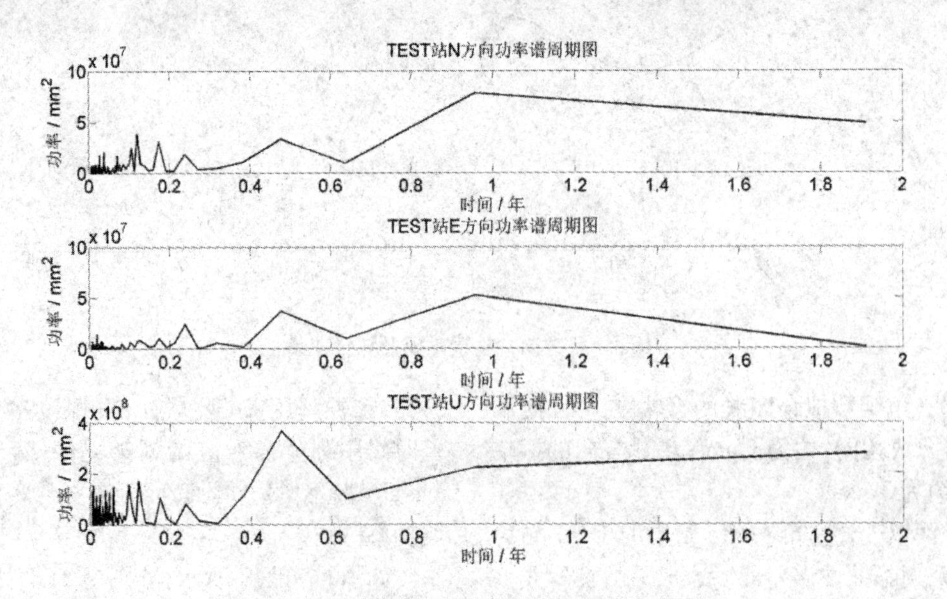

图6　CME剔除前TEST站各方向周期功率谱图

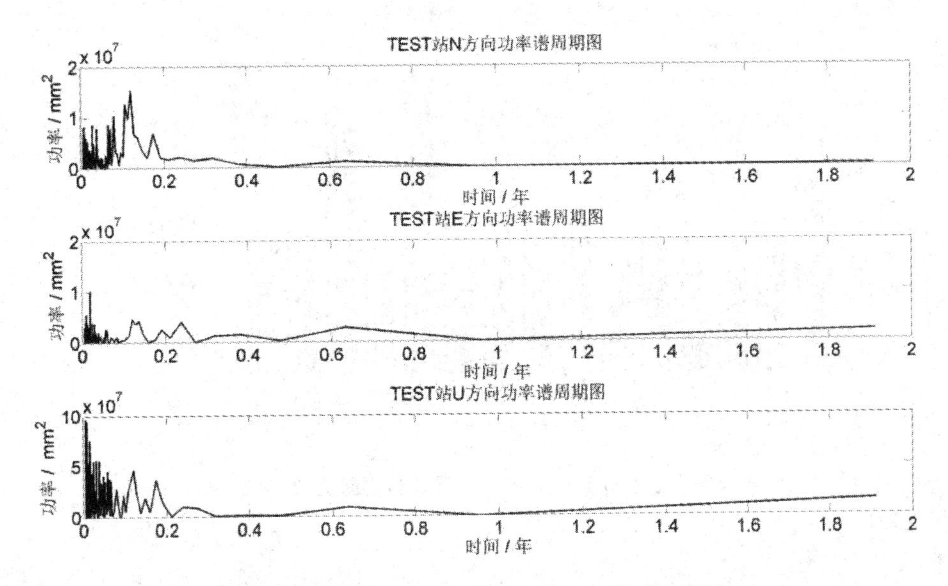

图 7　CME 剔除后 TEST 站各方向周期功率谱图

之后,可以有效降低大尺度因素对 CORS 站坐标时间序列的周期性影响。剔除共性误差之后的坐标残差时间序列表现出了短周期项变化,是因为站点受到当地噪声信号和观测误差信息的影响,称之为小尺度因素影响。

3.2.2　最佳噪声模型

将上述 CORS 站坐标时间序列中的共性误差剔除之后,通过 CATS 软件分别计算得到各站点不同分量方向的谱指数值,结果如表 1 所示:所有值均在 -0.7 ~ -0.1 范围之内,且不为整数。由此推断,影响这些站点的噪声模型不是单一的某种噪声模型,而应该是包括白噪声在内的几种噪声模型的组合。

表 1　各站点不同分量的谱指数

站名	N	E	U
1	-0.4482	-0.3777	-0.2658
2	-0.4166	-0.4192	-0.1944
3	-0.4305	-0.6447	-0.2805
4	-0.3588	-0.3337	-0.2337
5	-0.4094	-0.3582	-0.2384
6	-0.3972	-0.2992	-0.2510

续表

站名	N	E	U
7	-0.4181	-0.3467	-0.2165
8	-0.3887	-0.3857	-0.2467
9	-0.3833	-0.4578	-0.2446
10	-0.4116	-0.3450	-0.2361
11	-0.5553	-0.3824	-0.1976
12	-0.3916	-0.3709	-0.3784
13	-0.3940	-0.3752	-0.2173
14	-0.4613	-0.3988	-0.2802
15	-0.4442	-0.2861	-0.4180

根据上文的分析和表 1 数据的支持,本文提出假设噪声模型组合可能为:

a. 白噪声 + 闪烁噪声(WH + FN),

b. 白噪声 + 随机漫步噪声(WH + RWN),

c. 白噪声 + 闪烁噪声 + 随机漫步噪声(WH + FN + RWN)。

按照上述假设,计算各站点每种噪声组合模型相对白噪声模型的最大似然值,作出各站点的分布曲线,如图 8 至图 10 所示。其中横轴代表 15 个站点,纵轴代表各模型最大似然　　值之差。

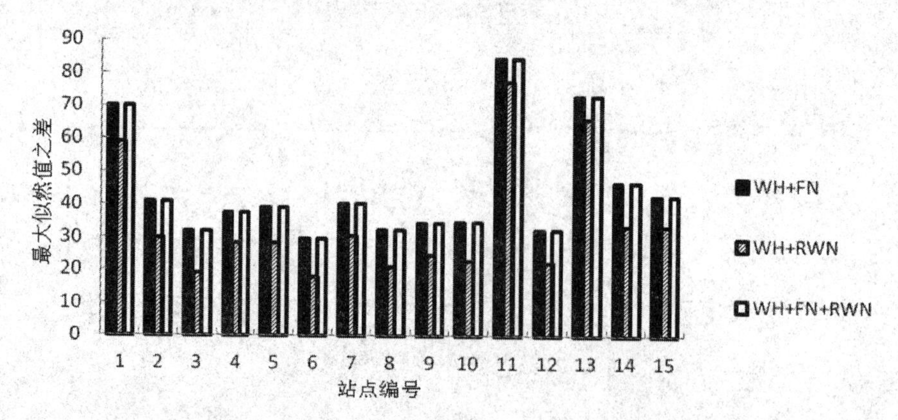

图 8　各站点 N 方向不同噪声模型最大似然值

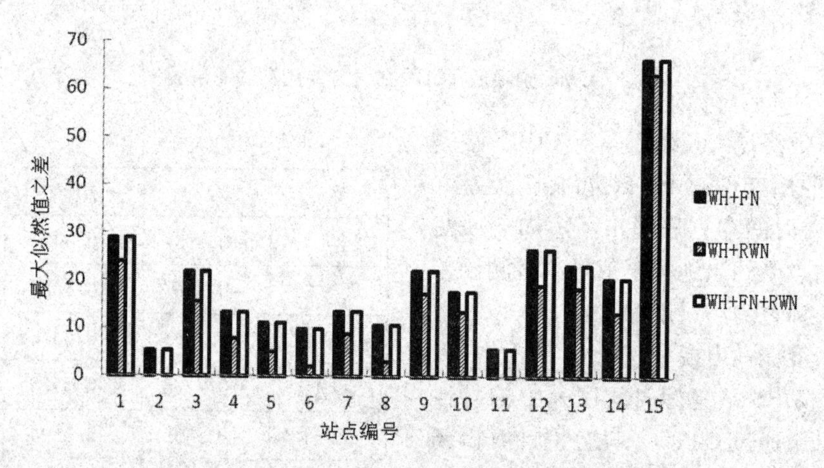

图 9　各站点 E 方向不同噪声模型最大似然值

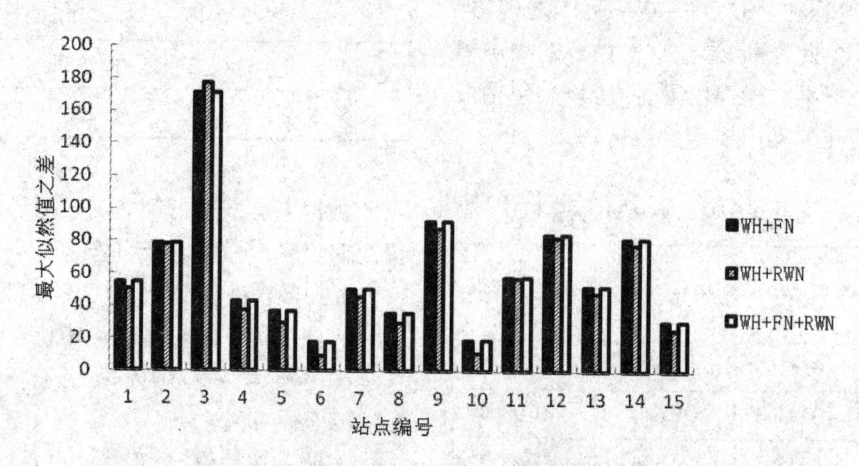

图 10　各站点 U 方向不同噪声模型最大似然值

由图 8 至图 10 可知：WH + FN 和 WH +　　FN + RWN 两种噪声模型对应的最大似然值

完全相同,且均大于 WH + RWN 噪声模型,因此判断各站点噪声模型的最佳组合模型可能是 WH + FN 或者 WH + FN + RWN。

蒙特卡罗模拟实验结果表明:WH + FN 和 WH + FN + RWN 两种模型不具有可分性[12]。基于此,提出假设:各站点最佳噪声模型为 WH + FN + RWN。因为 WH + FN + RWN 组合模型中包含 WH + FN。通过验证该假设中各噪声对应的噪声分量,可以确定噪声模型组合中是否包括 RWN。

表 2 WH + FN + RWN 噪声模型中各噪声分量估值

站点名	N			E			U		
	FN	WH	RWN	FN	WH	RWN	FN	WH	RWN
1	10.20	3.06	0.00	7.04	2.53	0.00	21.85	11.10	0.00
2	10.45	3.47	0.00	5.46	2.77	4.57	16.40	11.54	0.00
3	10.66	3.47	0.00	4.78	2.74	7.84	22.37	11.20	0.00
4	10.20	3.85	0.00	6.01	2.54	0.00	19.76	11.67	0.00
5	9.83	3.45	0.00	6.83	2.66	0.00	19.39	11.55	0.00
6	9.26	3.38	0.00	5.91	2.74	0.00	21.05	11.70	0.00
7	8.99	3.17	0.00	6.84	2.61	0.00	18.88	11.60	0.00
8	9.15	3.31	0.00	6.61	2.62	0.00	20.38	11.48	0.00
9	9.59	3.65	0.00	7.93	2.29	0.00	21.73	11.21	0.00
10	10.80	3.56	0.00	5.60	2.59	0.00	19.54	11.66	0.00
11	12.98	3.51	0.00	5.50	2.66	4.46	19.66	11.80	0.00
12	10.06	3.70	0.00	6.34	2.71	4.68	23.64	10.69	0.00
13	9.26	3.17	0.00	6.97	2.57	0.00	20.54	11.52	0.00
14	9.96	3.01	0.00	6.85	2.59	3.46	23.27	11.34	0.00
15	9.39	3.08	0.00	5.87	2.66	0.00	22.76	10.93	0.00

表 2 是根据假设:各站点最佳噪声模型为 WH + FN + RWN,利用 CATS 软件计算得到的各站点在 N\E\U 方向的各噪声分量对应的估值。由该表可以得出如下结论:

①CORS 站坐标时间序列的三个坐标分量方向具有不同的噪声性质。垂直分量的有色噪声明显大于水平分量。这与一般认为的垂直分量精度要低于水平分量精度结果一致。

②N 方向比 E 方向的闪烁噪声大。可能与数据处理时采用的控制点分布有关。相对而言,控制点在东西方向上的分布比南北方向更合理,导致数据处理中南北方向控制较弱,东西方向控制较强。

③不同站点的最佳噪声组合模型不同,同一站点不同方向的最佳噪声组合模型也不相同。其中,站点 1、4、5、6、7、8、9、10、13、15 在三个分量方向的最佳噪声组合模型为 WH + FN;站点 2、3、11、12、14 在 N 方向和 U 方向的最佳噪声组合模型为 WH + FN,在 E 方向的最佳噪声组合模型为 WH + FN + RWN。

4 结论

本文以某省区域 CORS 网数据为例,采用区域叠加滤波法提取包含在CORS站坐标时间序列中的共性误差,然后利用最大似然法确定各站点的噪声模型,得到结论如下：

①共性误差时间序列在N\E\U方向均表现出明显的周期特性,但不同分量方向上的周期特性并不相同。

②剔除共性误差之后,降低了大尺度因素对坐标时间序列的影响,坐标残差时间序列的振幅减小,长周期项运动明显减少。

③CORS站坐标时间序列的三个坐标分量具有不同的噪声性质:垂直分量上的有色噪声明显大于水平分量上的有色噪声;N方向比E方向的闪烁噪声大;不同站点的最佳噪声组合模型不同;同一站点不同方向的最佳噪声组合模型也不相同。

参考文献

[1]伍吉仓,孙亚峰,刘朝功.连续GPS站坐标时间序列共性误差的提取与形变分析[J].大地测量与地球动力学,2008,28(4):97-101.

[2]蒋志浩,张鹏,秘金钟,等.顾及有色噪声影响的CGCS2000下我国CORS站速度估计[J].测绘学报,2010,39(4):355-363.

[3]D. Dong, et al. Spatiotemporal filtering using principal component analysis and Karhunen-Loeve expansion approaches[J]. Journal of Geophysical research, 2006,111(B030405):1-16.

[4]JEFFREY D S. Studies in astronomical time series analysis. Ⅰ. modeling random processes in the time domain [J]. The astrophysical journal supplement series, 1981(45):1-71.

[5]JEFFREY D S. Studies in astronomical time series analysis. Ⅱ. statistical aspects of spectral analysis of unevenly spaced data [J]. The astrophysical journal,1982(263): 851-853.

[6]NIKOLAIDIS R. Observation of Geodetic and Seismic Deformation with the Global Positioning System [D]. San Diego: University of California, 2002.

[7] Simon Williams. CATS: GPS coordinate time series analysis software[J]. GPS Solutions, 2008(12):147-153.

[8]WILLIAMS S D P. The Effect of Coloured Noise on the Uncertainties of Rates Estimated from Geodetic Time Series [J]. Journal of Geodesy, 2003,76(9):483-494.

[9]Langbein J. Noise in two-color electronic distance meter measurements revisited[J]. J Geophys Res, 2004.

[10]鄂栋臣,詹必伟,姜卫平,等.应用GAMIT/GLOBK软件进行高精度GPS数据处理[J].极地研究,2005,17(3):173-182.

[11]WILLIAMS S D P, et al. Error Analysis of Continuous GPS Position Time Series[J]. Journal of Geophysical Research, 2004, 109(B3): 412-430.

[12] Mandelbrot B, Van Ness J. Fractional Brownian motions, fractional noise, and applications [J]. SIAM REV,968,10(4):422-439.

基于 CUDA 的遥感影像 CVA 变化检测并行算法设计

韩天庆

(天津市测绘院)

摘　要:为了实现基于遥感影像的实时变化检测,本文针对基于变化矢量分析 CVA 的变化检测算法,设计了一种基于统一计算设备构架 CUDA 的并行处理变化检测模型。该模型利用地理空间数据提取库 GDAL 和 CUDA 将基于 CVA 的变化检测算法嵌入到计算机图形处理器 GPU 中进行处理和研究。首先利用 GDAL 读取预处理后的遥感影像;然后将基于 CVA 变化检测算法的变化强度算子、映射表、变化方向算子分别嵌入到 CPU 和 GPU 中进行研究。实验结果表明:与 CPU 相比,基于 CVA 的变化检测算法在 GPU 中的运算速度提高了上千倍。

关键词:遥感影像;变化检测;变化矢量分析;并行计算; 统一计算设备构架

1　引言

土地利用和覆盖变化(Land Use/Land Cover Change,LUCC)一直以来都是人们关注的话题。遥感技术因其经济、实用、高效的优势使得基于遥感技术的 LUCC 变化检测成为了最合适的手段之一。然而随着遥感技术的迅速发展,遥感图像的数据量急剧增加,数据结构和相关算法也逐渐复杂,在遥感图像的读取、显示和调用等过程中暴露出许多问题,如内存溢出、读取和存储数据耗时长等。

NVIDIA 公司[1]2007 年推出统一计算设备构架(Compute Unified Device Architecture,CUDA),其是一种专门针对 GPU 的 C 语言开发的工具,用于图像处理通用并行计算领域。Yang 等人[2]将多种典型的遥感图像处理技术嵌入到 GPU 中研究,结果表明,在 GPU 中并行处理的条件下,图像直方图计算可以提高至少 40 倍,去云处理大约可以提高 79 倍,离散余弦变换可以提高 8 倍,而边缘检测至少可以提高 200 倍;Zhang 等人[3]利用 GPU 分别将边缘检测以及形态处理的运算效率提高了 25 倍和 49 倍;Hu 等人[4]将 GPU 运用到 3D 图像处理中,大大提高了 3D 图像的细化处理的效率。

为了提高遥感影像变化检测效率,本文将基于 CVA 的遥感影像变化检测算法嵌入到 GPU 中。基于 CVA 的变化检测技术能够同时提取变化强度信息和变化方向信息。它将地物的变化表示为多光谱特征空间中像元的变化矢量,并通过图像处理和图像判读来确定地物变化的范围并进行统计分析,确定地物变化的类型信息。本文利用 C + +语言实现相关算法，将基于 CVA 的遥感变化检测技术分别嵌入到 CPU 和支持 CUDA 的 NVIDIA GPU 上进行研究，并对多组不同数据量的图像进行实验。实验结果表明，在不考虑数据传输的情况下，与在 CPU 上的串行处理相比，基于 CVA 的变化检测算法在 GPU 上的运算效率提高了成百上千倍。

2 CUDA 构架

2.1 CUDA 软件编程模型

CUDA 是一种由 NVIDIA 推出的通用并行计算架构，CUDA 的软件结构（如图 1 所示）主要由以下三个层次组成：CUDA 库函数、CUDA 运行时 API 和 CUDA 驱动程序。

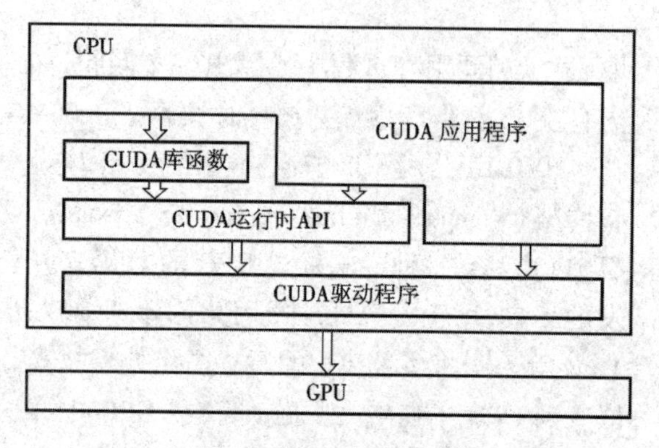

图 1 CUDA 软件体系

如图 1 所示，在 CUDA 库函数中有 CUFFT、CUBLAS 和 CUDPP 三个函数库，CUDA 运行时 API 和 CUDA 驱动程序提供了设备管理、上下文管理、存储管理、代码块管理、执行控制等的应用程序接口，可以访问 GPU 的接口函数，实现对 GPU 的操作[5]。如图 2 所示，CUDA 核函数以网格（Grid）的形式执行，每个网格由若干个线程块（Block）组成，每一个线程块由若干个线程（Thread）组成。

2.2 GPU 硬件模型

NVIDIA GPU 可以被看作由数个多处理器（Streaming Multiprocessors，SM）组成，每个多处理器包含多个流处理器（Streaming Processor，SP），SM 和每个 SM 中 SP 的个数是由具体的硬件决定的[6]。此外，每个多处理器还具有一定数量的寄存器（Register）、共享内存（Shared Memory），以及纹理缓存（Texture Cache）和常量缓存（Constant Cache）。NVIDIA GPU 的内部架构如图 3 所示。在 GPU 里，最基本的处理单元是 SP[7]。CUDA 中的内核函数是以线程块为单位执行的，同一个线程块中的线程需要共享数据，因此它们被映射到同一个多处理器，而 Block 中的每个 Thread 则被映射到一个 SP 上执行，一个 Block 必须被分配到一个 SM 中。

3 CVA 变化检测原理

Malila 等人[8]于 1980 年最早提出了变化矢量分析法（Change Vector Analysis，CVA）。变化矢量分析法主要是从变化的强度和变化的方向两个角度对遥感影像进行变化检测。其中，变化强度图像用于表示研究区域的变化范围；变化方向图像用于表示研究区域具体的变化类型。传统的基于 CVA 的变化检测方法对两个不同时相的图像做差值运算，组成一幅新的差值多光谱图像。差值图像中的每一个位置处的像元灰度值都可以组成一个矢量，如式(1)所示：

$$X=\begin{pmatrix}\Delta x_1\\ \Delta x_2\\ \vdots\\ \Delta x_n\end{pmatrix}=\begin{pmatrix}x_{ij}^1(t_2)-x_{ij}^1(t_1)\\ x_{ij}^2(t_2)-x_{ij}^2(t_1)\\ \vdots\\ x_{ij}^k(t_2)-x_{ij}^k(t_1)\end{pmatrix} \quad (1)$$

式中，$x_{ij}^k(t_1)$ 和 $x_{ij}^k(t_2)$ 分别表示两个时相的图像上 (i,j) 位置的像元在第 k 个波段上的灰度值，$k=1,2,\cdots,n$，n 是多光谱图像的波段数。下面以二维空间中的矢量的大小和方向来说明变化矢量分析法的原理。图 4 中矢量的方向代表了地物的变化类型，矢量的长度代表了地物变化的大小程度。基于 CVA 的变化检测的强度图像是利用欧式距离得到的，表达式如式(2)：

$$DX=\sqrt{(\Delta x_1)^2+(\Delta x_2)^2+\cdots+(\Delta x_n)^2} \quad (2)$$

式中，DX 表示某一像元的变化强度。

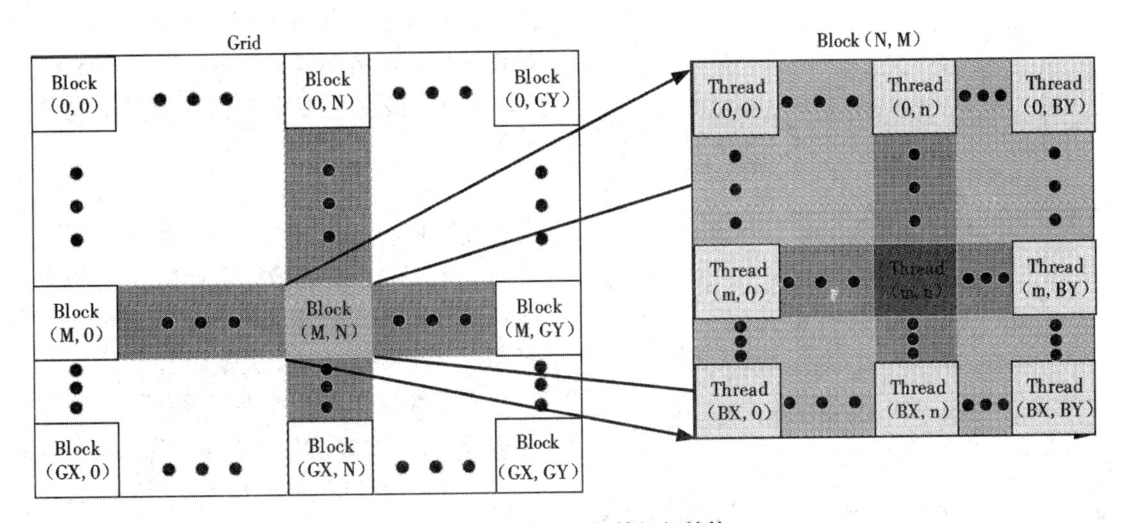

图 2　Grid 和 Block 的组织结构

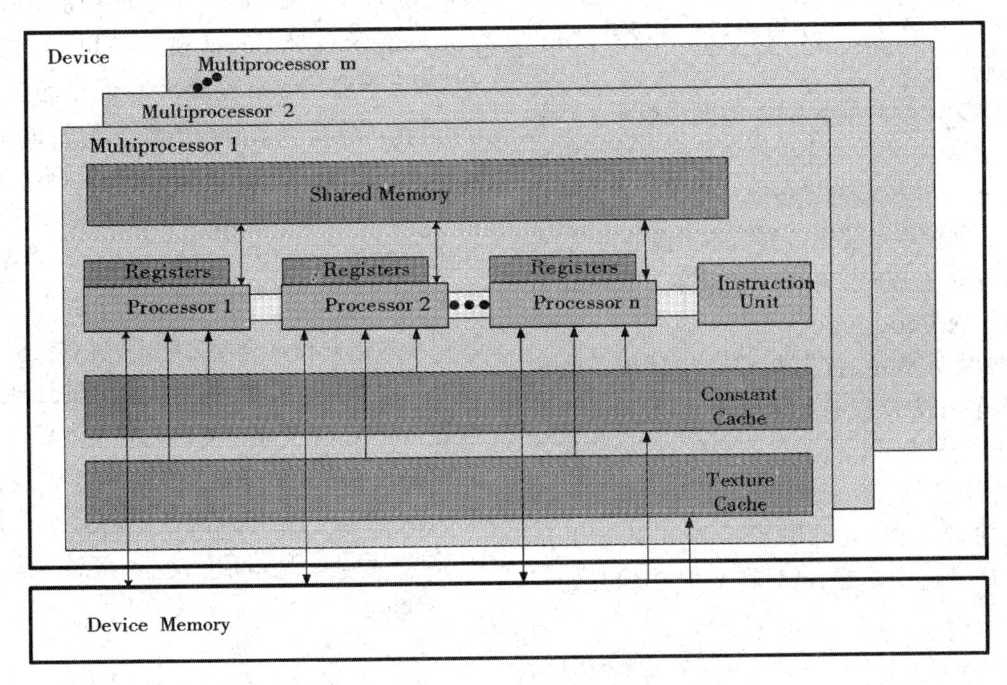

图 3　GPU 硬件模型

CVA 通常是选用简单差值法（$Dx_{ij}^{k}=x_{ij}^{k}(t_2)-x_{ij}^{k}(t_1)$）来计算变化矢量以及变化模式，而变化方向图像是根据变化矢量 X 的方向进行编码得到的。对于差值图像而言，每个像元都有 n 个（n 为波段数）不同的值，每个波段上的数值有可能为负值，有可能为零，也可能为正值。以 3 个波段为例，每一像元对应一个向量，向量的每一个元素是 -1,0,1 中的一个值。遍历所有情况可以得到 3^n 种不同的向量，对应着 3^n 种不同的变化。最后建立这些向量与 1 ~3^n 范围上的一一映射关系，这样就实现了不同的方向矢量对应不同的灰度值。

对于上述得到的变化方向图像而言，各种类型的变化都是在变化强度确定的变化范围

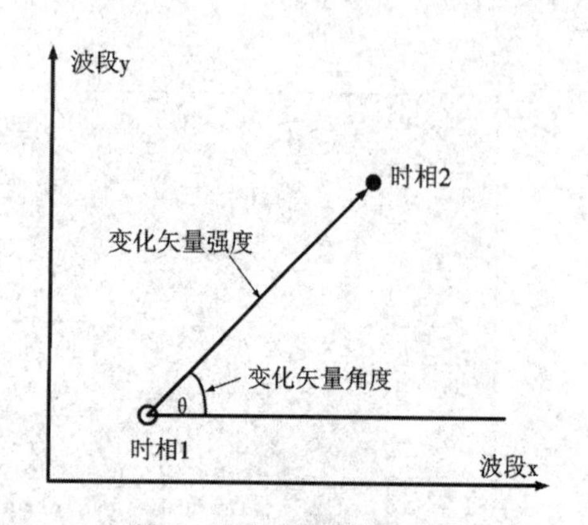

图4 CVA 变化检测原理

内部。

4 基于 CUDA 的 CVA 变化检测算法设计

4.1 基于 CVA 的变化检测并行处理思想

本文设计的基于 CVA 的变化检测并行算法模型将整个 CVA 变化检测并行算法划分成两部分，即主机端和设备端。主机端负责原始图像数据读取与变化检测结果图像的存储，设备端负责完成映射表、变化强度算子和变化方向算子的实现。

如图 5 所示，首先在 CPU 上读取图像数据，并转化为合理的存储格式；接着通过初始化工作，获取 GPU 硬件的参数信息；然后将图像数据从 CPU 拷贝到 GPU 中，并交给 Kernel 进行并行处理，处理结束后需要把结果从 GPU 拷贝到 CPU 中；最后在 CPU 中保存处理的结果。

4.2 GPU 设备以及图像格式的初始化

在设计基于 CVA 的变化检测的并行处理模型前，首先需要对 GPU 进行初始化，获取必要的设备信息，为并行处理模型的设计提供必要的参数。为了方便操作，在并行处理之前，本文将两个时相的遥感图像数据以 BSQ 的存储方式保存到二维数组中。数组中的每一行代表遥感图像上某一波段的数据。然后，将两个时相的图像数据从主机端拷贝到设备端，然后在设备端上实现变化强度算子、映射表以及变化方向算子的并行处理，最后将 CVA 变化检测结果从设备端拷贝到主机端并进行保存。

4.3 变化强度和变化方向算子的并行设计

根据基于 CVA 的变化检测算法原理，变化强度图像和变化方向图像的像元值仅与原始图像上相同位置的像元值有关，并且每个像元值的算法是完全相同的。图像上每一个像元和每一个线程的对应关系如图 6 所示。

当图像的像元个数小于设备最大的并行处理能力，那么假设 Grid 和 Block 的尺寸分别为(GX,GY)和(BX,BY)(Kernel 中的 Grid 以及 Block 的尺寸设计见 4.4)。如图 7 所示，(M,N)表示当前 Block 在 Grid 中的索引，而(m,n)表示当前 Thread 在当前 Block 中的索引，那么当前 Thread 在整个 Grid 中的索引号为(Row,Col)，与之对应的像元的坐标用(I,J)表示，其中 $Row = M \times GX + m$，$Col = N \times GY + n$。当前线程对应的变化强度和变化方向图像上的像元索引为 $index = I \times width + J = Row \times width + Col$。当图像像元个数大于或等于设备最大并行计算能力时，需要对图像进行分块来实现并行处理，块与块之间的处理属于串行，因此图像变化检测的耗时是处理一个像元的耗时与分块数量的乘积。对于这两种情况而言，理论上变化检测提高的效率分别是 height × width 倍和(height × width)/image-blocknum 倍。

4.3.1 映射表建立

在进行变化检测之前，需要先建立变化方向矢量与变化方向灰度值的映射表，以便为不同的变化方向矢量编码不同的值，从而计算变化方向图像。映射表的伪代码如下所示：

```
__ global __ voidMappingTable _ Kernel
(INPUTMappingTable _ Size; OUTPUTDirectionVector, DirectionGrayvalue)
    DIMindex, kIndex _ KASINTEGER
    index = threadIdx. x + blockIdx. x *
```

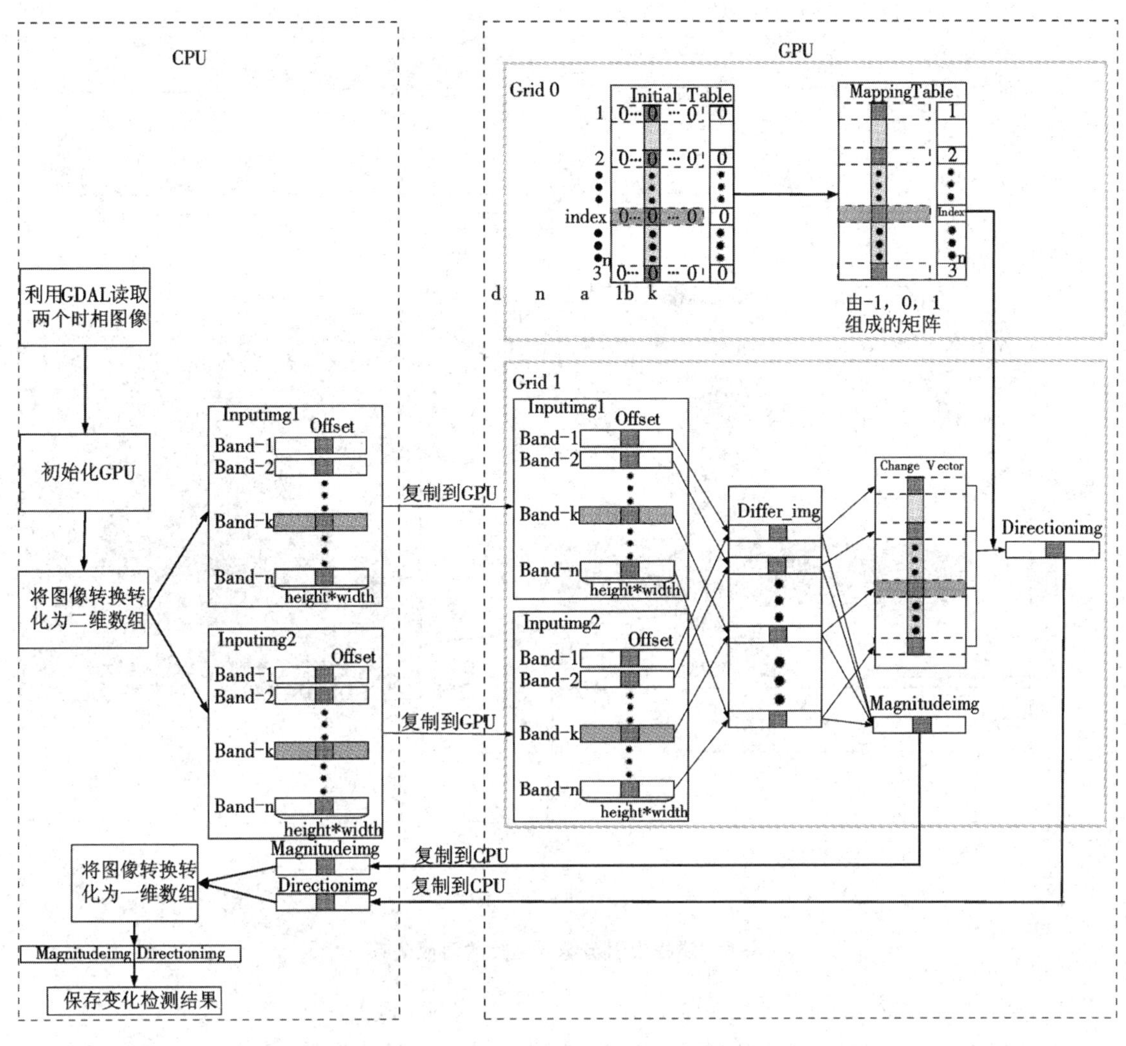

图5　嵌入 GPU 的 CVA 变化检测流程

blockDim. x;

k = threadIdx. y + blockIdx. y * blockDim. y;

Index _ K = pow(3. 0,(bands-k));

IF((index + 1)% index _ k ≤(Index _ K/3)AND(index + 1)% Index _ k!　=0)

THEN DirectionVector[index][k] = -1

ELSEIF((Index _ K/3 ≤(index + 1)% Index _ k≤2 * Index _ K/3))

THENDirectionVector[index][k] =0

ELSEIF(index +1)% Index _ k >2 * Index _ K/3OR(index +1)% Index _ k =0

THEN DirectionVector[index][k] =1

END IF

DirectionGrayvalue[index] = index +1

END MappingTable _ Kernel

其中，DirectionVector 表示所有变化矢量组成的矩阵，空间大小为[3^{bands}，bands]；DirectionGrayvalue 表示与变化矢量一一对应的灰度值，空间大小为[3^{bands}，1]，index 对应映射表的行，k 对应映射表的列。

4. 3. 2　变化方向算子和变化强度算子

变化强度算子和变化方向算子的 Kernel 函数设计如下：

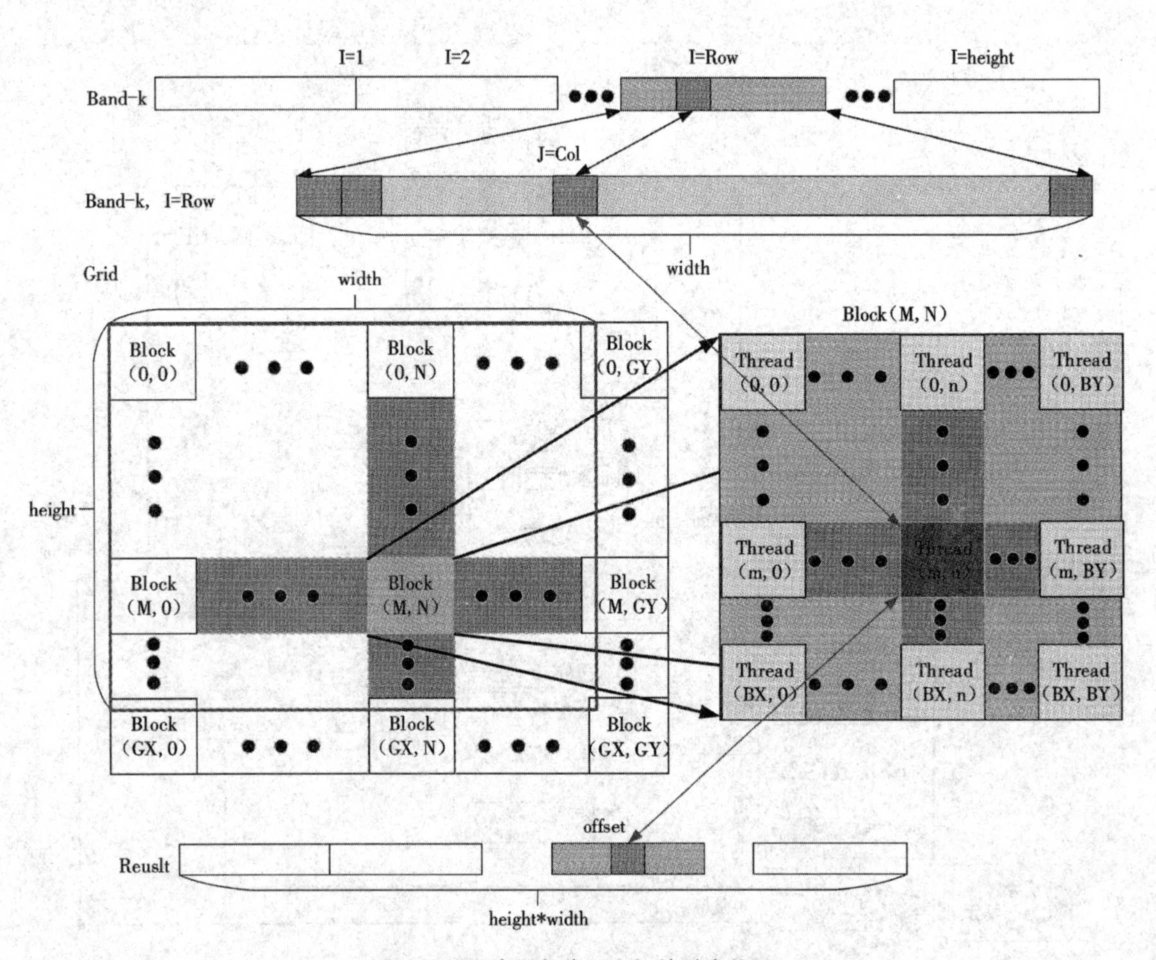

图6　线程索引与像元坐标的对应关系

```
__global__ voidChangeDetectionKerenl(
INPUT  differimg, inputimg1, inputimg2, MappingTable, img_size;
OUTPUT magnitudeimg, directionimg)
DIMRow, Col, offsetASINTEGER
Row = threadIdx. y + blockIdx. y * blockDim. y;
Col = threadIdx. x + blockIdx. x * blockDim. x;
offset = Col + Row * width;
①//变化强度算子
  FOR k = 0 TO bands
  magnitudeimg [ offset ] = magnitudeimg [offset] + pow((input2[k][offset] - input1[k][offset]),2)
  END FOR
  magnitudeimg[offset] = sqrt(magnitudeimg[offset]);
②//变化方向算子
FOR k = 0 TO bands
  differimg [k] [offset] = inputimg2 [k] [offset] - inputimg1[k][offset];
  DI Mthreshold[bands]ASINTEGER
  //对差值图像 differ_img 的 offset 处的变化矢量的各个分量进行编码：
  IF differimg≤ - threshold (k)
    THEN differimg[k][offset] = -1
  ELS EIF-threshold (k) ≤ differimg[k] [offset]≤threshold (k)
    THEN differimg[k][offset] =0
```

```
    ELS EIF differimg [k][offset] ≥ thresh-
old (k)
        THEN differimg[k][offset] = 1;
    END IF

    FOR index = 0 TO GrayScale _ Direction
    DIM index _ XYASINTEGER
    index _ XY = 0;
    FOR k = 0 TO bands
      IF X[index][k] = dev _ direction1
[k][offset] THEN index _ XY = index _ XY + 1
    END IF
    END FOR
      IF index _ XY = bands THEN dev _ di-
rection[offset] = Y[index]
      END IF
    END FOR
  END FOR
  END ChangeDetection Kerenl
```

其中，magnitudeimg 和 directionimg 分别表示变化强度图像指针和变化方向图像指针；differ _ img 表示差值图像指针；inputimg1 和 inputimg2 分别表示时相 1 和时相 2 图像的指针；MappingTable 表示映射表，包括 DirectionVector 和 DirectionGrayvalue；img _ size 表示图像的尺寸。

4.4 线程分配

执行并行运算的关键是 Block、Thread 大小的设定以及设备端并行化指令的设计[9]。GPU 中的多流处理器(SM)在取指和发射指令时，是以 warp 为单位并交给流处理单元(SP)执行的，本文中用的 GPU 中的 warp 是 32。为了有效利用执行 SP，每个 Block 中线程数目须为 32 的倍数。Grid 尺寸的选择与图像的大小有关，当图像的像元个数小于设备最大可以并行的运算量时，Grid 大小为((height + 16 - 1)/16，(width + 16 - 1)/16)；当图像的像元的个数大于设备的最大并行计算量时，Grid 为设备支持的最大尺寸，这种情况下，一次并行运算并不能完成图像的运算，需要将图像分为(INT(height/MaxGridX) + 1，INT(width/MaxGridY) + 1)块，才可以将变化检测算法处理完。

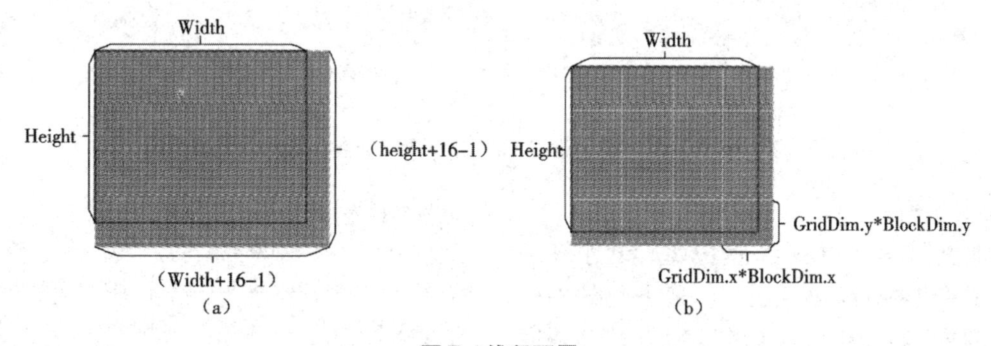

图 7 线程配置

5 基于 CUDA 的 CVA 变化检测实验

5.1 实验环境

本文的实验主机平台是 Intel(R) Core(TM) i5 - 3470 CPU，主频率为 3.2GHz，系统内存为 4G，CPU 有 4 个核；显卡采用的 NVIDIA GeForce GT 610，GPU 型号是 GF119，属于 Fermi 构架。GPU 的核心频率为 1.62GHz，显卡内存为 1G，GPU 运算核为 48 个。操作系统为 Microsoft Window 8.1 64 位，开发环境为 Microsoft Visual Studio 2010，整个实验基于 GDAL - 1.9.2、GeForce 340.52 Driver 和 CUDA6.0(包括：CUDA Toolkit 6.0 和 CUDA Samples 6.0)。

5.2 CVA变化检测实验

本文选取江苏省徐州市2013年4月的Landsat5/TM图像和2000年4月的Landsat8/OLI图像作为实验数据。首先分别对两个时相的遥感图像做辐射定标、FLAASH大气校正、几何校正及配准等处理。为了比较不同数据量对处理效率的影响，本文将配准好的影像分别裁剪为不同大小的影像，包括：256 * 256，512 * 512，1024 * 1024，2048 * 2048，3000 * 3000等。

如图8所示，在GPU中进行并行变化检测时，所有的像元同时进行运算，如果不考虑数据传输的情况，变化检测耗时几乎保持不变；而在CPU上的串行变化检测耗时会随着数据量的增加呈线性增加。如果考虑数据在CPU和GPU之间的传输时，很明显变化检测耗时增加了，因为数据量越大，数据拷贝消耗的时间就越多。由于数据传输消耗的时间小于图像在CPU上的串行变化检测消耗的时间，因此其对应的加速比则是缓慢增加(图9)。可见，要想提高遥感图像在GPU上的变化检测并行运算速度，就必须合理地将共享存储器和纹理存储器等具有高速缓存的存储器与全局存储器相结合，实现数据的快速拷贝，从而提高数据处理的速度。

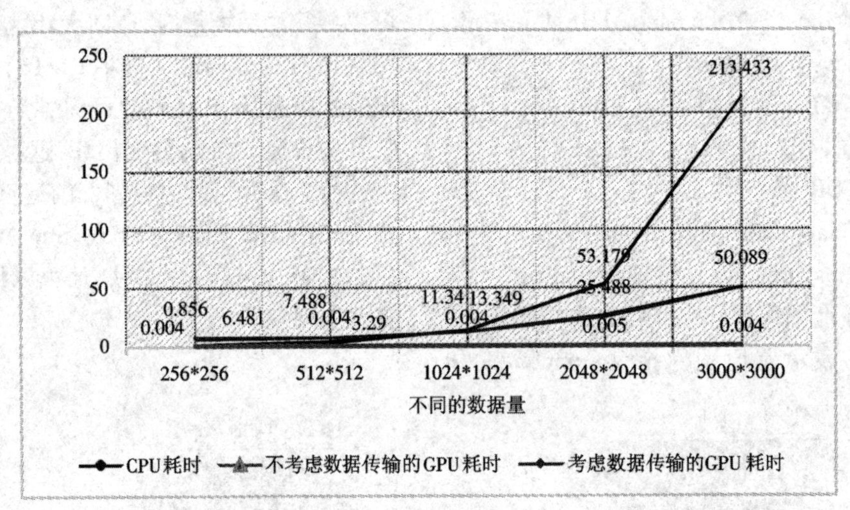

图8 不同数据量的遥感影像在CPU和GPU上变化检测的运算耗时

6 结论

本文结合CUDA编程模型，针对基于CVA的变化检测算法设计了一种并行处理模型。该模型将变化检测中的映射表、变化强度算子和变化方向算子嵌入到GPU中进行研究。实验结果表明，在实际处理过程中，针对不同的数据，通过使用各种存储器并合理地分配Grid和Block的大小，能够有效提高遥感影像变化检测的运算效率。

参考文献

[1] Nvidia C. Nvidia cuda c programming guide [EB/OL]. NVIDIA Corporation, http://www.nvidia.com, 2011.

[2] Yang Z, Zhu Y, Pu Y. Parallel image processing based on CUDA[C]. 2008 International Conference on Computer Science and Software Engineering, 2008. IEEE.

[3] Zhang N, Chen Y, Wang J L. Image parallel processing based on GPU[C]. 2010 2nd International Conference on Advanced Computer Control (ICACC), 2010. IEEE.

[4] Hu B, Yang X. GPU-Accelerated Parallel 3D Image Thinning[C]. 2013 IEEE International Conference on Embedded and Ubiquitous Computing (HPCC_EUC) & 2013 IEEE 10th International

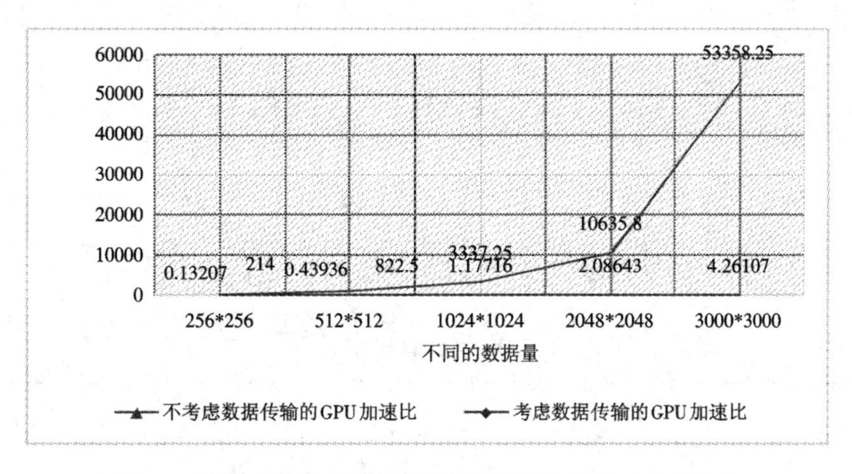

图9 不同数据量的遥感影像在变化检测在GPU中的加速比

Conference on High Performance Computing and Communications, 2013. IEEE.

[5]张舒, 褚艳利. GPU 高性能运算之 CUDA[M].北京:中国水利水电出版社, 2009:36 -37.

[6]许雪贵, 张清. 基于 CUDA 的高效并行遥感影像处理[J]. 地理空间信息, 2011,9(6):47 -54.

[7]Lindholm E, Nickolls J, Oberman S, et al. NVIDIA Tesla: A unified graphics and computing architecture[J]. Ieee Micro, 2008, 28(2):39 -55.

[8]Malila W A. Change vector analysis: an approach for detecting forest changes with Landsat[C]. Laboratory for Applications of Remote Sensing Symposia, 1980.

[9]陶伟东, 黄昊, 苑振宇, 等. 基于 GPU 并行的遥感影像边缘检测算法[J]. 地理与地理信息科学, 2013, 29(001):8 -11.

基于 MongoDB 集群的高性能瓦片服务器的研究

孙忠芳

（天津市测绘院）

摘　要：地理信息空间数据库系统有着海量存储及复杂查询的特点，随着智慧城市及地理信息产业应用得更加广泛，传统的关系型数据库系统越来越难以面对空间数据系统带来的压力，NoSQL 数据库的产生就是为了解决大规模数据集合多重数据种类带来的挑战，尤其是大数据应用难题，MongoDB 作为 NoSQL 数据库的佼佼者，体现了 NoSQL 的各项优势。

本文以 MongoDB 数据库为基础，设计了一套高效实用的瓦片数据库存储方案，最后给出了 MongoDB 集群数据库的读写性能数据，证明了 MongoDB 数据库的高性能，同时展示了 MongoDB 的实用。

关键词：MongoDB；NoSQL；瓦片服务器；智慧城市

1　引言

随着互联网 web2.0 网站的兴起，传统的关系数据库在应付 web2.0 网站，特别是超大规模和高并发的 SNS 类型的 web2.0 纯动态网站已经显得力不从心，而非关系型的数据库则由于其本身的特点得到了非常迅速的发展。NoSQL 数据库具有易扩展、大数据量、高性能、灵活的数据模型及高可用性的特点。NoSQL 数据库的出现，弥补了关系数据（比如 Oracle 等）在某些方面的不足，在某些方面能极大地节省开发成本和维护成本。

2　MongoDB 数据库系统

MongoDB 是一种文档型数据库系统，它通过复制组保证了存储数据的安全性，分片机制则提供了水平扩展能力，而在实际的生产环境中利用上述数据分片和复制组的机制将数据分布存储在多个片节点上，每个片节点上的数据通过复制组冗余存储作为备份，通过搭建这种混合机制的 MongoDB 集群保障系统的可扩展性以及系统可用性。

2.1　面向文档

文档是 MongoDB 的核心概念，类似于传统关系型数据库中的一条存储记录。多个键及其关联的值有序地放置在一起便是文档。MongoDB 中的文档使用 BSON 表述，一种二进制序列化的类 JSON 数据交换语言。多条文档记录组成一个集合（Collection，类似于关系型数据库中的表），多个集合可组成一个数据库（DB），多个数据库组成一个 MongoDB 系统。数据模型如图 1 所示。

2.2　复制组（Replication）

MongoDB 系统使用组件 mongod 进行数

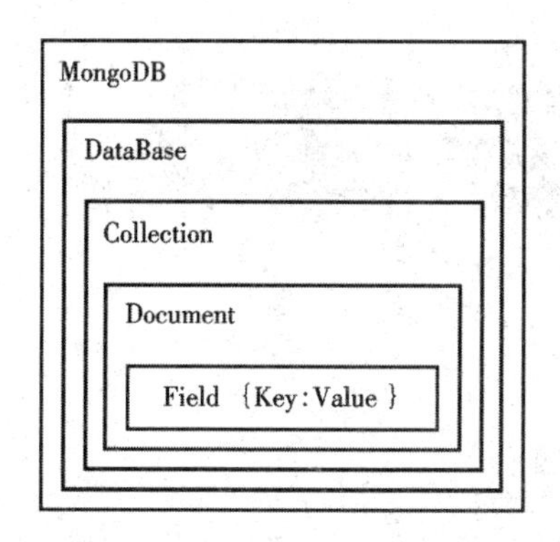

图1 MongoDB 文档模型架构

据存储,多个 mongod 进程实例可组成一个复制组,复制组中的节点存储的是同样的数据亦即所谓的冗余备份。复制组中有一个主节点,其余节点为从节点。用户存储的数据先写入主节点,再由主节点自动将数据同步到从节点上,如图2所示。

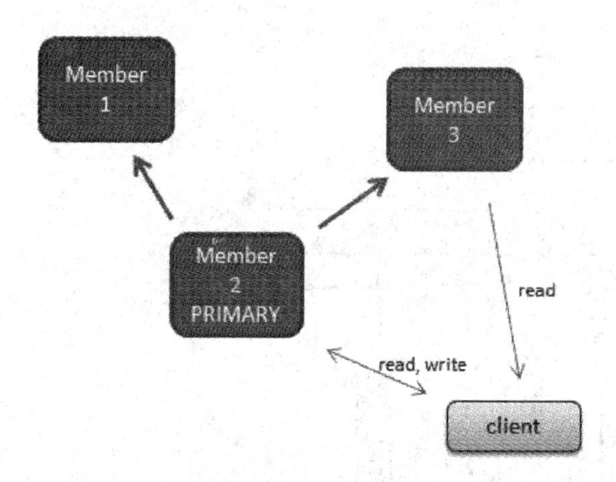

图2 MongoDB 复制组模型架构

2.3 分片(Sharding)

所谓分片,实质是将系统存储的数据拆分为多个部分分别进行存储,以向数据库集群中添加存储节点的方式提高数据库集群的存储能力。当 MongoDB 数据库集群中片节点直接存储数据量超过一定阈值时,系统会自动对节点存储的数据进行迁移从而实现存储节点间的数据负载均衡。

2.4 集群架构

MongoDB 默认情况下数据单点存储,所有数据存储在单一的 mongod 进程实例上。用户既可以用客户端组件 mongo 连接数据库进行操作,也可通过数据库驱动提供的 API 编写应用程序访问数据库。MongoDB 中的组件主要包括 mongod、mongos、mongo。组件 mongod 可作为数据服务器(shardserver)存储实际数据,也可作为配置服务器(configserver,系统规定一个集群中只能有一个或三个)存储集群信息,如图3所示。组件 mongos 作为路由服务器(route server),响应用户的请求并屏蔽后台的存储细节,用户不需要了解后台的存储细节,简化了使用流程同时增强了系统的安全性。

3 实验方案的设计与实现

3.1 设计方案

本文的实验前台使用 ArcGIS Flex API,遵从 ArcGIS Rest 标准,为此服务器主要以 Rest 方式提供服务。

Rest 需要服务器端响应的请求主要有两个,一是瓦片图层元数据的请求,请求 url 如下:

http://ipaddress:port/.../MapServer? f =json (1)

返回 Json 形式的瓦片图层元数据信息,如图片格式,图片大小,图层各个层次的缩放、分辨率及图层的初始范围、全局范围等信息。

二是瓦片图片的响应,url 格式如下所示:

http://ipaddress:port/.../MapServer/tile/level/row/column (2)

用于准确地获取单个图层对应的层、行、列的一个图片。

3.2 方案实现

在本文实验中,为了降低各个图层之间的风险相互影响,同时也便于对单个图层进行备份及纠错处理,数据库存储架构采用在一个 MongoDB 数据库中只存储一个图层,每个数据库中都包含两个集合,一个集合用于存储图

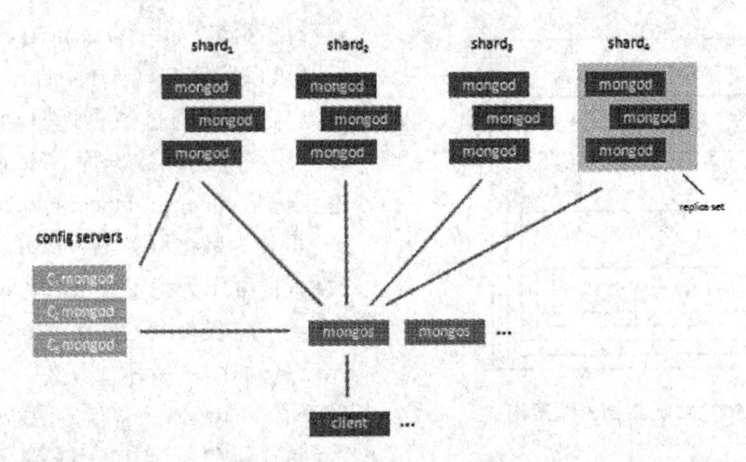

图3 MongoDB 集群结构

层的元数据信息(Json 格式),一个集合用于存储图层的实际瓦片数据,而每条瓦片以 level(层),row(行),column(列)作为标记。所有的图层集合另存于一个单独的数据库,如图4所示。

4 实验结果

4.1 实验环境建立

本文实验采用三台机器作为集群节点,配置分别如表1所示。

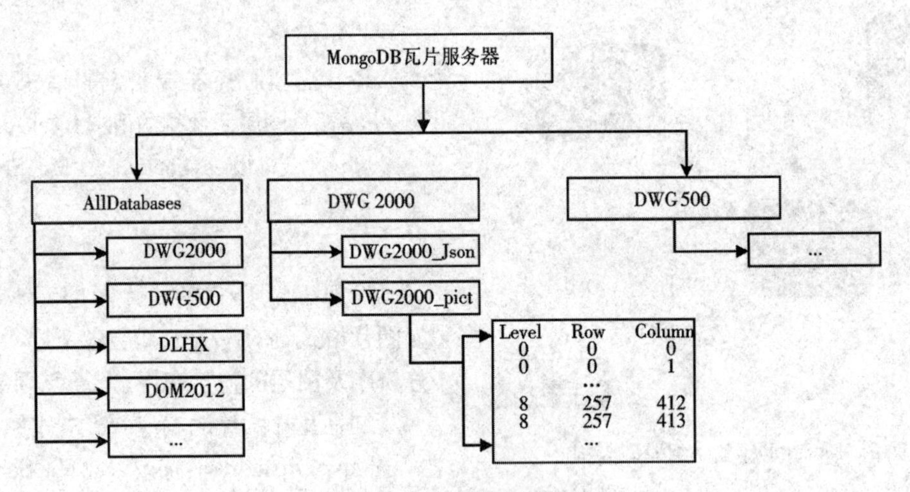

图4 瓦片金字塔存储模型

表1 集群节点配置

IP	内存	硬盘	网卡	CPU	OS
10.12.240.1	24GB	3TB	1Gb/S	Intel Xeon 2.8GHz 4核	Win7 64
10.12.240.5	4GB	2.5TB	1Gb/S	Intel i7 3.4GHz 8核	Win7 64
10.12.240.24	12GB	3TB	1Gb/S	Intel Xeon 3.07GHz 6核	Win7 64

集群由三个复制组组成,每个复制组是一个分片,各个节点之间相互为备份节点,如表2所示。

表2 集群复制组

节点角色	具体配置信息(节点运行的 IP 和端口号)
配置服务器 ConfigServer	10. 12. 240. 24:20 000
数据节点 ShardServer	clusterone: 10. 12. 240. 24: 22 000 (主节点), 10. 12. 240. 5: 22 000, 10. 12. 240. 1:22 000 clustertwo: 10. 12. 240. 1:23 000(主节点),10. 12. 240. 5:23 000, 10. 12. 240. 24:23 000 clusterthird: 10. 12. 240. 5:24 000(主节点),10. 12. 240. 1:24 000, 10. 12. 240. 24:24 000
路由服务器 RouteServer	10. 12. 240. 24:30 000

集群建立步骤如下所示:

①建立复制组 clusterone

启动 10. 12. 240. 24 的 mongod 节点实例,将此实例作为复制组的主节点

mongod - - dbpath G:\MongoDB\dbpathone - - port 22 000 - - replSet clusterone

启动 10. 12. 240. 5 的 mongod 节点实例

mongod - - dbpath D:\MongoDB\dbpathone - - port 22 000 - - replSet clusterone

启动 ip 为 10. 12. 240. 1 的 mongod 节点实例

mongod - - dbpath H:\MongoDB\dbpathone - - port 22 000 - - replSet clusterone

初始化复制组 clusterone

config = {"_ id":"clusterone",members:[{"_ id":0,"host":"10. 12. 240. 24:22 000"}]}

rs. initiate(config)

②建立复制组 clustertwo

启动 10. 12. 240. 1 的 mongod 节点实例,将此实例作为复制组的主节点

mongod - - dbpath H:\MongoDB\dbpathtwo - - port 23 000 - - replSet clustertwo

启动 10. 12. 240. 5 的 mongod 节点实例

mongod - - dbpath D:\MongoDB\dbpathtwo - - port 23 000 - - replSet clustertwo

启动 10. 12. 240. 24 的 mongod 节点实例

mongod - - dbpath G:\MongoDB\dbpathtwo - - port 23 000 - - replSet clustertwo

初始化复制组 clustertwo

config = {"_ id":"clustertwo",members:[{"_ id":0,"host":"10. 12. 240. 1:23 000"}]}

rs. initiate(config)

③建立复制组 clusterthird

启动 10. 12. 240. 5 的 mongod 节点实例,将此实例作为复制组的主节点

mongod - - dbpath D:\MongoDB\dbpaththird - - port 24 000 - - replSet clusterthird

启动 10. 12. 240. 1 的 mongod 节点实例

mongod - - dbpath H:\MongoDB\dbpaththird - - port 24 000 - - replSet clusterthird

启动 10. 12. 240. 24 的 mongod 节点实例

mongod - - dbpath G:\MongoDB\dbpaththird - - port 24 000 - - replSet clusterthird

初始化复制组 clusterthird

config = {"_ id":"clusterthird",members:[{"_ id":0,"host":"10. 12. 240. 5:24 000"}]}

rs. initiate(config)

④建立 mongos 路由服务器

以 10. 12. 240. 24 为节点建立 mongos 的

mongod 节点实例(配置服务器)

mongod --port 20 000 --dbpath G:\MongoDB\dbconfig

以此实例为基础建立 mongos 实例(路由服务器)

mongos --port 30 000 --configdb = 10.12.240.24:20 000

⑤以以上三个复制组为基础建立复制组集群

启动 mongos 服务器客户端

mongo 10.12.240.24:30 000/admin

分别将三个复制组以分片的形式添加到路由服务器注册表中

db.runCommand({"addshard":"clusterone/10.12.240.24:22 000"})

db.runCommand({"addshard":"clustertwo/10.12.240.1:23 000"})

db.runCommand({"addshard":"clusterthird/10.12.240.5:24 000"})

至此,集群建立完毕。

4.2 实验结果

在提供服务时,所有的瓦片都遵从一个尺寸标准 256×256,服务器的性能主要体现在单位时间内所提供的瓦片个数及单位时间内能够存储的瓦片个数,为此实验主要是想获取到服务器的单位时间内上传及获取瓦片的个数。

为此本次实验结果采取如下方式进行:

所有的瓦片都已经切好并存储成 ArcGISCache 文件形式,我们分别将这些瓦片存储到 MongoDB 集群数据库及单机数据库中,从而获得并比较数据库的数据存储效率;从 MongoDB 集群及单机数据库中随机查询瓦片,获取并对比数据库的数据查询效率。存储及查询程序使用 C#语言编写,文件及 MongoDB 数据库中瓦片的个数都在 200 万以上,除了数据库采取不同的建立方式以外,其余都一样。

①数据存储效率实验结果(图5)。

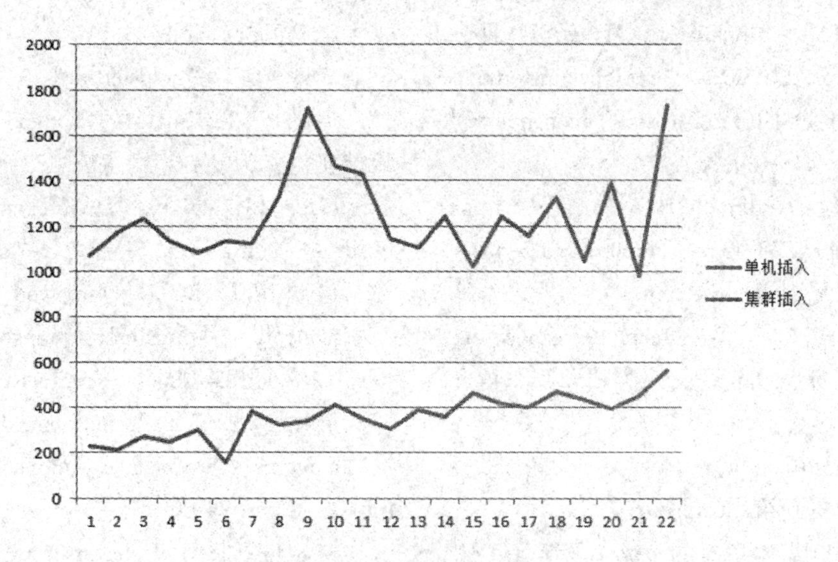

图5 单机、集群数据存储对比

从图 5 可看出,集群存储上下幅度比较大,说明数据存储有很大的空闲时间,而单机则一直很稳定,上升的空间不大,此外集群的平均效率是单机平均效率的两倍以上。

②数据查询效率实验结果(图6)。

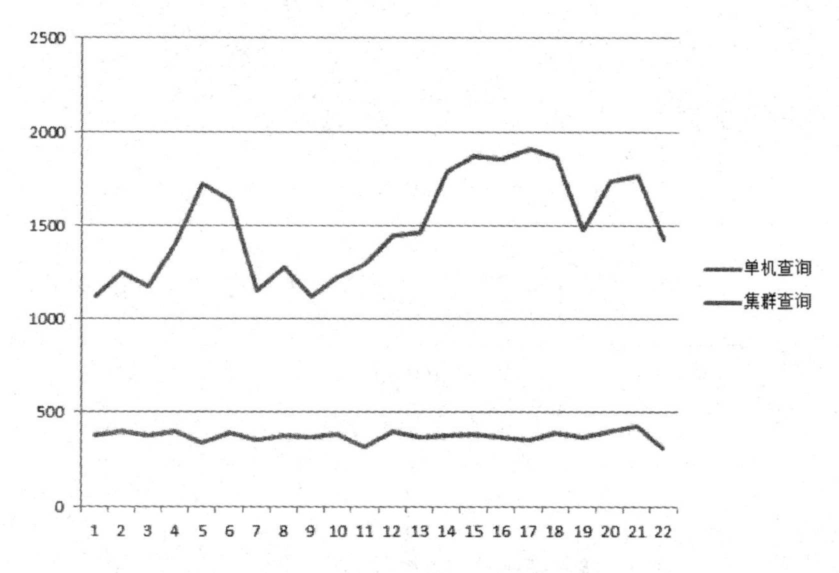

图6 单机、集群数据查询效率对比

从图6可看出，集群查询上下幅度大，对于密集查询无压力，而单机则比较稳定，对于密集的查询，上升空间非常有限，集群查询效率平均1500次/秒，是单机查询次数的三倍多。

5 结论

集群的存储及查询效率在只有三个分片、总共三个节点的情况下平均能达到每秒1000次以上，足以满足小型应用服务器的使用需求，如果将MongoDB安装部署在Linux平台上，并且使用Redis缓存系统，效率将会得到进一步的提升。在获取到单机和集群的性能参数并进行效率对比之后，本文得出，使用MongoDB集群存储GIS瓦片并提供瓦片服务是一种高效可行的方式。

参考文献

[1]陈超，王亮. 一种基于NoSQL的地图瓦片数据存储技术[J]. 测绘科学，2011(12).

[2]周旭. OpenGIS网络地图分块服务实现标准(WMTS)分析[J]. 地理信息世界，2011(8).

[3]NoSQL数据管理系统综述，企业科技与发展[D]. 2011.

[4]张路. 基于云计算平台的海量图片存储系统设计与实现[D]. 北京邮电大学，2012.

[5]刘一梦. 基于MongoDB的云数据管理技术的研究与应用[D]. 北京交通大学，2011.

[6]徐文斌. 基于OGC的REST服务在地理信息交互中的设计实现与Mashup应用研究[D]. 浙江大学，2012.

城市建筑物 PS 点识别策略研究

杨魁
（天津市测绘院）

摘　要:本文针对城市建筑物 PS 点识别的应用需求,在有效分析建筑物 PS 点原理基础上,根据幅离差阈值法、子视相关法、相干系数法应用于建筑物 PS 点识别的优缺点,提出多种方法相结合的 PS 点识别策略,并以天津市不同类型建筑物为例,从密度、点位分布、质量等方面分析和对比 PS 点识别策略相对于其他单一方法的优势,验证了识别策略的有效性。

关键词:建筑物;PS 点识别;InSAR

1　引言

随着天津社会经济的快速发展,城市建设量日益增多。大量施工建设会对已有的建筑物的安全性产生影响,且新建建筑物在建成后的前几年内也会存在一定的沉降,因此为实现对建筑物的安全鉴定,需要采用高精度的方法对建筑物进行监测。目前常用的方法主要为水准测量,其具有高精度特性,但需要耗费大量人力物力。随着近些年来卫星遥感技术的发展,InSAR 开始作为一种重要的沉降监测手段逐步走向应用,但是其针对建筑物监测上的应用研究较少,专门针对建筑物 PS 点的识别也很少见诸于报告。

目前对 PS 点的识别,A. Ferretti、F. Rocca 等针对 PS 目标的识别探讨了相关的探测与识别方法,主要包括幅度阈值法、幅度离差阈值法、后向散射强度离差阈值法等[1,2];A. Hooper 提出相位稳定性分析法[3],N. Adam 提出信噪比阈值法[3],Urs Wegmüller 等提出点目标的识别方法[4,5],Mora. O. 等提出相干系数阈值法[3],这些方法各有优缺点。本文在分析建筑物 PS 点原理基础上,提出幅度离差阈值法、点目标检测法、相干系数法等多种方法相结合的建筑物 PS 点识别策略,并以天津市市内六区的多景 TerraSAR 数据为例,分析该识别策略的有效性。

2　主要研究内容

2.1　建筑物 PS 点原理分析

在 SAR 影像上,建筑物一般具有较强的回波信号。以一小区的建筑物群为例,在升轨方式下,建筑物的西面和南面表现为强亮度,屋顶有部分亮点,建筑物的东面和北面则表现为暗色调,不同位置亮度产生差异的原因主要是角反射器效应。当地物目标具有两个互相垂直的光滑表面(房屋墙面与地表面)或三个互相垂直的光滑表面(建筑物的凹凸面与地表面)时,就是所谓的角反射器,它有二面角反射器和三面角反射器之分。当雷达波束遇到这种目标时，由于角反射器每个表面的镜面反射，使波束最后反转 180°方向，向来波方向传播，这样就产生各条射线在反射回去的时候方向相同、相位相同、信号互相增强的现象，致使回波信号极强，从而可以视为理想的 PS 点被有效地识别出来(图 1)。

图 1　建筑物解译标志

2.2　建筑物 PS 点识别策略

为实现对建筑物的有效监测，应当在用建筑物自身特点来充分研究已有 PS 点识别方法的基础上，提出高可信度、高密度的建筑物 PS 点识别策略。

2.2.1　幅度离差阈值法

作为 PSC 识别技术中的经典方法，其主要思想是基于大数据量的 SAR 影像下幅度离差和相位偏差间的统计关系，来选择高可信度的 PS 点，对经过配准处理后的时序 SAR 数据，计算同一点在多幅影像上的均差、方差，将两者之比作为 PS 点识别方法的测度，选择大于一定阈值的点为建筑物 PS 点。该方法能有效反映建筑物目标在时间序列上的稳定性特征，但是会错误地引入建筑物群间存在的阴影。

2.2.2　点目标检测法

通过上述对建筑物 PS 点原理的分析可知，由于角反射器效应具有高亮度，因此可以将之归为点目标，它在获取时间内的回波信号保持恒定，相位特征也很稳定，可以被识别为有效的 PS 点。在数据处理过程中，通过将 SAR 影像进行子孔径处理来获取光谱相关性，从而可以利用子视相关理论来识别出属于建筑物的 PS 点[6,7]。该方法物理意义明确，但是由于噪声影响，其在时间序列上的稳定性不够。

2.2.3　相干系数法

经过统计分析可认为具有 SAR 影像上高空间相干性的点对应着地面上的建筑物等高相干区域。因此选择合适的窗口，采用相干系数来评估同一目标在不同 SAR 影像上的空间类似程度，以生成相干图序列，并进一步计算平均相干系数，以选择相干系数较高的建筑物点目标。该方法可以有效剔除建筑物的阴影，提高可信度，但受估算窗口的影响容易引入低相干目标。

2.2.4　PS 点识别策略

通过上述分析可知，单一的 PS 点识别方法用于 PS 点的识别都有其局限性。因此本文针对 InSAR 在建筑物监测的应用需要，在上述已有的 PS 点目标识别理论基础上提出了PS点的识别策略，使之适应于建筑物PS点目标的识别，识别流程如图2所示。首先基于幅度离差阈值法来选择时间序列上变化小的PSC，以减少时间失相干的影响；其次基于点目标检测方法选择高亮度的点目标，减少空间失相干的影响；最后用相干系数阈值法来快速剔除影像中那些失相关非常严重的非PS目标，确保最终获取高密度、高质量的PS点。

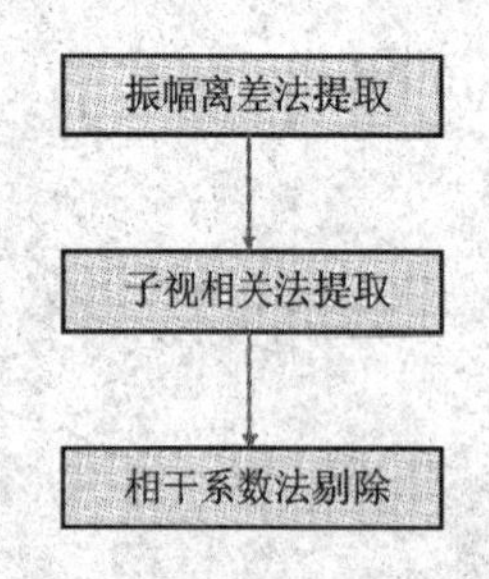

图2　PS点识别流程图

3　实验及结果分析

为验证本项目PS识别策略的有效性，利用11景X波段的TerraSAR-X的单视复影像，以振幅离差阈值法、子视相关法、相干系数法等三种方法为基础进行PS点的识别对比实验。

振幅离差阈值法识别的PS点如图3所示，识别出来的PS点共174.6万个。从图中可以看出，PS点分布几乎都是独立存在的，而且多数均分布在建筑物密集的中心城区，沿人工建筑物、构筑物以及道路两侧分布，表现为高亮度的点或线。

子视相关法取的PS点如图4所示，识别出来的PS点共280.4万。从图中可以看出，PS点分布比较均匀，点密度较高，尤其是建筑物的监测点密度较高，但是由于其算法的限制，其在建筑物阴影等不应该存在PS点的区域识别出一定数量的PS点。

对比振幅离差阈值法和子视相关法识别的PS分布图，两者在整体上表现出分布的一致性，但子视相关法获取的PS点分布相对较均匀。局部进行分析，两者识别的点的数目和

图3　振幅离差法识别PS点图

分布存在一定的差异，图5和图6所示的天津市标志性建筑之一的津塔，振幅离差法识别的PS点在其投影面上呈高密度、均匀分布，而子视相关法识别的PS点则数量仅有振幅离差法的1/3，且在投影上主要分布在顶部和底部，中间区域点较少，这说明振幅离差法在高层建筑物PS点识别上具有优势。但是对其周围的众多低中层建筑物的PS点分布进行分析，振幅离差法获取的PS点数量明显少于子视相关法，且在很多建筑物上没有PS点，表明在中低层建筑物PS点识别上，子视相关法更有效。

因此为了实现对实验区域内不同类型建筑物的全面检测，需要将两种方法进行组合处理来实现优势互补，最终共识别出PS点375.3万个，点密度增大将近一倍，分布也更加均匀。

但是在上述识别出来的PS点中，存在部

图4　子视相关法识别 PS 点图

图5　振幅离差法识别 PS 点局部图

分错误点。如阴影处的一些点，由于平均幅度较低，其统计特性较为稳定，容易被归为 PS 点。因此本项目在此基础上利用相关系数法来剔除明显的错误点（图 7）39.7 万个左右，

图6　子视相关法识别 PS 点局部图

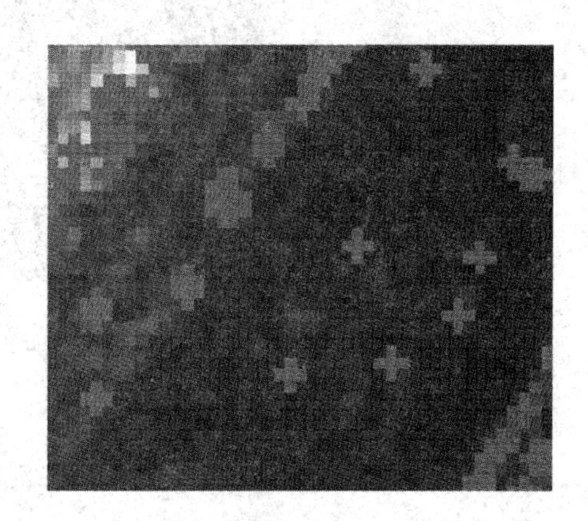

图7　错误 PS 点示意图

最终选择候选点共有 335.6 万个左右，分布如图 8 所示。

从点密度、分布、质量（假设最终识别成果为正确值）等方面对上述分析过程进一步详细分析，如表 1 所示。采用本文所提出的 PS 点识别策略获取的点密度明显增加，与经典的振幅离差方法对比，密度将近增加一倍；从方法适用性分析，振幅离差适用于高层建筑物，子视相关法在中、低层建筑物上优势明显，PS 点识别策略则充分利用两者的优势，适用于绝大部分建筑物；从质量进行分析，PS 点识别策略采用相关系数剔除建筑物阴影的影响，可靠性最高。

图8　最终识别PS点分布图

表1　四种PS点目标识别方法的性能比较

方法	PS点密度/km^2	方法适用范围	可靠点比例
振幅离差	8730	高层建筑物	99.2%
子视相关	14 020	中、低层建筑物	97.6%
振幅离差＋子视相关	18 765	中、低层建筑物	98.2%
振幅离差＋子视相关＋相关系数	16 780	绝大部分建筑物	100.0%

4　结论

本文主要针对InSAR在城市建筑物沉降监测中的应用需求，重点对建筑物PS点的识别策略进行研究。根据建筑物PS点原理，选择适用于建筑物PS点识别的幅离差阈值法、子视相关法、相干系数法，在对这些方法的原理、优缺点分析的基础上，提出这三种方法相结合的PS点识别策略，实现优势互补。以天津市市内六区不同类型的建筑物为例，分析和对比不同PS点识别方法与本文识别策略下PS点的密度、分布、质量等特征，验证了PS点识别策略能够实现高密度、高可信度、多类型建筑物PS点识别。

参考文献

[1] A. Ferretti, C. Prati, and F. Rocca. Per-

manent scatterers in SAR interferometry[J]. IEEE Trans. Geosci. Remote Sensing, vol. 38, pp. 2202-2212, Sept. 2000.

[2] Ferretti A, Prati C, Rocca F. Nonlinear Subsidence Rate Esitimation Using Permanent Scatterers in Differential SAR Interferometry[J]. Vol.38(5), pp. 2202-2212, 2001.

[3]范洪冬.InSAR若干关键算法及其在地表沉降监测中的应用研究[D].徐州:中国矿业大学,2010.

[4]卢丽君.基于时序SAR影像的地表形变监测方法研究与应用[D].武汉:武汉大学,2008.

[5] U. Wegmüller, D. Walter, V. Spreckels, and Charles L. Werner. Nonuniform Ground Motion Monitoring With TerraSAR-X Persistent Scatterer Interferometry[J]. IEEE Trans. Geosci. Remote Sensing, vol.48(2), pp.895-904, 2010.

[6] Yan Wang, Daqing, Ge. SURFACE SUBSIDENCE MONITORING WITH COHERENT POINT TARGET SAR INETERFEROMETRY[C]. IGARSS, 2008.

[7]丁尚起,杨魁,等.PSC选择策略及在京津高铁沉降监测中的应用研究[J].城市勘测,2013(6).

二三维平台间管线数据同步编辑的实现

王光昇
（天津市测绘院）

摘　要：目前，正在开展的全国城市地下管线普查对于管线数据质量提出了更高的要求。一般的管线数据检查只针对二维数据，如果在二维数据检查和编辑的同时能够实时显示三维模型，对作业人员而言，就能够非常直观、快速地发现比较明显的空间关系错误，对提高管线数据质量具有重要的意义。本文提出了在二三维平台间实现管线数据同步编辑的方法。

关键词：地下管线；三维；同步

1　引言

城市地下管线是保障城市运行的重要基础设施，是城市的“生命线”。为了对城市地下管线信息进行科学管理和有效利用，为城市规划、建设和管理提供准确的管线数据，全国各省市开展了地下管线普查工作。管线普查所生产的数据量非常大，数据质量的优劣直接关系着地下管线管理的正确性和有效性。一般对于管线数据的检查都只是针对二维数据的基本属性、逻辑关系等的检查，而很少考虑三维空间关系的正确性。

我院对管线数据的采集是基于 AutoCAD 环境二次开发的软件，同时，在 GIS 市场运营过程中也开发了基于 OSG 的三维管线平台。但是，数据的采集与三维展示二者是分离的，作业员只处理二维数据，不考虑三维空间关系中是否正确，而三维平台仅仅是作为数据展示的工具，并没有考虑作业人员的实际应用，当发现错误以后，需要将数据返回给作业员去修改，拖长了数据生产周期。如果作业人员在编辑和检查二维数据的同时能够实时地看到三维结果，那么就可以方便、快速地发现问题，争取在数据的源头解决问题，这样就可以大大缩短数据检查修改的周期。本文采用命名管道、DotSpatial、反应器等技术实现了管线数据在二三维平台间的同步编辑。

2　命名管道

命名管道（Named Pipes）是一种简单的进程间通信（IPC）机制，支持可靠的、单向或双向的数据通信。不同于匿名管道的是命名管道可以在不相关的进程和不同计算机之间使用，服务器建立命名管道时给它指定一个名字，任何进程都可以通过该名字打开管道的另一端，根据给定的权限和服务器进程通信。

在 WCF 中，使用 NetNamedPipeBinding 类实现了 Windows 的命名管道机制。但是限定了在使用命名管道的服务时只能接收来自同一台机器的调用,因此必须指定明确的本机器名或直接写 localhost,并且每台机器只能打开一个命名管道。

本文中,我们选择 WCF 中的命名管道机制,实现在同一台机器上建立三维应用程序与 AutoCAD 平台之间的通信,使得管线作业人员在数据生产编辑、检查的同时,能够实时地看到三维效果。

3 DotSpatial

DotSpatial 是一个基于. NET 4.0、使用 C# 语言开发的开源地理信息系统类库,该类库集成了地图显示、编辑、查询、空间分析等常用的 GIS 功能,是目前比较成熟的开源 GIS 类库。

本文在实现二三维管线数据同步编辑的过程中,以 shpefile 格式的数据作为中间数据,作业人员在 AutoCAD 中编辑二维数据时,通过自定义反应器处理函数,调用 DotSpatial 组件同步修改 shapefile 数据,最后将修改的结果在三维平台中实时显示。

4 反应器

反应器是 AutoCAD 中的一种反馈机制,它类似于 Windows 的消息处理。AutoCAD 中的反应器主要包括数据库反应器、对象反应器、编辑器反应器等。

5 实现过程

实现管线数据从二维到三维同步编辑的基本流程如图 1 所示。

通过 WCF 的命名管道技术实现 AutoCAD 平台与三维平台的同步操作,首先要创建服务器端和客户端,建立起进程间的通信。考虑到程序功能的独立性和调试的方便,我们将服务器端宿主在一个独立的. NET 应用程序中,而将 AutoCAD 和三维平台都作为客户端。客户端与服务器之间的通信是双向的,上述流程仅演示了从 AutoCAD 客户端发消息给服务器,然后由服务器处理消息后再提交给三维平台客户端的过程。

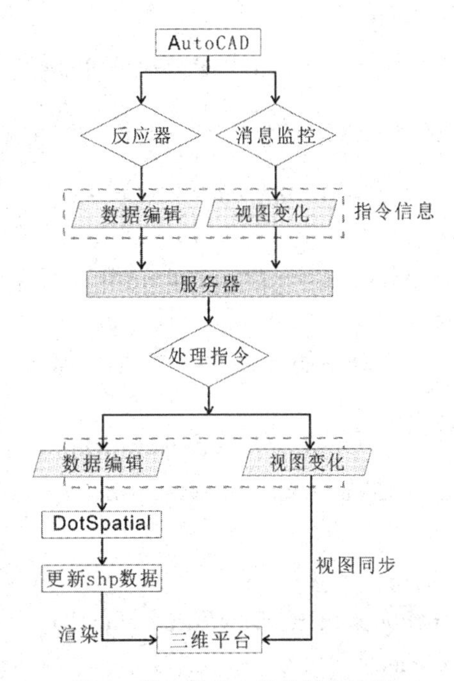

图 1 从二维到三维的同步流程

5.1 WCF 服务模型

WCF 是面向服务的应用程序框架,与 WCF 服务的所有通信都是通过该服务的终结点进行的。终结点包含四个属性:地址(Address)、绑定(Binding)、契约(Contract)和行为(Behavior)。

地址:包含服务的位置和传输协议,唯一的标识终结点。

绑定:指定如何与终结点进行通信,封装了传输协议、消息编码、通信模式、可靠性、安全性、事务传播以及互操作性等特征。

契约:是 WCF 的消息标准,是服务的提供者和服务消费者进行交互的手段,它告诉客户端如何与服务器联系。

行为:客户端的行为体现的是 WCF 如何进行服务调用的方式,而服务端的行为则体现了 WCF 的请求分发方式。

5.2 服务器端的创建过程

(1)定义和实现服务契约。

定义:

[ServiceContract(SessionMode = Session-

```
Mode. Allowed)]
public interface IFromClientToServerMessages
{
    [OperationContract (IsOneWay = true)]
    void Register(Guid clientID, string clientName);
    [OperationContract (IsOneWay = true)]
    void DisplayTextOnServerAsFromThisClient(Guid clientID, string text);
}
```

实现:

```
public void Register(Guid clientID, string clientName)
{
    if (! _registeredClients.Keys.Contains(clientID))
    {
        _registeredClients.Add(clientID, clientName);
    }
}
public void DisplayTextOnServerAsFromThisClient(Guid clientID, string text)
{
//处理来自客户端发送过来的信息
}
```

(2)在宿主进程中,为服务构建 ServiceHost 的实例,并暴露终结点信息。

可以看出,契约接口 IFromClientToServerMessages 定义的两个函数是客户端向服务器发出的请求,需要在服务器宿主应用程序中来处理客户端的请求,也就是要在服务器端来实现这两个函数。其中,Register 函数是客户端连接服务器时发出的请求注册,参数 clientName 用来区分客户端是 AutoCAD 或三维平台;函数 DisplayTextOnServerAsFromThisClient 是客户端发送给服务器的文本信息处理函数。我们需要在宿主应用程序类中继承 IFromClientToServerMessages 接口,如下:

```
public partial class Form1 : Form, IFromClientToServerMessages
{
    ServiceHost _serverHost;
    Dictionary<Guid, string> _registeredClients = new Dictionary<Guid, string>();
    NetNamedPipeBinding _bind = new NetNamedPipeBinding();
    public Form1()
    {
        InitializeComponent();
        _serverHost = new ServiceHost(this);
        _bind.MaxBufferPoolSize = 2147483647;
        _bind.MaxBufferSize = 2147483647;
        _bind.MaxReceivedMessageSize = 2147483647;
        _serverHost.AddServiceEndpoint((typeof(IFromClientToServerMessages)), _bind, "net.pipe://localhost/AcadServer");
        _serverHost.Open();
    }
    //...
}
```

ServiceHost 对象负责管理服务的生存周期,通过 AddServiceEndpoint 方法将服务终结点添加到承载服务中,该方法接收的参数分别是契约(Contract)、绑定(Binding)和地址(Address)。

(3)打开通信通道提供服务。

客户端与服务之间的通信是双向的,它们通过彼此的地址(Address)标识就可以随时访问对方。这里需要用到通道工厂(ChannelFactory),它接收服务协定接口作为泛型参数,这样创建出来的实例称为该协定的通道工厂。顾名思义,这个工厂专门用于生产通道,这个通道就是架设在服务器终结点和客户端终结点之间的通信通道了。由于这个通道是用服务协定来创建的,所以就可以在这个通道上调用这个服务协定的操作了。例如,从服务器向客户端发送信息的方法如下:

```
private void SendText(Guid client, string text)
{
    using (ChannelFactory<IFromServerToClientMessages> factory =
        new ChannelFactory<IFromServerToClientMessages>(_bind,
        new EndpointAddress("net.pipe://localhost/AcadClient"_ + client.ToString())))
    {
        IFromServerToClientMessages serverToClientChannel = factory.CreateChannel();
        serverToClientChannel.DisplayTextInClient(text);
    }// using
}
```

该实现过程可以简单地描述成:在服务器端打开客户端通道,向客户端发送消息。

5.3 客户端的实现过程

(1)定义和实现的服务契约:

```
[ServiceContract(SessionMode = SessionMode.Allowed)]
public interface IFromServerToClientMessages
{
    [OperationContract(IsOneWay = true)]
    void DisplayTextInClient(string text);
//处理来自服务器端发送过来的信息
}
```

(2)其他的实现过程和服务器端的实现类似,其中,向服务器发送信息的实现方法为:

```
public void SendTextToServer(string text)
{
    using (ChannelFactory<IFromClientToServerMessages> factory = new
        ChannelFactory<IFromClientToServerMessages>(_bind, new
        EndpointAddress("net.pipe://localhost/AcadServer")))
    {
        IFromClientToServerMessages clientToServerChannel = factory.CreateChannel();
        clientToServerChannel.DisplayTextOnServerAsFromThisClient(_clientID, text);
    }
}
```

同样,SendTextToServer 函数可以简单地描述成:在客户端打开服务器端通道,向服务器端发送消息。

5.4 AutoCAD 客户端的消息监控

作业人员应用 AutoCAD 进行管线数据的编辑过程中,产生了数据编辑、窗口缩放、鼠标移动等事件,这些事件是二三维同步的源头,所以,我们首先要在 AutoCAD 中捕获这些事件。

1)对象编辑事件

我们通过对象编辑反应器来捕获数据新增、修改信息,将变化后对象的位置和点号等属性信息发送给服务器,然后由服务器通知 DotSpatial 去更新相应的 shp 数据。反应器的添加如下:

```
Document doc = acApp.DocumentManager.MdiActiveDocument;
doc.Database.ObjectModified += Database_ObjectModified;
```

2)视图变化事件

在 AutoCAD 中,影响视图变化的因素主要有两种:一种是鼠标拖动、鼠标滚轮等窗口消息;另一种是操作图形窗口的 AutoCAD 命令,如 ZOOM、PAN、RTZOOM、RTPAN 等。AutoCAD 中视图发生变化后,我们必须及时地将当前视图范围信息发送给服务器,由服务器通知三维平台更新视图范围,这样才能产生较好的同步效果。

对于窗口消息,通过 PreTranslateMessage 消息预处理响应函数来捕获,方法为:

```
public static Delegate pHandler;
pHandler = new PreTranslateMessageEventHandler(messageEv);
public void messageEv(object sender, PreTranslateMessageEventArgs e)
{
    Document mdiActiveDocument = acApp.DocumentManager.MdiActiveDocument;
    if (mdiActiveDocument == actdoc)
    {
        if (e.Message.message == 0xc1f0 || e.Message.message == 520 ||
            e.Message.message == 0x20a || e.Message.message == 0x20e)
        {
            Editor editor = acApp.DocumentManager.MdiActiveDocument.Editor;
            ExecuteInApplicationContextCallback callback = new
            ExecuteInApplicationContextCallback(_Lambda);
            acApp.DocumentManager.ExecuteInApplicationContext(callback, null);
        }
    }// if
}
```

对于 AutoCAD 命令,通过命令反应器来捕获,方法为:

```
public static Delegate eHandler;
eHandler = new CommandEventHandler(cmdEnded);
public void cmdEnded(object o, CommandEventArgs e)
{
    string globalCommandName = e.GlobalCommandName;
    string[] cmds = new string[9]{"-PAN","ZOOM","PAN","RTZOOM","RTPAN",
        "VIEW","REGEN","REGENALL","REDRAW"};
    if (cmds.Contains(globalCommandName))
    {
        Editor editor = acApp.DocumentManager.MdiActiveDocument.Editor;
        ExecuteInApplicationContextCallback callback = new
        ExecuteInApplicationContextCallback(_Lambda);
        acApp.DocumentManager.ExecuteInApplicationContext(callback, null);
    }
}
```

其中,_Lambda 函数实现了获取 AutoCAD 当前视图的范围,然后通过命名管道技术将视图范围发送给服务器,再由服务器更新三维平台的视图范围。

```
[CompilerGenerated, DebuggerStepThrough]
private void _Lambda(object a0)
{
    Document doc = acApp.DocumentManager.MdiActiveDocument;
    Editor ed = doc.Editor;
```

```
Matrix3d ucs = ed.CurrentUserCoordinateSystem;
Point3d vc = ((Point3d) acApp.GetSystemVariable("VIEWCTR")).TransformBy(ucs);
Vector3d vd = new Vector3d(0, 0, 1);
double vpHeight = ((double) acApp.GetSystemVariable("VIEWSIZE"));
Point2d screensize = (Point2d) acApp.GetSystemVariable("Screensize");
double vpWidth = vpHeight * screensize.X / screensize.Y;
Point2d centerPoint = new Point2d(vc.X, vc.Y);
Vector3d viewDirection = vd;
double x0 = centerPoint.X - vpWidth / 2.0;
double y0 = centerPoint.Y - vpHeight / 2.0;
double x1 = centerPoint.X + vpWidth / 2.0;
double y1 = centerPoint.Y + vpHeight / 2.0;
// 调用 SendTextToServer 函数,向服务器发送信息
}
```

5.5 DotSpatial 更新 shp 数据

这里以管线为例说明用 DotSpatial 更新 shp 数据的步骤:

由 AutoCAD 的反应器传递过来的管线编辑信息中,包含了管线的坐标以及起始点号、终止点号、管径等所有属性信息。

(1)首先根据管线亚类信息,打开相应的管线文件。

```
IFeatureSet fs = FeatureSet.Open(strVectorFile);
```

(2)根据管线的坐标范围选择管线。

```
Extent ext = new Extent(minx, miny, maxx, maxy);
List<int> ids = fs.SelectIndices(ext);
```

(3)遍历选择的所有管线,通过比较起始点号、终止点号找到目标管线,然后编辑坐标、修改属性。

```
IFeature feat = fs.GetFeature(id);
// 比较点号
feat.DataRow.BeginEdit();
List<Coordinate> points = new List<Coordinate>();
points.Add(new Coordinate(x0, y0));
points.Add(new Coordinate(x1, y1));
feat.Coordinates = points;
feat.DataRow.EndEdit();
// 修改属性...
```

(4)保存文件。

```
fs.SaveAs(strVectorFile, true);
```

5.6 三维渲染

三维平台采用 OpenSceneGraph(OSG)开发,在本文所述的同步流程中,作为一个客户端接收来自服务器的指令。当二维数据更新之后,shp 数据也随之更新了,三维平台会按照服务器的指令重新将 shp 数据渲染成三维模型。对于三维平台的实现方法本文不做具体论述。

6 结语

本文论述了如何采用基于 WCF 的命名管道技术实现 AutoCAD 平台与三维平台进程间的通信,在此基础上,结合反应器、视图同步、DotSpatial 空间处理组件等技术实现管线数据在二三维平台间的同步编辑。该方法可以帮助作业人员快速地发现管线三维空间的问题,对于管线数据质量的提高具有重要的意义。

参考文献

[1]严商. 基于 WCF 的分布式程序的研究与实现[D]. 武汉:武汉理工大学,2008.

[2]陈德权,邬群勇,王钦敏. 基于 WCF 的分布式地理信息系统研究[J]. 测绘信息与工程,2008

(3).

[3]胡玉贵. 基于WCF的双工操作研究[J]. 现代计算机(专业版),2008(8).

[4]Autodesk. ObjectARX开发指南. 1999.

[5]王锐,钱学雷. OpenSceneGraph三维渲染引擎设计与实践[M].北京:清华大学出版社,2009.

[6]肖鹏,刘更代,徐明亮. OpenSceneGraph三维渲染引擎编程指南[M]. 北京:清华大学出版社,2010.

[7]曲超. 基于OSG的三维管线和体块模型自动化建模研究[D]. 武汉：武汉大学，2014.

FLAC3D 在复杂工程条件下的应用

崔亮　马乐民　刘建刚
（天津市勘察院）

摘　要：利用建筑垃圾堆山造景是现代城市的一个新方向。但由于堆山工程占地范围大，荷载大，往往会产生一系列的工程地质问题，在软土地区这个问题更为突出。为使堆山工程能顺利进行，必须对地基进行一定的处理，而常规计算只能选择典型剖面或者地段进行局部分析，不能反映真实的三维影响特征，但数值分析可以有效解决这一问题。本文利用有限差分软件 FLAC3D，对天津某堆山工程进行分析，为优化地基处理方案提供有力依据。

关键词：人工堆山；数值分析；FLAC3D；沉降；侧向位移

1　前言

随着城市基本建设的发展，建筑垃圾占城市总垃圾的比重越来越大，直接把建筑垃圾处理，不仅浪费资源还会产生一系列的环境问题。与此同时，人们越来越重视生活环境，改善环境的同时把建筑垃圾处理掉是最佳方式，所以越来越多的城市用建筑垃圾来堆景造山，这种处理方式在处理建筑垃圾的同时改善环境，具有很高的社会效益和经济效益[1]。

人工堆筑的山体往往具有体积很大、高度很高、荷载影响面积很大等工程特性，存在着不均匀沉降和严重的侧向位移等工程地质问题，因此必须对其进行准确的分析计算，以制定合适的地基处理方式。目前国内还没有针对堆山工程设计及施工的规范或者规程，而常规的分析方法只能选择典型剖面或者地段进行局部分析，由于适用条件等原因，常规的分析方法很难反映出堆山的整体变形和对周围环境的影响。而数值模拟分析方法可以将复杂的岩土工程问题三维模型化，考虑其空间效应，通过计算分析能够得到堆山的整体变形效果，判定堆体沉降变形对周围的影响程度[2-6]。本文结合天津某堆山造景工程，利用 FLAC3D 对堆山工程中的沉降特性进行分析研究，其结果对类似的工程具有重要的指导意义。

2　工程概况

本工程占地约 75 万 m^2，东西宽约 1200 m，南北宽 900 m，局部宽 500 m。本堆山工程山体主峰高 45 m，其计算荷载达 900 kPa；次峰高 40 m，其计算荷载达 800 kPa；配峰高 35 m，其计算荷载达 700 kPa。

2.1　工程周边环境

拟建场地周围 200 m 范围内分布有地铁、

高铁、城市主干道、地下管线、厂房等对沉降和变形敏感的建(构)筑物;其西侧是铁东路,铁东路作为天津市主干路,其下埋有大量的管线,包括上下水、电信、电力等等;其东侧为正在施工的地铁5号线,其中丹河北道站开挖深度达28 m左右;其北侧为烈士陵园及天津憩园;其南侧为天津市次干路迎宾道,其下也有大量的管线。

2.2 场地地层岩性

本场地埋深150 m范围内,按地层成因年代和物理性质大致简化为9层,如表1所示。

表1 场地地层划分及其物理力学性质表

层号	深度/m	土性	容重/(kN/m^3)	弹性模量E/MPa	泊松比	黏聚力/kPa	摩擦角/(°)
1	8.0	黏土为主	18.5	16.0	0.31	13.0	12.0
2	13.0	粉质黏土	19.0	29.0	0.29	19.0	18.0
3	24.0	粉质黏土	19.7	33.0	0.30	22.0	16.0
4	32.0	粉土	20.1	56.0	0.25	7.0	30.0
5	38.0	粉质黏土	19.8	30.8	0.28	23.0	18.0
6	44.0	粉砂为主	20.2	63.0	0.25	7.0	32.0
7	86.0	粉质黏土为主	19.0	29.4	0.29	30.0	18.0
8	93.0	粉砂为主	20.5	70.0	0.24	8.0	35.0
9	150.0	粉质黏土为主	19.7	42.0	0.28	26.0	21.0

2.3 堆山工程引起的工程地质问题

天津地区土质较软,在此软土上堆山最为显著的两个地基问题有两个方面:一是地基土的竖向变形,二是由于地基土剪切破坏而产生的地基土侧向变形。对于堆山工程来讲,侧向变形的影响较大,因为侧向变形会对周边的道路、管线、地铁沿线、地铁站等产生明显的挤压效应,进而对其产生破坏。

3 计算模型

FLAC3D是美国ITSCA公司开发的一种应用于岩土工程的大型有限差分软件,它能直观显示岩土材料在各个应力状态下的变形情况[7]。

本文选择目前最通用的Mohr-Coulomb弹塑性模型,它特别适用那些在剪应力下屈服,并且剪应力的大小只取决于最大主应力和最小主应力,而与第二主应力没有关系的材料,岩土体正是这样的材料。另外,通过对二维模型进行试算,表明Mohr-Coulomb本构模型与修正剑桥模型在计算精度上均能满足本次稳定性分析要求,但修正剑桥模型计算参数往往很难通过试验确定,且对于复杂的大型三维计算模型来说,采用修正剑桥模型计算耗时长,计算难以收敛,而Mohr-Coulomb模型不存在这些问题。另一方面,在数值模拟中,参数选用的正确与否,直接关系到结果的准确性,而Mohr-Coulomb弹塑性模型所需参数较少,且均能通过试验得到真实准确的参数[8,9]。

本次拟建工程场地周围环境极为复杂,在确定数值计算模型时,应考虑堆山对周围环境的影响。根据以往工程经验并结合拟建场地周围环境,确定本次数值模型东西向长度为2000 m,南北向长度为1300 m,并将京津城际铁路、地铁5号线等周围重要的建(构)筑物包含在内，保证计算模型满足堆山过程对周围环境影响分析的需要。

为使数值模型能够反映实际的地层情况，本次建模时根据地层成因年代和物理力学性质将地基土划分为9层，三维数值模型土层分布情况如图1所示。

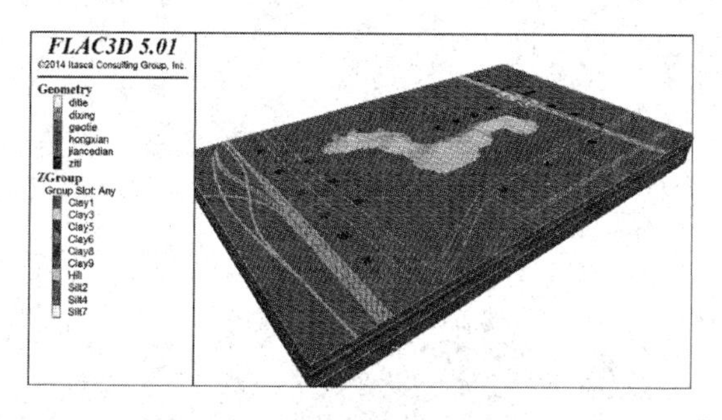

图1　三维数值模型图

本次数值模拟分析的本构模型选用摩尔-库伦弹塑性模型，摩尔-库伦模型材料参数包括弹性模量、泊松比、黏聚力、摩擦角。各土层材料参数根据室内土工试验并结合工程经验综合确定，各项参数取值如表1所示。

4　计算结果

为使计算结果能清晰表述，数值计算中布置如图2所示测点，共58个测点，通过这些测点采集相关参数进而绘制相关曲线。

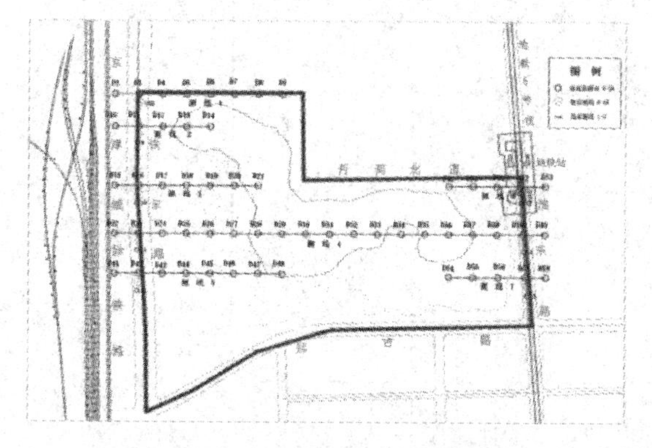

图2　地基土变形监测(线)点位置示意图

4.1　数值分析计算思路

本次数值模拟分析中，通过对填土进行分层填筑实现对实际施工过程的模拟，荷载每步堆载5 m高度的土体，荷载是随着时间线性加载的。

同时为满足计算精度和节省计算时间的需要，本次模拟定义了10个分析步，模拟分级加载时地基土变形过程，其中一个分析步用来计算初始地应力，初始应力云图见图3;9个分析步用来模拟实际施工加载过程。其模拟流程大致可分为以下几个阶段。

(1)三维建模：包括地基土分层建模、堆山山体实体建模、三维模型网格划分。

(2)设置初始条件：包括材料参数赋值、定义分析步、定义荷载及边界条件。

(3)数值计算：通过逐级激活单元网格，进行加载运算。

(4)结果分析：进入后处理模块，输出等值线云图、矢量图、曲线图等，通过对比分析给出相应的结论和建议。

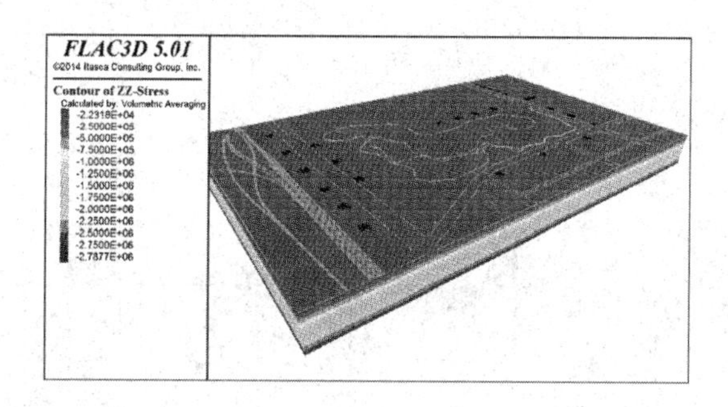

图3　初始应力云图

4.2　堆山填筑完成时竖向位移

填筑高度达到45.0 m(填筑完成)时，地基土竖向位移云图如图3～图7所示。

通过以上云图可以知道，山体堆土完成时，45 m山体中心地表处沉降可达280.0 cm，一般山体地表处沉降可达100.0～200.0 cm，地基土整体沉降较大。

在填土荷载作用下，地基土竖向变形呈逐渐增大趋势，并且堆体主峰对应的下部地基土沉降值最大，其最大值为280 cm左右，沉降值随着堆体高度的减小呈递减趋势，这反映了在不同荷载条件下地基的沉降变化，特别是差异

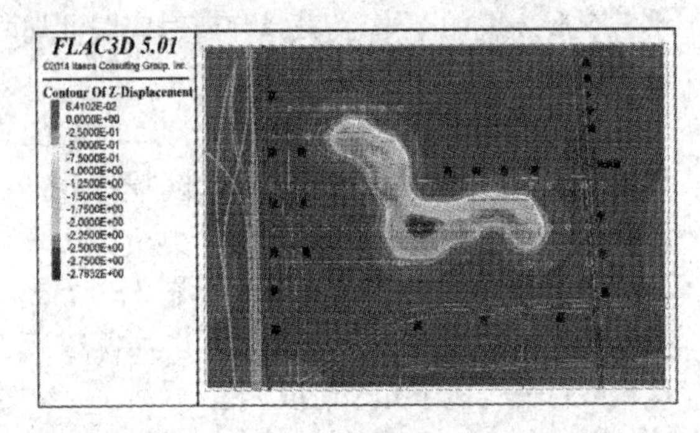

图4　填筑45.0 m时地表竖向位移云图（平面）

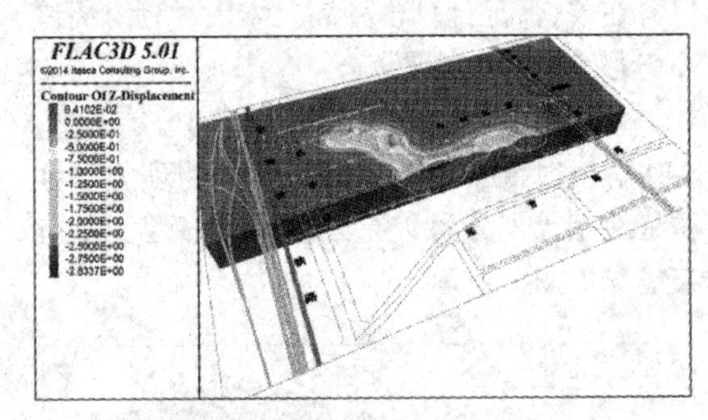

图5　填筑45.0 m时地基土竖向位移云图（剖面）

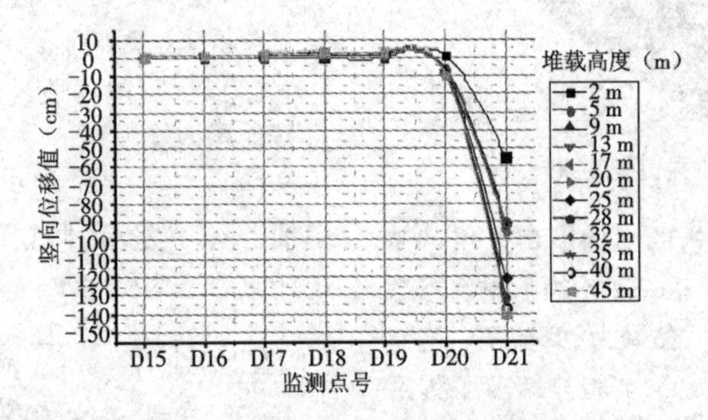

图6　填筑完成时地基土竖向位移曲线图（监测点D15－D21）

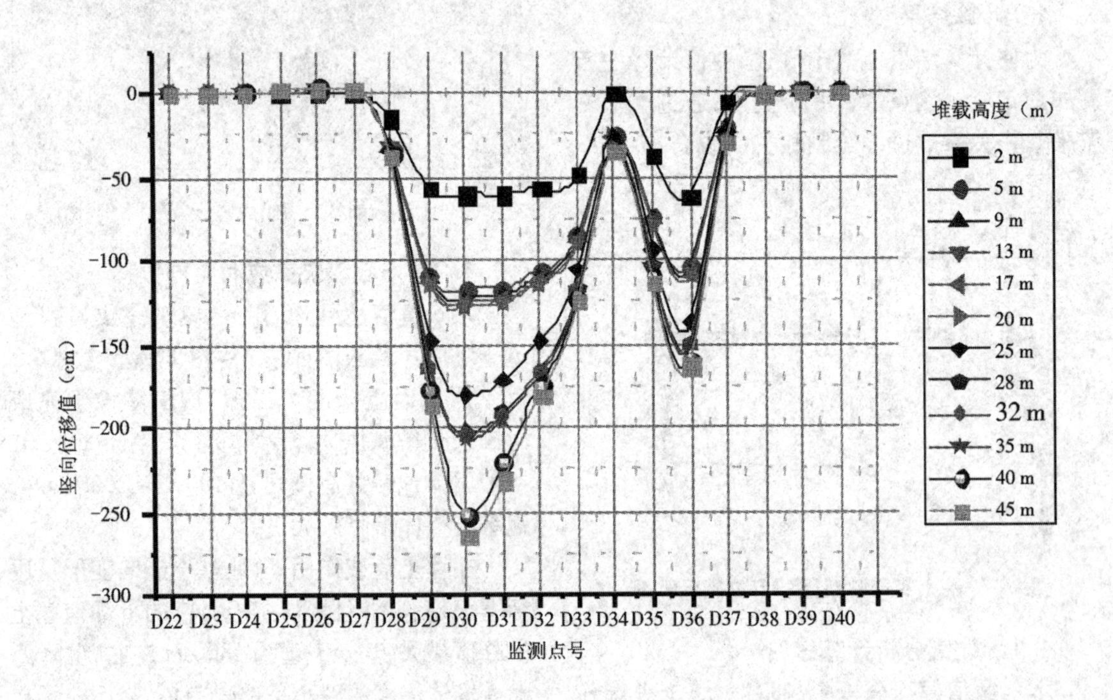

图7　填筑完成时地基土竖向位移曲线图（监测点D22－D40）

沉降；地基土的变形主要发生在浅层地基土范围内，由此可知上部土体的强度直接影响地基土的稳定性，工程经验表明增强上部土体的强度可以到达有效控制竖向变形的作用。

分析监测点竖向变形曲线可知，山体范围以外的地基土竖向变形以隆起为主，数值分析表明地基土隆起最大值发生在山体最大高度两侧，并且与山体走向正交，且地基土隆起在山体形态弯折处最为突出。

4.3 堆山填筑完成时地基土侧向位移

4.3.1 地基土侧向位移云图

填筑高度达到 45.0 m（填筑完成）时，地基土表层及各深度范围内侧向位移云图如图 8 ~ 图 12 所示。

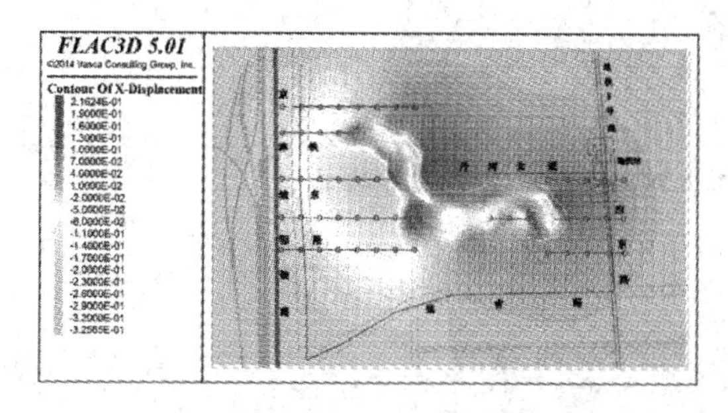

图 8　填筑 45.0 m 时地基土地表侧移云图（平面）

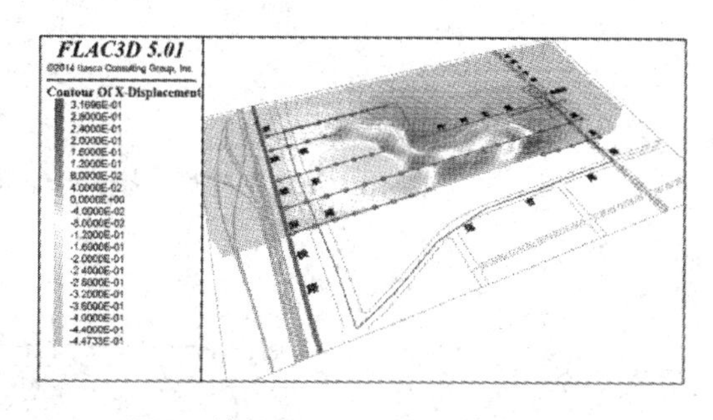

图 9　填筑 45.0 m 时地基土地表侧移云图（剖面）

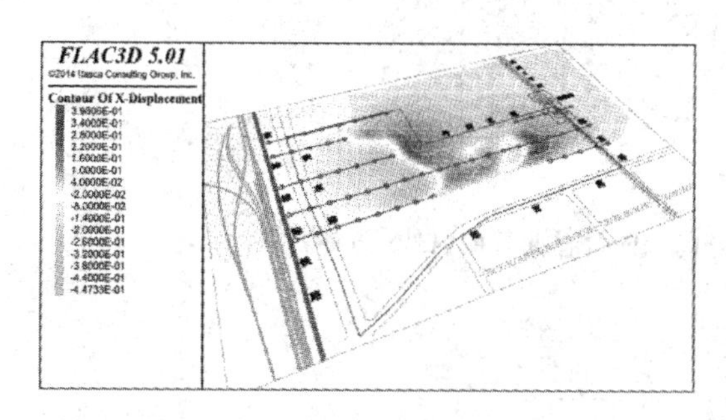

图 10　填筑 45.0 m 时地基土（地表下 10 m 处）侧移云图（剖面）

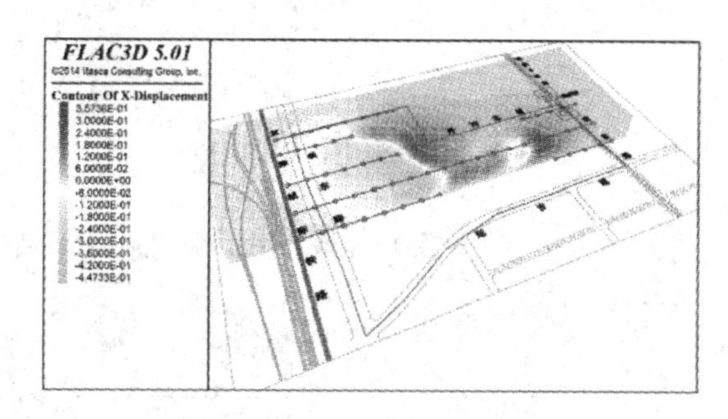

图 11　填筑 45.0 m 时地基土（地表下 25 m 处）侧移云图（剖面）

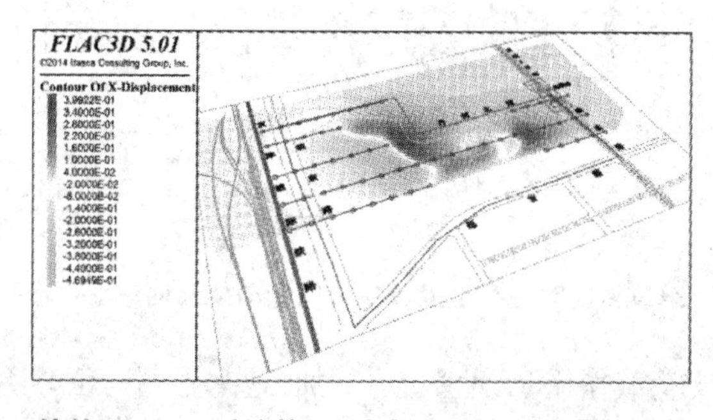

图 12　填筑 45.0 m 时地基土（地表下 45 m 处）侧移云图（剖面）

4.3.2 地基土侧向位移曲线

填筑高度达到 45.0 m（填筑完成）时，典型监测点处地基土各深度范围内侧向位移曲线如图 13 ~ 图 16 所示。

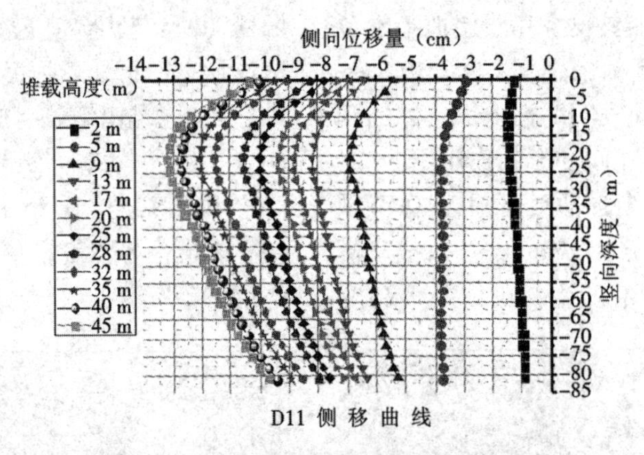

图 13 填筑完成时地基土沿深度方向侧向位移曲线图(D11 点处)

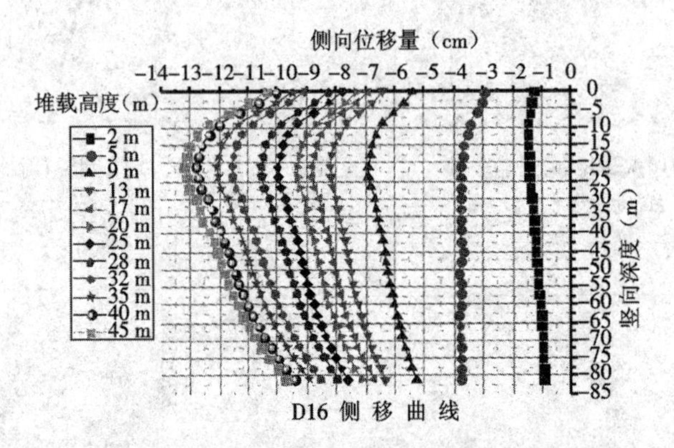

图 14 填筑完成时地基土沿深度方向侧向位移曲线图(D16 点处)

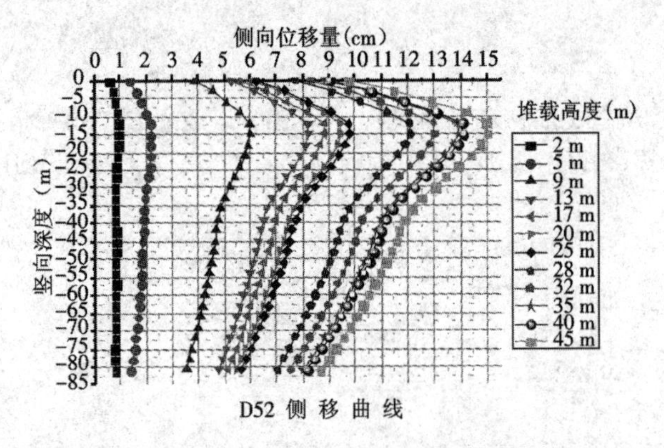

图 15 填筑完成时地基土沿深度方向侧向位移曲线图(D52 点处)

数值计算表明在填土荷载作用下，地基土侧向变形主要发生在填土边缘以下地基土深度范围内，而且随着深度的增加，呈现拱形变化，即先从地表向下逐渐增大，达到一定深度后又逐渐减小，而且随着填土荷载的不断增加，地基土侧向位移逐渐向周围扩散且变形也越来越大，对周围建筑物形成挤压作用。

地基土侧向位移最大值一般发生在地表下一定深度范围内，其中在铁东路及淮东路附近其最大侧向位置值位于地表下 15 ~ 20.0 m

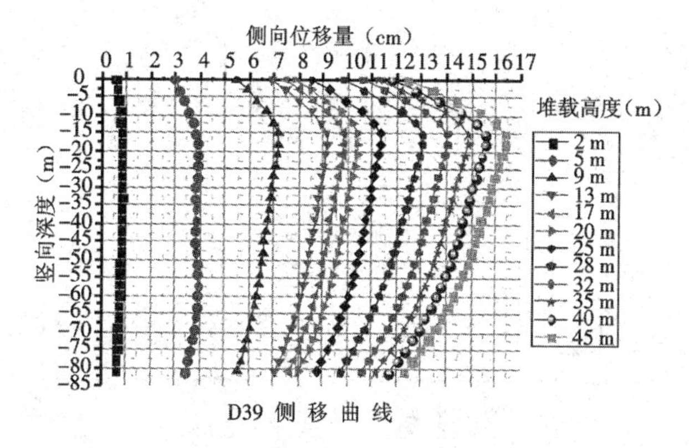

图 16　填筑完成时地基土沿深度方向侧向位移曲线图(D39 点处)

深度范围内，最大值约为 16.5 cm，特别应该注意的是地铁 5 号线区间隧道埋深一般为 15 m 左右，因此若在天然地基条件下进行堆山，地基土的侧向位移将对周边地铁线造成严重影响。

5　结语

(1)地基土的沉降变形主要发生在浅层地基土范围内，上部土体的强度直接影响地基土的稳定性，增强上部土体的强度可以到达有效控制竖向变形的作用。

(2)地基土侧向位移最大值一般发生在地表下一定深度范围内，侧向变形对周边建筑物的稳定性有较大影响，因此在实际施工过程中产生的侧向变形应严格控制在红线范围内，这也说明对地基土侧向位移的影响范围和影响程度的控制，是关系到本次堆山成败的一个决定性因素。

(3)本文讨论了 FLAC3D 在大型堆山工程中的具体应用，一方面突出了数值分析在复杂工程条件下的优势，另一方面为软土地区堆山造景产生的工程地质问题进行了初步分析，其结果对工程实践具有深远的指导意义。

参考文献

[1]雷华阳，李鸿琦，刘祥君，等.建筑垃圾堆山工程中软土地基稳定性评价探讨[J].岩土力学，2004(增 1).

[2]何大为.奥林匹克森林公园堆山工程沉降变形测及其分析[D].西安：西安建筑科技大学，2007.

[3]刘红军，李鹏，张志豪.大型储油罐碎石桩地基差异沉降有限元数值分析[J].土木建筑与环境工程，2010，32(5)：9 –15.

[4]FENTON G A，GRIFFITHS D V. Risk assessment in geotechnical engineering[M]. Canada：John Wiley & Sons，2008.

[5]潘安平.有限元方法在基础沉降计算中的应用及工程实例[J].福州大学学报(自然科学版)，2005，33(增)：260 –263.

[6]丁洲祥，朱合华，丁文其等.地基沉降大变形有限元分析的几何刚度效应[J].岩土力学，2009，30(5)：1275 –1280.

[7]彭文斌.FLAC3D 实用教程[M].北京：机械工业出版社，2011.

[8]王勖成，邵敏.有限元法基本原理和数值方法[M].北京：清华大学出版社，1996.

[9]MORRIS P H. Analytical solutions of linear finite – and small-strain one-dimensional consolidation [J]. International Journal for Numerical and Analytical Methods in Geomechanics，2005，29：127 –140.

探地雷达在城市管线探测中的应用

朱能发　王成　王浩
（天津市勘察院）

摘　要：本文对探地雷达应用于城市管线探测的相关理论及影响成像的因素进行了分类讨论，并结合哈尔滨管线探测成果对探地雷达的成像特征进行了识别对比分析。通过分析发现，管线探测结果十分理想，理论成像特征与实际情况吻合度极高；管线材质、管内介质的不同将直接导致成像结果的不同；在一定条件下，可以参考根据成像特征来定性的识别、分析管线种类和相关的属性信息。

关键词：探地雷达；管线探测；电磁波

城市地下管线种类繁多，埋设方式及管线走向十分复杂，随着我国经济的持续发展，城镇化建设不断加快，由于地域空间的限制，管线的相互穿插不可避免。因此，能够确定管线的位置信息变得越来越重要。由于近年来非金属管线的大量使用，传统的金属管线仪已经无法满足现有的管线探测需要，因此国内引入了探地雷达技术[1,6]。探地雷达探测方法是一种经济、无损、快速而直观的浅部地球物理勘探技术，它可以准确地提供管线的平面位置和埋藏深度[2]。

1　探地雷达基本原理及管线成像特征

1.1　探地雷达基本原理

雷达探测是根据电磁波在地下传播过程中遇到不同的地质界面发生反射的原理进行的，可行性条件是目标管线和周围的介质都存在物性（主要是电性）差异。

地质雷达亦称探地雷达，它利用发射天线向地下发射宽频带高频率电磁波短脉冲，在电磁波向下传播的过程中，遇到电性差异性较强的反射界面时，发生发射，返回地面，由地面的接收天线所接收。根据反射波的振幅，相位以及对应的旅行时间等特征来分析确定反射目标体的特征信息（图 1(a)）。由管线界面反射的电磁波成像特征为一光滑的双曲线，由于管线存在顶、底两个界面，因此理论上将在图上存在上下排列的弧形绕射，代表管道上下界面的反射（图 1(b)）。反射电磁波在地下的传播特征基本类似于地震波。

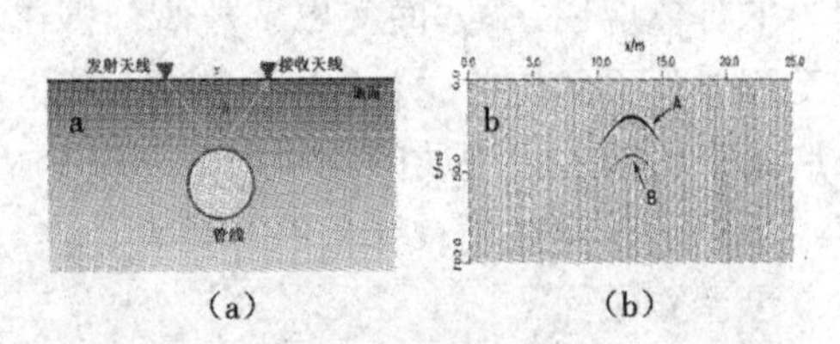

（a）　　（b）

图 1　电磁波地下传播及管线成像示意图

反射界面的深度为 $h=\frac{1}{2}\sqrt{(vt)^2-x^2}$

其中，h 为反射界面深度，v 为电磁波在介质中传播速度，t 为双程旅行时，x 为发射天线于接收天线的间距。

在介质中的电磁波速度 $v \approx c/\sqrt{\varepsilon_r/\mu_r}$

其中，c 为真空中的光速，ε_r 为传播介质所对应的介电常数，μ_r 为对应的导磁率。

电磁波的反射系数为 $R=\dfrac{\sqrt{\varepsilon_1}-\sqrt{\varepsilon_2}}{\sqrt{\varepsilon_1}+\sqrt{\varepsilon_2}}$

其中，ε_1、ε_2 分别为反射界面上下两种介质的介电常数[5]。反射系数的值主要有反射界面上下介质的相对介电常数决定，其正负决定了反射脉冲相位的极性。因此，当两种介质存在较大的介电常数差时，才能形成明显的反射界面，这也是地质雷达探测有效性的基础。

1.2 管线成像特征

在实际应用中，管线的种类多样，用途多样，有雨水，给水，污水，热力，通信管线等，其材质又有金属，PVC，玻璃纤维等，管线内部也存在有不同的物质。排除管线周围土层因素的影响，上述因素对探地雷达的成像有十分重要的影响，往往不同的因素对应着不同的成像特征。从另一个角度考虑，可以通过分析特定的雷达成像特征，反过来分析和确定管线的种类和材质等特征，这样可以在多管线存在区域，区分和识别各管线。以下参照 Xiaoxian Zeng 与 George A. Mcmechan 在 1997 年用实体物理模型分析管线的材质、所含液体对雷达成像的影响结果[3]，从理论上分析在各因素影响下的雷达图像的相关特征。

1.2.1 管线材质对雷达成像特征的影响

图 2 所示中，三个物理模型中周围均为粉质黏土，介电常数为 6，由于管径对成像特征也有影响[4]，因此管径统一为 3 m，壁厚为 5 cm，埋深为 1 m。模型 1 管道材质为玻璃纤维，模型 2 为 PVC，模型 3 为金属，管内均为空。对比反射结果可以发现，模型 1 和模型 2 的雷达反射特征相差不大，顶底均有反射，顶界反射明显，振幅强；模型 3 只有顶界反射 C，无底界反射，这是因为金属的介电常数（300）与周围黏土的介电常数（6）相差太大，电磁波在上界面发生了全反射，没有能量传到底界，因此表现为无反射。并且反射波 C 的绕射弧弧长及强度明显高于反射波 A、B。

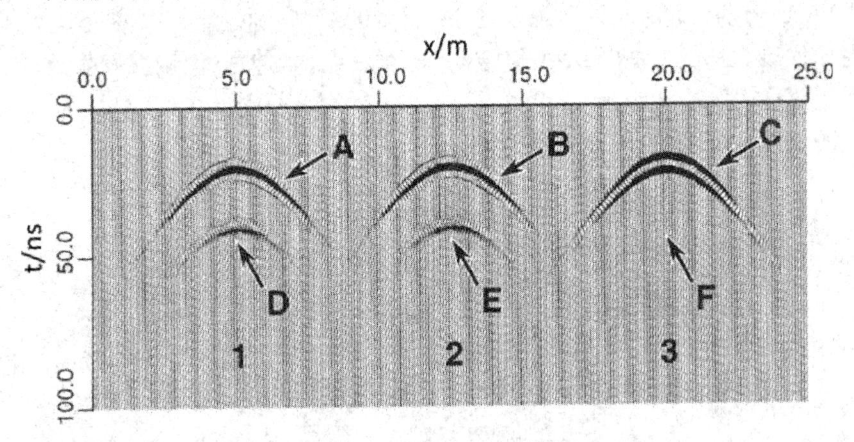

图2 不同材质管道对雷达图像的影响

与此同时，模型 3 的顶界反射 C 发生极性反转，与 A、B 相位相反，这是因为模型 1 的介电常数（4.8）、模型 2 的介电常数（3.3）均小于周围介质，而模型 3 大于周围介质的介电常数，这将导致反射系数的正负差异，从而导致反射波相位相反。可以看出，上述特征在一定条件下可以作为定性分析管线材质的重要方法和依据。

1.2.2 管线内液体对雷达成像特征的影响

图3所示中，三个模型的材质相同，均为玻璃纤维，模型4管道中充满苯，模型5中充满DNA聚合酶，模型6中充满甲醇。对比图2中反射结果，底界反射G、H明显发生下移，顶、底界之间的反射时间变长，视直径变长，振幅变弱。这是由于充填物的介电常数均大于空气，致使电磁波的传播速度减小，到达底界时间变长。其次模型6中无底界反射，主要是因为其充填物甲醇的介电常数(32.6)大，并具有高导电率，低Q值，其反射特征类似于金属，所以其反射特征类似于模型3，无底界反射，顶界反射反极性。由此可见，管线内充填物不同，雷达图像特征也不同，二者在一定条件下有一一对应的关系。

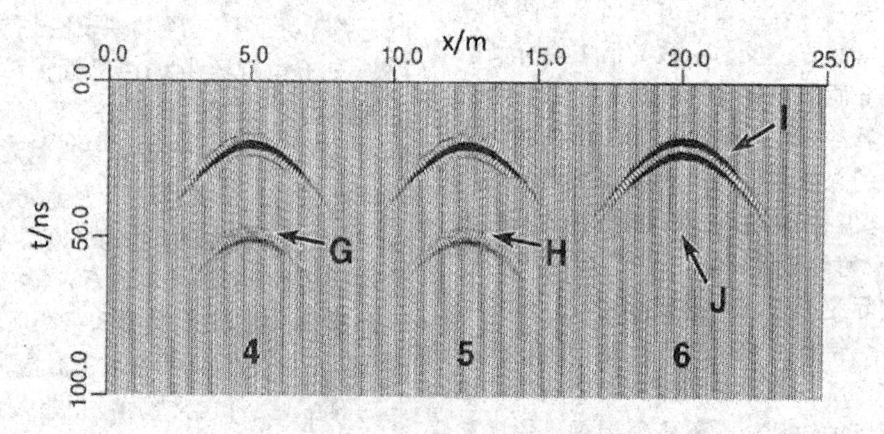

图3 管道内不同液体对雷达成像的影响

图4所示中，三个模型的材质相同，均为玻璃纤维，模型7中充填一半的汽油，模型8为一半的DNA聚合酶，模型9中为一半的甲醇。通过对比发现，虽然汽油和DNA聚合酶的介电常数有些差别(分别为1.94和2.3)，但模型7、8的反射特征相似，液面的反射特征差别不大，表现为弱振幅，与图2、图3相比，底界反射明显变弱，这是液面发射了一部分能量的缘故。模型9中液面反射C的能量最强，弧长延伸最远，极性发生反转，原因和图3中模型6相同。

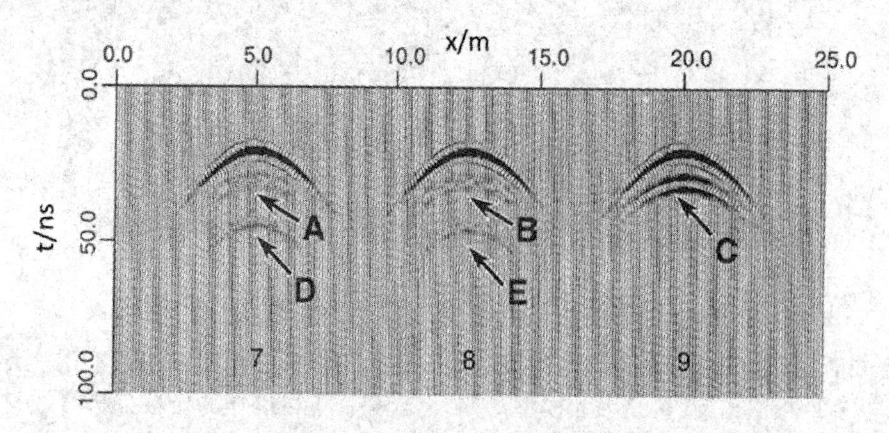

图4 管道内不同液体的液面对雷达成像的影响

通过以上对物理模型结果的分析，可以发现管线的材质、管内填充物的种类以及填充的程度对雷达成像有很大的影响，不同的因素往往对应特定的特征，这些特征在一定的条件下可以用来识别和分析地下管线的相关信息。

2 探地雷达管线探测实例

2.1 工程概况

此次用于分析的是哈尔滨市地下管线探测结果。哈尔滨位于高纬度高寒地区，冻土层达到 1.8 m 厚，地下管线埋设较深。其中，经实际探查表明测区地层为黄沙土，介质均匀，回填杂质较少，含水率高，磁性较弱，地平面平均高程为 146.1 m，地下净水面的平均高程为 144.5 m[7]。

2.2 地下管线探测结果

图 5 所示为一地下管线雷达探测结果。图中 A、B 分别为管线的上下顶界反射，反射波振幅较强，绕射弧光滑，二者之间无明显的反射特征，表明此管线材质应为非金属，且内部暂无液体或液面较低，或者是充满低介电常数的液体，经查此为雨水管线，上述分析与实际特征基本符合。

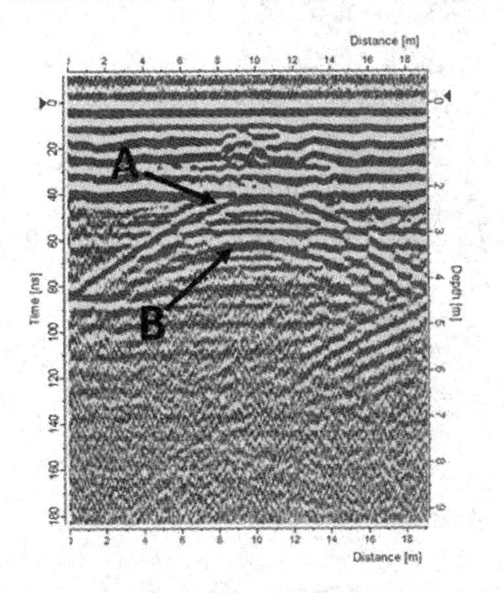

图 5 地下管线雷达探测结果

图 6 所示中 A、B 分别为电力和通信管线的位置，C 为 *DN*800 的给水管线的位置，图像都比较清楚，呈标准的双曲线反射。通过分析发现，给水管线的反射波为强振幅，连续性较好，绕射弧宽度较大，无底界反射；而并列分布的电力和通信管线的反射能量相对较弱，绕射弧不光滑，并且绕射弧的宽度较小，弧端能量衰减较强，底界反射及内部充填物界面反射特征较明显。这是由于给水管线的铸铁材质和周围介质的介电常数比差太大，在顶界几乎发生了全反射，没有能量传入下管壁，因此反射结果呈现出强振幅的上管壁反射，无底界反射。这与上述物理模型的理论结果相同。

图 7 所示为排水管线的雷达探测结果图。其中，两管线的埋深、材质及周围介质的电性特征和土层分布特征基本相同。对比两个反射结果可以发现，两图中顶界反射波的波组特征以及振幅、相位、频率特征基本一致，但蓝色线框内的反射特征存在很大差异。左图圆框内无反射能量，而右图圆框内有明显的波组反射特征，这是由于二者内部充填的液体及液面高度存在很大的差异，左侧管线内可能充填一种高介电常数，高电导率的一种液体，液面非常高或已经全部充填，而右侧管线内存在一种介电常数较小的一种液体，没有全部充填，以至于在管内形成多次波反射。

此次实际探测结果基本上与前述模型理论相符。

3 结语

探地雷达探测管线具有快速、高效、非破坏性等特点，适合城市中大埋深，多管线探测。影响探测效果的因素有管线周围土层物性特征，管线材质，管线内液体以及液面差异等。在一些限定条件下，这些因素对应特定的成像特征。在实际探测中，这将有助于理解和分析探测结果，以便于识别不同的管线及其对应的一些属性信息。通过上述实例分析，表明探地雷达在城市管线探测中的有效性和可行性；可以在已知某些条件下通过探测结果识别管线；可以定性的分析管线本身的一些固有属性。为了提高识别管线的准确性，需要对某一地区的土壤特性，以及已知的一些探测信息进行统计分析，这样才能在以后的探测中，更加有效

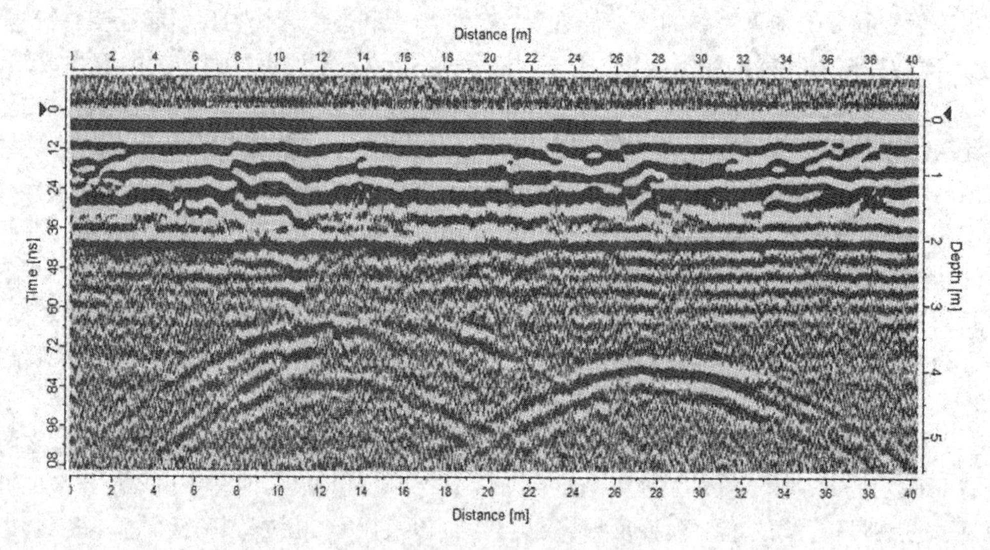

图 6　地下管线雷达探测结果

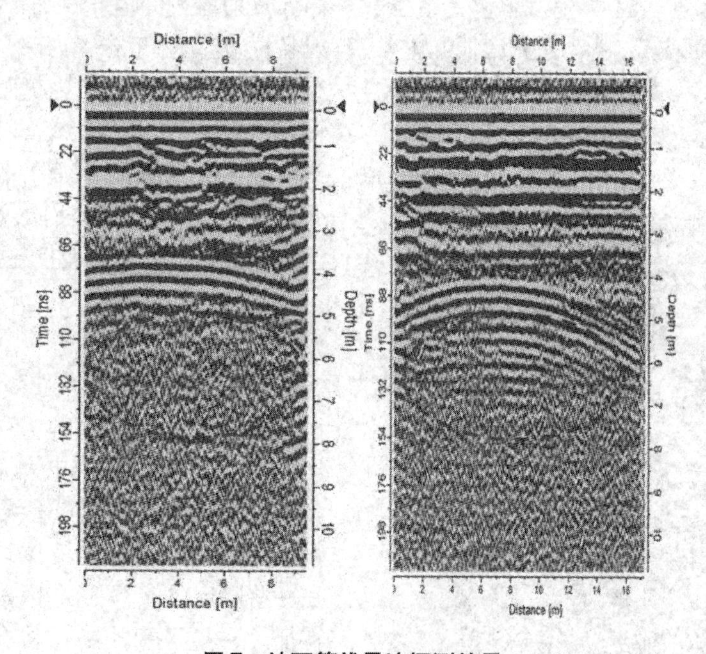

图 7　地下管线雷达探测结果

和快捷的识别管线。

参考文献

[1]钟邱平，肖学沛．探地雷达对公路面下非金属管线探测的应用[J]．西南公路，2012(2)：66－71.

[2]丁海超，王万顺，等．探地雷达探测地下管线技术与应用实例[J]．中国煤田地质，2006，18(1).

[3]GPR characterization of buried tanks and pipes. Geophysics and Geochemical Exploration.

[4]巫克霖，刘成禹，等．探地雷达对不同埋深和管径非金属管线的探测分析[J]．路基工程，2014，1(172)：133－137.

[5]粟毅，黄春琳，等．探地雷达理论与应用[M]．北京：科学出版社，2006.

[6]袁厚明．地下管线检测技术[M]．北京：中国石化出版社，2012.

[7]叶玮，高旺．探地雷达在哈尔滨市地下管线探测中的应用[J]．科技论坛，年代不详.

某大坑回填土加固方法分析

穆磊　李连营　穆楠
（天津市勘察院）

摘　要：作为地基处理的一种重要方法，强夯法因其优势广泛地应用于建筑工程领域。本文对天津市某大坑回填土采用静载荷试验、现场钻探取样、标准贯入试验、静力触探试验以及室内土工试验等综合手段，对强夯法加固范围内的地基土承载力进行检测，表明采用强夯施工工艺处理回填土是合理、可行的。

关键词：回填土；强夯；地基处理；检测

1　引言

天津市地处华北平原，属冲积、海积平原，地势较低，市郊外坑塘分布较多。根据天津市城市总体规划，随着城镇化工作的快速推进，许多坑塘区域要进行工程建设，大规模坑塘回填会在未来短期内开展起来。当坑塘面积、深度较大时，回填土处理不当将会造成工后地面沉降、负摩阻力等问题；同时因部分坑底地势较复杂，深浅不一，也会造成回填土的不均匀沉降，直接影响后期工程建设的安全性。故选择适当的回填土处理方法至关重要。

强夯法又称动力压实法，是法国 Menard 技术公司于20世纪60年代末首创的，是反复将夯锤提到一定高度后自由落下，给地基以冲击和振动能量，将地基土夯实，从而达到提高地基的承载力、降低其压缩性、改善地基性能的目的。强夯的加固机理根据地基土类型的不同，可分为动力压密机理（Dynamic compaction）和动力固结机理（Dynamic consolidation）[1]。就非饱和的黏性素填土而言，加固过程基于动力压密的概念，主要是强夯产生的巨大冲击荷载使土体中的孔隙体积减小，气体被排出，土体变密实[2]。

2　工程概况

本次需回填大坑位于天津市东丽区，原为养鱼场，近似呈正方形，边长约 400 m，总占地面积约 16 万 m^3。以中间土埂为界分南部、北部两部分，北部水坑深度平均为 9.00 m，体积约为 67 万 m^3；南部水坑深度平均为 17.00 m，体积约为 115 万 m^3。坑内水面位于地表下 4.00 m 左右，经测量，坑底地势较复杂，普遍分布有凸台和沟渠，且坑底分布约 1.00 m 厚坑底淤泥。大坑平面位置及三维示意图见图 1、图 2。

鱼塘所在区域为规划建设用地，为满足工程建设进度要求，大坑须在四个月内回填完毕，并在一年后进行建筑结构施工和周边的管线铺设工作。而进行如此大面积和深度的坑塘回填在天津地区尚属首次，处理不当将会造

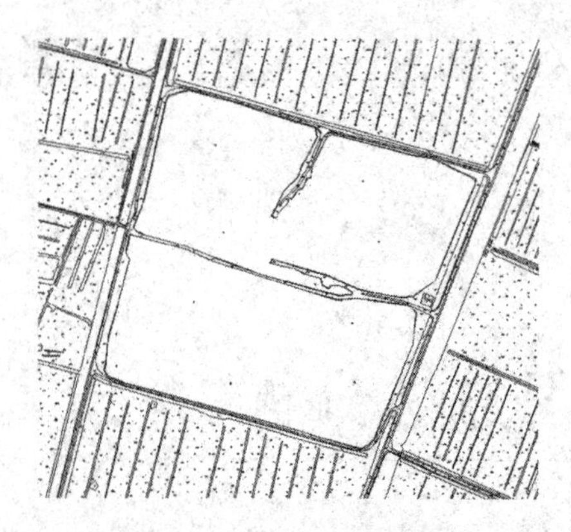

图1　大坑平面位置图

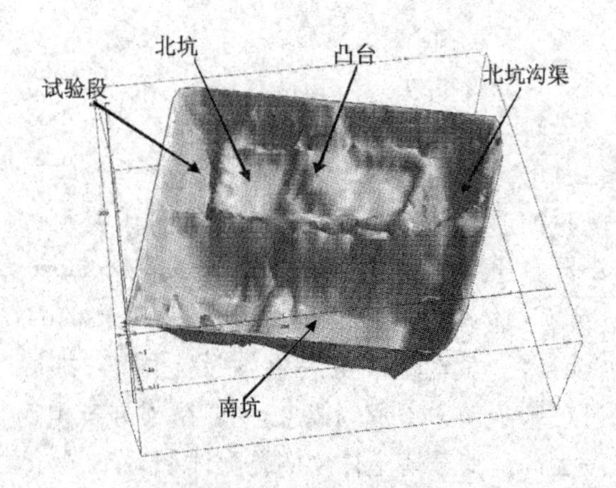

图2　大坑三维示意图

成工后地面沉降、不均匀沉降及负摩阻力等，严重影响后期工程建设的安全性。故选择适当的回填土处理方法至关重要。

3　处理方案选择

目前，在抽水、清淤后主要的回填土处理方法有以下几种：分层碾压；一次性回填后注浆加固；分层回填强夯。由于南部水坑深度平均为17.00 m，根据规范及工程经验，采用分层碾压方案填土每层铺填厚度不得超过1.50 m，压实遍数将达12次，施工进度远远不能满足工期要求；一次性回填后注浆加固方案与分层回填强夯方案均能满足工期要求，但一次性回填后注浆加固方案主要靠水泥浆固化填土，大面积施工时均匀性难以保证，且施工成本远大于分层回填强夯。

回填强夯方案有效加固深度大，施工速度快，大面积施工时加固均匀性好，且施工成本较低，本工程确定采用分层回填强夯方案，以达到提高回填土地基承载力和解决工后地面沉降、不均匀沉降及负摩阻力等问题。

3.1　回填土土质要求

①回填土应采用黏性素土；②回填土含水率不大于30%；③若回填土质量不满足要求可以考虑掺5%的白灰，且拌和后的灰土含水率控制在15%～20%。

3.2　强夯参数选择

强夯参数主要包括单击夯击能、落距、夯点间距和夯击次数等。

3.2.1　单击夯击能的选择

根据经验公式[3]：

$$Z = a\sqrt{0.1M_h} \tag{1}$$

式中　Z——有效加固深度(m)；

M_h——夯击能(kN·m)；

a——经验系数，对新填的黏性土可取0.5。

根据设计要求，北坑填土分2次回填，每层厚度4.50 m左右；南坑填土分4次回填，每层厚度4.00 m左右；回填土的厚度根据上式计算，采用夯击能1500 kN·m的有效加固深度为6.00 m左右，采用夯击能1000 kN·m的有效加固深度为5.00 m左右。另据《建筑地基处理技术规范》(JGJ 79—2012)，黏性素土采用夯击能1000 kN·m的有效加固深度为3.00～4.00 m，采用夯击能2000 kN·m的有效加固深度为4.00～5.00 m[4]，综合分析南北两坑均取夯击能1500 kN·m，满足本场地对新填土有效加固的设计要求。

3.2.2　夯点间距

根据《建筑地基处理技术规范》(JGJ 79—2012)和施工经验，第一遍夯击点间距可取夯锤直径的2.5～3.5倍，第二遍夯击点位于第一遍夯击点之间，本次处理所用夯锤直径约为2.20 m，因此夯击点间距取5.00 m。夯点布置示意图见图3。

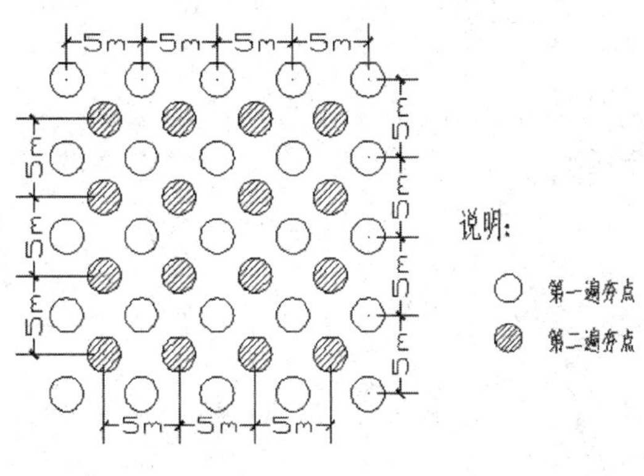

图3　夯点布置示意图

3.2.3　控制标准

(1)周围无明显隆起。如一击时就出现明显隆起，则要适当降低夯击能，相邻夯坑内的隆起量≤5 cm。

(2)第二击夯沉量小于第一击夯沉量。

(3)一遍点夯最后两击的平均夯沉量不大于150 mm，二遍点夯最后两击平均沉降量不大于100 mm。

4　地基加固效果检测

根据加固性质并参考《建筑地基处理技术规范》(JGJ 79—2012)等规范要求，采用静载荷试验、现场钻探取样、标准贯入试验、静力触探试验以及室内土工试验等综合检测手段对加固范围内的地基土承载力进行检测，提供地基土承载力及处理后地基土的均匀性。

4.1　工作量布置

检测点在场地内基本均匀布置。具体检测工作量详见表1。

表1　检测点类型及数量

检测点位置		静载荷点	原状取土孔/个	标准贯入孔/个	静力触探孔/个
北坑	第一层	33	30	40	10
	第二层	33			
南坑	第一层	27	20	18	10
	第二层	27			
	第三层	27			
	第四层	27			

另外，为监测强夯处理效果，强夯处理后共设置沉降观测点40个，如图4所示。由于北坑较南坑强夯法地基处理完成时间早，所以北坑(2014年5月23日—2014年9月25日)监测次数为14次，南坑(2014年5月29日—2014年9月25日)监测次数为11次。

4.2　静载荷试验

通过对载荷试验法实测数据的绘图计算，得出静载荷试验结果如表2，典型 p-s 曲线如图5、图6所示。

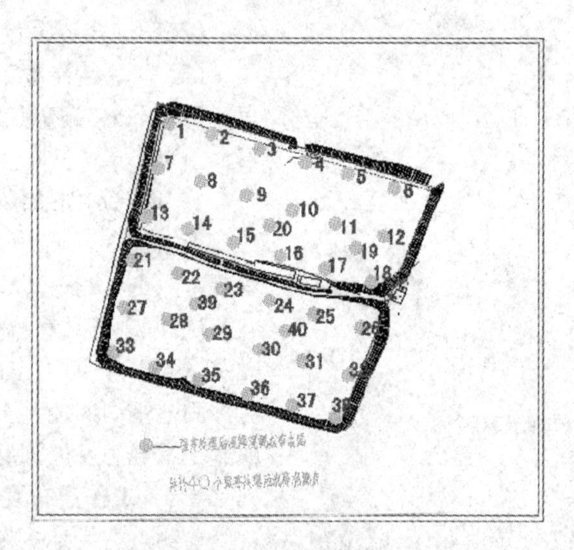

图4　强夯处理后沉降观测布点图

表2　载荷试验法确定地基土承载力特征值表

试验位置		点号	最终荷载 /kPa	最终变形 /mm	地基承载力特征值 /kPa	对应变形 /mm
北坑	第一层	1 号	200	15.68	100	3.16
	第一层	33 号	200	16.15	100	3.22
	第二层	1 号	200	16.34	100	3.59
	第二层	33 号	200	15.66	100	2.84
南坑	第一层	3 号	200	15.67	100	2.85
	第一层	27 号	200	17.98	100	3.79
	第二层	3 号	200	17.98	100	3.79
	第二层	27 号	200	18.23	100	3.44
	第三层	3 号	200	17.74	100	2.86
	第三层	27 号	200	16.27	100	2.25
	第四层	3 号	200	13.59	100	1.97
	第四层	27 号	200	16.27	100	3.42

注：因静载荷数据太多，本表仅为随机选取的部分数据。

从该场地174个测点的 p-s 曲线可以看出，各测点加压至最终荷载时，曲线圆滑，没有明显的拐点。所以试验面积范围内的地基承载力特征值按最终加荷值的一半考虑，各测点复合地基承载力特征值均不小于100 kPa，满足设计要求。

4.3　现场取样及试验结果

在强夯区域均匀布置128个原状取土孔、标准贯入孔及静力触探孔，经指标统计分析（见表3、表4），并与同层位天然土、人工填土对比,加固后的物理力学性质优于同层位天然土。

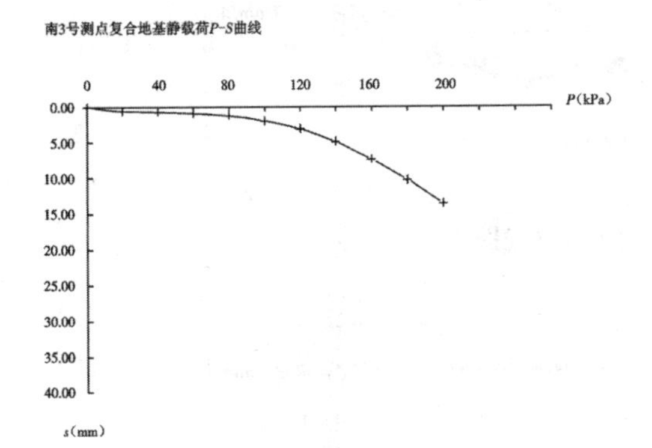

图5　南坑典型 *p-s* 曲线图

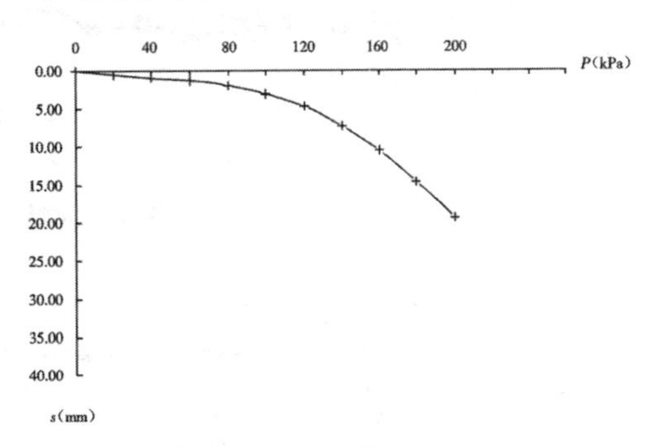

图6　北坑典型 *p-s* 曲线图

表3　物理力学指标统计

检测点位置	W /(%)	R /(kN/m^3)	r_0 /(kN/m^3)	e	I_L	Es_{1-2} /MPa
北坑	26.00	19.20	15.32	0.80	0.42	4.50
南坑	26.40	19.10	15.11	0.81	0.50	4.50

表4　静力触探、标贯击数统计

检测点位置	静力触探指标		标贯试验击数 N				
	锥尖阻力 q_c/kPa	侧摩阻力 f_s/kPa	最大值(击)	最小值(击)	平均值(击)	变异系数	标准值(击)
北坑	2158.5	64.80	10.0	3.0	5.4	0.237	4.68
南坑	2230.7	67.75	8.0	5.0	6.0	0.186	5.74

4.4　沉降观测结果

沉降观测期间,北坑内强夯后地表最大沉降量为 -49.4 mm(13 号点),最小沉降量为 -34.4 mm(11 号点),平均沉降量为 -42.7 mm,平均沉降速率为 0.35 mm/d。沉降曲线如图 7 所示。

沉降观测期间,南坑内强夯后地表最大的沉降量为 -41.7 mm(29 号点),最小沉降量为 -34.7 mm(22 号点),平均沉降量为 -37.5 mm,平均沉降速率为 0.32 mm/d。沉降曲线如图 8 所示。

5　结语

(1)强夯法加固黏性素填土是可行的,主要是由于强夯时产生的巨大冲击能造成一系列冲击波使土体内出现排水网络,土的渗透性骤然增大,孔隙水迅速排出,孔隙水压力很快消散,从而产生很大的瞬间沉降,使土体压密,强度大幅度提高。

(2)填土经强夯加固后大部分沉降已完成,工后沉降较小,不均匀沉降不明显,能满足

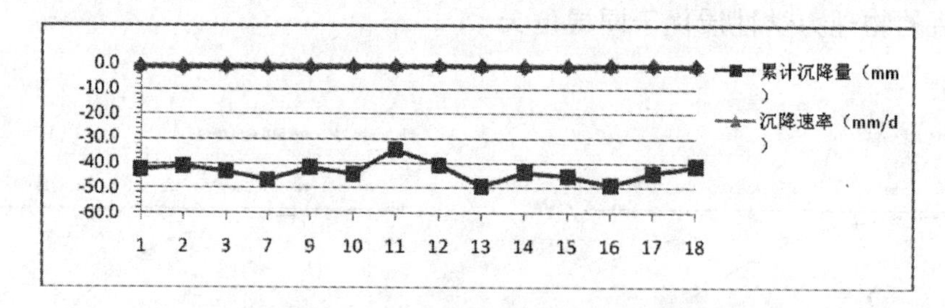

图7　北坑内强夯后沉降曲线图

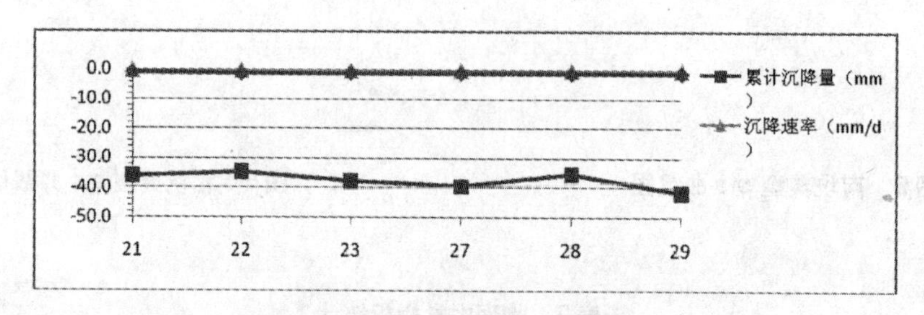

图8　南坑内强夯后沉降曲线图

后期工程施工的要求。

(3)填土经强夯加固后的性质优于同层位的天然土,能有效地解决桩的负摩阻力问题。

(4)检测反映的有效加固深度与《建筑地基处理技术规范》(JGJ 79—2012)表6.3.3-1提供的有效加固深度也是比较吻合的,工程实践表明采用强夯施工工艺处理回填土是合理、可行的。

参考文献

[1]龚晓南.地基处理手册[M].北京:中国建筑工业出版社,2008:312-316.

[2]徐至钧,张亦农.强夯和强夯置换法加固地基[M].北京:机械工业出版社,2004.

[3]常士骠.工程地质手册[M].北京:中国建筑工业出版社,1992:864-865.

[4]中国建筑科学研究院.JGJ 79—2012　建筑地基处理技术规范[S].北京:中国建筑工业出版社,2012.

超长桩单桩竖向抗压静载荷检测中桩身压缩量的研究

胡清华　殷亚斌　孙建东

（天津市勘察院）

摘　要：钻孔灌注桩在进行单桩竖向抗压静载荷检测时，桩顶沉降量随着桩顶竖向荷载的增大而增大。桩顶沉降量包括桩身压缩量和桩的沉降量。本文利用有限元数学计算模型，算出了不同桩径、不同桩型在桩顶荷载作用下的桩身沉降量。并结合工程实例，通过对理论计算数据和实际检测数据的对比分析，得出了桩身压缩量占桩顶沉降量的比例。

关键词：超长桩；有限元；桩身压缩量

1　前言

随着我国经济发展速度的加快，城市建设也随之迅速发展，特别是上海等地自20世纪80年代以来出现了超高层建筑，使城市面目大为改观。软土地区超高层建筑的出现，使超长桩的使用成为必然。超长桩是指桩长大于50 m的各种类型桩，主要有钢管桩和钻孔灌注桩。目前在建的罗斯洛克国际金融中心项目基桩入土深度将近100 m，而天津117大厦项目的基桩入土深度达到了120 m。超长桩已成为软土地区超高层建筑和某些安全等级要求较高的建筑物桩基常用的一种桩型。超长桩的出现，在给桩基理论研究与实践提出了新的课题与挑战的同时，对超长桩的检测也有了更加严格、多样化的要求。

钻孔灌注桩在单桩竖向抗压静载荷检测中，随着桩顶竖向荷载的增加，桩顶沉降量也逐渐增加，但由于桩身混凝土本身具有弹性和塑性变形，因此桩顶沉降量包括桩的沉降量和桩身混凝土的自身压缩量。尤其是超长桩，由于桩的长细比大，故桩顶沉降量受桩身压缩量影响更大[1]。

2　计算模型

本次计算模型采用平面轴对称有限元模型。以桩中心线为对称轴，模型宽度100 m，深度200 m。桩长分别为60 m、80 m、100 m，桩径分别为1.2 m、1.6 m、2.0 m，总共9组模型对比。

为了简化[2]，这里只建立一层土，土体采用摩尔库伦模型，单元类型为CAX4；桩采用线弹性模型，单元类型为CAX4。桩和土体之间均采用主从面接触，法向模型为硬接触，摩擦系数为0.41。具体材料参数如表1所示。假设桩顶受力之前，地下水位已经降到模型底部。桩顶标高和地面标高均为±0.00 m。网格划分如图1所示。边界条件为模型两侧节点约束水平向位移，模型底部节点约束全部位移。

表1　数学模型假设材料参数表

类别	弹性模量 E/MPa	泊松比 μ	重度 γ /(kN/m³)	黏聚力 c/kPa	内摩擦角 φ/(°)	剪胀角 ψ/(°)
桩	3×10^4	0.2	22	—	—	—
土	3×10^1	0.35	18	10	30	0

图1　有限元计算模型网格划分图

3　计算结果

根据上述假定而建立的数学计算模型，计算出桩长分别为 60 m、80 m、100 m，桩径分别为 1.2 m、1.6 m、2.0 m 时在不同桩顶荷载情况下桩身的压缩量。

根据表 2 的计算数据，得出相同桩径时，不同桩长对应的桩身压缩量对比见图 2 ~ 图 4；相同桩长时，不同桩径对应的桩身压缩量对比图见图 5 ~ 图 7。

表2　不同桩顶荷载情况下桩身压缩量的汇总表

桩顶应力/MPa	桩身压缩量/mm								
	桩径 1.2 m 时桩长			桩径 1.6 m 时桩长			桩径 2.0 m 时桩长		
	60 m	80 m	100 m	60 m	80 m	100 m	60 m	80 m	100 m
0	0	0	0	0	0	0	0	0	0
2	2.42	3.00	3.47	2.45	3.08	3.63	2.47	3.13	3.72
4	4.82	6.00	6.93	4.88	6.15	7.24	4.91	6.25	7.43
6	7.22	8.98	10.38	7.30	9.21	10.84	7.34	9.34	11.12
8	9.60	11.95	13.82	9.70	12.25	14.43	9.80	12.42	14.79
10	11.97	14.91	17.25	12.18	15.29	18.00	12.44	15.55	18.47
12	14.40	17.87	20.67	14.80	18.38	21.59	15.28	18.80	22.22
14	16.93	20.87	24.11	17.60	21.58	25.27	18.38	22.19	26.07
16	19.59	23.97	27.61	20.59	24.90	29.02	22.09	25.72	30.04
18	22.40	27.14	31.21	23.84	28.34	32.90	25.97	29.42	34.12
20	25.37	30.41	34.90	27.69	31.92	36.88	29.80	33.24	38.35

续表

桩顶应力/MPa	桩身压缩量/mm								
	桩径 1.2 m 时桩长			桩径 1.6 m 时桩长			桩径 2.0 m 时桩长		
	60 m	80 m	100 m	60 m	80 m	100 m	60 m	80 m	100 m
22	28.48	33.81	38.64	31.57	35.63	40.97	33.62	37.25	42.70
24	31.83	37.31	42.54	35.40	39.48	45.14	37.40	41.50	47.18

注:桩顶应力为零时的压缩量是由于加桩时的扰动及桩自身重力原因产生的。

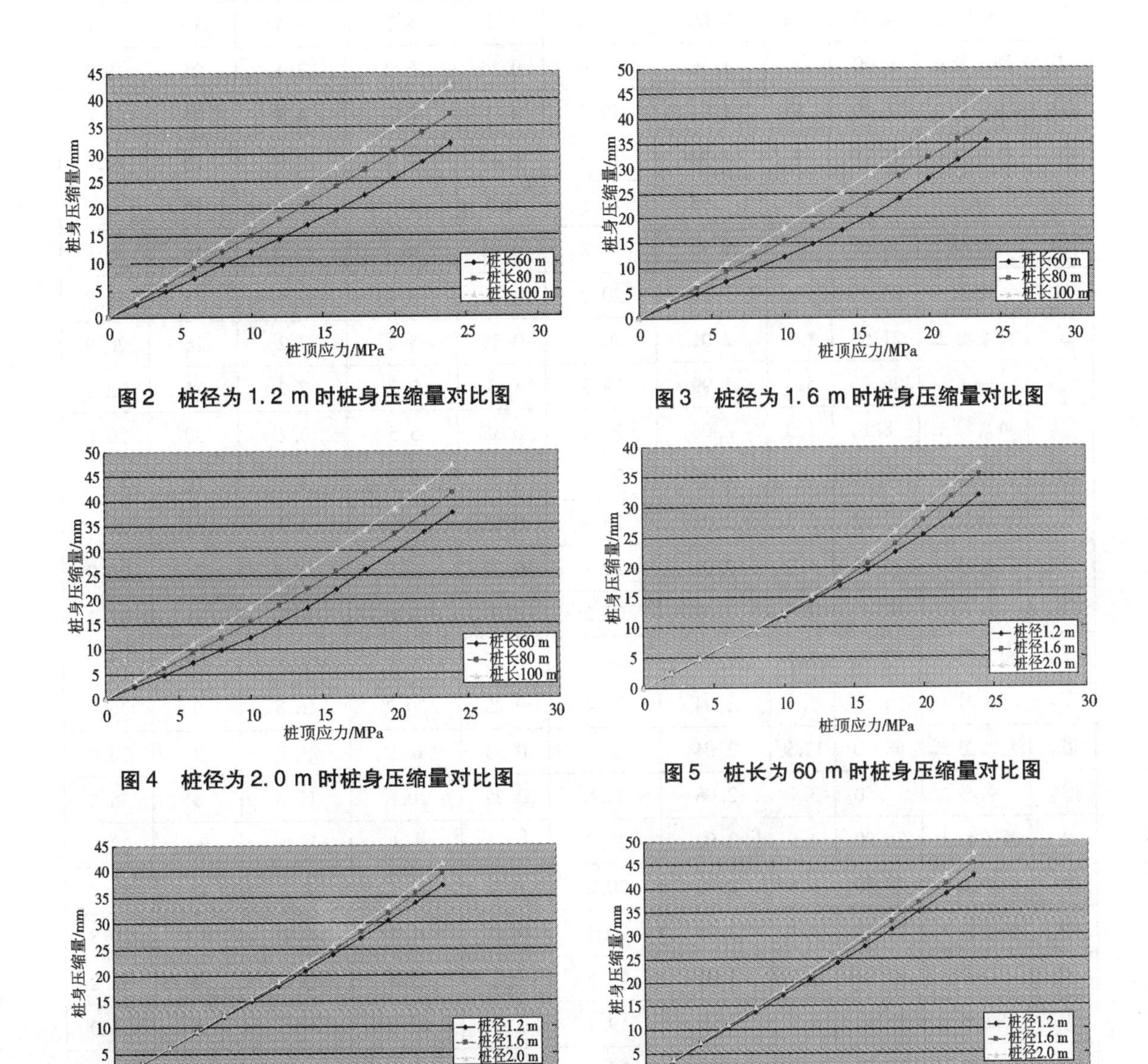

图2　桩径为 1.2 m 时桩身压缩量对比图

图3　桩径为 1.6 m 时桩身压缩量对比图

图4　桩径为 2.0 m 时桩身压缩量对比图

图5　桩长为 60 m 时桩身压缩量对比图

图6　桩长为 80 m 时桩身压缩量对比图

图7　桩长为 100 m 时桩身压缩量对比图

4 工程实例

天津市高新区某项目采用后压浆钻孔灌注桩基础，根据该场地岩土工程勘察报告，各土层物理力学性质参数见表3。

表3 各土层物理力学性质参数表

土层编号	岩性	层底深度/m	层厚/m	天然密度 ρ/(g/cm^3)	重度 γ/(kN/m^3)	泊松比 μ	压缩模量 E_s/MPa	变形模量 E/MPa	黏聚力 c/kPa	内摩擦角 φ/(°)
①$_1$	杂填土	2.60	2.60	1.70	17.0	0.3	2.0	1.5	0.1	10.0
①$_2$	素填土	4.00	1.4	2.00	20.0	0.3	4.7	3.5	15	12.0
②$_1$	粉质黏土	6.00	2	1.96	19.6	0.35	5.0	3.1	26	19.1
②$_2$	粉土	7.00	1	1.94	19.4	0.3	8.2	6.1	15	31.6
③$_1$	粉质黏土	10.00	3	1.94	19.4	0.35	4.8	3.0	25	20.8
③$_2$	粉土	16.00	6	1.95	19.5	0.3	8.9	6.6	15	31.7
③$_3$	粉砂	19.00	3	1.98	19.8	0.25	18.4	15.3	10	36.8
④	粉土	20.00	1	2.00	20.0	0.3	9.4	7.0	15	31.7
⑤$_1$	粉质黏土	21.50	1.5	2.01	20.1	0.35	5.2	3.2	26	20.9
⑤$_2$	粉土	26.80	5.3	1.99	19.9	0.3	9.7	7.2	15	32.1
⑥$_1$	粉质黏土	28.10	1.3	2.03	20.3	0.35	5.5	3.4	30	20.6
⑥$_2$	粉土	29.10	1	2.03	20.3	0.3	9.4	7.0	14	32.9
⑦$_1$	粉质黏土	32.40	3.3	2.03	20.3	0.35	5.9	3.7	32	20.8
⑦$_2$	粉砂	36.70	4.3	2.01	20.1	0.25	19.9	16.6	8	36.0
⑦$_3$	粉土	47.80	11.1	2.02	20.2	0.3	9.2	6.8	15	32.2
⑦$_4$	粉质黏土	50.90	3.1	2.03	20.3	0.35	5.8	3.6	29	22.7
⑦$_5$	粉砂	56.50	5.6	2.04	20.4	0.25	20.2	16.8	8	36.0
⑧$_1$	粉质黏土	68.40	11.9	2.04	20.4	0.35	6.2	3.9	30	20.8
⑧$_2$	粉砂	71.50	3.1	2.08	20.8	0.25	20.8	17.3	8	36.0
⑨$_1$	粉质黏土	76.00	4.5	2.02	20.2	0.35	6.4	4.0	30	20.8
⑨$_2$	粉土	79.60	3.6	2.02	20.2	0.3	11.1	8.2	15	32.2
⑩$_1$	粉质黏土	82.70	3.1	2.05	20.5	0.35	6.7	4.2	30	20.8
⑩$_2$	粉土	87.10	4.4	2.02	20.2	0.3	12.1	9.0	15	32.2
⑩$_3$	粉砂	92.40	5.3	1.99	19.9	0.25	21.0	17.5	8	36.0
⑩$_4$	粉质黏土	98.40	6	2.04	20.4	0.35	6.4	4.0	30	20.8
⑩$_5$	粉砂	100.50	2.1	2.00	20.0	0.25	20.7	17.3	8	36.0
⑪$_1$	粉质黏土	111.40	10.9	2.05	20.5	0.35	7.0	4.4	30	20.8

续表

土层编号	岩性	层底深度/m	层厚/m	天然密度 ρ/(g/cm^3)	重度 γ/(kN/m^3)	泊松比 μ	压缩模量 E_s/MPa	变形模量 E/MPa	黏聚力 c/kPa	内摩擦角 φ/(°)
⑪$_2$	粉质黏土	120.00	8.6	2.04	20.4	0.35	7.5	4.7	30	20.8
⑫$_1$	粉砂	127.00	7	1.97	19.7	0.25	21.4	17.8	8	36.0
⑫$_2$	粉质黏土	133.00	6	2.07	20.7	0.35	7.1	4.4	30	20.8
⑫$_3$	粉砂	135.90	2.9	2.07	20.7	0.25	19.6	16.3	8	36.0
⑬$_1$	粉质黏土	137.00	1.1	2.08	20.8	0.35	6.8	4.2	30	20.8
⑬$_2$	粉土	143.00	6	2.03	20.3	0.3	10.1	7.5	15	32.2
⑬$_3$	粉砂	146.00	3	1.96	19.6	0.25	17.8	14.8	8	36.0
⑭$_1$	粉质黏土	158.80	12.8	2.06	20.6	0.35	7.0	4.4	30	20.8
⑭$_2$	粉质黏土	162.80	4	2.09	20.9	0.35	12.6	7.9	30	20.8
⑮$_1$	粉质黏土	165.80	3	2.06	20.6	0.35	11.4	7.1	30	20.8
⑮$_2$	粉砂	168.00	2.2	2.0	20.0	0.25	18.0	15.0	8	36.0
⑮$_3$	粉质黏土	170.00	2	2.04	20.4	0.35	13.2	8.2	30	20.8

根据数学模型计算出的桩顶沉降及桩身压缩量见表4、表5(工程桩材料:弹性模量3.0×10^4 MPa,泊松比0.2,重度22 kN/m^3,桩土摩擦系数0.51)。该项目静载荷检测中94号试桩的规格为:Φ1.00×98.85 m,试验最终加载值为33 000 kN。346号试桩的规格为:Φ1.00 × 98.85 m,试验最终加载值为36 000 kN。两根桩的理论计算桩顶沉降及桩身压缩量见表4。

表4 桩顶沉降及桩身压缩量

94号桩				346号桩			
桩顶荷载/kN	桩顶沉降/mm	桩身压缩量/mm	所占比例/(%)	桩顶荷载/kN	桩顶沉降/mm	桩身压缩量/mm	所占比例/(%)
0	0.53	0.00	0.00	0	0.53	0.00	0.00
6600	10.89	4.77	43.85	7200	11.83	5.21	44.01
9900	16.09	7.17	44.57	10 800	17.52	7.83	44.70
13 200	21.39	9.62	44.98	14 400	23.42	10.56	45.10
16 500	27.11	12.28	45.28	18 000	29.74	13.50	45.40
19 800	32.92	14.98	45.50	21 600	36.15	16.47	45.57
23 100	38.92	17.76	45.62	25 200	42.93	19.60	45.66
26 400	45.26	20.67	45.67	28 800	49.95	22.82	45.68
29 700	51.72	23.62	45.68	32 400	57.25	26.11	45.61
33 000	58.51	26.68	45.59	36 000	65.14	29.60	45.44

从计算结果可以看出，桩顶沉降量随着桩顶荷载的增加而增加，同时，桩身压缩量也随之增大，从每一级荷载作用下桩身压缩量与桩顶沉降量的比较来看，桩身压缩量占桩顶沉降量的比例基本不变。由于在建立数学模型时，为了简化模型及计算方便，未考虑地下水的影响，故计算出的桩顶沉降量会偏大，不同荷载条件下，桩顶沉降量实测值均大于计算值，两根桩的静载荷检测实测桩顶沉降量见表5。

表5　桩顶沉降量计算值与实测值对比表

94号桩			346号桩		
桩顶荷载/kN	桩顶沉降/mm		桩顶荷载/kN	桩顶沉降/mm	
	计算值	实测值		计算值	实测值
0	0.53	—	0	0.53	—
6600	10.89	3.05	7200	11.83	3.12
9900	16.09	7.11	10 800	17.52	8.29
13 200	21.39	11.69	14 400	23.42	16.24
16 500	27.11	17.27	18 000	29.74	22.66
19 800	32.92	22.90	21 600	36.15	27.26
23 100	38.92	28.80	25 200	42.93	32.20
26 400	45.26	34.35	28 800	49.95	37.30
29 700	51.72	41.79	32 400	57.25	43.68
33 000	58.51	47.13	36 000	65.14	50.45

5　结语

静载荷检测过程中，测得的桩顶沉降量包括桩的沉降量和桩身压缩量两个部分，对于超长桩来说，桩身压缩量占桩顶沉降量比例较大，上述工程实例中，桩身压缩量约占桩顶沉降量的45%。

中华人民共和国行业标准《建筑基桩检测技术规范》（JGJ 106—2014）规定在静载荷试验的极限承载力取值时，对缓变型的 *Q-S* 曲线，宜取40 mm对应荷载，桩长大于40 m时，取 $s=0.05D$ 对应荷载。分析在规范要求的条件下，取 $s=0.05D$ 对应荷载时的超长桩基桩承载力的发挥情况（特别是桩的长径比过大时的情况）[3]。

因此，对于超长桩，不能简简单单地利用桩顶沉降量根据 *Q-S* 曲线来确定单桩竖向抗压极限承载力值，应利用数学方法，计算出静载荷检测时，在桩顶竖向荷载作用下的桩身压缩量，从而准确判断桩自身的沉降量，科学地判断桩的单桩竖向抗压极限承载力值。

参考文献

[1] 施峰. 大直径超长钻孔灌注桩的承载性状研究[J]. 建筑结构，2003，33(3)：3 -6.

[2] 蒋建平，高广运. 大直径超长桩有效桩长的数值模拟[J]. 建筑科学，2003，19(3)：27 -29.

[3] 中国建筑科学研究院. JGJ 106—2014　建筑基桩检测技术规范[S]. 北京：中国建筑工业出版社，2014.

设计协同时代的规划实施保障机制建构
——以新八大里地区更新为例

高媛　李然然　马松
（天津市城市规划设计研究院）

摘　要：进行区域重构型整体式更新，已成为国际大都市谋求发展、参与全球竞争的主要手段。通过分析天津近年来发展现状和更新项目实施情况，从问题剖析入手论证了建构实施保障机制的重大作用，并以新八大里地区更新为例，详细阐述如何在规划编制阶段即建构起实施保障机制：设立协同工作组织作为设计、实施、管理的主体和责任方，在规划主导、各专业齐头并进的多线程模式下协同进行规划编制；结合规划编制与行政管理，通过出让条件控制、利益关系调解、市场需求对接、社会公益保障等协同手段，进行强制性控制与引导性调解，保障规划与实施无缝对接；促成城区范围协同工作平台的建构，对各大重点更新项目进行综合性的整体调控，使整个中心城区有序更新。

关键词：区域重构型都市更新；实施保障；协同设计；出让条件；利益关系；市场需求；社会公益

1　区域重构型都市更新的背景

20世纪80年代以来，许多国际大都市都竞相开发了中心城区的大规模整体式更新项目，如纽约的Battery Park City、东京的新宿、上海的浦东新区、伦敦的Canary码头和鹿特丹的Kop van Zuid等，希冀通过这种区域重构型的都市更新行为，实现整个城市的飞跃提升。随着全球化时代的推进和国际大都市圈间竞争的加剧，区域重构型都市更新项目已成为城市发展的热点议题[1]。

21世纪开始，我国的城市一直处于飞速发展和建设时期，各地涌现城市开发的热潮，城市再生、新建和重建并行并存，几乎所有的大城市都在朝着现代化的方向迈进，亟望跻身国际都市之列。由于我国土地归国有的特有制度，可以更高效地征地整理再开发，这种区域重构型都市更新行为，在我国有着土地整理更快、规划更易整体实施、建设周期更短等特有优势，成为提升城市能级与竞争力的主要手段。

此类更新项目多因区位特殊（位于城市中心或中心边缘）、整改面积大、现状及周边情况复杂，并关系到城市未来发展方向、生态环境的营造与维护、历史文脉延续等复杂方面，所以往往会涉及市场策划、城市规划、建筑、交通、市政、地下空间、生态、景观等多个专业和部门。多领域协同设计正逐渐成为都市更新规划的主流方式。

2 天津市发展与更新的现状剖析

唐子来在上海城市规划展示馆的演讲里讲到："当一个城市处于成长期的时候，全新的开发是其满足空间需求的主要方式，城市建成环境演化以向外拓展为主。……而当一个城市进入成熟期时，再开发就成为其满足空间需求的主要方式，城市建成环境演化以内部更新为主。[3]"天津近年来一直在通过以滨海新区为重点的新城区建设和老中心城区更新，谋求城市转型与重构的重大发展。在未来从成长期过渡到成熟期的这一特定发展阶段，后者愈将成为主要方式。

在更新天津早期一些重点片区的探索中，也曾通过设立项目指挥部希冀建立起跨部门合作的协同工作组织，但经过几年实践可见，仍存在着各专业工作成果难于搭接，专业问题滞后显现，开发时序混乱，规划难以实施和经管，甚至相邻项目区间定位重构、缺乏联系，更新项目散乱以致整个中心城区结构不明晰等问题。剖析其原因如下所述。

(1)项目参与方单一。

主要参与方为政府与规划相关技术机构，多以单方意愿独立决策。利益相关人角色的缺失使项目初期即面临土地整理、集资等项目启动方面的困境；市场策划角色的缺失，使更新规划缺乏全局观、市场观，无法实现产业转型与提升，并适应多变的房地产市场；城市运营的开发代理人角色的缺失，造成产品的选择盲目、无开发时序合理安排，后规划阶段与开发商交接困难，直接面临土地出让、开发建设和运营管理等方面的困境。

(2)缺乏专业的协同与调解。

协同工作组织并非各部门调派人员的空间集结和各专业成果的简单拼凑，缺乏权威的主持与协调会出现各专业交接工作失误，工作成果互不调和甚至彼此矛盾的情况。

(3)单线程模式运作低效。

传统的"城市规划—建筑设计—市政配套—规划实施"的单时间线工作模式，往往使更新周期过长，推行困难，甚至中途因不可控原因废止。规划和实施断裂为不同阶段，造成设计与管理的分隔也是阻碍更新推进的重要原因。

此外，单线程模式易导致问题滞后显现而无法解决，空间规划及相关设计专业、市场分析和实施管理等应进行通盘考虑，从规划阶段之初即参与到项目中来，各专业和部门的工作须贯穿整个过程。

(4)行政实施效力低。

机构和程序的繁冗造成指令从申请到下达实施的周期过长，直接造成有价值的城市遗产等未能得到及时保护。重点项目指挥部须具备点对点的切实行政效力。

3 规划实施保障机制的建构与实践

3.1 新八大里地区更新项目概述

天津市原小白楼城市主中心存在着用地几近饱和、历史文化保护与新晋开发矛盾、交通与市政基础设施落后难于整改等制约问题，继文化中心及周边地区被拓展纳入城市主中心后，有着相对更多开发与更新可能的南部区域已然成为城市发展的重心所在。新八大里地区即位于该重点区域，是连接小白楼－文化中心城市主中心和天钢柳林副中心的重要廊带。该地区曾是陈塘老工业区，随着城市产业"退二进三"的进程，不少厂房已闲置。交通拥堵、业态衰退、基础设施老化、生活环境恶化、风貌特色消退等一系列问题凸显。能否盘活资源实现产业转型，成为中心城区新增长极；保护和发掘旧城区原有的工业遗存与地方文化；对接中心城区生态系统，并对整个系统结构进行提升与重塑，改善生态环境，是新八大里地区更新规划的三个战略目标，见图1。

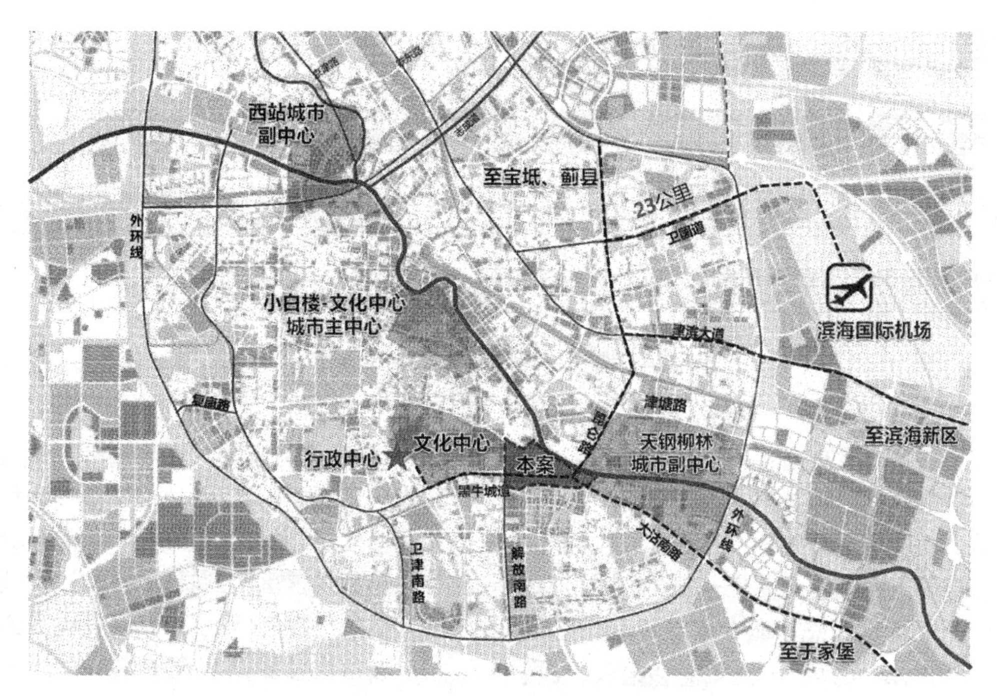

图1　新八大里地区的区位

（制图:高媛）

3.2　保障机制的建构及运作平台

因开发吸引各种行业,涉及多个部门,国外政府对区域重构型更新项目多采用“联席会议”的管理方式,于立项后即成立一个跨部门的办公室,包括规划、交通、公用设施、房地产等各行业的代表。“联席会议”具有行政机构授权的一定行政权力,某些“联席会议”直属中央政府,甚至“凌驾”于地方政府之上,负责组织规划、设计、开发、建造、招租直至物业管理[3]。这个“联席会议”是规划实施保障机制的基本平台,即协同工作组织,将“已规划”付诸“可实施”是规划的终极目标。

新八大里项目成立协同工作组织,有别于以往项目指挥部的简单模式,是有着系统的组织结构和运作机制的实施主体,包含行政管理、土地整理、测绘、市场策划与运营、招投标、规划、建筑、交通、市政、防灾、地下空间、生态、景观等十几家技术设计单位和管理机构,各方权责分明,既包含了规划及相关专业技术层面的协同,也包含了制度、政策、决策以及实践行动上的协同。

(1)政府牵头,规划专业主导。

政府的职能主要是组织和管理,行使其行政职能制定编制规则、设计制度,引导区域开发的大方向。规划师为协同工作组织中的主导,但不是规划设计的唯一抉择者,主要职能是引导和协同各专业部门工作,形成多学科整合与知识系统化的协作机制。规划编制更多成为专家间的一种协作过程,在规划师、建筑师、工程师、开发商、行政管理方、特殊利益(环境保护、历史保护)代表者和其他利益相关人角色之间重新划分。规划师的角色衍生为规划编制过程中的仲裁者(见图2)。[1]

(2)多时间线程,各专业齐头并进。

不同于传统单线程工作模式,各规划编制相关专业的设计师和工程师,于立项后即共同参与到规划编制工作中,在规划专业引导下协同工作,通过周期性的交流,反馈专业性的技术建议,从而影响着规划编制的工作方向。各专业间保持齐头并进的工作进度,在相互间的

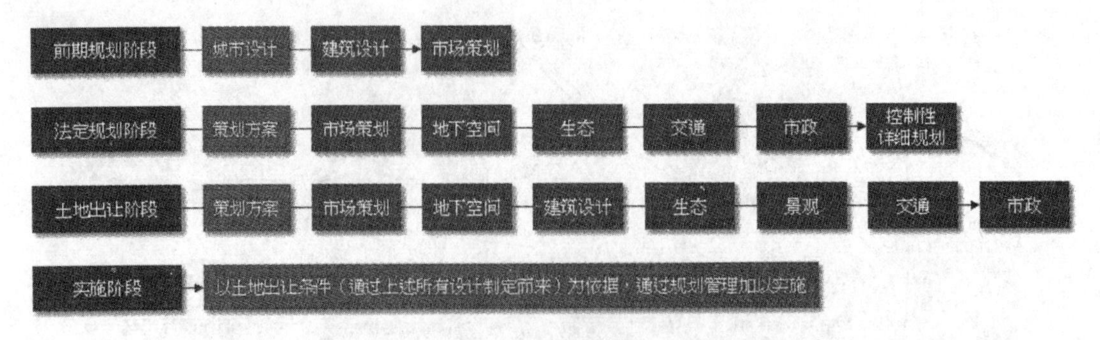

图2　规划专业在各阶段的主导作用

（制图：马松）

技术佐证下及时发现问题，在以共同的规划目标为利益出发点的仲裁下，权衡利弊因子并消解矛盾。这种多时间线程工作模式，使各专业共同参与了规划编制的整个过程，不再仅是被动地接受规划成果或其他专业制定的已批复的设计条件，从而具有了更大的话语权，在提高效率减少失误概率的同时，更易使规划达到最优效果。

3.3　规划实施保障机制的调控手段

任何时代的任何规划机制本质上都是为项目的实施建设而服务的，在各专业协同设计编制规划的同时，还须通过法律、经济、行政等手段同步进行强制性控制与引导性调解，以保障规划具备可实施与可管理性。

3.3.1　出让条件控制

在美国巴尔的摩内港区更新项目中，整个项目区的土地被均质划块后出租出卖，造成了建筑群体设计缺失；以“地块”为单位的设计彼此割裂和孤立；部分建筑体量过大，空间尺度失控等问题。归根结底是因为对分块土地开发缺乏整体的有效控制，市场主导会使开发自然的走向过商业化。如何以适宜的面积和限界、科学的方式划分开发和控制单元；如何在市场经济环境下，对开发进行强力有效的控制；如何使感性城市设计接轨理性实施管理，将设计师的蓝图最大效率实现为开发商的建设方案？

近年来天津创造性编制了“一控规两导则”①的开发控制机制。在控制性详细规划②层面粗化了编制内容，由地块平衡控制扩大为单元平衡控制，通过土地细分导则③再将控规的单元控制要求落实到具体地块，二次软硬兼施的开发条件控制，给予市场开发更大的弹性空间。城市设计导则实现了城市设计与开发控制管理的有机结合，可以将城市设计成果转化并纳入规范化、法制化的管理体系中。[5]

新八大里项目以连接天津城市主副中心的快速路黑牛城道为主要分界，在充分考虑城市道路分割、现状土地整理状况、各单元资源均衡分配、意向开发商开发能力与产品偏好等影响要素的基础上，将项目区划分为八大开发单元。在修详规深度的城市设计和初设深度的建筑设计④的成果基础上，整体编制“一控规两导则”。此外，为使整体城市设计最大效能落实开发，协同工作组织经多次讨论，首创“携方案出让”的控制模式，将同步规划进行的建筑策划方案附入各开发单元的土地出让合同中，对城市形象控制进行了具体说明：“开发地块的规划平面布局、空间形态、建筑

① “一控规”为控制性详细规划，“两导则”为土地细分导则和城市设计导则；

② 控制性详细规划是规划实施管理的直接法定依据，详见《城乡规划法》；

③ 《天津市城乡规划条例》中对土地细分导则的制定与实施予以规定，为其作为规划管理的依据提供法律支撑；

④ 城市设计与八大里的建筑设计同步同期进行，定期交流协商，共同推进设计方案。

高度等参考建筑策划方案，沿黑牛城道、复兴河两侧的建筑风格、外檐形式及环境景观应符合策划方案。如确需对局部进行调整的，不得影响总体规划布局及空间形态，并且以规划局最终审定的《建设工程规划许可证》为准。”

“一控规两导则”联同“携方案出让”的控制模式，对于对城市发展意义重大的大规模整体型更新项目，有着更高效的控制力和可实施性，最大效能实现规划编制到开发建设的转化①(见图3)。

3.3.2　利益关系调解

区域重构型更新项目往往波及众多利益相关人，政府、行政部门、开发商、现有和未来土地使用者、周边机构和住民等利益主体间存在着独立或交织的种种利益需求，衍生出众多共享利益和矛盾冲突。未对利益主体间的博弈行为进行预期与调解，会导致规划实施举步维艰。

新八大里陈塘老工业区内，目前一些厂房已闲置废弃，一些仍在生产，厂区宿舍及其周边有职工和住民居住。在协同工作组织的统筹下，同步于更新规划编制工作的推进，规划局和国土房管局相关部门通过出访和联席座谈等方式，就拆迁安置问题与利益相关人积极进行交流沟通。对于厂房废弃及意向搬迁的企业，依据《天津市工业东移企业国有土地使用权收购暂行办法》，就搬迁补偿、奖励措施和新厂区的选址安置等细则进行洽谈，了解其诉求及困难，对各项具体事宜指认权责，切实保障企业利益；无意向搬迁企业考虑就地安置，根据更新区规划，以征地补地的方式协商调整用地范围，同时将现状情况反馈给规划专

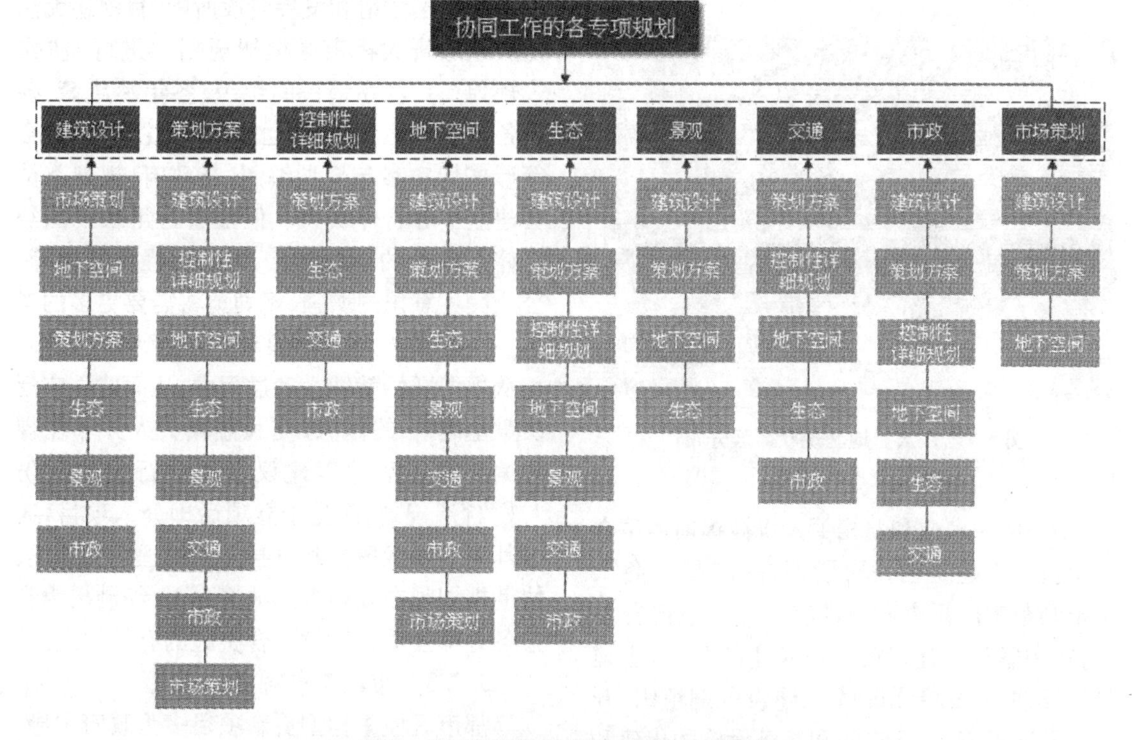

图3　相互影响和协同工作的各专项规划

(制图：马松)

---

① 应注意的是，这种模式开发控制度较高，因此不适用于独立小型地块和需特殊设计的地标型地块。

业，进行同步协调。对于拆迁区现住民，依据2012年国家颁布的最新拆迁法条例，在达成共识的基础上，依法对个体提供拆迁补偿和妥善安置；需保留的现状住区，了解住民对于周边开发的忧虑和诉求，严格控制周边开发密度、容积率、绿地率等居住环境指标，确保现状环境不会因开发而恶化，并使居住品质可得到优化与提升，住民可在更新中切实受益（见图4、图5）。

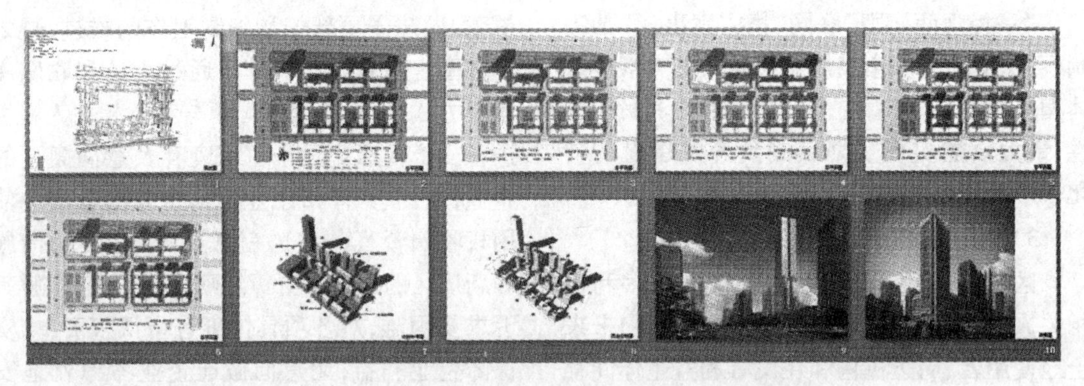

图4　作为土地出让合同附件的第三里建筑策划方案

（制图：博风建筑工程技术有限公司）

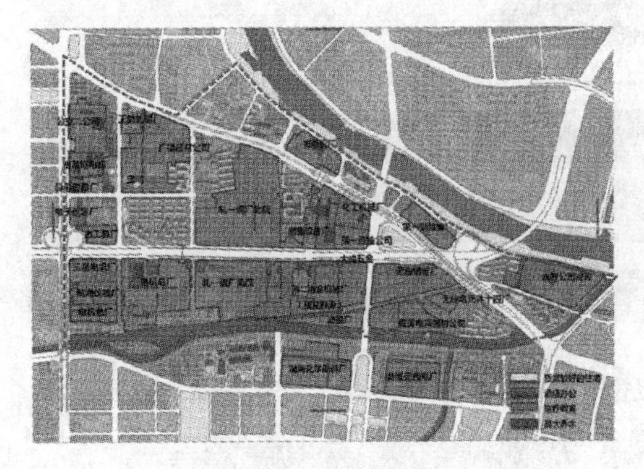

图5　新八大里地区现状厂区分布

（制图：李然然、栾鑫）

此外，未来的利益相关人也被提前邀请介入项目。在建筑初设阶段即进行“拟招商”，于全国范围内征集和邀请有实力的意向开发商，在主管规划建设的副市长主持下，就土地价值评估、开发单元选择①、建设分期组织、开竣工期限保障、地下空间和基础设施的代建和管理意向等双方关注的重点问题进行了深入座谈。意向开发商的提前介入，使规划和建筑设计有了更强的目的导向和市场接受度预估，实现了未来从规划到实施的无缝对接。

受我国国情和发展阶段所限，目前还无法仿效芝加哥大都市区框架规划[7]进行“协作式规划”，广泛邀请民间组织、各年龄族裔、各行各业的志愿者代表，通过网络、论坛、讨论会等形式切实参与规划编制，与政府、规划委员会建立平等合作关系。但随着近年来我国经济体制改革的不断深入、国际化程度的提升、公众民主意识的增强，规划愈将需要更多的考量。协作式规划理论倡导“将受到影响的人群从规划开始就纳入到过程中，从而建立广泛决策基础②”的做法，使利益相关人并非在规划编制完成后才以建议者和执行方的身份“被执行”规划，而是于立项后即介入项目，通过其对于现状情况和自身需求的理解和陈述，协助规划师在复杂多元的情况下，编制出为利益各方都接受并愿意配合实施的有效规划。

3.3.3　市场需求对接

都市区域重构型更新项目多为政府主导、

---

①　新八大里地区分为八个开发单元，以“里”为单位进行土地出让；

②　该项目的重要性决定了规划对于建设的整体控制力度较强，因此将建筑策划方案也纳入合同附件。

自上而下型的开发建设行为，近年来一些此类项目普遍存在着在大张旗鼓地编制规划和招商引资之后，实施却难以推进的现象。在市场经济背景下，政府主导型更新项目同样也须参与到用脚投票的市场竞争大环境中①。社会主义市场经济的完善和推进，要求政府把微观主体的经济活动交给市场调节[9]，政府自身也变得更加积极主动和“企业化”。

新八大里为典型的政府主导型都市更新项目，但有别以往，开发策略和规划编制不是被预先进行政治设定和全面管控，而是先期引入市场策划专业与意向开发商，并引导其与规划、建筑设计专业进行多次详细彻底的交流对接而协同拟定。政府职能则更偏于辅以设定开发规则的方式引导发展方向。

空间规划初设方案基本稳定后，基于土地出让可行性的考虑，即时进行了策划招标，经公正比选，中标团队正式介入项目，配合规划编制继续进行深入研究。市场策划专业对项目区及周边进行区域级的整体发展战略和定位研究；对商业、办公、公寓、住宅等各业态进行了产品特点归纳、市场调查、资源整理、市场供需分析、规模推算等技术工作；确定产品的开发种类和开发步骤，使产品切合现有市场需求，并引导未来需求和开发方向；最终针对规划方案提出布局和开发策略建议，对设计指标进行校验和调整，通过技术成果的反馈与规划专业协同进行对应的空间调整，确保规划落地可行（见表1和图6）。

表1　商业策划团队的调整建议

调整后比例		商业策划建议数值	商业策划建议理由	
	总建筑面积/万 m^2		总建筑面积/万 m^2	占比
商业	40	规划有集中商业，商业街、配套商业及地下商业等，为避免区域内同类物业形成竞争，降低经营风险，建议适当降低商业体量	53	17%
办公	60	办公类物业体量基本保持不变，以保证后期区域发展的产业带动能力，及职住一体的基本属性	55	17%
公寓	80	结合天津市场公寓类产品去化速度较慢、市场尚未成熟的现状，适当降低公寓体重，以减少市场去化时间，降低开发风险	75	24%
住宅	140	适当提高区域住宅类体量，缓解开发商资金压力	111	35%
酒店	9	暂无	7	2%
其他（教育等）	17	暂无	18	5%
合计		总体开发规模建议保持在330～320万 m^2	319	100%

① 正如赵燕菁在《新制度经济学视角下的城市规划》中所阐述的：政府是一个企业；政府是一个“理性而自利”的组织；政府不是市场的对立物，而是市场的一部分。

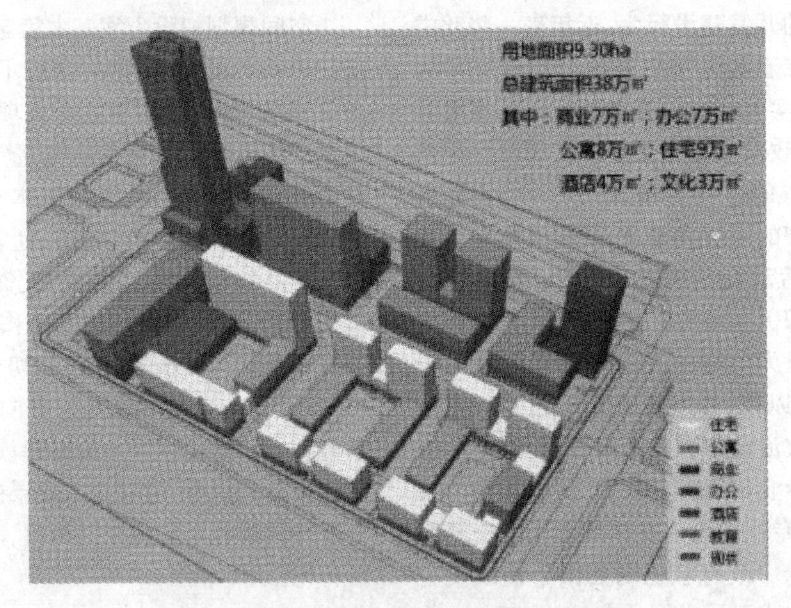

图6　第三里的业态调整建议及配比示意图

（制图：北京世邦魏理仕物业管理服务有限公司）

此外，"拟招商"后基本确定的意向开发商，在协同工作组织统筹安排下，分别与意向开发地块对应的建筑设计专业进行提前对接，初步了解设计方案并就开发方向和偏好提出建议。建筑设计专业在市场策划专业建议和开发商市场经验的佐助下，酌情进行方案调整。

3.3.4　社会公益保障

在开发过程中，社会、公益、文化等相对弱势因子的利益表达、协调和保障，需要通过科学预期，提前争取权力机构的支持与协助。

新八大里地区曾是天津著名的陈塘老工业区，现状厂区内有不少保留完好的厂房、成规模的厂树和废弃的货运铁轨。经测绘专业现状踏勘后，决定对厂房、厂树和铁轨制定专项保护规划，保留地区的工业记忆，为未来的新八大里留下地方文脉并形成良好的生态环境（见图7、图8）。为避免划定保留的建构筑物和植物在土地整理过程中被误拆误毁，协同工作组织携第一时间整理出的测绘成果，以特批权限走最短程序以最快速度向权力机构提出申请。行政主管部门经考量，编制并向有关部门及时下达了附有精准测绘和保护图纸的《关于土地整理过程中的厂房、厂树和铁轨保护的函》，切实确保文保规划留其所保。

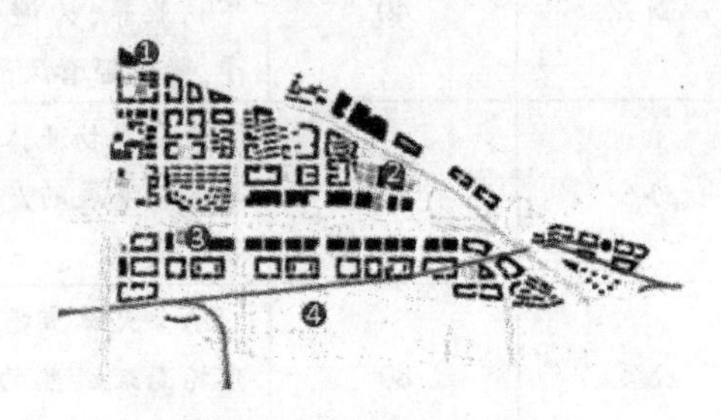

图7　工业厂房和铁轨的保护规划

（制图：高媛）

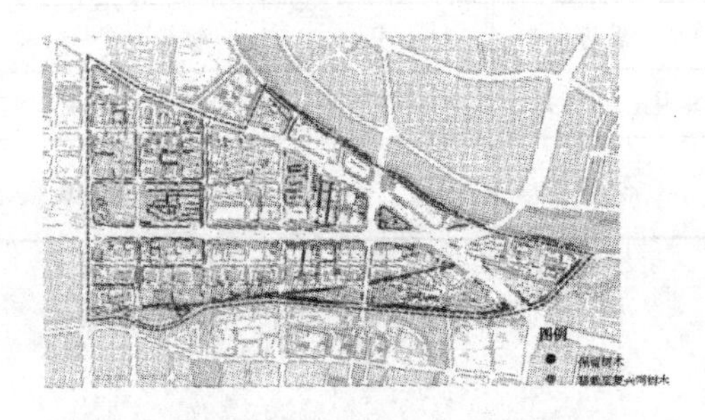

图8　根据树木测绘制定的厂树保护规划

（制图：天津测绘院、德国戴水道公司）

4 应用拓展

笔者在进行“天津市中心城区东南部重点区域规划提升”的研究中,通过将文化中心周边地区(城市主中心拓展区)、解放南路地区、天钢柳林地区(城市副中心)、新八大里地区等各地区规划拼合后,站在全局视角重新审视,发现各项目区间存在着定位重置、城市轴线与开放空间不搭接、相邻区域建筑风貌差异大等问题(见图9)。当前进行的城市更新,一般是以单体项目范围为单元逐个进行规划和施工,项目各自为政,缺乏必要的有机联系,加之建设时序混乱,相邻项目间彼此相绊,直接影响到整个中心城区的重构与提升。整体调控的缺失,使规划层面的问题随着建设实施逐一显现并愈加恶化。

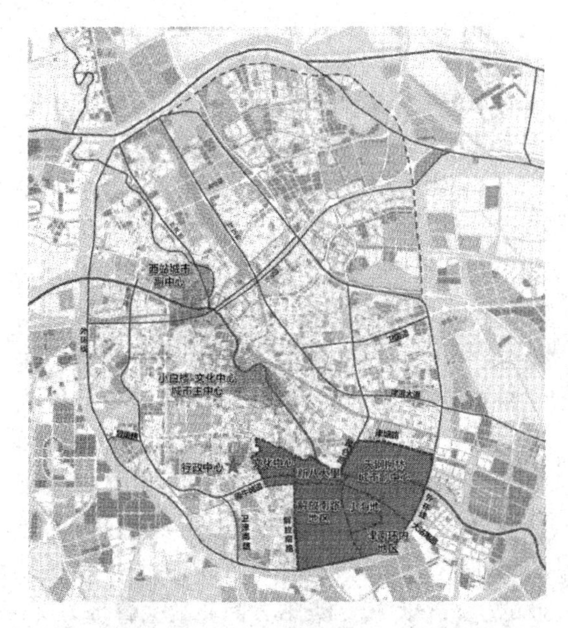

图9 《天津市中心城区东南部重点区域规划提升》的研究范围

(制图:高媛)

笔者希冀可将规划实施保障机制通过理论推广和平台拓展,促成天津中心城区市级项目统筹的协同工作体系的建构,站在更广阔视角、更大空间范围和更长远的时间周期内,对规划与开发进行综合性的整体调控,使整个中心城区有序更新,实现天津城市发展与能级提升,逐步走向国际化水平的大都市。

(注:新八大里地区更新规划天津规划院愿景公司工作组参与人员包括马松、高媛、李然然、栾鑫等,感谢天津市规划局、天津市筑土建筑设计有限公司及各家设计单位对本研究的贡献,特致谢忱!)

参考文献

[1]北尾靖雅.城市设计协作方法[M].胡昊,译著.秦丹尼,审校.上海:上海交通大学出版社,2010.

[2]周一星.城市地理学[M].北京:商务印书馆,2003.

[3]张庭伟.滨水地区的规划和开发[J].城市规划,1999,23(2):33,50-55.

[4]唐子来,以怎样的价值取向引领城市更新——唐子来教授在上海城市规划展示馆的演讲,http://newspaper.jfdaily.com/jfrb/html/2014—11/01/content_31718.htm,2014—11—01,05:思想者,稿件来源:解放日报.

[5]中国建设报社出版技术部,创新控规编制 描绘滨海美景——天津市规划局局长尹海林谈创新控制性详细规划编制,http://www.chinajsb.cn/gb/content/2009—09/08/content_287209.htm,2009—09—08 10:11:36.

[6]罗艳,王星然.我国区域城镇体系规划实施保障机制框架建设研究[J].世界科技研究与发展,2008—07,Vol30,No2:28-232.

[7]刘刚,王兰.协作式规划评价指标及芝加哥大都市区框架规划评析[J].国际城市规划,2009,24(6):34-39.

[8]赵燕菁.新制度经济学视角下的城市规划(上)[J].城市规划,2005(6):40-47.

[9]赵燕菁.新制度经济学视角下的城市规划(下)[J].城市规划,2005(7):17-27.

[10]创建者:Rachel_kan,百度百科专有名词“政府职能转变”,http://baike.baidu.com/link?url=wrDPA-c0K_BtHEUlnAnkepCUuu4nsyGylLkmXpshs0GXEpB3pqqCf67Tm0ixJejp,2014—07—11.

城市生态空间规划实施的多尺度管控方法应用

刘晟呈
（天津市城市规划设计研究院）

摘　要：本文借鉴了国外生态空间管理在理论方法、技术手段和管理工具方面的经验，研究梳理了国内城市生态用地规划实施管控的措施，分析了目前存在的问题：由于在微观尺度的生态空间规划管理方面还缺失管理方案，缺乏有效的管理工具，抑制了上位宏观大尺度和中观中尺度生态空间规划的生态保护效率，难以具体落实操作。文章运用景观生态学、环境科学、地理信息系统学等多学科知识，以天津市滨海新区生态空间规划实施管控为例，分别从生态空间管控规划设计、生态空间管控规划实施保障、生态空间管控规划实施监测、生态空间规划实施效果评估四个方面，按照《城市规划编制办法》任何范围的规划都采取逐级深化的原则，采取从微观尺度着手绘制生态单元格绘图的方法，实际应用滨海新区城市生态空间规划实施的多尺度管控的方法，增强城市生态空间规划实施多尺度管控的可操作性，有效落实上位生态空间规划，同时提出城市不同尺度生境监控、分析、评估、生态修复和生态用地利用最优化建议，旨在提高城市生态空间规划实施管控的治理现代化能力，优化治理过程的生态环境。

关键词：生态空间规划实施管控；多尺度；微观尺度；生态单元格

随着工业化和城镇化快速发展，我国资源环境形势日益严峻，生态系统退化严重，生态用地大幅减少。针对这一问题，国家制定了《全国主体功能区划》，并印发了《全国生态保护红线划定技术指南》，旨在构建和强化国家生态安全格局，遏制生态环境退化趋势，力促人口资源环境相均衡、经济社会和生态效益相统一。据此，许多城市都编制了各类生态空间管制规划，这些规划大都根据宏观市域尺度或根据市域重点保护范围这样的中观尺度编制，并采取分区县方式着手实施这些生态用地保护规划。按照《城市规划编制办法》任何范围的规划都采取逐级深化的原则，由于在微观尺度的生态空间规划管理方面还缺失管理方案，缺乏有效的管理工具，生态空间的管控无法逐级深化，抑制了上位宏观大尺度和中观中尺度生态空间规划的生态保护效率，难以具体落实操作。为了增强城市生态空间规划实施多尺度管控的可操作性，亟需梳理现有的国内外城市生态空间规划实施管控方法，探索城市生态空间规划实施的多尺度管控方法。

1 国外城市生态空间规划实施管控方法研究

1.1 在生态空间管控规划设计方面

一是通过进行 Biotope 生态单元制图设计,规划管理自然环境保护优先区,保护大型绿地或空地,实施种群与生态单元保护计划,建立生态单元联合体等。这是一种将全市域范围的空间划分为微观小尺度生态单元,并对每个单元进行生境调查评估分析,进而提出管控措施的方法,是专门为生态空间规划管控设计的基础工具。它的应用有利于设立不同类别的生态保护区,并可为具有生态功能的区域提供保护准备、执行保护、管理和发展措施。如德国柏林通过 Biotope 生态单元制图的方式(图1),将自然保护区的比例从占城市面积的1.6%提高到3%,景观保护区域的面积从11%提高到20%。

二是通过形成广域绿色生态网络来实现对自然的保护和生态的平衡。它将人口稠密地区的开敞空间创建成一个跨区域的开敞空间网络,并且进行强化稳固,以形成连续的绿色连接通道,减少因发展带来的土地破碎化等负面影响。如捷克基于 LANDEP (landscape-ecological planning)的景观生态稳定性网络规划,通过运用景观生态学的方法,在提供丰富的基础生态数据之上,科学评价与比较生态空间规划实施的生态效益,提供解决减缓景观破碎度分析(图2),进而提出景观利用最优化建议。

三是通过开发设计生态环境综合信息地图系统,向规划决策者和普通市民提供数据、地图、信息和工具来分析自然、人类健康、福祉和经济发展之间的关系,以及规划实施对脆弱生态系统的影响。如美国2014年5月向全美推出的 EnviroAtlas 系统交互一站式生态系统地理信息数据库(图3),包含近300个数据层,综合了数十个政府部门和研究机构采集的全美规划、交通、商业、公众健康、污染物排放和基础自然资源等数据,模拟不同的决策情景分析如何影响生态系统提供商品和服务的能力,更好地理解各种不同决策的潜在优势和缺点,并为用户提供可视化服务。

1.2 在生态空间管控规划实施保障方面

主要是采用多层次、多尺度、多种管控策略的多管齐下方式:一是制定多层次的法律法规政策,如美国、日本、德国等国家通过国家立法、区域和城市的立法,形成了纵横交叉的生态空间管理法律法规体系;二是在不同尺度上,对生态重要性和可能因开发而导致的生态网络脆弱性地区进行优化,构建动态、系统的整体保护战略和多尺度构架,引导城市空间合理拓展;三是多种管控策略,如德国柏林为保证绿地等生态用地在用地结构中的比例,实行土地利用逆向管理,同时实行保护绿地占补平衡的法律,即建设用地占用一块绿地,需要专业部门对占用情况进行评估,确定补偿费用,项目开发商一次性缴清费用,再由政府利用此补偿经费建设一块公园绿地进行补偿。

1.3 在生态空间管控规划实施监测方面

主要是对土地生态功能实施动态监测:一是在绘制生态单元格制图的基础上,运用栅格 GIS 的图像处理技术(Raster-Based GIS)、彩色红外航空摄影技术(CIR Aerial Photograph)、卫星遥感技术(satellite RS)、航空成像高光谱技术(Airborne Hyperspectral Imaging)等技术对每个生态单元内具有生态功能的用地进行动态监控;二是监测范围主要集中在热点城市区、生态脆弱区以及典型地区;三是监测内容关注土地覆被的时空变化性,及其对大气、生物植被、人类活动的干扰以及人地关系。

1.4 在生态空间规划实施效果评估方面

主要是实行动态评估的方式:一是伴随规划的全周期,分为规划预评估、规划编制评估

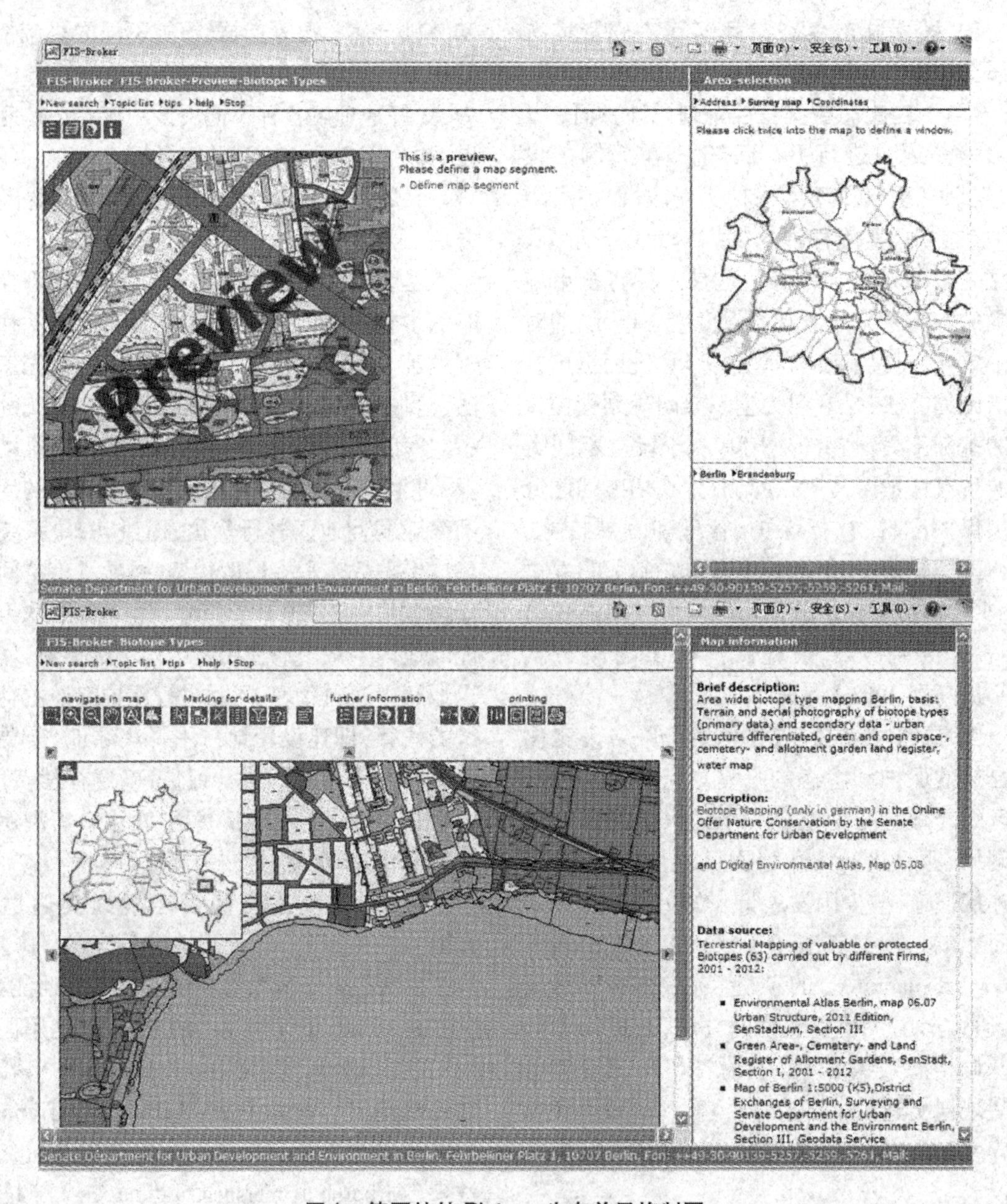

图1　德国柏林 Biotope 生态单元格制图

和规划实施后评估三个阶段的评估，如美国的环境评价一直贯穿于美国整个规划过程中；二是公众全面参与，如美国公众参与城市管理已经非常多样化，像 EnviroAtlas 交互一站式系统即对全美普通民众全面开放，公众可以在这个系统的城市生态空间规划实施在城市生态环境和生活环境中带来的影响，以及建设项目对周围环境的全方位影响；三是结合景观生态学、地理信息系统和环境科学等领域知识共同评估城市生态空间规划实施效果和规划政策决策建议。如德国的 BIOTOPE 生态单元制图和捷克的 LANDEP 景观生态稳定性网络规划都是将这三个专业的技术方法相结合，基于 PSR(Pressure-State-Respone)压力－状态－响应的生态学思想，在基于大量多元数据分析的基础上，对生态空间进行评估并提出最优化建

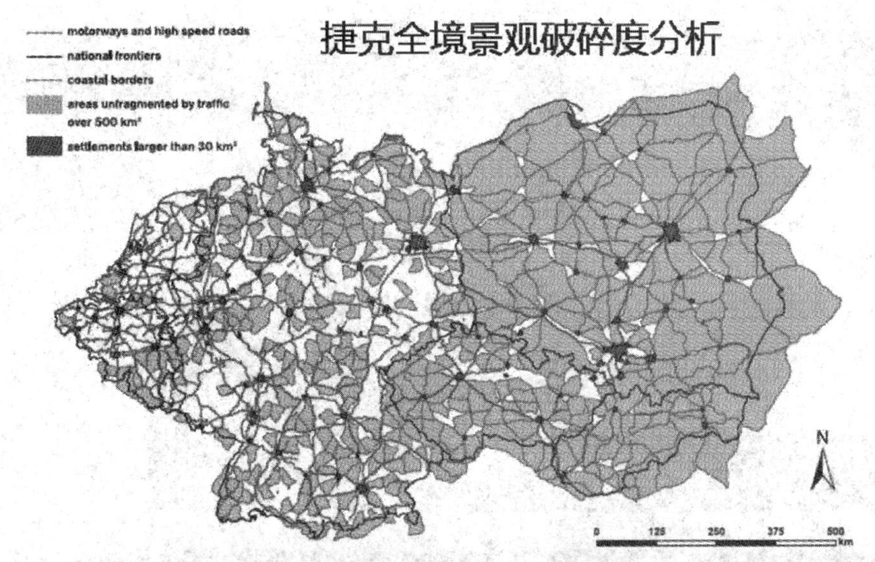

高速公路建设后对周围生态景观产生的影响

图2 捷克景观生态学分析景观破碎度

议。

小结：国外城市的生态空间规划实施管控最重要的特点是立足于基础微观尺度生境数据采集与分析，需要多专业方向人士一同作业，按照划分的生态单元，逐一完成每个单元内的土地覆被利用、生境物种清单、人类活动影响的评价工作，并绘制成生态单元格图谱。这种方法主要是运用景观生态学、环境学、生物学和地理信息系统学，通过调研和生态数据分析与挖掘，提供某一特定范围景观的科学评价和最优人类活动方案，并对此范围的生态空间规划实施情况和时空变化进行跟踪监测，为城市生态空间规划提供决策依据。这种方法可以应用于不同尺度的生态空间规划实施管理，既可以达到全范围覆盖，也可以选择典型地区进行绘图，并进行评价分类，提出生态空间规划实施的分类管控措施。目前，这种方法在我国还属于研究初级阶段，在实践领域还属于空白阶段。

2 国内城市生态空间规划实施管控方法研究

2.1 在生态空间管控规划设计方面

主要分为三种类型的控制型规划。一是边界控制型规划，通过划定一条清晰的空间界

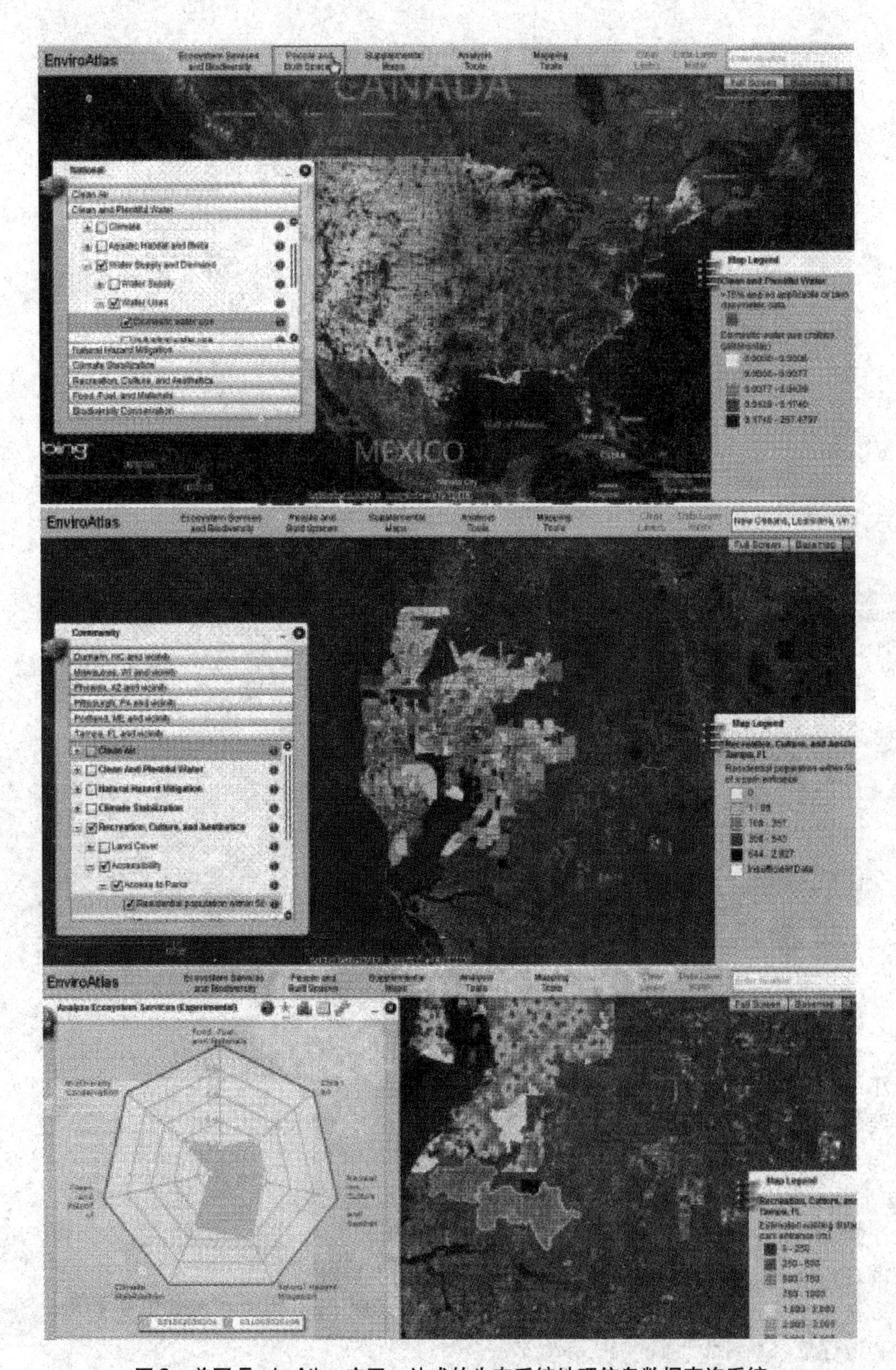

图3　美国 EnviroAtlas 交互一站式的生态系统地理信息数据查询系统

限，限制城市的发展规模，明确城市非建设保护范围。如2005年深圳市率先在国内建立起基本生态控制线管理制度，同时出台了《深圳市基本生态控制线管理规定》。二是禁限建区规划，来源于生态要素分层叠加分析方法。通过对生态要素进行重要性评估，确定保护与利用的级别。如北京市2005—2006年编制完成的《北京市限建区规划(2006—2020年)》。三是分类控制型规划，是在生态空间结构型规划的基础上，对生态空间要素进行分类识别和整合，提出非建设用地规划内容和控制要求。如2010年上海市规划国土局会同市绿化市容管理局等部门编制的《上海市基本生态网络规划》(图4、图5)。

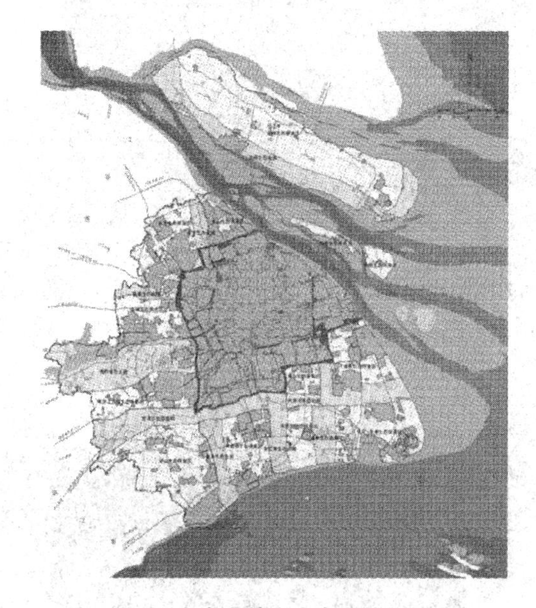

图4　上海市基本生态网络规划

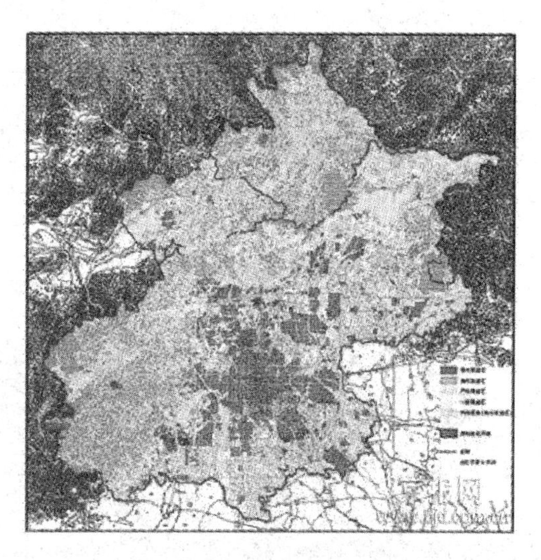

图5　北京市限建区规划

2.2　在生态空间规划实施保障方面

主要是制定相应管理规定：一是加强方案审核和环评；二是对于生态控制线范围内，在相关规划颁布实施前已签订土地使用权出让合同，但尚未开工的建设项目，进行重新审核；三是持续优化生态空间规划，不断深化维护生态空间规划的管理工作。如在《深圳市基本生态控制线规划》实施6年后，随着城市不断地向外扩张，以及城市功能区的改变，优化基本生态控制线(图6、图7)。在保证深圳市基本生态控制线范围总量不减的前提下，调入基本生态控制线范围以山体林地和公园绿地为主的用地，调出基本生态控制线范围在基本生态控制线划定前已建成的工业区、公益性及市重大项目建设用地。

2.3　在生态空间规划实施监测方面

主要是以市域范围内大尺度生态用地为监测对象(图8)。主要技术方法：一是基于RS、GIS、GPS(全球定位系统)和网络云数据等高新技术，快速获取与处理城市现状空间信息；二是采用RS、地形、总规、分规数据比对和专家判读的方法，实现大范围、可视化、短周期的动态监测效果，为政府宏观决策和依法行政提供科学依据；三是长期的和制度化的监测，具有定量和客观的特征，能够有效地震慑城市违法违章建设活动，监督生态空间规划的执行。

2.4　在生态空间规划实施效果评估方面

主要是综合生态学相关领域知识，如景观生态学、植物学、环境学、气候学等，评价生态空间规划实施后的生态响应参数和城市生态效益。如在《上海市基本生态网络规划》规划实施3年后，从气象学和生态学的角度分析验证基本生态网络规划的科学性和合理性。历时2年的研究论证，运用气候模型和遥感手段，结合不同下垫面的气候、生态响应参数，对

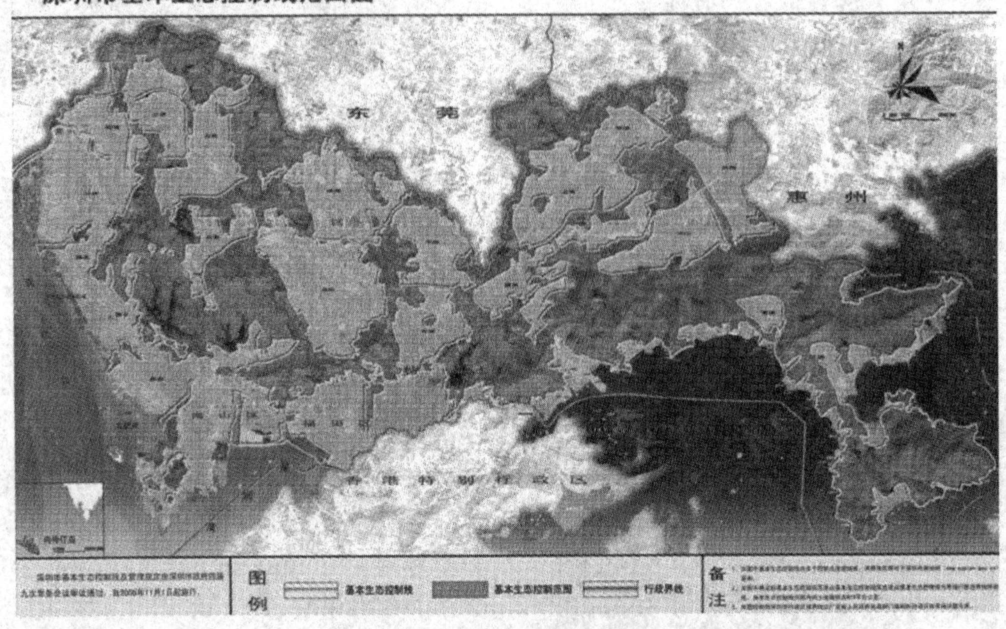

图6　深圳市基本生态控制线规划

图7　深圳市基本生态控制线优化调整方案(2013)

比了现状和规划实施后的其后效应和生态效益。

小结：根据《城市规划编制办法》的要求，从可操作性的角度出发，不同范围的空间管制

土地利用总体规划执行情况监测

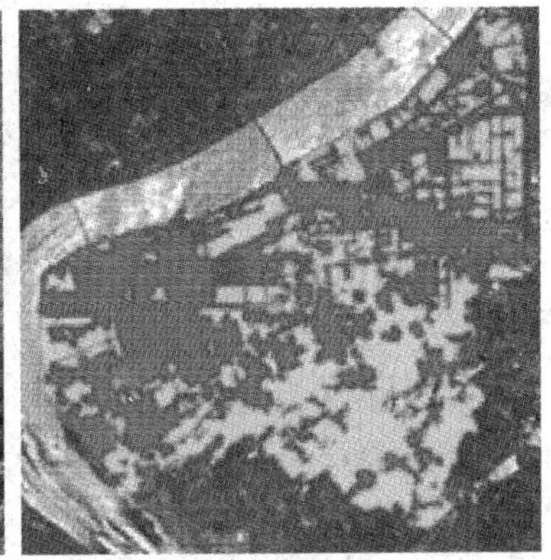

复核规则修编监测

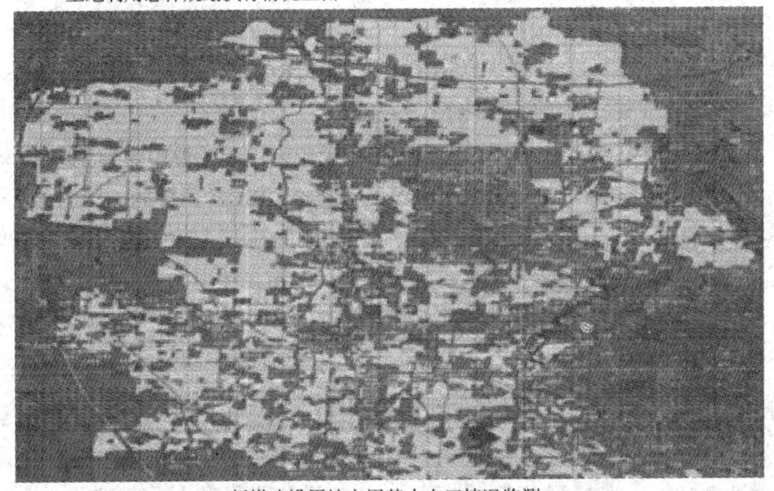

新增建设用地占用基本农田情况监测

图8　中国国土资源航空物探遥感中心对某地块土地利用总体规划执行情况的监测

要采用逐级深化的方法，因此一套完整的城市生态空间规划管控应包括宏观大尺度、中观中尺度和微观小尺度三个层次逐级深入的管控方案。截至目前，国内城市的生态空间规划实施管控还停留在宏观大尺度和中观中尺度的阶段：宏观大尺度是对全市域划分为禁限建区，中观中尺度是对市域范围内永久保留的生态用地进行确界并划定生态红线的方法。这两种尺度的管控方法，需要在微观尺度上进行深化或衔接，以便有效地落实和管理，但是，在微观尺度上的研究属空白阶段，缺乏有效的管理工具，因而只能采取分区县落实的方式。在实际规划实施中，由于地方各方利益的博弈，大尺度和中尺度的生态管控规划难以贯彻执行，导致生态用地并未达到相关管控规划的预期，无法实现有效监管。因此国内城市有必要从微观尺度上，迅速深入开展生态空间规划实施管控方法的应用研究。

3　天津滨海新区生态空间规划实施多尺度管控方法应用研究

在当前的城市生态空间规划实施管控中，城乡规划、土地利用总体规划、生态用地保护规划和环境保护规划及其他规划之间，缺乏统一协调的机制、标准、数据体系。然而生态空间规划实施管控的各个相关管理单位，虽然都在其管辖范围内做了大量工作，各司其职，但是由于彼此衔接不足以致冲突频现、矛盾频出，导致生态用地的相关规划如空间管制规划、生态红线规划等难以操作落实。

3.1 在生态空间规划管控设计方面

天津滨海新区在生态用地保护管理方面，在宏观尺度上有土地利用规划、空间管制区划，在中观尺度上有正在编制的生态保护红线划定规划等。由于滨海新区范围2270平方千米是在原有四个区的基础上组成的，相比中心城区和远郊区，分区县落实全市空间管制区划和生态红线规划有一定难度，急需研究出从微观尺度着手管控生态用地规划实施的方法和工具。因此，吸取上述国外城市生态空间管控的经验，研究绘制了滨海新区生态单元格制图。主要方法步骤如下。

一是对滨海新区进行全范围生态用地景观格局分析：采取以遥感监测为主，地面监测及地面数据的采集为辅，与地理信息系统和全球定位系统相结合的立体监测技术手段，全面获取新区2013年空间数据，深刻分析新区的景观生态格局。在提出面向生态空间规划实施监测的生态用地一二级分类方案的基础上，选取每类用地11个景观格局指数进行分析。采用遥感目视解译、GIS空间分析和FRAGSTATS景观斑块分析等技术手段，对滨海新区生态用地图斑进行提取，运用景观指数空间分析方法分析新区景观格局，包括景观要素斑块分析、景观异质性分析、景观多样性分析、景观斑块破碎度分析等，高度浓缩景观格局信息，反映其结构组成和空间配置在某些方面的特征，定量表达景观格局和生态过程之间的关联（图9）。

二是划分生态单元，并对单元内斑块结构进行评价分类：将滨海新区进行网格划分，每个网格设定为5 km×5 km，共160个评价单元，将前步骤数据提取，带入Fragstats计算出每个单元格内景观斑块格局指数，识别每个单元的生态质量。依据对160个生态单元的斑块指数分析，建立景观斑块指数评价体系，在评价基础之上划分为四个类别的生态单元。利用ArcGIS中的Natural Breaks等级划分方法，使得类内差异最小、类间差异最大，共分为4个类别（图10）。

三是对滨海新区生态空间生态单元进行评价分类，建立分类单元生态环境综合信息图谱，可视化表达每个单元内土地利用覆被变化对生态环境的综合影响。

由于城市生态空间不只是植物、动物、微生物栖息、代谢的自然生境空间，它包括生物栖息、代谢的自然生态和人类生产、生活的社会生态两类空间，两类空间是相互重叠、相生相克、相辅相成的。因而，当我们研究某种尺度的生态用地保护时，离不开研究它所占据的物理空间，以及空间中动植物和人类的各种活动对其的依存和干扰。因此当一系列生态用地规划相继推出时，在实际实施管理操作中无法孤立看待生态用地被侵蚀等问题，例如：如何动态监管已出让土地对生态用地的侵占问题，如何实时监控生态用地周边违规建设项目造成的污染现象，如何管理生态用地保护界限内的已建设项目和控制人类活动对生态用地造成的影响等等，这些问题需要相关管理部门提供生态环境综合信息数据分析。

生态环境信息图谱就是对上述问题的数据反映，是生态环境的时空特征及规律的概念性表达。它所反映的是在某一特定的区域内，生态环境这一地理对象在空间上的属性和特征、在时间上的变化过程，建立信息图谱的过程就是对生态环境的认知过程，所形成的图谱就是这一认知结果在图形上的表达。它应当包括生态空间景观斑块空间格局分析图谱（包括遥感影像数据、地形图数据、生态用地分类矢量数据和栅格数据，赋予生态单元ID码，并用此码关联空间数据和属性数据）、景观生态空间时空动态变化分析图谱、生态环境要素特征数据分析与可视化表达（包括土壤

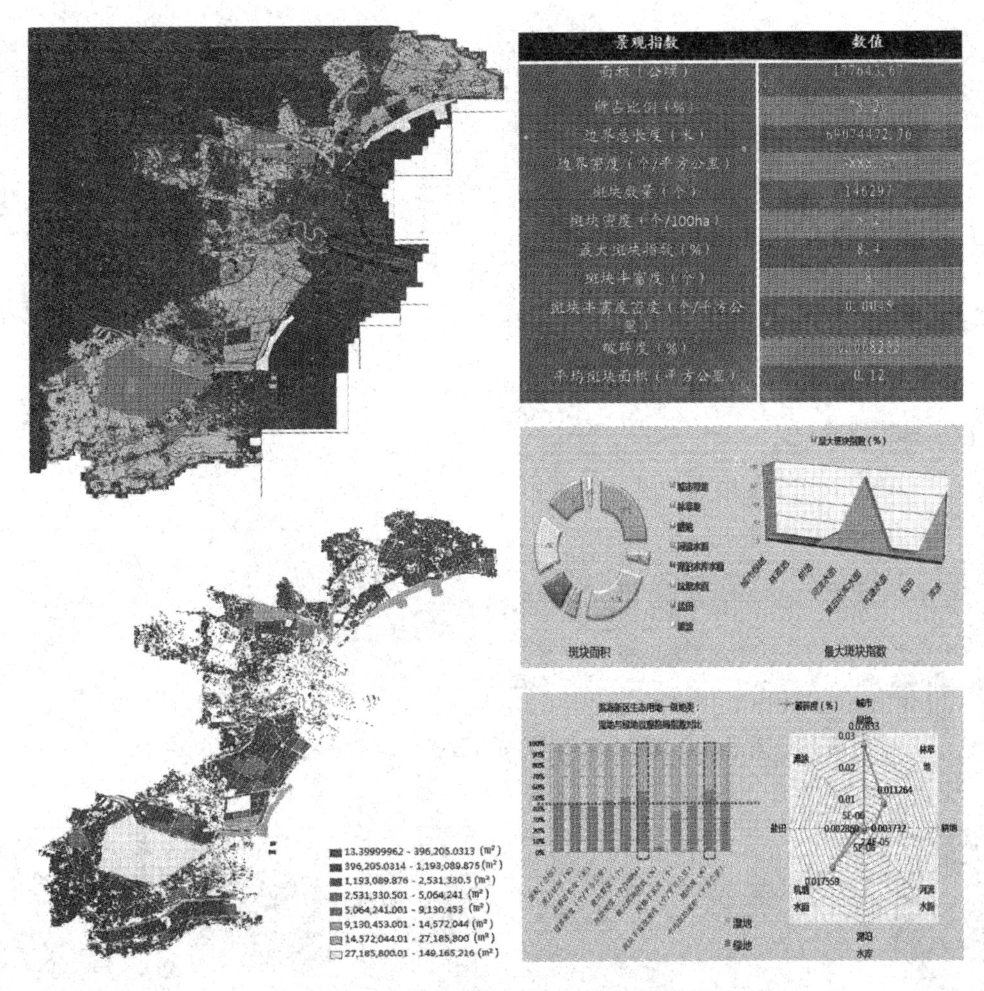

景观指数	数值
面积（公顷）	177643.67
所占比例（%）	[illegible]
边界总长度（米）	69074472.76
边界密度（个/平方公里）	[illegible]
斑块数量（个）	146297
斑块密度（个/100ha）	8.2
最大斑块指数（%）	8.4
斑块丰富度（个）	8
斑块丰富度密度（个/平方公里）	0.0045
破碎度（%）	[illegible]
平均斑块面积（平方公里）	0.12

图 9　滨海新区生态空间信息解译与景观格局指数分析

要素、大气环境、风环境图谱和热环境图谱、动植物群落和迁徙路线、宏观尺度和中观尺度的生态用地保护管理规划）等（图 11）。

3.2　在生态空间规划实施保障方面

主要是执行相关法律法规并提出生态单元分类管控措施：一是严格落实宏观大尺度和中观中尺度的相关土地利用规划、空间管制区划和生态红线规划；二是对生态单元提出分类管控策略。如一类单元管控措施，是在综合分析一类单元景观格局分析图谱和生态环境综合信息图谱所表达的信息基础之上，提出管控措施和生态修复建议：应当规定生态绿地优先建设原则，凡是生态绿地没建完的建设项目不得开工；对已批复还未建设的项目，与项目关联的绿化，不同步完成不验收；对于已被建设项目切割的景观斑块，规划沿建设项目周边公路、河岸带，规划线状、带状和河流生态廊道，连接破碎斑块，增加生境斑块的连通性；按照人均公共绿地率标准，适度增加城市绿地，即扩大已有的生境斑块，修建新的生境斑块，并连通已有生境斑块等。

3.3　在生态空间规划实施监测方面

主要是利用遥感影像和相关景观分析软件对滨海新区生态空间定期进行多尺度监测和数据分析更新：一是采取每季度记录影像留档方式，比对生态用地空间管理规划，核查规划实施情况；二是定期对生态单元内建设项目景观格局分析图谱和生态环境综合信息图谱

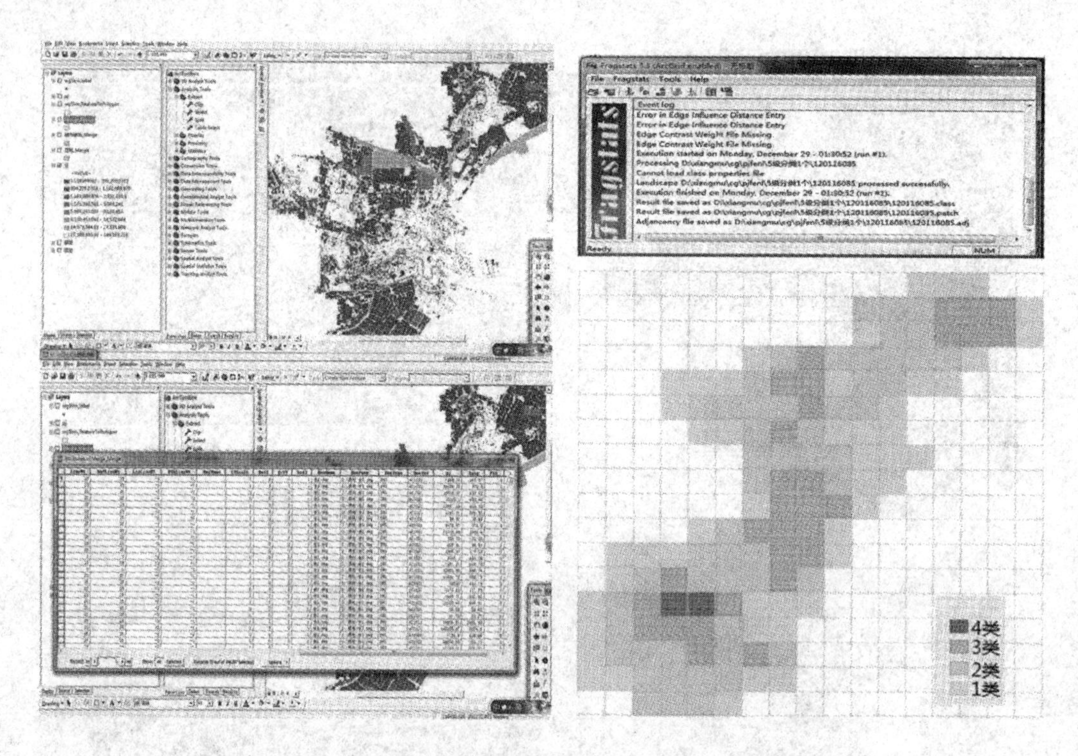

图 10　采用 GIS 空间分析和 FRAGSTATS 景观斑块分析等技术手段

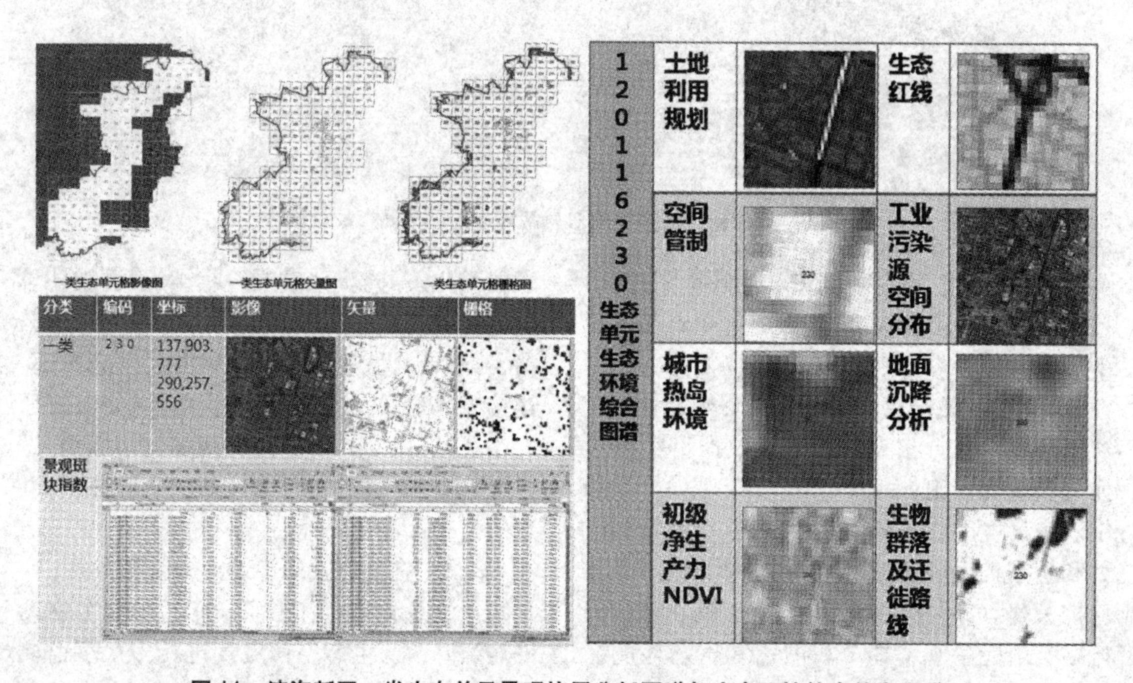

图 11　滨海新区一类生态单元景观格局分析图谱与生态环境综合信息图谱

进行动态更新，并在每年末生成年度生态空间分类生态单元动态变化报告；三是多尺度监测，采用生态单元格监控的方式，可以在不同尺度内进行遥感监测动态变化，可实现同时得到全生境、典型地区、生态敏感区和某一类生态单元的多尺度监测分析报告。

3.4 在生态空间规划实施效果评估方面

生态单元格制图主要包括景观格局分析图谱和生态环境综合信息图谱。其中景观格局分析图谱在管理上可以对每个生态空间内的生态用地规划实施进行动态评估。生态环境综合信息图谱,可为单元内建设项目核准和批复提供环境影响报告。由于采取的是动态监测制度,因此,也可应用于滨海新区城市规划实施年度报告。

4 结语

上述研究借鉴了国外生态空间管理在理论方法、技术手段和管理工具方面的经验。针对滨海新区生态空间规划实施管控,当前面临建设用地需求量大、生态用地退化趋势严重的问题,弥补生态空间管控在微观尺度缺乏衔接上位宏观大尺度和中观中尺度生态用地规划的空白,提出设计滨海新区生态空间微观尺度的生态单元格绘图的方法,应用于滨海新区生态空间规划实施的多尺度管控。这种方法是把滨海新区生态空间的综合信息以二进制形式转化成数字得以存储和传递,是一种以生态环境大数据作为城市生态空间规划实施管控治理现代化的科技型技术,可以把关联性分析运用到海量数据上来预测生态空间发展趋势,为解决现实的城市生态空间规划实施管控难题提供了全新的技术支撑,能够优化治理过程的生态环境,扩展制度设计的弹性空间,是一种积极的城乡规划实施管控治理方式。这种方法不仅可以落实上位法定生态规划,并且可以提供城市全生境监控、分析、评估、生态修复建议和生态用地利用最优化建议,增强生态用地管理的可操作性。基于景观生态学微观尺度设计的生态单元格绘图应用于城市生态空间规划实施的多尺度管控在国内尚属首次尝试,未来可基于生态单元格分类系统数据库深化开发为城市生态空间规划实施管控的一站式信息平台,为生态空间管理相关单位如规划局、国土局、环保局、林业局、水务局、市容园林委等单位建立生态环境综合信息大数据共享交互,为城市建设发展和生态保护提供决策依据。

参考文献

[1]李明财,郭军,熊明明.基于遥感和GIS的天津建成区扩张特征及驱动[J].生态学杂志,2011,30(7):1521-1528.

[2]陈本清,徐涵秋.城市扩展及其驱动力遥感分析——以厦门市为例[J].经济地理,2005,25(1):79-83.

[3]Tania D M, Loez T, Aide M, et al. Urban expansion and the lossesof prime agricultural lands in Putero Rico[J]. Ambio,2001,30:49-54.

[4]李明财,刘德义,郭军.天津地区各季植被NDVI年际动态及其对气候因子的响应[J].生态环境学报,2009,18(3):979-983.

[5]秦鹏,陈健飞.香港与深圳土地集约利用对比研究[J].地理研究,2011,30(6):1129-1136

[6]邬建国.景观生态学——格局、过程、尺度与等级[M].北京:高等教育出版社,2007.

[7]李建新.景观生态学实践与评述[M].北京:中国环境科学出版社,2007.

[8]毛建华,沈伟然.天津滨海新区土壤盐碱与污染状况及土地利用的思考[J].天津农业科学,2005,11(4):15-17.

[9]翟可,刘茂松,徐驰,等.盐城滨海湿地的土地利用/覆盖变化[J].生态学杂志,2009,28(6):1081-1086.

[10]AH.罗宾逊,.RD.赛尔,JL.莫里逊,等.地图学原理[M].李道义,刘耀珍,译.北京:测绘出版社,1989.

[11]GoodeDA.英国城市自然保护[J].生态学报,1990,10(1),96-105.

[12]1HerbertSukoPP, UrbnaEeologynaditspa-PlicationinEuroPe, In: H. SukoPP, 5. HejnynadI. Kowk(eds), UbrnaEeoloyg, PlnatsnadPlnatcommu-nitiesinurbnaenviromnents, SPBAeadeePublishing, TheHague,1990.

[13]李建新.德国人文聚落区生态单元制图国

家项目[J]. 生态学报,2003,23(3):588 -597.

[14] 姜淑君. GIS 在城市规划中的应用[J]. 科技信息,2013(23).

[15] 孙旭红. RS GIS 在城市规划监测中的应用[J]. 太原师范学院学报,2006,5(1).

[16]汤小林. 浅析 GIS 在城市规划领域中的应用[C]. 2012 全国“三下”采煤学术会议论文集,2012.

[17]朱岩,安慧君. GIS 和 RS 技术在城市绿地系统规划方面的应用——以呼和浩特市为例 [J]. 现代农业科技,2009(6).

[18]章飞琴. GIS 在城市规划信息系统中的应用[J]. 山西建筑,2007,33(8).

历史街区空间形态量化分析与保护更新研究
——以天津市解放北路地区为例

陈伟杰　佘江宁
（天津市城市规划设计研究院）

摘　要：解放北路地区是天津市保存较好的历史地段之一，对该地区的保护与更新应维持其历史风貌特征并使之适应时代特征，而面对大规模和高强度的城市开发，历史街区空间出现了新老建筑之间空间差异化的"新常态"。本文基于能够反映该地区历史风貌特征的城市空间形态的研究，倡导在有效保护历史街区风貌及建筑的前提下，尊重传统街区的空间特征并合理转化应用于开发过程中，以适应城市的快速发展和历史文化的传承。

本文以天津市解放北路历史街区为研究案例，在对解放北路地区城市空间现状详细调研的基础上，分析原法租界、英租界的历史变迁及其特点和共性，借助空间句法等量化分析手段对街区空间特征进行解析，并以解决周边高强度开发与保护街区文物保护建筑之间的矛盾为出发点，结合历史金融商务区的开发和泰安道五大院与津湾广场商业活力的提升，将空间量化分析的结果转化应用于具体的保护更新中，最后，针对解放北路地区城市空间的保护与更新提出总体设想和建议。

关键词：街区空间形态；量化分析；保护更新

1　引言

天津的城市建筑快速发展时期是在1860年以后，天津沦为北方沿海重要的外国租界城市和开放的口岸，欧日文化与技术随帝国主义的入侵一起传入天津。在不到一个世纪的时间里便形成了天津租界城市的独特面貌，天津成为众多租界城市中的一个典型代表。从某种意义上看，它的建筑成就更像是当时欧日文化在中国的一个缩影。天津租界地的建设是在各帝国主义列强控制下完成的，所以各个租界都各自为政，没有全面的规划，使天津处于多国租界的割据状态，成为一个"多元"的城市。除了统一城市的唯一要素海河外，各租界之间以及与天津旧城区都只靠几条干道连接，如解放路（原维多利亚道）连接东车站、法租界、英租界、德租界，直到1970年，这些道路仍是天津城市的主要干道。

解放北路历史风貌街区位于天津市和平区，今解放北路（张自忠路至营口道）为原法租界大法国路，解放北路（营口道至彰德道）为原英租界维多利亚道（中街）。这里是天津的一条银行街，是天津欧风租界建筑最有代表性的地区，也是天津市建筑最华贵的地区。1919—1937年是中国的政治动荡时期，但天津作为外国的租界地城市，由于得到外国势力的保护，其建筑业得到飞速发展。在建筑技术与结构方面，直接应用外国的经验，在外国资金的支持下，完成了耗资巨大的银行街雄伟的古典柱式建筑。银行及洋行建筑有中法工商银行、英商汇丰银行、麦加利银行、美商花旗银行和日商正金银行等。1937 年以后随着西方建筑思潮逐渐转入摩登式的建筑风格，这一时期又兴建了许多旅馆建筑，如法租界的裕中饭店。

2 解放北路区域特征

2.1 近代天津城市的代表性区域

作为天津中心商务区的重要组成部分，解放北路历史风貌街区位于天津市区的中心部分(图 1)，沿海河而建，北与天津站广场隔河而望，并通过解放桥相接，是从天津站进入市区的重要通道；南北方向分别与五大院、小白楼地区和津湾广场相邻；西与和平路商业区、劝业场商业街接壤，是联系津湾广场、五大院、中心花园等特色街区，形成相互联系的网络系统的重要区域。

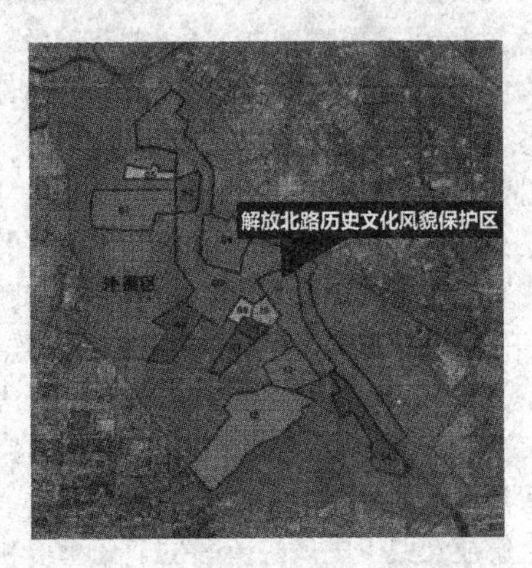

图 1　2004 年历史文化名城保护规划

解放北路街区范围按顺时针依次为张自忠路、台儿庄路、曲阜道、大沽北路(图 2)。该地区的建筑物独具特色，建筑风格丰富多样，罗马式建筑气势雄浑，哥特式建筑古典庄重，且带有明显的英式建筑、法式建筑特色，被誉为“近代建筑博览会”。

2.2 高度西方化的金融办公街

解放北路地区，除了作为商业中心在城市中发挥重要作用，金融办公也一直是其重要的城市职能，且具有代表性的租界金融办公空间特征。沿解放北路汇集了大量保存完整的近代金融建筑，如原盐业银行(1926 年)、原东方汇理银行(1912 年)、原麦加利银行(1926 年)、原太古洋行大楼(1895 年)、原横滨正金银行(1919 年)、原汇丰银行(1925 年)、利华大楼(1939 年)等。现在，这里仍然延续着原租界金融街的性质，集天津市金融机构于一体，现使用的主要单位是国有银行及相关的金融研究所。此外，沿解放北路还有利顺德大饭店(1884 年)、原开滦矿务局大楼(1921 年)等办公、娱乐性质的公共建筑。

银行和洋行的建筑外观多沿用西洋古典柱式的立面，并且大都结构质量高，多为钢筋混凝土，因此至今保存得较为完好，有的银行建筑外部采用了贵重的大理石或其他高级的装修材料，建筑内部富丽豪华，是天津欧风租界建筑最有代表性的金融商务地区。

2.3 原法、英租界建筑文化

天津租界区建筑从历史发展与风格式样分析，天津租界建筑大致分为三个时期。①中古复兴式时期(1860—1919 年)：早期阶段的建筑主要是教堂、领事馆、住宅等，如哥特式望海楼天主教堂、具有日耳曼民居特征的德国领事馆和罗曼式老西开教堂。②民国时期(1919—1930 年)：1919 年前后，帝国主义趁北洋军阀混战之机增强在天津的实力，大型银行、洋行、商场、旅馆及娱乐建筑相继出现，大部分银行集中在英、法租界的中街上，采用西洋古典柱式形式，如建于 1924 年的英国麦加利银行(今邮电局)，立面是两层高的爱奥尼克柱式，具有古典主义风格。③摩登建筑时期(1930—1945 年)：1930 年以后受到摩登运动的影响，建筑师们逐渐抛弃了古典折衷式的设

图2　研究范围及解放北路区位

计手法，代之以简洁、自由、富有体积感与雕塑感的摩登设计手法，如利华大楼，建于1936年，钢筋混凝土框架结构，高10层，是一座优秀的现代多层建筑，没有多余的装饰，半圆形凸出凹进的阳台形成动人的曲线效果，顶部的退蹬处理使整座建筑活泼生动（图3）。

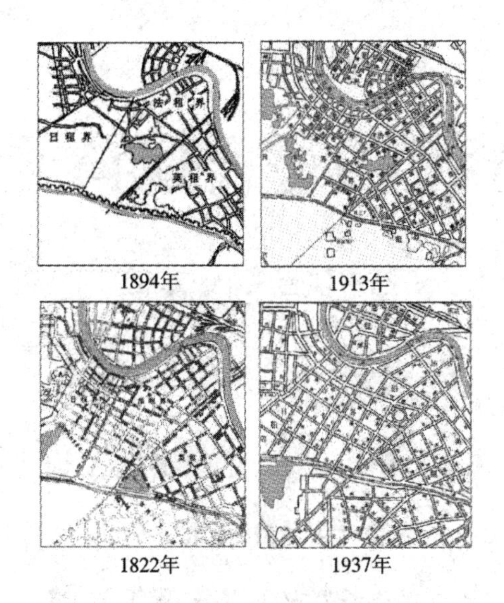

图3　不同时期的租界地图

查尔斯·摩尔（Charles Moore，1925—），美国当代著名建筑家，曾在其“人类的能量”（Human Energy）一文中，强调具有传统地方特色的建筑对人类文化的作用。他说：“我们的建筑如果是成功的话，必须能够接受大量的人类文化能量，并将这些能量储存凝固在建筑之中。”不难发现，在这类建筑中蕴含着一种人类赋予的“文化能量”，可使人意识到自己的存在和地位，熟悉、喜爱属于自己的环境，而建筑设计必须考虑这种传统文化与地方性特色的“文化能量”。解放北路地区的租界建筑以其丰富的空间和复杂的形式蕴藏着多种多样西方建筑文化的“能量”——西方建筑的传统风格，其建筑形式已被人们所熟悉和接受，在天津的城市环境构成上已作为主导的特征，形成了天津的历史风格与建筑文化。因此，从这个角度看，租界建筑可作为天津新建筑创作的借鉴和启示，如果能从这些地方性传统建筑中摄取一些有意义的“文化能量”来丰富新建筑的创作构思，对保持天津城市建筑的独特风格、维持天津城市环境特征的延续，将起到积极的作用。

3　解放北路街区现状

3.1　道路与广场

通过对中心公园地区道路的现状调查可知，街区内的道路系统基本沿袭了租界时期的道路体系，顺应海河的流向，呈垂直或平行于海河的方格网型分布（图4、图5）。在各国租界内部，道路体系较完备，其中街区道路内现有纵向道路6条，横向道路13条。地区路网呈现窄路密网特征，道路普遍采用机动车单向行驶的管理措施。解放北路与其东侧的台儿庄路为一组上下行道路。现状地区停车以占路停车为主，占路停车泊位约400个。路外停车设施包括津湾、大沽路停车楼、友谊精品广场等，停车泊位约2000个。

由于天津租界各自为政，没有整体的城市

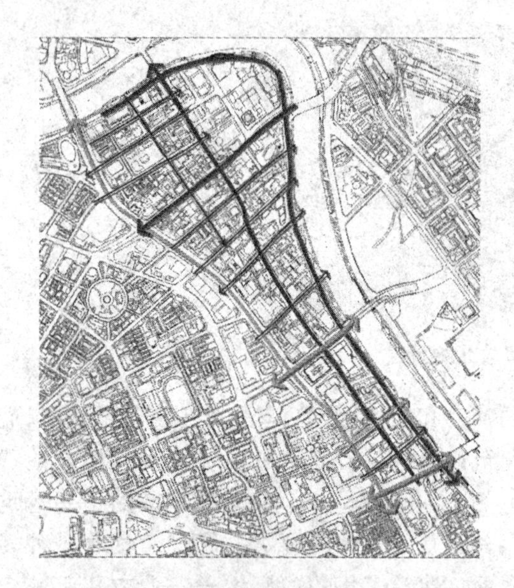

图4　现状交通

路名	起止地点	路面长度（m）	一般宽度（m）
长春道	吉林路-解放南路	151	7
滨江道	吉林路-解放南路	143	10
赤峰道	大沽北路-张自忠路	695	10
承德道	大沽北路-张自忠路	580	8
营口道	大沽北路-张自忠路	472	8
大同道	大沽北路-张自忠路	362	8
大连道	大沽北路-张自忠路	270	9
保定道	大沽北路-张自忠路	258	24
泰安道	大沽北路-张自忠路	240	17
彰德道	大沽北路-张自忠路	234	11
曲阜道	大沽北路-张自忠路	253	40
解放北路	张自忠路-曲阜道	1818	8

英租界时期	收回以后	现在
河坝道（The Bund）	台儿庄路	台儿庄路
宝士徒道（Bristow Road）	营口道	营口道
维多利亚道（中街）（Victoria Road）	中正路	解放北路（营口道至开封道）
领事道（Consular Road）	大同道	大同道
海大道（Taku Road）	大沽路	大沽路（营口道至开封道）
怡和道（E-Wo Road）	大连道	大连道
巴克斯道（Parkes Road）	保定道	保定道

法租界时期	收回以后	现在
格公使河坝（Quai A. Boppe）	张自忠路	张自忠路（大沽路至解放路）
大法国河坝（Quai de France）	张自忠路	张自忠路（解放路至赤峰道）（赤峰道至营口道）
海大道（Rue de Takou）	大沽路	大沽北路
七月十四日路（Rue de 14 Juillet）	长春道	长春道（大沽路以东）
葛公使路（Rue Baron Gros）	滨江道	滨江道（大沽路以东）
狄总领事路（Rue Dillon）	哈尔滨道	哈尔滨道（大沽路以东）
水师营路（Rue de L Amiraute）	赤峰道	赤峰道（解放路以东）
克雷孟梭广场（Place Clemenceau）	承德道	承德道（解放路至吉林路）
圣路易路（Rue Saint Louis）	营口道	营口道

图5　区域内道路信息

规划，导致租界区之间交通联系的无序，如原法租界中心公园地区的承德道和辽宁路只修到营口道（英、法两国租界分界）即停止，形成“断头道”。

3.2　现状建筑

作为原英、法租界地的重要干道，解放北路集中了很多优秀的西洋近代建筑，遗存大量有价值的风貌建筑，且保存完好，是重要的风貌建筑保护区。解放北路两侧文物及历史建筑共42栋，其中，办公建筑18栋、银行建筑13栋、住宅6栋、邮局2栋、文化博览建筑2栋、酒店1栋（图6～图11）。其中1处为国家级文物保护单位，20处为市级文物保护单位，其余为区级文物点和有特色的风貌建筑。这些建筑主要沿解放北路布置，沿街带有巨大柱廊的欧式古典建筑，风格迥然不同。

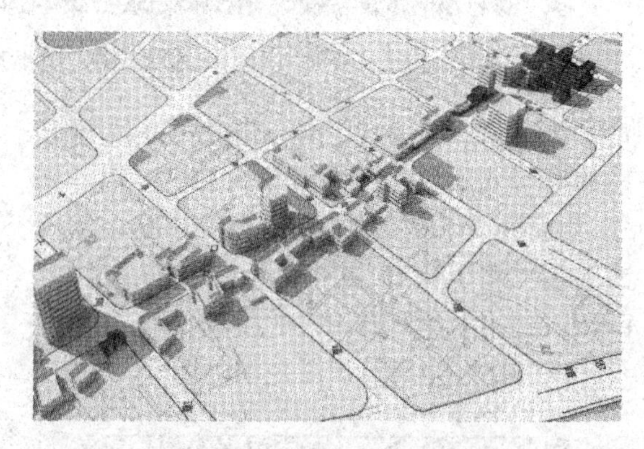

图6　现状沿解放北路两侧建筑

图7　现状金融性质建筑分布

建筑层数多数为3、4层，建筑体量较大，建筑面积一般在1500 m^2，占地面积为2000 m^2左右。与法国本土的公共建筑形式相似，金融办公建筑多采用房包院的处理方式，建筑平面呈矩形或L形。这些建筑形式多为古典主义形式，建筑立面呈明显的三段式，有地下室，且体量较大，高度一般保持在20 m左右，无塔楼，建筑界面完整，使整条街道形成了肃穆、高大、连续的街道形象。例如法租界的中法工商银行（今市总工会大楼），建于1919年，经

图 8　现状住宅建筑分布

图 9　现状办公性质建筑分布

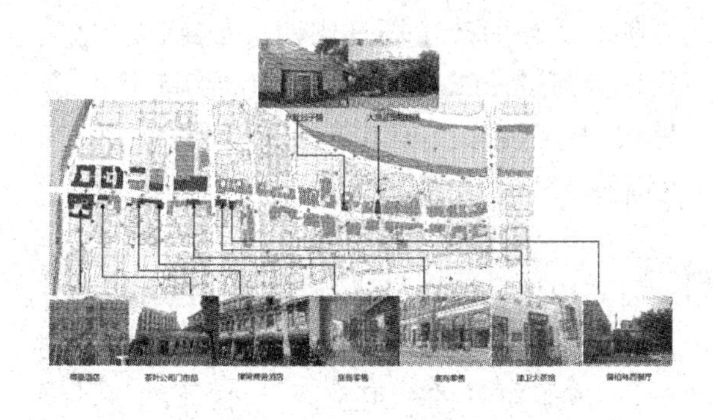

图 10　现状商业性质建筑分布

1920 和 1923 年的增建，到 1936 年改用了如今的古典科林斯柱式的外观。这座建筑在解放北路上，是一座重要的曲形沿街银行，地处英法租界交界处。建筑师巧妙地结合地形布设了这座建筑，使两租界的道路转向相接比较自然，建筑的沿街立面发挥了重要作用。

由于当时是沿街布置，各家各自陆续建

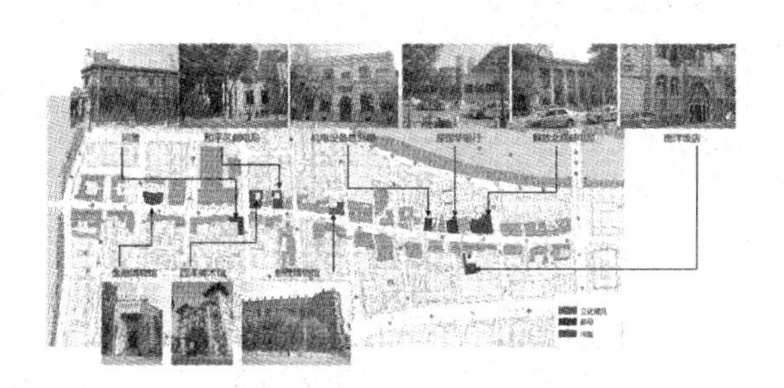

图 11　现状其他建筑分布

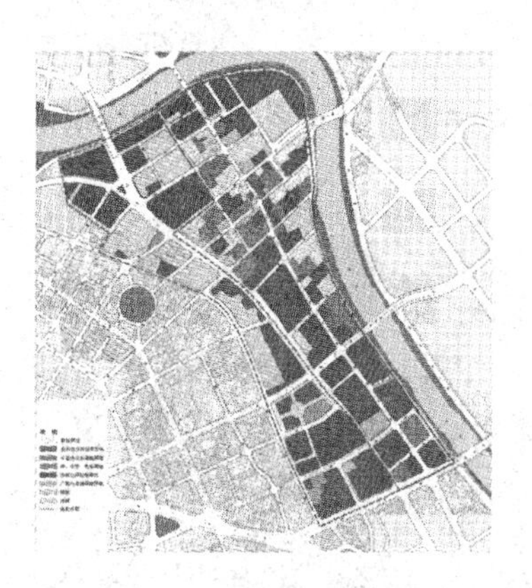

图 12　土地使用性质图

设，因此没有考虑街坊整体布局，随着时间的推移，新建、插建建筑不断增加，更由于使用性质的改变，使得一些历史建筑形象遭到破坏，缺少有规划的系统保护。

3.3　土地利用

用地性质上，从解放桥至营口道之间主要为商业用地和住宅用地（图 12），大多是制造业的商务贸易办公室，多为 2、3 层建筑；从营口道到大连道之间主要为金融机构，且多为银行，也是风貌建筑集中分布的地段；太原道与泰安道之间成为公共机构用地，以办公为主；旅馆用地主要在泰安道与曲阜道之间。

现状总建筑面积约 186 万 m^2，其中文物建筑类建筑面积约为 12 万 m^2，历史（风貌）建筑类建筑面积约 8 万 m^2，其他建筑面积约 158 万 m^2（图 13），拟拆除建筑面积约 8 万 m^2。另外目前已有部分地块正在进行开发建设，在建项目建筑面积约为 102 万 m^2，剩余可更新地块面积约 8.4 hm^2（图 14）。

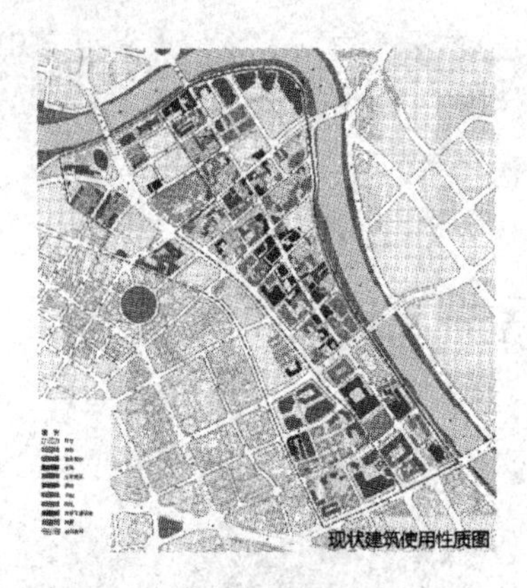

图 13　现状建筑使用性质图

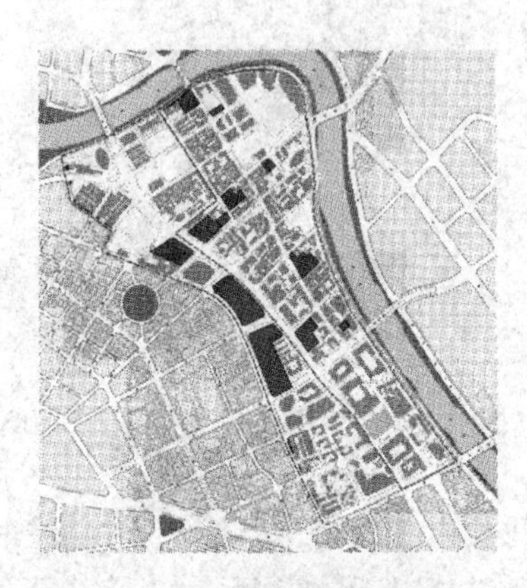

图 14　现状开发建设范围图

4　解放北路街区空间特征与量化分析

4.1　路网格局与路网密度

4.1.1　路网格局

区域内的道路垂直或平行于海河，路网结构为棋盘式路网结构。靠近海河的路网明显进行了加密，这也是为了适应当时的对外贸易的需要。现状地块划分格局呈变形的同格状，街道大致成不规则直角交叉。区域内共有 36 个街区，横向街道大致平行。前法租界内与解放北路相交的道路每个间距几乎均为 130 m，而英租界则宽些，约为 270 m。

可以看到租界区路网格局的形成主要有两点原则：第一，租界区都是依河而建，道路平行或垂直于河道走势；第二，租界区都有各自的发展主轴，租界区沿着主轴拓展结构。

4.1.2　路网密度

解放北路区域内基本有两种街廓尺寸，正方形街区 120 m × 130 m 和矩形街区 90 m × 240 m，比例约为 1∶1或 1∶2.5。租界道路宽度 6 ~ 15 m，多数街道宽度为 8 ~ 10 m。南北向道路平均间距多为 115 m，东西向道路平均间距多为 120 m，道路宽度多为 10 ~ 18 m。另外，英租界的路网密度相比法租界密度低。

4.2　街区形态

由于路网格局较为规矩，四边形街区是构成法租界区街区形态的最主要形式，又可分为方形街区和不规则四边形街区两种。

方形街区一般多呈短方形，长宽比例在 1∶1 ~ 1∶2之间，典型街廓长边尺寸多在 80 ~ 120 m 之间，短边尺寸则在 60 ~ 80 m 之间。对于早期租界定位为功能性的殖民区域来说，方形街区具有最好的适应性，利于实现土地的混合利用，从城市发展的角度来看，方形街区也有较强的适应性和发展弹性，同时更好地体现出城市空间的均质性。

不规则形街区主要是沿海河沿岸分布的，因斜向道路而产生不规则四边形街区。这类街区因河道曲线变化而无典型的街廓尺寸，其地块划分的形式与区域内的街道形式相似，与河流形成垂直关系。

4.3　“图底关系”分析

图中黑色区域为建筑实体，白色区域为外部空间（图 15），可以看出，白色区域形状完整，构成了整齐的街道空间，但由于地块的混合使用，街区内部空间秩序感不强。

从“图底关系”的分析可以发现，总体上呈现出均质、规则型的空间肌理，空间秩序强烈，图底的对比比较明显。金融办公街区的容积率基本在 1.5 ~ 3.0 之间，相比商业街区的容积率要低一些，又比住宅街区的容积率高出许多，接近于我国现在的小高层社区，而以 20 世纪初土地的开发水平来评估，属于租界繁荣区的水平。

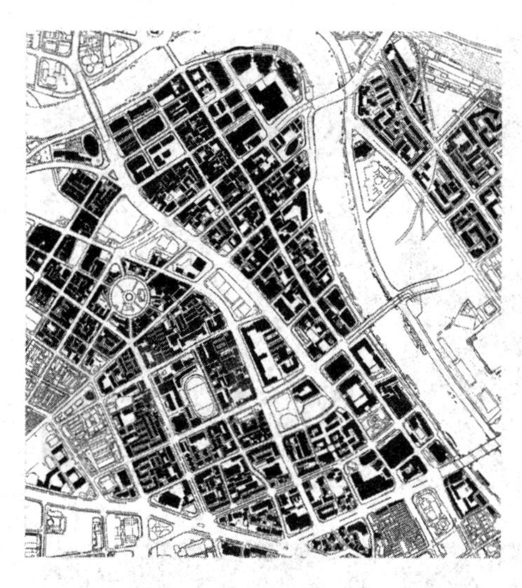

图15 图底分析

4.4 空间句法分析

通过空间句法软件的计算分析结果(图16、图17),在研究范围中与解放北路相交的10条道路中,营口道为连接值与控制值最高的道路,其他主干道相交道路分析数值较为接近。

集成度分析图表明,集成度描述街道的中心性,反映了街道作为运动目的地的潜力。集成度越高表明空间的可达性越高。在城市发展中,集成度核心附近的街区附近发展要求城市的空间结构以及建筑物等实体要素进行经常、大量、细致的优化。

在研究范围中,方格网主干道表现出高于街廓内通道的集成度,这说明解放北路地区主干道两侧适宜增加商业的业态,从而吸引持续的人流量,最终获得商业效益。

4.5 街道界面形态

4.5.1 街道高宽D/H比

街道空间,临街建筑层数大多为3~4层,道路宽度主要范围在10~15 m,街道的宽高比小于1,是较为舒适的街道比例。

4.5.2 街道界面形态

街道临街界面整体上是连续封闭的,局部稍有进退,以营口道为分界的英、法两个租界仍造成建筑的退线程度稍有不规则,街道界面具有整体连续性,富有空间层次。而建筑立面较为统一的三段式使得街道界面整体形成了一致的分割效果,也有引导街道延伸方向的作用,形成典型连续的商业街界面。

另外金融建筑的临街界面具有沿地块宽度较窄,深度较大的特征,这是为了应对商业金融地段用地供不应求的情况,每座金融建筑都可以保证有面向街面的建筑入口。

5 关于解放北路街区空间保护更新的思考

5.1 突出的矛盾和问题

历史地段的发展常会由于新建筑带来的空间差异丧失整体和谐。在历史地段的保护与更新过程中,新老建筑的空间差异是困扰历史地段整体和谐的重要因素,尺度宜人、肌理统一、文脉延续这些定性阐述历史地段城市空间的感性词汇在实践中无法操作,而容积率、建筑密度、建筑高度等定量控制历史地段城市空间的现行指标又难以把握其特质。新建建筑虽然在容积率上与原有建筑接近,但在城市空间图底、尺度、界面、形态等方面却完全不同。

近些年,解放北路沿线及附近已经建设了高层建筑,如海河沿岸的高层群等,这些建筑正在逐渐呈现出向解放北路街区渗透的态势,这无疑破坏了街区的天际轮廓线,并将成为历史街区保护的障碍,破坏街区形态完整性。

5.2 保护更新建议

历史街区保护工作除了要对现有历史建筑或街区进行保护研究之外,更重要的是如何在其更新改造的过程中延续历史,用当代的语言来诠释历史。这就需要把研究的重心实现从重视“表象”到重视“空间内在关系”的转变,而研究中的保护对象,更不是形式上的修旧如旧,而是城市和历史街区的结构元素之间所拥有的“内在空间关系”。

针对现行规划控制指标在空间特性方面

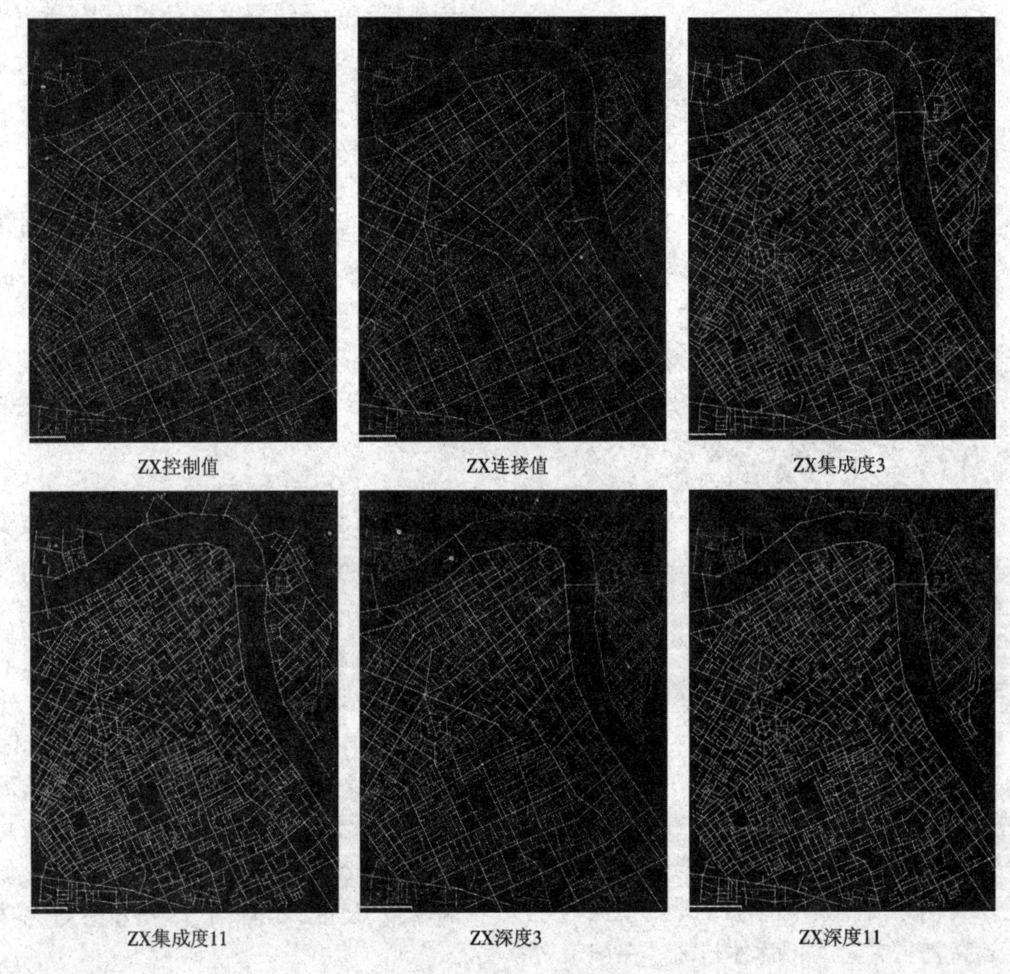

图 16　空间句法分析图

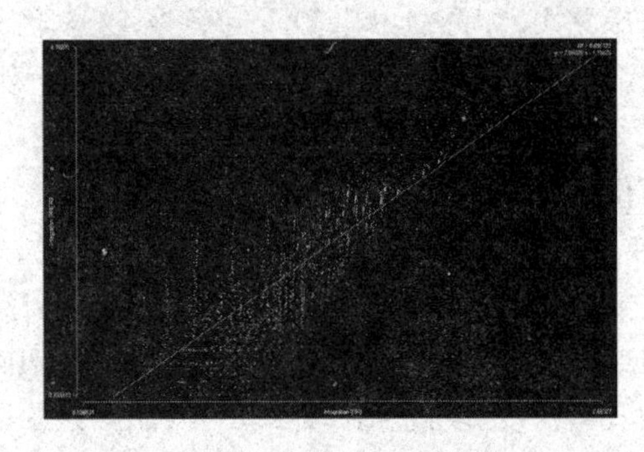

图 17　ZX 散点图

缺少有效约束的情况，本研究借助空间句法对现状街区和建筑的空间分析，认识动态的非物质因素和相对静态的物质因素的关系，通过建立定量的更新控制内容，并融合空间数据的定位特点，为街区更新提供科学性、系统性、可比性、简洁性、可操作性和推广性高的依据。本文仅以街区空间形态的角度出发，对如何保有历史街区空间特征提出了一些保护和更新的建议。

5.2.1　尊重历史传统的空间特征，保持原有街区的空间特点

根据解放北路地区的历史发展沿革和建设情况，在街区的保护更新过程中，强调尊重历史传统的空间特征，以保持原有街区的空间特点，注重街区整体协调性，尽量不破坏现有的城市结构，保护历史地段的基本历史元素（图 18）。应该从历史街区原有的城市形态、空间特征中吸收、借鉴、提炼历史街区“空间

语言”，继而在更新改造中对其进行延续与重构。

图 18　建议保留建筑分布情况

5.2.2　依据空间特征的量化分析实现具有整体性的街区更新

采用量化分析的方法，对相对动态的非物质因素进行参数量化分析，如人对街区空间的几何形态的认知、对界面形态差异反映出的行为变化等。在常规控制指标的基础上，基于空间句法对空间的分析方法，需分别针对影响街区空间的非物质因素和街区空间本体的物质因素进行研究。

一方面，是对街区空间有影响的动态非物质因素，如区位、用地功能、人口社会结构、交通出行系统等影响因子的数据。

另一方面，是街区空间本体的物质因素，如空间布局、建筑体量与街道界面等方面的分解控制指标变量数据。以街道界面为例，分解控制指标变量以“界面密度、宽高比、面宽比、离散状态、空洞系数”等为主要参数数据。

通过对传统街区的空间特征进行量化分析，获得其较为全面的特征，以此形成控制历史街区更新的指标体系，进而在现代的街区更新中继承传统的设计手法及空间形态，实现具有整体性的街区保护与更新。

6. 小结

本研究以天津市解放北路地区为实践案例，以解决周边高强度开发与保护街区文物保护建筑之间的矛盾为出发点，在以往对租界空间层面的分析基础上，从街区空间形态的量化分析的角度出发，解析其空间形态内在规律，将原有租界街道空间特征转化为具体的分析因素，结合历史金融商务区的开发和五大院与津湾广场商业活力的提升等问题，期望可以对更新保护控制指标体系以及转化应用于地块层面有一定指导作用，进而指导街区的更新建设。本文仅以天津市解放北路地区为例，虽不足以揭示适用于目前天津地区大量存在的，有一定现状建筑存量的街区更新控制模式，但是从目前城市出现和面临的常态问题来看，本文分析的规律和特征仍具有一定的适用性，实现对历史街区空间肌理与空间形态的延续，维持空间维度上的统一性及时间维度上的连续性。

注释

历史风貌建筑是天津保护建筑的法定名词，按照《天津市历史风貌建筑保护条例》（天津市人大常委会）的定义，历史风貌建筑是：“建成 50 年以上，在建筑样式、结构、施工工艺和工程技术具有建筑艺术特色和科学价值；反映本市历史文化和民俗传统特点，具有时代特色和地域特色；具有异国建筑风格的特点，具有时代特色和地域特色；具有异国建筑风格特点；著名建筑师的代表作品；在革命发展史上具有特殊纪念意义；在产业发展史上具有代表性的作坊、店铺、厂房和仓库；名人故居及其他具有特殊历史意义的建筑。”历史风貌建筑集中的街区为历史风貌建筑区。

参考文献

[1]赵建波，许蓁，卜雪旸. 天津解放北路历史街区的空间分析与虚拟修复[J]. 建筑学报，2005(7)：11－14.

[2]潘磊. 天津中心公园地区城市空间形态量化分析与持续发展研究[D]. 天津：天津大学，2006.

[3]徐萌. 天津原英租界区形态演变与空间解析

[D].天津:天津大学,2010.
[4]王宁.天津原法租界区形态演变与空间解析[D].天津:天津大学,2010.
[5]涂洛雅,周志.寻找失落的遗传密码:历史风貌核心区空间修复性设计研究——天津市解放北路街区改造示例[J].城市环境设计,2005(3):64-69.

西北地区城镇化路径探讨
——以宁夏为例

陈宇　霍玉婷　孙红亮
（天津市城市规划设计研究院）

摘　要：东部地区城镇化路径可总结为大量农业剩余劳动力转移为工业劳动者，并实现半城镇化的过程。这个过程的背后是东部地区巨大的、触手可及的城乡差异带来的"求发展"的群体性意识观点，而对于欠发达的西部地区，特别是宗教氛围浓重的少数民族地区，这种意识观点几乎没有生存土壤，因此也就导致了东部城镇化经验难以直接用于西部地区，前几年的大量实践印证了这一点。所以在国家推进新丝绸之路的宏观背景下，西部城镇化发展势在必行，十分需要从社会学视角看待这一问题，提出"以人为核心"的治本方法。本文探讨了多种城镇化对策，并以宁夏为例阐述规划实践。

关键词：城镇化；规划

随着国家建设新丝绸之路的战略举措逐步实施，中国西部地区，特别是西北地区迎来了前所未有的发展契机，这种发展以新型城镇化建设为主要载体，但是西北地区有着与东部地区迥异的独特情况和问题，需要因地制宜地探索其城镇化路径。

1　西北独特的城镇化发展难题

1.1　西北地区城镇化发展概况

1.1.1　城镇分布与体系

西北地区①是我国主要的少数民族聚居地区之一，土地面积占我国国土总面积的34.5%，城镇数量占全国城市总量的5.3%，城镇数量占全国的比例明显与国土面积不相匹配，城市数量偏少。从城镇的密度看，2012年，全国平均每万平方千米国土上拥有城镇23座。西北4省区的同一指标为3.5座，城市分布的密度偏低，区域内城市中心功能的发挥因而受到影响（表1）。

① 通常情况下，地理学概念上的西北地区包括陕西、甘肃、青海、宁夏、新疆等五个省区。但是从城镇特点来看，陕西省城镇布局、城镇化水平、少数民族集聚规模等都与其他四省有所区别，因此，本文所指的西北地区不包括陕西省。

表1　西北地区行政区数量比较表

省区	地级市	县级城市				镇	城镇总计	城镇密度/(座/万平方千米)
		县级市	县	自治县	合计			
全国	289	368	1453	117	1938	19 881	22 108	23
新疆	2	22	52	6	80	262	344	—
宁夏	5	2	11	0	13	101	119	
青海	1	2	30	7	39	138	178	
甘肃	12	4	58	7	69	470	551	
西部地区合计	20	30	123	20	173	971	1164	3.5
占全国比例/(%)	6.9	8.2	8.5	17.1	8.9	4.9	5.3	

资料来源:国家统计局《中国统计年鉴(2013)》。

从城市的规模等级看,2013 年全国共有城市(县级市以上)657 个,特大、大、中、小城市比例约为1∶1∶19∶200。同期西北新疆、宁夏、青海、甘肃 4 省区的比例为 1∶2∶67∶424(表2)。

由以上分析,将西部地区与全国城镇等级进行空间化和形象化示意,可以直观地反映出西部地区城镇体系的特点(图1)。中小城镇基数大、大城市数量少,"小马拉大车"导致城镇缺少发展核心,动力不足。

表2　西北地区城市规模等级比较表

省区	特大城市 100 万人以上	大城市 50～100 万人	中等城市 20～50 万人	小城市(含县) ≤20 万人	镇
全国	127	108	113	1879	19 881
新疆	0	1	4	77	262
宁夏	0	1	4	13	101
青海	0	1	0	39	138
甘肃	3	3	5	70	470
西部地区	3	6	13	199	971
占全国比例/(%)	2.4	5.6	11.5	9.1	4.9

注:数据为 2012 年统计数据,表中城市含地级市和县级市。

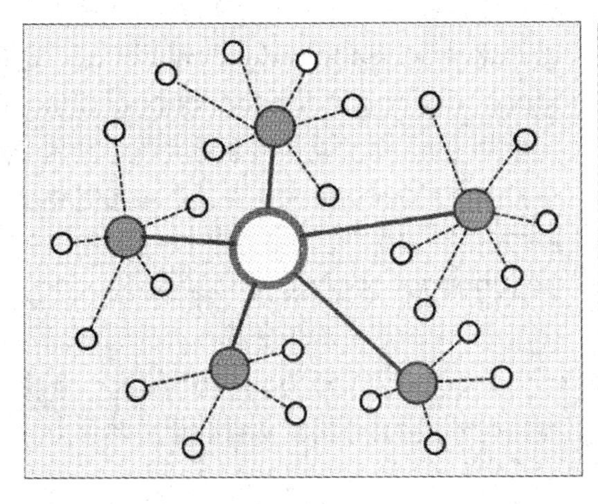
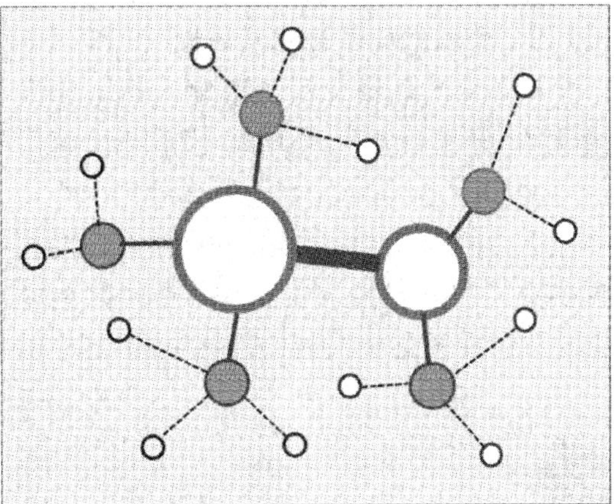

图1　西部地区(左)与全国(右)城镇体系空间布局示意图

1.1.2　大城市情况

表3　东西部省会城市人口、经济状况比较表

城市	人口		经济状况			
	总人口规模/万人	少数民族比例/(%)	GDP 总量/亿元	一产增加值	二产增加值	三产增加值
沈阳	725	9.45	6603	315	3383	2904
青岛	770	0.87	7302	324	3402	3576
杭州	701	0.65	7802	255	3573	3974
广州	822	7.66	13 551	214	4721	8617
乌鲁木齐	258	24.70	2004	25	829	1150
银川	167	27.71	1151	51	619	481
西宁	198	25.96	851	31	440	380
兰州	322	4.41	1564	45	745	775

从表3可看出,西北4省区省会城市人口规模仅相当于东部沿海省会城市的1/4,少数民族人口比例比其高4倍左右,因此人口构成更为多元化,有针对性的新型城镇化建设对全面构建和谐社会具有重要的现实意义。

此外,城市经济总量不足东部沿海省会城市的1/5。城市经济的落后性导致城市总体经济实力不强,严重地影响了城市的辐射力和影响力,使其区域中心功能的发挥受到很大的限制。除总体经济实力不强外,西北地区城市的产业结构也存在着不合理之处。以表3中所列省会城市与其他地区比较,明显表现为第三产业发育不足,仅相当于其他城市的1/10,这对城市化的加速和升级将会有直接的影响。

同时,由于西部地区经济发展慢,大部分城镇规模较小,难以支撑数量较多的大城市,省会城市作为该地区唯一与其他地区直接保持经济联系的节点集聚了绝大多数本地的资源,因而首位度较东部地区高很多。

1.2 面临的问题及其独特性

中国东部的城镇化很大程度上得益于乡镇企业的“异军突起”,小城镇是东部快速发展的重要起点,但是相比之下西部地区的小城镇产业乏力的问题十分严重,并很难在短期内实现质变,“缺乏产业支撑的镇”是西部地区城镇化独特而又无法回避的首要难题(图2)。

图2 宁夏南部某镇

2 成因分析

2.1 矛盾梯级转移

广义的城镇化(城市化)指农业人口、地域、活动向非农业转化的过程,狭义的城市化主要是指近代工业化以来城市蓬勃发展、城市人口较快增长的过程。以率先开展工业革命而进入高速城市化的英国为例,可以清晰地看到城市化率随着18世纪的工业革命而产生了质的飞跃,仅用了200年时间将仅不到20%的城市化率提升至接近90%(图3)。

图3 英国城市化率变化图

城市文明时代给人们带来了美好的生活、带来了无与伦比的科技文明发展,但与此同时人们也认识到这样一个事实:近现代西方高速城市化本身是带有相当强的侵略性的。这种侵略性与工业化的本质完全吻合,呈现出一种天生的矛盾,即工业不断聚集生产与产品不断分散消费的同时,越来越聚集的城市需要越来越广阔的“属地”。因此在研究城市化问题时需要把视角扩展到“城市+属地”的矛盾统一体上来,才会更有利于破解今天的问题。

以下在西方、拉美、中国东部这三个快速城市化模式中,分析其各自的矛盾转移方式。

2.1.1 西方“殖民式”城市化

西方的高速城市化集中在18—19世纪,那时西方各国用武力在全世界开辟了广阔的殖民地,在从全世界获得工业化和城市化所需的一切资源的同时,也向殖民地转移剩余的人口。尽管西方国家的城市化过程中也出现过贫困、失业、环境污染等城市问题,但是,借助于它们对全世界的支配地位,它们在较短的时间内克服了这些问题,完成了“华丽”的城市化进程,所以在研究西方城市化成功经验的同时,十分有必要认识到它那巨大的、不会再出现的“矛盾转移承接体”。随着世界大战和殖民地时代的终结,资本主义进入了“温和殖民时代”,通过经济手段持续着对发展中国家的支配,基本完成城市化进程后进入后工业时代。由此,可以清晰地看到这样一个强权主义下的快速城市化的本质,以及其转嫁矛盾的发展路径(图4)。

2.1.2 拉美“移民式”城市化

战后以来,拉美地区城市化快速发展,出现了明显的“过度城市化”特征,堪称“城市人口爆炸”。城市化率高速发展,1990年超过欧洲,1991年又超过大洋洲。2010年,拉美已成为世界上仅次于北美的城市化率最高的地区:拉美为79.6%,仅次于北美的80.7%,但分别高于欧洲的72.8%、大洋洲的70.2%、亚洲的39.8%和非洲的37.9%。

城市化进程的飞跃并不代表城市化的健

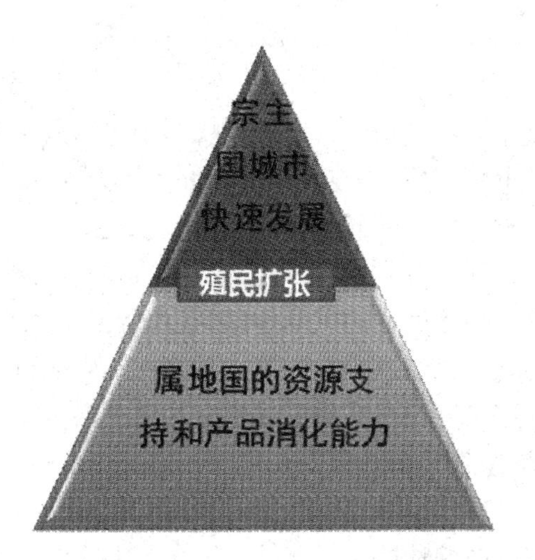

图4　西方"殖民式"城市化示意图

康,众所周知,拉美的过度城市化带来的是人类历史上"最集中的贫穷"。在拉美,1970年时已有37%的贫困人口生活在城市里,63%的贫困人口居住在农村。贫困的城市化主要发生在20世纪80年代。到1994年,这一比率完全颠倒,城市的贫困人口竟占该地区全部贫困人口的65%,也就是说,几乎有2/3的贫困人口集中在城市里。[1](图5)

图5　墨西哥贫民窟

究其原因,仍然可以用"殖民地"的概念予以解释,由于发展中国家在全球经济体系中长期处于被动弱势地位,所以其工业化和城市化无法从外界找到转移矛盾的"殖民地",只能从本国内部的农村地区获取所需的资源,包括劳动力,城市建立了对本国乡村的统治,在一个比较小的范围内重构了"核心"和"属地"的关系。但是,当农业不受重视、没有户籍限制措施时,大量的劳动力只能流落到城市谋生,从一定意义上讲他们是被劣化的农村推出来的,而不是被城市吸引进来的,但他们在城市的居住地已经比留在农村有了相当强的生活质量改善。随着大量廉价劳动力在城市的聚集,一定程度上助推了城市产业的发展,拉美地区一个国家的工业活动集中于主要城市已成为普遍存在的事实,带动了城市经济的相应发展。拉美城市化总体表现为:先被动完成人口城市化,形成自我支撑的矛盾化解体系,再带动工业发展。

2.1.3　中国东部地区"城乡式"城镇化

改革开放以来,中国城镇化进程快速推进。截至2013年底,中国人口城镇化率提高到53.73%,达到世界平均水平,其中东部地区是经济发展与城镇化建设的主要地区。中国东部的城镇化发展背景与拉美相似,也以形成国内小范围的城乡支配关系为矛盾化解体系(后期以劳动密集型产业参与国际大分工后,形成了一定的外围"属地"),但有两点明显不同:第一点不同在于中国有严格的户籍管理制度,强力阻止了农民的自由涌入,而是以"半城市化"的农民工形式造就了中国"温和"的城镇化发展路径;第二点不同在于东部地区城镇化是以稠密人口为基础,伴随着乡镇企业形成的就地城镇化,避免了大规模棚户区的出现。

2.1.4　西北地区的"矛盾"难以转移

纵观世界城市发展历史,城市化就像一场强者游戏,遵循着先到先得、先得先强的法则,西北地区作为发展中国家的滞后发展区,存在着先天劣势,缺乏"属地"资源的早期工业化,基本不可能照搬西方城市化的经验,同时由于地广人稀的特点,西北地区也较难沿袭中国东部地区的“城乡式”城市化发展路径,因此对于西北地区而言,现实的发展路径可能更趋向于拉美,即在城市发展过程中形成自身化解矛盾的方式。

2.2 经济发展时代背景改变

农业的兴起,是人类社会发展的头一个转折点。工业革命,是第二次伟大的突破。工业化在第二次世界大战后十年达到顶峰,第三次浪潮开始蜂拥而来。[2]

第二次浪潮将工业化生产的特征推广或扩展到社会的各个方面:标准化复制式生产 + 扩张式传播销售。首先改变的是家庭模式,由适合簇群农业生产的大家族模式变为适应工业生产的人口简单、适于流动易于管理的小家庭模式;教育开始以工厂为模本进行群体化教育,在“表面课程”之外,还有“隐蔽的课程”,即:守时、服从、死记硬背与重复作业[3];甚至在艺术领域也有所反映,交响乐定型的标志性事件——1759 年海顿的《第一交响乐》问世,印证了大变革时期对音乐领域的影响;城市化建设也不例外,殖民主义的复制城市在全球井喷式出现,一方面为宗主国高速城市化提供了外来资源,另一方面也的确为属地国拉开了城市文明和初期的城市化进程。

西方国家通过工业化扩张 + 转移矛盾的方式赚取“第一桶金”后基本完成了城市化进程,在此之后以发达的城市文明为基础进入后工业时代,进而开启了第三次浪潮革命。尽管发展中国家接下了工业化生产的接力棒并取得了举世瞩目的飞速增长,但随着更加先进的生产关系不断带动新兴生产力的发展,全球经济发展格局正在迎来重大的变革,到那时以工业化生产为蓝图构建的城市化发展路径是否还会适应新的发展是一个值得警醒的问题。

2.3 限制性因素的叠加

毋庸置疑的是,西方国家城市化进程的主体阶段是伴随着高污染与高能耗的,现代经济史和社会史学家普遍把工业革命视为人类历史或“南—北”差距的分水岭[4],同样地,也可以把这场革命视为人类环境污染史的分水岭;又由于“从影响全球和区域的环境问题看,主要责任直接或间接地来自工业发达国家”[5]。随着前文提到的工业全球转移与哥本哈根气象大会等因素的共同作用,粗放型工业生产带动城市化快速提升的模式越来越难以执行,尽管这是城市化发展的最快速的通道。生态、环保、能耗等诸多限制因素在一定程度上成为正在进行快速城市化地区的掣肘,当然也包括中国的西北地区。

3 对策研究

3.1 已有研究概述

关于少数民族地区城市化模式的探索,是近年来学者们比较关注的问题。由于城市系统自身的复杂性和少数民族地区的特殊性,不同的学者从不同的角度也提出了一些不同的观点,如“中心城市圈”模式[6]、以小城镇为重点的“协调发展战略”模式[7]、促成现有中小城市的扩张与升级的“中型工业化城市化发展道路”[8]等。

“中心城市圈”模式则是流行于 20 世纪 90 年代的“大城市主导论”的变种。持这种观点的学者认为,在少数民族聚居地区,由于地域辽阔而地广人稀,加之经济发展水平低,小城镇的聚集和扩散能力极为有限,难以充当带动周围地区经济、社会发展进程的增长点。因此,少数民族地区的城市化应当依托现有大中城市,在产业发展的基础上,在少数民族地区建立大都市区和都市圈,通过中心城市规模效益的发挥,带动民族地区的城市化整体水平的提高。

主张民族地区的城市化应“以小城镇为主导”的学者认为,小城镇是一定区域范围内的商品交换中心,是农副产品集散地、工业品流通的基本环节,为少数民族地区农村商品经济的发育和发展提供了市场基础。小城镇的建设有助于推动民族地区社会经济的发展，促进商品流通，并完善当地的市场经济体系。因此，加快小城镇建设是提高少数民族地区城市化水平和少数民族物质文化生活水平的重要措施。

持"中等城市发展论"的学者则认为，应当根据少数民族地区的实际情况，重点发展一批中等城镇，这样既可以发挥一定的城市聚集效应，又可以消除小城镇发展过程中成本高、效益差的弊端，同时又符合少数民族地区经济发展较为落后的实际情况。

在现有的关于少数民族地区城市化模式的研究成果中，西安建筑科技大学的金丽国、侯远志先生的研究较为深入，也具有启发性。两位先生在《西部地区城市化模式》一文中，针对西部少数民族地区的具体情况，将现有的城市化模式分为五种：①综合——市场模式；②受辐——创新型模式；③农业城市型模式；④迁移——聚集型模式；⑤政府推动型模式。

综上所述，目前已有研究主要集中在城镇化主体选择问题上，少数研究以现状为基础围绕城镇化动力机制展开，对于前文探讨的宏观背景影响下的西北地区发展问题研究较少。①

3.2 "混合动力"对策

对于西部地区，积极发展工业以带动城镇化发展依然是主旋律，并且符合目前客观条件的要求，但决不能把主要的财力物力都押在发展工业方面（尽管自2000年实施西部大开发战略以来，国家一直强调西部地区的工业大发展），因为如前文分析，西部地区既不可能有像早期西方国家那样的殖民地支撑，又不可能形成类似于东部地区的稠密乡村和海外市场支撑，如果没有极特殊的事件（比如大规模战争），那么西部地区在工业化方面的时间差距只会越拉越大，工业发展是现阶段西部地区城镇化的主要动力，但更应该着眼于培育其他动力，形成"混合动力"才能实现缩小差距甚至赶超。

这种"混合动力"，除了工业化发展以外，还包括教育引力、服务业驱动力、政府调控力等，其中教育引力非常值得关注。据不完全观察，近年来西部地区很多县城的新增城市人口中有10% ~20%是教育引力起的作用，即为了孩子上学，尽管县城没有合适的工作岗位也要举家搬至城里的现象，这是重要的城市化动力，但处理不好则会增加城镇化成本。

3.3 "逆向实现"对策

如果说东部地区走的是"产业聚集—人口集中—人口城镇化"的发展路径的话，那么西北地区很有可能需要走一条截然相反的逆向路径"人口城镇化—人口集中—产业聚集"，优先引导人在城镇的集中（可能经历一段类似拉美地区的阵痛期），形成劳动力价格优势后吸引产业转移。

4 在宁夏的探索

4.1 宁夏清水河地区概况

清水河地区是宁夏的中南部分，主体为素有"苦瘠甲天下"的"西海固地区"（图6）。其国土面积2.82万平方千米，总人口252万人，涉及1个地级市、10个县，目前常住人口城镇化率仅为25.4%。

该地区干旱缺水十分严重，但农业特色突出，有枸杞、葡萄、马铃薯等明星产品；工业受水资源限制，发展落后。

4.2 清水河地区规划实践

受宁夏回族自治区政府委托，本院编制清水河地区总体规划，目前接近编制完成。

结合国家主体功能区规划对该地区的相关要求，规划从生态环境格局入手，梳理该地区在满足生态建设要求的前提下适合于大规模人口聚集的区域——河谷川道地区（图7），为优化人口布局做前提准备。

---

① 注：关于宏观经济与中国城市化的问题已有相关研究，2000年由商务印书馆出版的顾朝林先生的著作《经济全球化与中国城市发展》是我国第一本从经济全球化背景探讨中国城市化问题的专著。

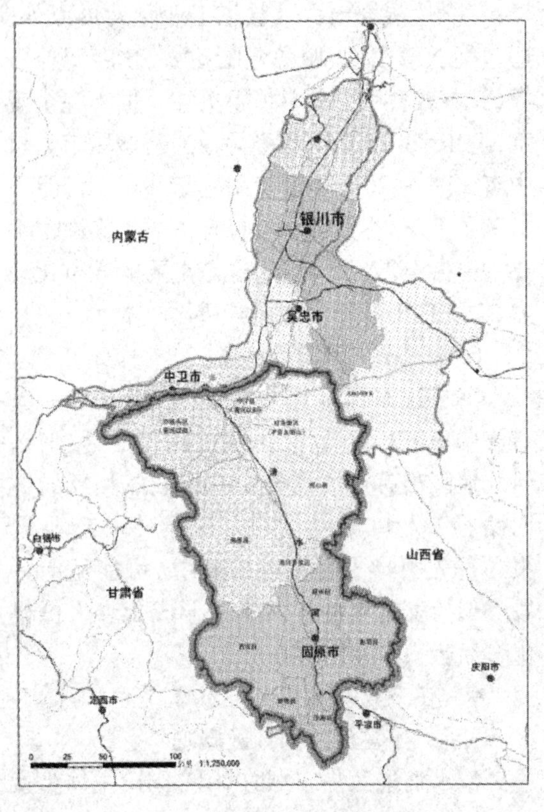

图6　宁夏清水河地区位置图

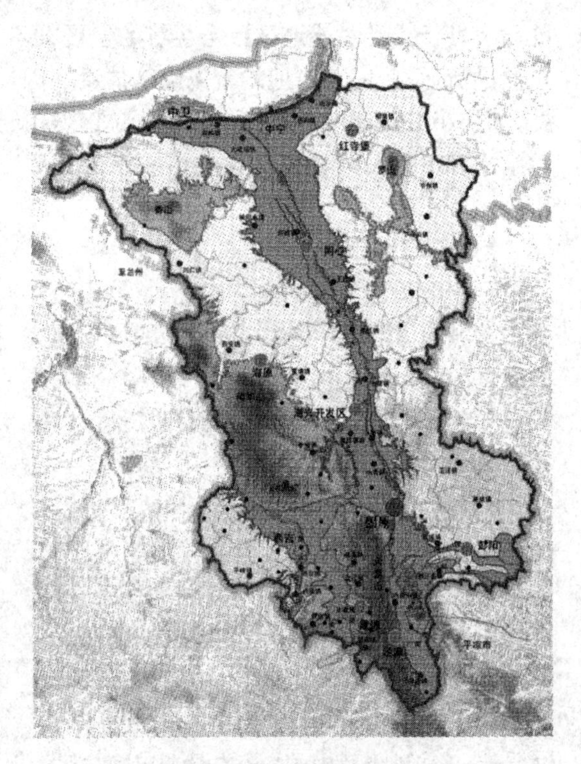

图7　河谷川道地区

未来河谷川道地区用26%的土地面积，建设清水河地区大部分城、县、镇，集中承载65%的人口，并在河谷川道地区建设10个区县特色农业集中示范区、13个工业园区和5个物流基地(图8)。

为落实“混合动力”的对策，在规划中对河谷川道地区的教育设施提出更高更早的配置要求，并强调对职业技术培训的扶持补贴力度。

在规划的行动计划中，一定程度上体现了“逆向实现”的方针，先通过政府引导实现一部分人(主要是生态保护区需要迁出的人口(表4))的在市、县城的城镇化转换，与此同时不断培育壮大产业体系，当人口规模达到集聚效应后将迎来真正的产业发展。为全面促进“人的城镇化”，本次规划中结合土地制度改革的契机，制定完善生态移民涉及土地权属变更、建设用地指标调整的政策，建立健全移民区土地承包经营权流转机制，允许移民以转包、出租、互换、转让、股份合作等多种形式流转土地承包经营权。通过政策补贴“家庭农场”等新兴农业生产组织方式，全面解放该地区传统广种薄收的农业劳动力。

5　结论

西北地区的新型城镇化发展不仅是改善百姓生活的民生工程，更是关乎国家兴衰的关键战略，并且与东部地区城镇化开展时一样需要不断地“摸着石头过河”，照搬东部经验势必不会成功，本文所阐述的“混合动力”与“逆向实现”也仅仅是在宁夏的一次规划探索而已，还需要在更广阔的地区继续验证和探索。

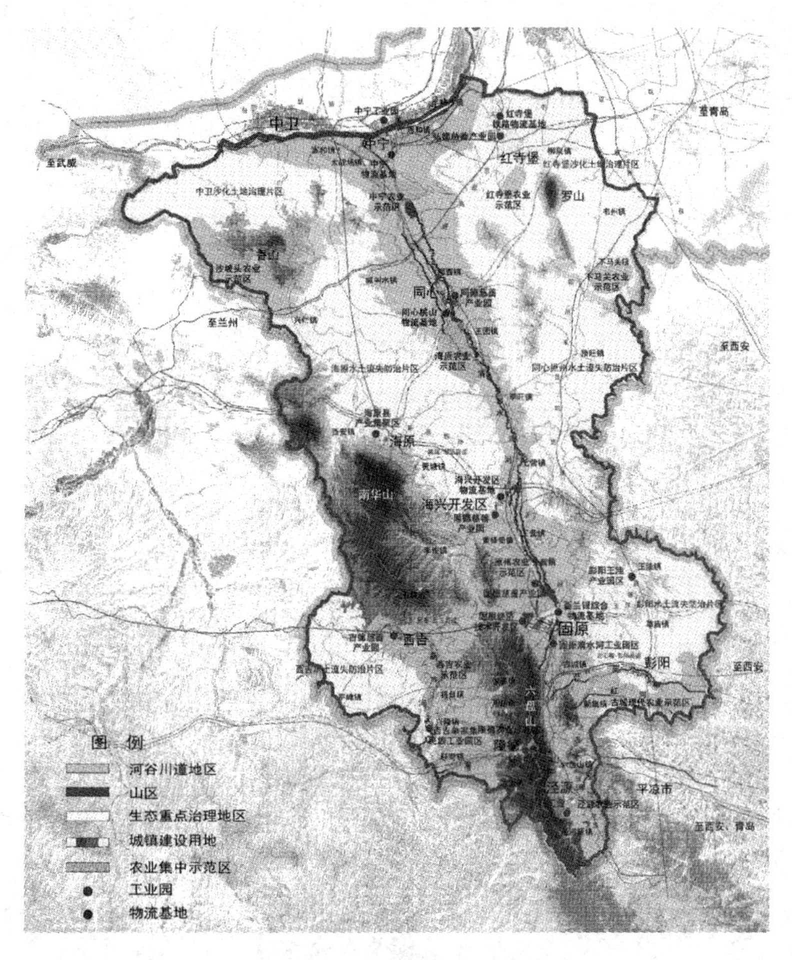

图8　清水河地区总体规划图

表4　生态承载力计算表

	总用地/平方千米	总生态足迹/公顷	生态承载上限/万人	现状人口/万人	规划人口/万人
山区	6642	177 251	18.4	23.9	16.1
河谷川道地区	7361	1 777 352	185.0	135.4	183.8
生态治理区	14 162	771 073	80.3	92.7	80.1
合计	28 165	2 725 676	283.7	252.0	280.0

参考文献

[1]彼得·霍尔，乌尔里克·法佛弗. 城市未来：21世纪城市的全球议程[J]. 第92页.

[2]阿尔温·托夫勒. 第三次浪潮[M]. 北京：中信出版社，2006：5.

[3]阿尔温·托夫勒. 第三次浪潮[M]. 北京：中信出版社，2006：6.

[4]特里弗·梅. 1760—1970年英国经济和社会史[M]. 1987.

[5]曲格平. 第二座里程碑[M]. 北京：中国环境科学出版社，1992.

[6]刘俊，杭栓柱，杨晨华. 西部地区城镇化发展

模式之我见[J].实践,2004(2).

[7]黄海,李炎谛.西部地区城镇化模式选择[J].商场现代化,2005(12).

[8]胡俊生.西部地区工业化、城市化发展模式选择[J].理论与现代化,2000(12).

社会·圈子·城市

陈宇　张斌　孙红亮　李新
（天津市城市规划设计研究院）

摘　要：城市是人类最重要的聚居载体，古今中外的万千城市展现出风格迥异的空间形象。现代城市空间多体现为土地经济价值的外化表现，而通过分形学研究分析可以发现，城市空间的内在决定因素是社会关系，而社会关系可以解析为每个人身上不同的“圈子”，有血缘、地缘等“强圈子”，也有业缘、趣缘等“弱圈子”，由此产生了本文的核心思路：能否通过强化“圈子”社会关系对城市空间的影响，达到克服单纯经济导向下越来越强的不良的居住分异。

关键词：城市空间；社会关系；圈子

当前的中国经济步入“新常态”，经济增长进入了可控、相对平衡的运行区间，但与此同时社会注定要进入“新动态”。随着新型城镇化战略的推进，户籍制度逐渐宽松，即将发生大规模的农村进城潮，而且这股带着定居意味的潮流的影响将远比流动性的民工潮要深远许多，城市将会出现差距更大、规模更大的低收入群体，定居于城市的人口也将实质性地超过全国总人口的一半以上，社会主要矛盾关系将由几十年来的城乡矛盾关系，逐步转为城市内的贫富矛盾关系，这将是一场深刻的社会大变革，这场社会变革的场所、主角、客体是城市。

城市规划学所关心的，正是人类的幸福与痛苦，城市规划学致力于创造幸福并驱逐痛苦，这正是适合于当今时代需要的科学；如此时刻诞生出这样一门科学，意味着在社会系统方面将会发生重要的演变。[1] 即将在中华大地上发生的社会变革，国际上有类似的情况，但绝不足以支撑我们今后的实践，正如《瞭望》“城镇规划转型关口”中所说：“未来的一段时间，会有城市规划的一些理论提出来，中国的问题一定是中国来解决，考虑问题要有自己的态度，自己的观念。”中国的城市规划正值一级学科体系建立之时，我们十分有必要把对城市的认知从单纯的空间认知中剥离，深入地探讨政治、经济、社会的内在影响，当下特别需要认识的是社会对城市的作用力。

1　社会关系对形成城市空间的作用

社会生活既是形成空间的（space-forming），也是附随空间的（soace-contingent）。[2] 社会生成空间，空间生成社会[3]。千百年来城市空间与社会关系之间就好比“鸡生蛋，蛋生鸡”的关系，二者基本属于相互作用的共同演化体，经济则一直扮演着催化剂的角色。

在工业革命带来经济飞速发展后，经济对城市空间的塑造才逐渐走向前台，社会关系对形成城市空间的塑造作用逐渐转为隐性。而当经济再次进入平稳发展的"新常态"时，纵观世界各国的城市，都会在这样的转型期重新建立社会关系对城市空间的支配作用，这是非常值得当下中国借鉴的一点，如同格利高里所说的那样，"空间被认为是一种社会建构（Social Constuct）[4]"。

目前关于城市空间与社会关系的研究主要集中于西方，主要代表有列斐伏尔、大卫·哈维、曼纽尔·卡斯特等一大批社会学者，形成时空社会学流派的诸多理论。我们在取经借鉴的同时也深刻地意识到中国的城市、社会与西方的城市、社会有着非常深刻的区别，因此我们在按时间分别分析古代、近现代和当代的研究中，也必须时刻以中西方对比为重要的参照物，以更好地得出适合中国发展的结论。

1.1 古代社会关系对城市空间的支配性作用

古代城市经历了相当长时间的"常态"过程，在这一漫长的过程中，经济对城市空间的塑造影响较小，军事因素对城市边界空间影响较大，宗教因素、政治因素共同形成市民的社会关系，对城市内部空间的塑造起到了支配性的作用，尽管中西方城市迥异，但这种作用力机制却是一致的，本小结主要研究对象为中西方古代城市的代表——唐长安和古罗马城，主要研究方法为分形学。

1.1.1 西方二级社会关系对城市空间的塑造

传统西方社会自公元前5世纪起就奠定了以公民为主体的社会结构，呈现出"公民—城邦（国家）"的二级分形结构，西方城市中最重要的社会关系是权利平等的公民关系。这种关系决定了以下三方面城市空间，从而基本决定了西方传统城市空间的基本框架。

（1）全体公民进行平等议事的广场空间。

西方从城邦制国家开始就建立了公民参政议政的政治体制，共同管理城市的重要平台就是大型议事广场。广场上布置的听坛、看台及足够大的容纳空间都意味着广场远在商业功能之外的公共政治功能：国家最高立法形式、确保每一位公民参政权利的公民大会便在广场上进行（图1）。

图1 古罗马广场复原图

（2）公民共同娱乐的大型公共建筑。

古罗马鼎盛时期城市人口达150万，除去90万奴隶，公民约60万，斗兽场（图2）可容纳观众9万，基本相当于全体市民的1/7，这样的比例足以反映当时的大型公共建筑的全民性。

图2 古罗马斗兽场

（3）公民住宅直接与城市对话。

西方社会关系中以小家庭为基本单元，其家族概念一般仅限于名门望族，不是指广大公民，西方家庭也比较强调代际之间的独立性，孩子成年后离家也作为独立社会单元，因此这种社会关系决定了“公民—城市”两级体系，其公民住宅强调独立性，强调直接与城市对话，所以空间形式上多为每栋建筑直接向道路开口，并不形成小范围聚居的半私密空间，这种城市空间广泛地存在于欧洲众多古城（图3）。

图3 罗马传统住宅与街道关系

1.1.2 中国四级社会关系对城市空间的支配

对于传统中国社会而言，“家”是浓缩了的“国”，“国”则是层层扩展后的“家”[5]。中国的社会关系有着明显的多层级迭代关系，并且各级迭代都存在与家庭类似的分形结构。相比于西方，中国的社会关系层级则较多，基本为“国家—地缘集体（村庄、保甲等）—血缘集体（宗族、大家庭）—小家庭（个人）”的四级体系，并且强势的社会关系是第二、三级，即地缘集体和血缘集体，这样的社会关系以一种整体结构支配着中国古代城市空间的方方面面。

我们老祖宗世代传留下来的中国传统城市，正是一个非常标准、非常简洁的四边分形体。以唐长安城为例，以“城、坊、院、屋”分为四个层次，构成完美的自相似结构[6]。通过街道、开放空间、建筑的特点可以看出“墙”是分形迭代的主体。从外围最高大的城墙，到各街坊每晚需要各自关闭的坊墙，再到各家各户自己的院墙，最后是每间屋子的围合墙壁，不同的墙代表了不同等级的所有者权限。

从城市结构的最末端——居住空间可以看出二者在分形相似度上的明显差异：中国典型的四合院居住空间完整地沿袭了城市的分层关系，每一个平面展开的四合院的空间概念都与整个城市相差无几。四合院成为中国城市最重要的组成要素，其社会关系基础是血缘集体，而非单独的小家庭（图4）。

1.2 近现代社会关系对城市空间的隐性影响

工业革命带来的不仅是科技、生产力的进步，还带来了社会制度、生活习惯、价值取向等一系列的变革。在现代社会，时间被赋予了价值，“现在和未来的时间都是金钱[7]”。“几乎所有的技术发现和装置都与获取或节约时间有关。”[8]“征服空间与理性地安排空间也就成了现代化规划的一个组成部分。”[9]因此在近现代的超大规模的城市扩张、更新改造过程中，经济代替社会关系走向了前台，社会关系的影响成为隐性影响，但并未消除，当然也因为空间关系与社会关系的不匹配，造成了一定的社会问题与矛盾。比如学习西方的养老院、养老小区与中国传统社会关系观念之间的矛盾，比如血缘、宗族、单位体制纷纷消亡后带来的“生人社会”与传统的多级迭代社会关系之间的反差等等。从某方面而言，可以说中国当今社会的很多城市问题，都不是单独因为城市导致的，而是城市与社会关系的不匹配导致的。

1.3 当代社会关系重新支配城市空间的趋势

“后现代主义是关于空间的，现代主义是关于时间的。”[10]当今时代信息等新技术的飞速发展，使时间可以缩短到趋近于0，土地的经济价值将会从引发时间差异的距离、地段中剥离出来，土地的经济价值将会越发体现在这块土地上有什么人的因素上来，简言之，空间的价值在于其处在什么样的社会关系网中，同时这种社会关系网也依附于空间之中。

中国有着自己的哲学和发展逻辑，也有着

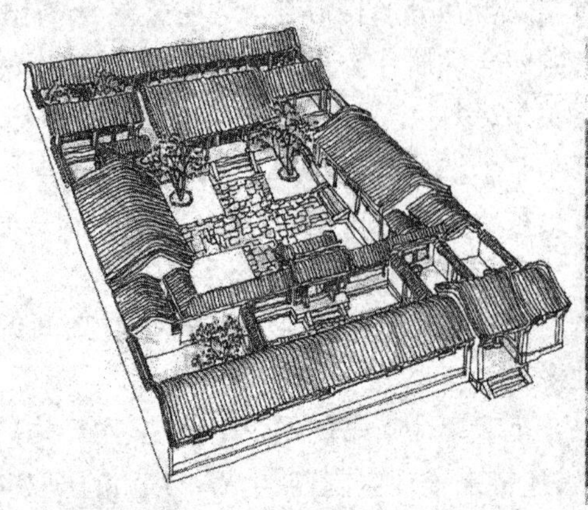

图4　左图为四合院，右图为唐长安复原图

几千年来形成的独特的社会关系（前文分析的四级体系），在中国经济“新常态”、世界经济主体进入后工业时代的情况下，我们势必要建立符合于中国社会关系特性的新城市空间，这样才能引领下一个时代的发展。

2　当今中国城市中的社会关系体现为圈子

2.1　现代中国城市中社会关系的演变历程

中国城市进入现代后，地缘关系（保甲）就消失了，随后计划生育的推行，使血缘关系逐渐弱化了，但中国形成了一套行之有效的单位体制社会关系，在城市空间上形成了颇具时代特点的单位大院，与此同时在城市老区也形成了相对稳定的胡同关系、里弄关系，这些形式各有不同，但都有的共同特征是每个城市人都有一个稳定的居住群体，这个群体形成相互帮助、相互监督的关系圈层。中国社会几千年的文化基因造就了我们更倾向于在“熟人社会”中生存，中国人的社会关系更像是“分子结构”，多个原子（人）抱团形成一个分子（地缘或血缘社会单元），以分子的性质和状态面对世界；而西方更像是“原子结构”，每个原子（公民）相对独立、平等并相似地直接面对世界。中国人的主要社会实践是维持“分子”的稳定性，而西方人的社会实践是去看看“世界那么大”，两者无优无劣，只是两套思维方法和世界观而已。

中国传统的熟人社会在近十几年来已然土崩瓦解，伴随着单位体制的瓦解和收入分异的加大，以居住地为依托的“分子结构”消失了，而不以物理空间为依托的圈子社会，蓬勃兴旺地发展起来了。

2.2　当今中国社会圈子的情况

圈子不是现在才有，从古至今中国社会一直强调圈子文化，中国人特别愿意做圈子。圈子文化在中国的主流文化里占非常重要的地位，甚至可以说是中国主流文化的一种组织基础。圈子指具有相同爱好、兴趣或者为了某个特定目的而联系在一起的人群[11]，可分为业缘圈、趣缘圈、同学圈等。人口越聚集，圈子越密集发达，城市成为圈子的最重要载体。大城市就是大城市，不同于小的地方，城市越大人越多，人越多机会越多，机会越多分工越多，分工越多圈子越多，分工越细圈子越小，不同的小圈子砌成了城市的复杂多元。[12]

每个人绝大多数的社会交往都是跟圈子内的人发生的，按照发生频率排序，职业圈、同学圈最高，按照受喜爱程度，则是趣缘圈最高。小众圈在互联网的支持下取得了不可思议的发展，比如叫早圈、纳兰圈等等。这两年最热门的圈子平台则是微信朋友圈，微信基于真实关系重新聚集原有现实圈子，并依靠原有真实圈子的关系，再扩大关系网，衍生出新的圈子。[13]简言概括，当今中国社会圈子的发展趋势为重点收缩、范围扩大、真实性增强。

2.3 关于圈子的理论研究

圈子概念深入中国人骨髓，关于圈子的评述、理解、延伸意义的文章非常多，但进一步的理论研究并不多，目前主要有张健鹏、陈亚明的《圈子》(2006 年)一书，吕德文的《圈子中的村治——一个客家村庄的村治模式》等论文。西方国家虽没有把圈子上升到文化高度，但圈子(Circle)也是广泛存在的，另外有很多理论也给人触类旁通的启示，最著名的是亚历山大的《城市并非树形》一文(图 5)，“城市中有许许多多固定有形的子集[14]”，这里的“子集”就是类似于圈子但又不完全相同的概念。

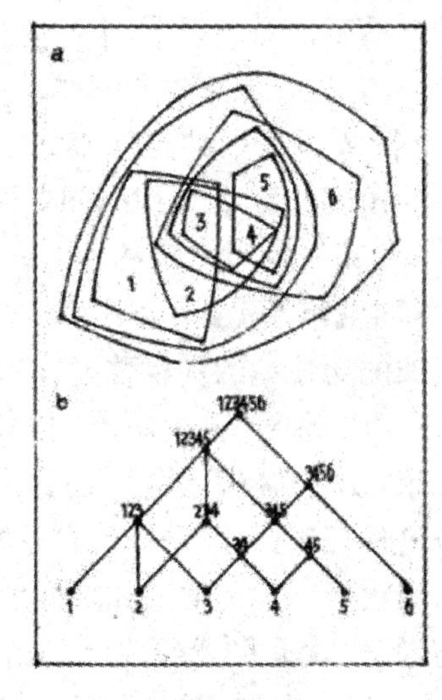

图 5 《城市并非树形》一文中的半网络结构示意图

2.4 山本理显的地域社会圈主义

山本理显从独居现象加剧的角度出发，提出建设具有人文关怀的“地域社会圈主义”建筑(图 6)，他在思考中也同样深刻反思了东西方差距，提出“我们现在的住宅可能都错了，欧洲发明的现有住宅系统，东方模仿了，与中国和日本的传统住宅都不相同。现在看，这是错误的，应该做一个修正!”在他的设想中，运用建筑的方法构建一个加强交往的聚居群体，我们可以将这种设想理解为用建筑综合体来营造一个新的圈子。

图 6 山本理显的地域社会圈建筑模型

3 用圈子组织城市空间初探

笔者认为山本理显用建筑空间营造圈子的设想是一个非常有益的尝试，但同时本文有另一个解决问题的路径，就是用现有的社会圈子来重组城市空间。

3.1 路径选择的原因

选择由社会关系决定城市空间的路径，除了本文分析的趋势以外，还有一个现实原因是：要主动避免贫富进一步分异。中国的城镇化长期滞后于工业化，由流动人口提供了城市发展所需的红利，随着新型城镇化的推进，其产生的副产品很有可能就是城市的贫富差距加大，进而反映到居住空间上形成愈演愈烈的空间分异，以天津为例，这一趋势正在逐步变得明显。因此本文的设想首先是放在城市尺度上削弱贫富分异，另外就是希望能借用现有发达的圈子系统，而非重新塑造新圈子。

图 7 为天津市中心城区内全部居住小区的房价与物业费的分布图和整合计算后的空间分布图，居住分异的情况已非常明显，低价房(地段、学区等综合因素)全部挤到外围，低物业费房(破旧、一户多人的租客等因素)的

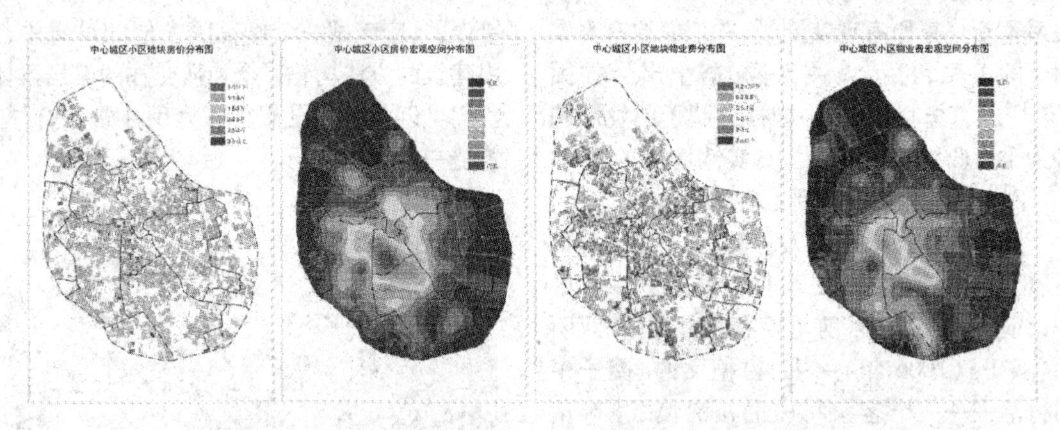

图7　天津市中心城区房价、物业费分布图及宏观空间分布情况

分布相对斑块化，总体体现出内城衰败和挤出城外两个趋势。从空间上可以看出，在一定尺度内(1平方千米左右)是有条件实现贫富混居改造的。

3.2　以职业圈为主要圈子

因为我们需要探讨的是与居住空间挂钩的圈子，因此这种圈子与每个人的稳定性必须最高才能成为主要圈子，经对比分析，职业圈尽管有一些无法克服的缺点，但综合起来是最适合的，每个人一生中单位可以多次变换，但大多数人的职业类型不会变，职业的人脉关系不会变，这样为形成聚居圈提供了最主要的可能性。

第二，职业圈为贫富混居提供了相当强的可能性保障，因为每个职业大类都包含着不同收入阶层的具体工作，比如医护类，这里的相关职业不仅有医生、药商等中高收入工作，也包括护士、护工、医院保安、司机等中低收入职业，这样就形成了一个贫富不同，但有着"弱连接"的圈子群体。

3.3　"圈子城市"理想模型

仅为表达用圈子组织城市空间这一设想，本文尝试构建了一个"圈子城市"的理想模型(图8)，其中的参数设定可根据实际情况调节，比如模型里是八大职业分类，而现实中职业类型会更多，再比如模型中设定的50%的人口为职业圈子内人口，每个圈子组团为5万人，实际情况会非常多变等等。

结合这张图仅想表达以下几点理念：

①未来中国城市必须要解决贫富分异问题，而解决的方式应该从中国哲学方式出发，寻求在平衡中博弈的方式，不能完全满足高收入阶层的精品生活品质要求，也不能打压其生活热情，因此在这个模型中我们非常肯定的是决不支持"行政力量下的定向聚居"，而是从自由选择的角度鼓励引导相同职业圈子的人的自然聚集，其作用力有两种：一是经济作用力，在这样的城市模型下，必须设定居民进入所属职业圈的居住地的优惠政策，比如一名卫生行业从业者，进入"卫生圈层"居住则享受10%的优惠(数字仅为示意)，而选择其他圈层则没有这种优惠；第二种作用力是源于相同圈层的人聚集后衍生的便利和降低生活、职业成本的力量，也就是"半熟人社会"比"生人社会"优越的方面。另外，这个模型在强调每个职业圈的人员聚集的同时，也强调混杂的重要性，最理想的状态是每个圈子组团里有50%的圈内居民。

②虽然用职业圈作为空间划分的主要依据，但与此同时城市必须提供促进其他圈子发生、发展的场所和政策，在这个模型中，特意勾勒的绿地系统，实际上嵌套的是众多基于乐趣、爱好、运动、同学/朋友圈层活动的场所。

③这个模型只强调尽量多的职住平衡，城

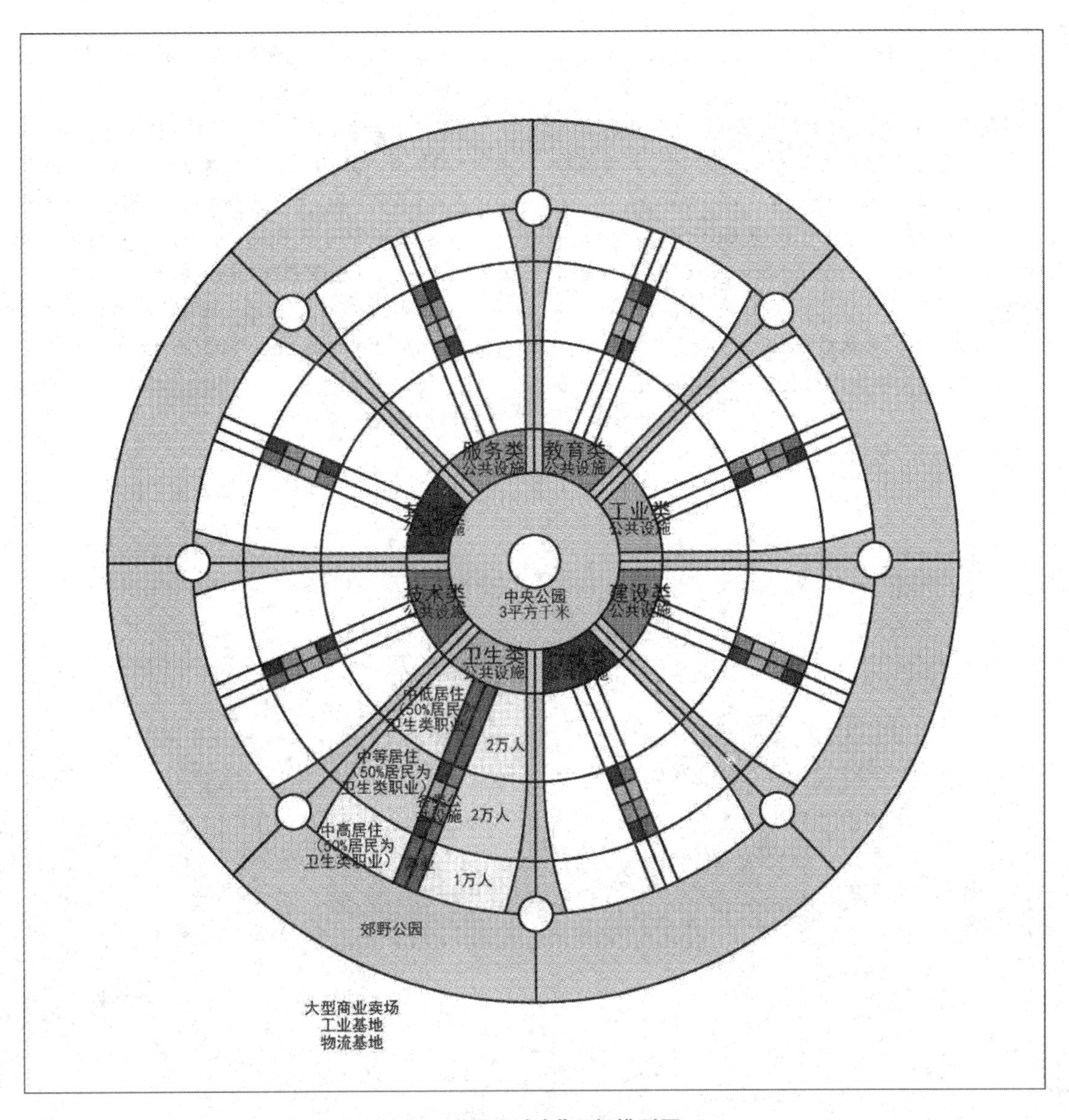

图 8 “圈子城市”理想模型图

市提供最公允的态度是实现公共设施的平衡。

④最后，这只是一个用来表达“社会 · 圈子 · 城市”的理想模型，是基于社会学考虑下的、用空间解决一部分社会问题的尝试，其现实性道路还需要有漫长的理论推演和实践过程，这种用社会主体圈子组织城市空间的设想，不可避免地存在一些问题，但也能解决一些即将发生的比较重要的问题，我们认为只要能使全社会的稳定、综合效率好那么一点点，那就是有益的尝试和改革的动力。

参考文献

[1]柯布西耶．明日之城市[M]．李浩，译．北京：中国建筑工业出版社，2009.

[2] Soja. E. ，“The Socio-spatial Dialectic”，Annals of the Association of American Geographers，1980，Vol，70，pp，207 –225.

[3]格利高里 · 厄里．社会关系与空间结构[M]．谢礼圣，吕增奎，译．北京：北京师范大学出版社，2011：347.

[4]格利高里·厄里.社会关系与空间结构[M].谢礼圣,吕增奎,译.北京:北京师范大学出版社,2011:10.

[5]张云秀.从家族到市民社会——以中西方家族、市民社会与国家的关系对比为视角[J].西南政法大学学报,2003,5(5).

[6]分形城市、空间私有与NKS,http://www.abbs.com.cn/topic/read.php?cate=2&recid=8259.

[7]奈杰尔·思林福特.资本主义时间意识的形成[M].朱红文,李捷,译.北京:北京师范大学出版社,2009.

[8]吴国盛.时间的观念[M].北京:北京大学出版社,2006.

[9]戴维·哈维.后现代的状况[M].阎嘉,译.北京:商务印书馆,2003.

[10]弗里德里克·杰姆逊.后现代主义与文化理论[M].唐小兵,译.北京:北京大学出版社,1997.

[11]百度百科、互动百科中关于"圈子"的解释.

[12]大城市与小圈子,http://blog.sina.com.cn/s/blog_54d5da200100je6c.html.

[13]媒介变迁,正在让"圈子"形态如何变化?http://www.tmtpost.com/110925.html.

[14]克里斯托弗·亚历山大.城市并非树形[J].严小婴,译.

规划引领轨道交通TID开发的协同设计实践
——以天津财经大学地铁站上盖开发为例

贺啸　姜天姣
（天津市城市规划设计研究院）

摘　要：TID是一种源于香港地铁建设的交通综合开发模式，也是TOD模式的核心内容。新常态背景下，面对设计项目对多个领域的专业需求不断提高的情况，城市规划不仅要完成传统意义上的空间布局工作，更应扮演好组织者和协调人的角色，引领其他设计领域进行协同合作。本文以天津地铁上盖综合开发为契机，在设计中组织并协同交通设计、建筑设计和市场策划进行深度合作，以步行交通可达性的设计为出发点，共同完成天津轨道交通TID开发的首次设计实践。

关键词：TID；轨道交通；地铁上盖；综合交通枢纽；天津地铁

引言

2005年，我国轨道交通发展进入“蜜月期”。“轨道交通”、“TOD模式”以及“地铁建设”等关键词融入了我国已建成地铁的各大城市，包括北京、上海、广州、深圳、重庆、南京、天津、武汉、沈阳等，对轨道交通与城市规划和土地利用之间的关系进行了一系列研究并进行了实验性尝试。

2015年，我国轨道交通的发展已经进入“冷静”阶段。理应对10年来的研究实践和经验教训进行回顾总结。城市规划经历了TOD模式城市空间实践——与沿线土地利用联动协作的工作角色与重心的微调，从单一的城市传统空间设计阶段到与土地部门联动合作阶段，无不体现了城市规划对其自身定位与工作内容的“进化”。城市规划经历了“单打独斗”和“协同合作”的过程，在规划行业新常态的背景下，城市规划应再次审视自身的地位与作用，成为引领多个设计领域协同设计的组织者和协调者，以便充分发挥各自专业领域的优势。

轨道交通TID模式作为TOD模式的核心内容，视角虽然更加微观，其地位与作用却非常重要。TID开发涉及规划、交通、轨道、建筑、经济等多个专业领域的综合协作，因此城市规划的沟通与组织能力在TID项目运作中将发挥重要作用。

1　轨道交通引导城市发展的背景

1.1　公共交通导向的城市发展模式（TOD）

TOD模式的英文全称是“Transit-oriented Development”，中文翻译为公共交通导向的城市发展模式。1993年，美国学者Peter Calthorp通过反思美国汽车交通拥堵的问题，首次提出TOD概念。他在《下一代美国大都市地区：生态、社区和美国之梦》一书中对TOD的选址、土地的混合利用、人口密度、景观环境以及空间尺度等方面制定了相应的原则。TOD的核心内容是以城市中区域性公共交通站点为中心，在人适宜的步行距离为半径（0.4～0.8千米）的范围内，以综合开发居住、商业、就业和服务等区域最大限度接近公共交通的形式，并以公共交通为主要出行方式的一种公共交通为导向发展的城市社区形态。①

TOD模式自20世纪90年代提出以来，在国际上已有相当长的实践历史，其中以哥本哈根、新加坡、东京、中国香港、慕尼黑、库里蒂巴等为代表的成功案例，更加印证了其在解决地面交通拥堵、土地利用效率低下以及城市公共空间不足等城市问题方面具有先天优势。

1.2 轨道交通综合开发（TID）

TID是Transport Integrated Development的简称，即轨道交通综合开发。TID模式起源于香港，最早是由香港铁路有限公司以规划建设轨道交通枢纽为契机，出于商业运营收支平衡的考虑，利用交通枢纽巨大的客流优势开展物业综合开发项目，进而以项目发展的收益来支持铁路的开发和运营。

以TID理念打造的轨道交通综合体开发项目的优势在于，既能保证轨道交通作为一个公共交通服务设施的优先性，也可以兼顾综合体作为一个房地产项目的社会性和经济可行性，而且两者相辅相成、相得益彰。② TID与TOD关系可以概括为殊途同归。如表1所示，两者出发点不同，但是发展理念与目标逐渐趋同。

表1 TOD与TID的联系与对比（来源：作者自制）

模式	提出时间	地点	作用范围	所属领域	出发点	联系	实践案例
TOD	20世纪90年代	美国	以公共交通核心为圆心的合理步行范围(0.4～0.8千米)	城市规划角度	缓解道路交通拥堵	两者目标与理念逐渐趋同。TOD和TID聚焦尺度不同	库里蒂巴、东京
TID	20世纪六七十年代	中国香港	地铁上盖地块范围	经济领域跨界城市规划	轨道建设收支平衡		中国香港

1.3 国内TID开发现状和潜力

TID模式在香港的轨道交通建设中取得了巨大的成功。香港铁路有限公司通过开展综合交通枢纽上盖物业项目，提供便利的公交接驳组织的同时，充分利用轨道交通巨大的客流优势，在旧区更新和新区建设等方面有效地引导周边土地高效率开发建设。香港作为人口密度较大、土地相对稀缺的亚洲典型发达地区，在某种程度上也为深受交通拥堵和城市活力不足问题困扰的国内一线城市指明了发展的另一条出路。尤其对于那些处于由“增量发展”向“存量发展”转型的特大城市来说，合理的交通状况、紧凑的用地布局、高效的土地利用效率以及优良的开放空间环境正是城市未来的重要目标。

① 吴黎明，王栋，王涛. 当前TOD模式在我国的发展策略研究[C]//中国城市规划学会. 转型与重构——2011中国城市规划年会论文集. 南京：东南大学出版社，2011.

② 李颂熹. 关于轨道交通站点综合开发项目（TID）的思考[J]. 铁道经济研究，2013(6).

2005年至今,我国轨道交通事业发展迅猛,TOD模式相关的本土化研究逐渐成为时下城市规划和交通规划领域的热门研究对象,并在一线城市如北京、上海、深圳等进行了不同程度的开发实践。与之情况相反,对TID开发的研究与实践并未引起国内业界的广泛重视。国内的交通枢纽综合开发多依托航空港、客运港口和火车站等传统意义上的重要对外交通设施进行结合布置,如上海虹桥机场、北京南站等。在某种程度上,国内所谓的TID项目更类似于对外交通枢纽,而忽略了TID的核心精髓——综合开发。从运营成本来看,国内多数城市的地铁建设与运营成本居高不下,政府对地铁进行财政补贴的压力有增无减,其中北京地铁票价的全面上调就是典型的案例。

TID开发起源于商业运作模式,在收支平衡方面具有得天独厚的经验优势。借助时下在规划行业内讨论热烈的PPP模式(公私伙伴关系 Public-Private-Partnerships),进行轨道交通枢纽综合开发将极大地提升城市活力,降低政府财政补贴压力,甚至在物业合理开发的条件下增加政府财政收入,在更大程度上造福人民。

2 天津市地铁上盖发展现状

目前天津已经投入运营的地铁线路有1、2、3号线(图1)和天津至滨海新区的轻轨9号线。4、5、6、10号线已列入天津市重点项目计划。5、6号线已于2012年动工建设,4号线拆迁工作基本结束,准备进入施工阶段,10号线目前已启动拆迁工作。

2.1 地铁上盖建设

轨道交通TID开发的目标是实现交通枢纽功能的综合型地铁上盖。天津7条地铁线规划场站共237座,其中有34个站点进行了地铁上盖项目的策划。通过对天津市地铁上盖项目进行整理,得出以下结论:天津市近期启动的地铁线路建设中(包括1、2、3、4、5、6、

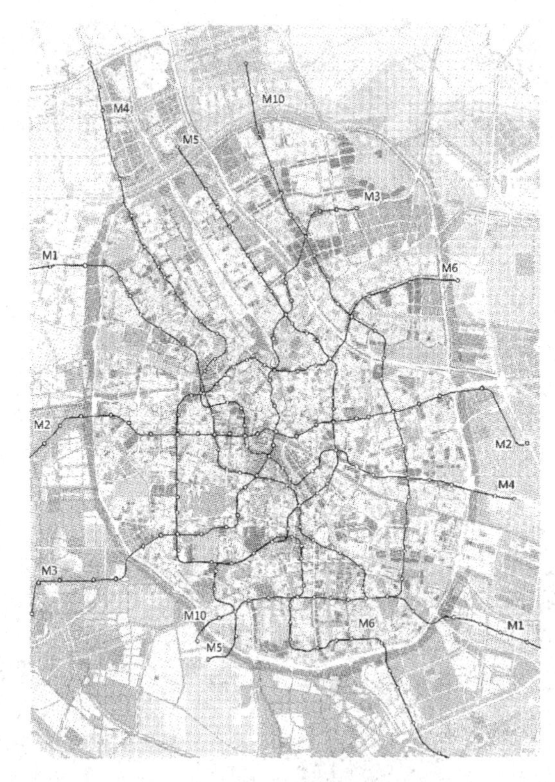

图1 天津地铁现状及近期建设线网

(来源:作者自绘)

10号线),拟进行地铁上盖开发建设的站点仅占26%(图2);从地铁上盖的类型数据统计分析,综合体类型的地铁上盖是重点开发的类型,占据地铁上盖项目53%的份额(图3)。

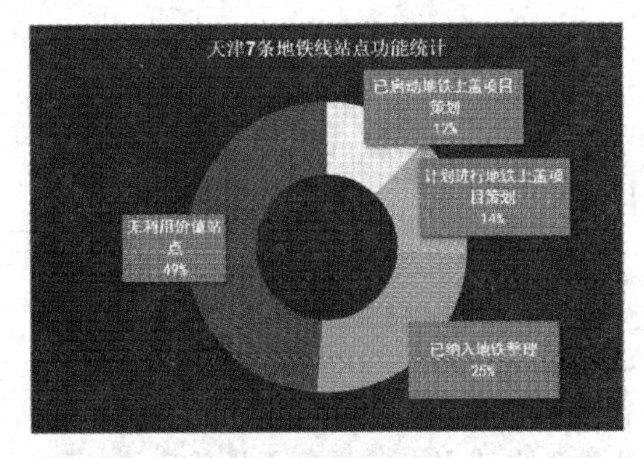

图2 天津近期地铁站点功能统计

(来源:作者自绘)

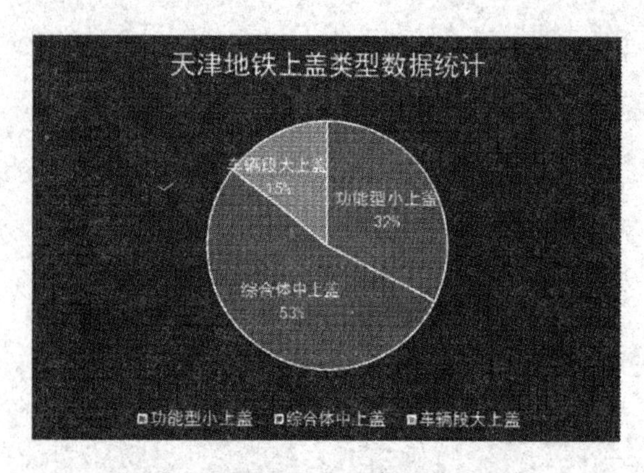

图3　天津地铁上盖类型数据统计
（来源:作者自绘）

2.1.1　地铁上盖分类

从空间尺度上可以将天津地铁上盖项目划分为三个类型，即功能型小上盖、综合体中上盖和车辆段大上盖（表2）。

表2　天津地铁上盖类型统计划分（来源:作者自制）

示意图	类型	空间尺度	位置特征	交通接驳	业态整合
	小上盖	占地面积1.5公顷以内，建筑面积1万平方米左右	中心城区非核心地段分布较多，多位于道路交叉口	设置非机动车接驳功能为主，部分考虑机动车停车场接驳	社区便民公共服务设施
	中上盖	占地面积1.5~3公顷，建筑面积2~100万平方米	地铁换乘枢纽站	布置P+R停车场和非机动车停车设施	商业、办公、住宅
	大上盖	占地100公顷左右，建筑总量150万平方米左右	地铁首末站车辆段，位置偏远，周边尚未发展	布置机动车停车场和非机动车停车设施，部分结合公交场站	居住区、商业

2.1.2　发展存在的问题

地铁上盖活力不足最主要的原因在于地铁客流量偏低。据不完全统计，天津地铁日均客流量约70万人次，远低于北京、上海、广州、深圳等一线城市（图4）。客流量是决定地铁上盖项目活力的重要因素之一。

2.1.2.1　地铁选线和站点位置布局不理想

地铁选线和站点布局对地铁客流量产生最直接影响。天津地铁线位选择和站点设置方面存在的问题可概括为:过分关注工程施工便捷性并最大限度简化项目运作的复杂性，忽视以人为本的设计原则。

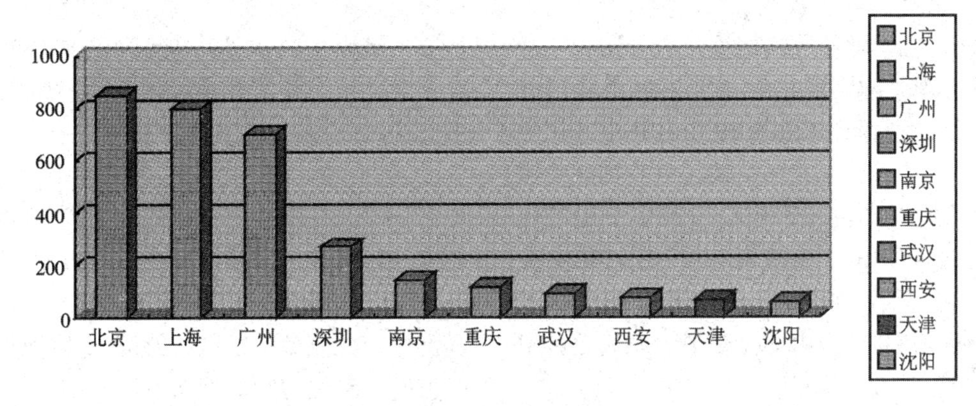

图 4　国内地铁日均客流量统计排名

（来源：网络，作者整理）

以即将开工建设的 4 号线为例：4 号线张贵庄站至新兴村车场区间，选线与双向八车道的津滨大道（城市快速路级别）重合，地铁站出入口布置在路南侧。这种选线方案带来两个问题，一是忽视了快速路北侧居民对地铁的需求，尽管选线降低了拆迁成本；二是无法充分发挥轨道交通的辐射带动作用，是对地铁资源的浪费。

部分地铁站点位置的设置降低了居民地铁出行的意愿。天津地铁在站点位置选择方面受土地权属、拆迁难度、施工条件、历史保护街区等多种制约条件的影响，地铁客源的真正需求被忽视。

2. 1. 2. 2　公共交通接驳组织缺乏人性化考虑

公共交通接驳组织的合理便捷程度决定了地铁站点对客流产生的空间吸引力范围。根据 TOD 模式的发展经验，使用地铁服务的核心客源位于地铁站点 800 米范围内，随着距离范围的增加，边际效应逐渐降低。

天津市民使用自行车出行的比例较高，因此非机动车与地铁的接驳设施应该充分考虑。现状地铁站附近自行车随处停放，缺乏合理便利的停车空间（图 5）。对于地铁与地面公交之间的接驳组织同样缺乏协调考虑，公交站与地铁站距离不合理，或者行人步行可达性不佳都严重打击了市民使用地铁的积极性。另外，城区边缘的地铁站点缺乏对机动车停车设施的考虑，从而降低了城区外围居民自驾到地铁站换乘地铁通勤的可能性。

图 5　地铁站前非机动车混乱停放

（来源：人民网）

2. 1. 2. 3　地铁建设未充分考虑远期开发的时序

地铁项目的运作具有复杂性与周期长的特点。国内大部分城市的地铁项目由于当地政府的高度重视，工作进度不断“提速”，设计论证时间相对仓促。另一方面，地铁上盖项目虽依托地铁线的建设，但是现实运作过程中，工作进度不同步也是比较常见的情况。地铁站点在设计施工阶段没有为将来的扩建预留接口，给后期的再开发造成难以解决的困难。

3 香港 TID 模式开发案例借鉴

3.1 九龙塘站及其地铁上盖开发

九龙塘站地区是早期香港遵循霍华德的田园城市发展理念开发的地区，在香港寸土寸金的空间条件下，九龙塘站地区进行如此低密度开发在当时香港城市建设发展史上也是比较罕见的。1979 年地铁观塘线通车，并在九龙塘设站。不久香港启德机场搬迁，九龙塘地区的高度限制放宽，由此拉开了九龙塘地区发展的帷幕。

由于九龙塘站是新界东部及北部居民的重要换乘站之一(图 6)，九龙塘站是香港地铁系统中最繁忙的车站。全天不分时段都有大量乘客转乘东铁线及观塘线，经笔架山隧道往来市区及新界。一方面，车站周边布置了多所学校，包括幼儿园、中小学、香港城市大学和浸会大学等。在学生上下学的时间段，九龙塘站的来往客流数量增幅明显。另一方面，车站旁的大型购物商场又一城，也为该站带来庞大的客流量。九龙塘站的区位特征，令九龙塘站及上盖发展定位为交通枢纽及商业综合体，以商业和商务办公功能为主。

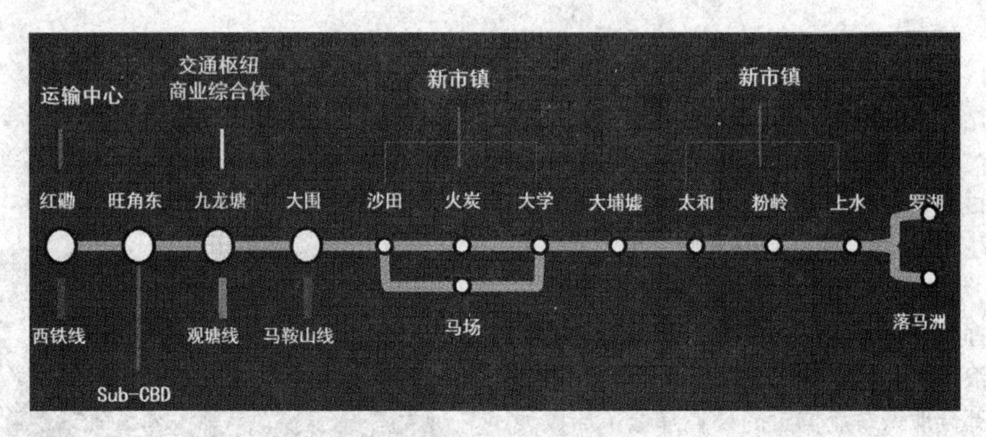

图 6 香港乐铁线九龙塘站分析

(来源:作者自绘)

又一城商场及写字楼在 1998 年启用(图 7)。又一城商场是九龙区一个最具规模的地区性商场。写字楼的主要租户以跨国公司为主，如彪马有限公司和英发国际等。九龙塘站由此奠定其重要的商业地位。

九龙塘站 D 出口设有公共交通换乘枢纽。换乘枢纽包括多条公交路线(图 8)，往返邻近的广播道和沙田等地区。另外，换乘枢纽也提供往返沙头角口岸和深圳湾口岸的长途客运服务，加强与深圳的交通联系。

九龙塘站的地铁上盖项目又一城(Festival Walk)，包括 7 层大型商场及 4 层商厦，其中商场面积 9.8 万平方米，写字楼面积 2.2 万平方米，另设停车场。九龙塘站的上盖物业包括商场及 4 层高写字楼部分，商场停车楼层与九龙塘站的车站大堂无缝衔接。

图 7 九龙塘站又一城综合上盖

(来源:网络)

又一城商场部分共设 7 层(图 9)，其中地面部分包括:L2 美食广场、餐厅、商铺(4 层)；

图8 九龙塘站交通枢纽接驳组织

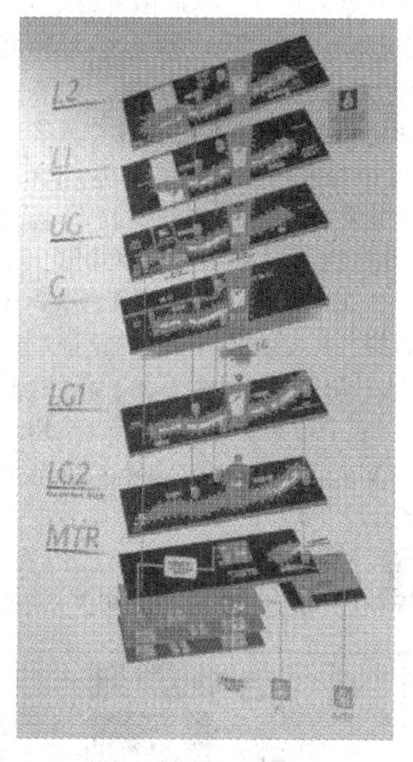

图9 又一城分层功能示意

（来源：网络）

L1 商铺（3 层）；UG 写字楼大堂、戏院、溜冰场、餐厅、商铺（2 层）；G 连接又一城公共运输交汇处、商铺（1 层）。地下部分包括：LG 隧道连接香港城市大学（-1 层）；LG1 商铺、餐厅（-2 层）；LG2 通道连接九龙塘站东铁线、商铺、餐厅（-3 层）；MTR 隧道连接九龙塘站观塘线、商铺（-4 层）；P1（-5 层）、P2（-6 层）和 P3（-7 层）为停车场。

3.2 案例总结

九龙塘站及其综合体枢纽为满足高密度混合发展的要求，内部规划并完善了步行系统的组织，以最大程度地满足综合体内的步行可达性的需求。另外，构建的步行系统将公共交通与房地产开发整合连接在一起，实现了公共交通枢纽与上盖物业之间的无障碍衔接。同时，步行系统的设计在方向引导标识和满足残障人士的特殊需求方面，亦尽力做到尽善尽美，给使用者提供一个安全、便捷和舒适的步行环境以满足交通需求。

九龙塘站上盖的 TID 模式开发，不仅为地区提供了更加高效舒适的出行体验，而且提高了居民利用公共交通出行的积极性。对政府而言，TID 的开发有效缓解了城市地面汽车交通的拥堵情况，并发展了一个切实可行的城市集约化发展的模式。另外，对投资开发商而言，地铁客流量是商业经营的有效保证。无论投资方是政府或者民间资本，在 TID 一级开发和二级开发中，政府基本实现收支平衡，甚至偶有盈余；民间资本同样在投资建设中获得了可观的回报。

4 轨道交通综合开发（TID）模式的天津实践

4.1 项目背景

财经大学地铁站是天津地铁 1 号线与 10 号线的换乘枢纽站，位于天津市河西区小海地地区。其是天津传统的大型居住社区，是天津市重点发展的片区之一。上位规划对财经大学地区的规划定位是依托两所高校教育资源，发展科技文化创智组团。依据天津市轨道交通规划，财经大学站的定位是集地铁、公交、长途客运于一体的对外交通枢纽站。

现状财经大学站为天津地铁 1 号线的地面架空站。周边用地内包括公交车场和长途客运站一处。现状的公交集团场站和长途客运站未规划与地铁站相应的换乘接驳设施。目前,天津地铁10号线(地下线)即将进入施工阶段。

财经大学地铁上盖综合开发承接天津轨道交通10号线(一期)沿线TOD综合发展咨询项目运作背景,从交通、规划和市场三个角度对10号线如何实践TOD模式综合开发进行现状梳理并提出规划建议。因此,财经大学站TID综合开发的前期准备与论证工作已经完成,设计阶段的工作重心在于解决公共交通换乘组织、步行系统可达性最大化、用地性质调整以及基于市场角度的业态选择等核心设计问题。

4.2 项目重点

4.2.1 建立项目委员会制度,坚持以规划为主体的协调合作机制

TID综合开发项目的运作具有多领域、多层次以及多利益主体的特点。另外,由于项目涉及领域多样化的特征,相应地受到多个政府部门的监督管理,容易引起监督管理主导权的竞争,进而降低项目运作的效率。因此,在财经大学TID开发项目运作之初,首先建立由政府监管、合作设计以及项目运作部门组成的TID轨道项目委员会机制,确立三个部分的负责部门。然后由负责部门统一协调本部分的工作,最后由项目委员会对项目做出决策(图10)。

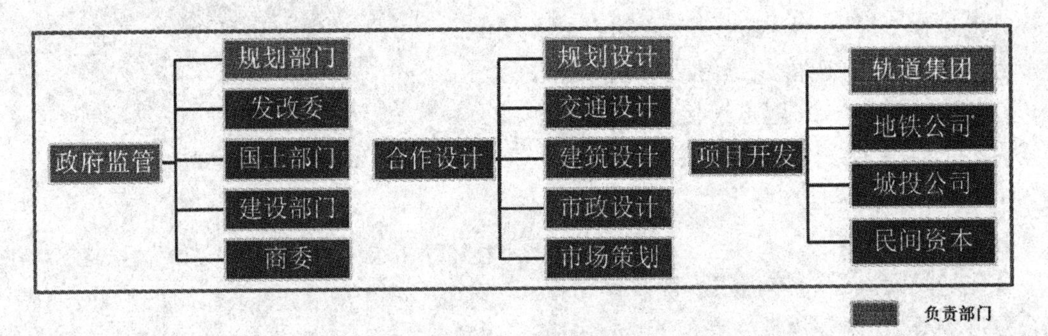

图10 财经大学TID开发项目运作架构

(来源:作者自绘)

规划设计单位负责两个部分的工作:①统筹规划、交通、建筑、市政和市场策划的协调工作,并负责与政府监管和项目开发负责部门实现动态信息共享以及意见反馈工作;②摸清财经大学站周边地区的土地,梳理现状、规划和权属的信息。提出用地功能优化策略,通过论证报告等形式提出控规优化建议,并纳入控制性详细规划调整计划,以保证TID项目在规划方面的合法性。

4.2.2 从优化交通接驳组织出发,构建一站式城市交通枢纽

设计过程中重点关注的问题包括两个方面,一是在现有用地限制苛刻的客观条件下,如何高效利用可开发用地建设TID;二是TID交通枢纽内部如何利用步行交通无缝衔接多种交通方式换乘。

针对如何高效利用可开发用地问题,设计方案提出“严格控制、适当突破”的原则,即保障基地北侧居民楼日照条件,利用技术手段将交通枢纽的噪声降到最低;同时局部突破原绿线规划控制范围,将交通枢纽与现状1号线地上架空站点衔接起来。基地东侧由于10号线地下站体的位置以及与居民楼距离太近的原因,建设空间所剩无几。设计将公交场站布局在此处,采用隔音板等技术措施降低对周边的噪声干扰(图11)。

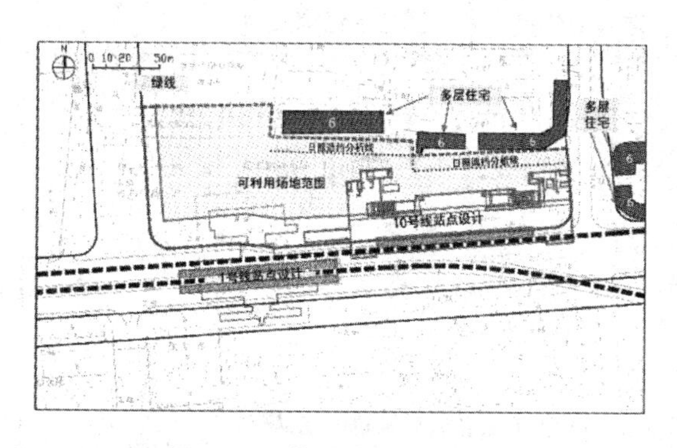

图 11　现状用地限制示意图
（来源：作者自绘）

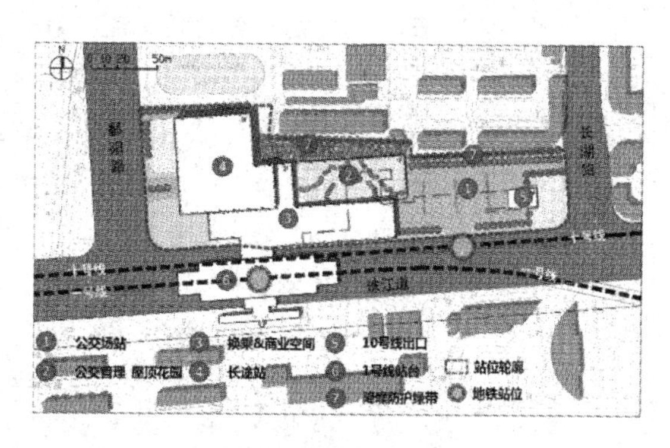

图 12　方案平面图

另一方面，将地面一层设计为换乘枢纽空间，通过垂直交通空间串联交通枢纽内各种交通方式。这种方式有效缩短了换乘步行的空间距离，为使用者节省了宝贵时间。设计在换乘过渡空间布置生活服务型商业，方便附近居民及旅客使用（图 12、图 13 和图 14）。

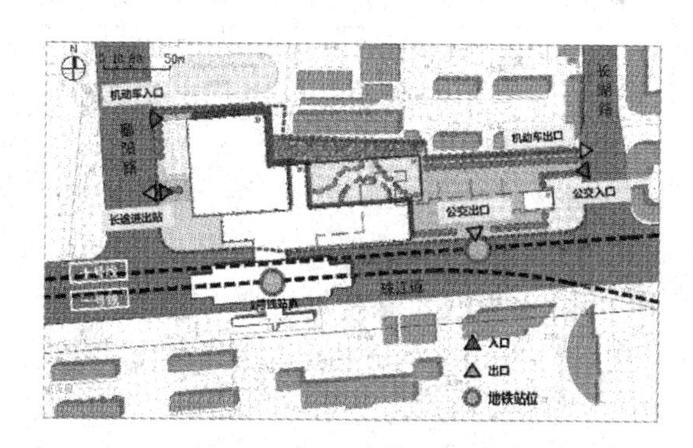

图 13　交通出入口设置

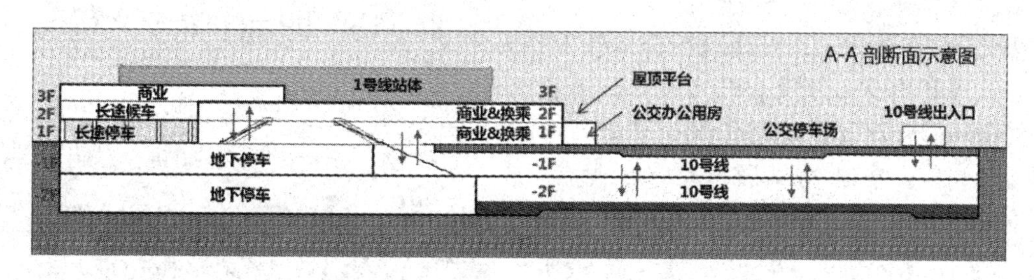

图 14　综合交通枢纽剖面分析

TID 项目在物业功能方面的选择始终坚持以市场为导向，财经大学项目在启动之初已引入专业市场与分析团队，对财经大学及周边地区的房地产开发情况进行了现状摸底，并分别对住宅市场、商业市场和办公市场进行了分析预测（表 3）。方案设计结合市场需求预测及项目基地的实际情况，确定将中端商业（一期）和 SOHO 办公（二期）引入财经大学 TID 项目。

表3　财经大学站地区房地产市场分析及物业发展建议(来源:作者整理)

类别		核心价值点及问题	物业建议
市场类型	住宅	成熟居住板块,以居住功能为核心; 周边住宅供应短缺,需求无法释放; 周边教育优势显著,高知客群的改善性需求有待释放	改善型住宅
	商业	商业配套相对完善,但现状档次偏低端、能级落后,随着人口逐步导入该片区,档次、能级急需升级; 缺乏相对应高知客群的商业配套	中端社区底商
	办公	周边存在一定的大学内部的高知、高智产业,未来周边具备符合大学生创业及满足一些工作室的SOHO型产品的需求	SOHO办公
市场定位	以人文品质居住为核心,集人文居住、高知办公、精品社区底商为一体的综合居住区		
市场策略	借助财经大学站周边教育优势及换乘站优势,释放区域内改善需求及吸纳市区内外客户,同时对周边高知群体衍生适当的SOHO型办公需求		

4.2.3　明确分期发展时序,预留远期发展可能

从上文提到的香港九龙塘站建设经验中得出结论:一蹴而就式的地铁上盖建设不利于TID交通枢纽上盖建设开发。原因如下:一是投资数目巨大,资金存在较大风险,而且与市场运作规律相悖;二是地铁建设与TID综合上盖的建设周期不同步。国内地铁对建设速度的要求更加突显无法同步的特征。

因此,财经大学TID设计以配合地铁10号线建设进度的要求,首先同步实现其交通枢纽的接驳功能和商业服务功能,同时预留远期扩建发展端口。在10号线通车运营后,远期可针对实际情况进行SOHO办公功能的二期开发,最终形成完整的TID综合开发上盖项目(图15、图16)。

图15　TID一期开发空间示意图

图16　TID二期开发空间示意图

4.2.4　提出上盖物业分层确权构想,解决运营维护矛盾

财经大学TID项目涉及多个利益方,利益诉求并不一致。因此,通过设计和沟通的手段,去协调各利益方的诉求是规划协调工作中的重点。地铁公司作为主要出资方,对投入成本以及后期运营收益的要求很高。公交集团和长途客运公司在提出场地技术性要求的同时,也希望保留自身用地的权属要求。在实际参与过程中,解决TID交通枢纽综合体的产权分割问题更多地依靠产权制度的创新,才能满足各方的需要。

通过借鉴香港TID项目类似的经验,规划提出上盖物业分层确权的构想。核心内容

是,TID 地铁上盖项目涉及的各利益方在空间上分楼层划分产权,由地铁公司统一进行物业管理,其他利益方定期交纳管理费用。构想主要针对地铁公司在后期维护运营中的成本顾虑导致积极性不高的情况作为切入点,综合权衡各利益方的诉求而得出解决方案。目前,该构想已上报项目委员会,等待政府部门的批复。

5 小结

TID 交通枢纽综合开发可以认为是 TOD 模式的核心内容。从 2005 年轨道交通大热发展至今已有 10 年光景,我国对 TOD 模式的研究与实践正处于"逐步退烧,回归平静"的阶段。回顾 10 年来我国 TOD 的发展建设,并没有留下很多成功案例。在倡导继承与变革的城市发展思维驱动下,我国的轨道交通事业亟需反思。

TOD 模式的理念符合当今我国大城市及特大城市的发展需求——强调公共交通出行、减缓城市道路拥堵以及优化城市空间紧凑布局等等。TOD 模式的本土化研究实践将问题基本归结于政策制度的限制。而笔者认为,政策制度的调整需要足够的力量去推动和改变,这种无形的力量就是市场。TID 模式从其起源及实质来讲正是市场和政府在基础设施建设方面的合作与博弈。因此,推动 TID 模式的建设进而坚定政府政策制度改革的决心,才是当下轨道交通建设的关键问题。

时下国内热烈讨论的 PPP 模式,已经为推动 TID 建设提前预热。通过开发建设 TID 交通枢纽综合体项目,实现"政府赢、百姓赢、开发商赢"的多方共赢局面,也是我国坚持和平共赢发展思路的有力体现。

参考文献

[1]吴黎明,王栋,王涛. 当前 TOD 模式在我国的发展策略研究[C]//中国城市规划学会. 转型与重构——2011 中国城市规划年会论文集. 南京:东南大学出版社,2011.

[2]李颂熹. 关于轨道交通站点综合开发项目(TID)的思考[J]. 铁道经济研究, 2013(6).

[3]王成芳. TOD 策略在中国城市的引介历程[J]. 华中建筑,2012(5).

[4]谭啸. 天津城市轨道交通站点周边土地利用优化研究[D]. 天津:天津大学出版社,2012.

[5]战克强. 天津市轨道交通线网规划优化分析[J]. 都市快轨交通,2008(5).

生态分区视角下的居住区绿地率确定方法研究
——以天津中心城区居住区为例

张斌　何瑾
（天津市城市规划设计研究院）

摘　要：本文首先概述了国内有关居住区绿地率的相关研究，指出研究过于理论化、抽象化、技术化以及控制指标确立缺乏宏观视角研究等不足，并阐述了天津市现有绿地控制指标粗放、单一、机械化的特点。然后，引入生态分区理念，介绍生态分区概念、原则及其措施，并从城市宏观层面以区域观和系统论研究居住区绿地率控制原则和确定方法，即指标体系动态化、生态分区合理化、政府控制弹性化。

关键词：绿地率；居住区；生态分区

1　引言

1.1　天津城市环境严重恶化

报告显示，中国600多个大中城市中，只有不到百分之一达到世界卫生组织推荐的空气质量标准，污染最严重的10个城市有7个在中国。天津是我国污染重灾区，历史上曾有某月仅5天没有出现雾霾天气，环境问题已成为制约天津城市发展的主要问题。城市绿地可吸收氮氧化合物、二氧化硫和粉尘等污染物质，缓解城市高密度城区建设所致的静风粉尘沉积现象，具有很高的生态效益，从源头上减缓城市生态环境恶化的趋势。

1.2　合理确定居住区绿地率对于改善城市环境具有重要意义

纵观整体城市绿化结构，居住区绿地是城市绿地结构的主要组成部分，其呈斑块状分布于城市空间的各个角落，是城市绿地系统的本底构成要素。合理控制居住区绿地在城市空间的分布可以优化整体城市绿化网络功能，从而提升城市整体生态效益。而作为衡量居住区绿地量的一个重要指标——绿地率，虽然很难带来直接的经济效益，但从长远来看其所发挥的生态效益是巨大的，对城市可持续发展具有重要的支撑作用，故此其作为一项强制性指标在城市总体规划和详细规划中都占据了重要地位[1]。

绿地率的确定通常受气候条件、开发强度以及经济状况等条件制约，每个国家和每个地区的绿地率确定通常存在很大差异，因此，笔者主要总结了国内城市绿地率的相关研究。一方面是集中于绿地对居住区生态效益分析、绿地空间规划等技术和空间设计层面的研究，未对绿地率指标确定做应用方面的阐述，对具体规划实施指导性欠佳；另一方面，对单个的居住区的绿地率量化方法以及量值确定合理性评估做了研究，但居住区绿地也是城市生态系统的组成部分，基于生态效益、经济效益、人文效益等多目标规划设计的居住区绿地无法脱离城市整体环境而单独确定其绿地率指标，一个居住区的生态容量应当综合考虑居住区周边环境状况[2]。本文将提取天津市中心城区27个现状居住区绿地率数据，试图从城市整体层面去统筹考虑居住区绿地率的确定原则和策略。

2 居住区绿地发展现状问题分析

2.1 微观合理的绿地率控制方法

2.1.1 绿地率的概念

居住区绿地率是指公共绿地、宅旁绿地、配套公建所属绿地和道路绿地四类绿地的用地面积与居住区用地总面积之比(图1)。

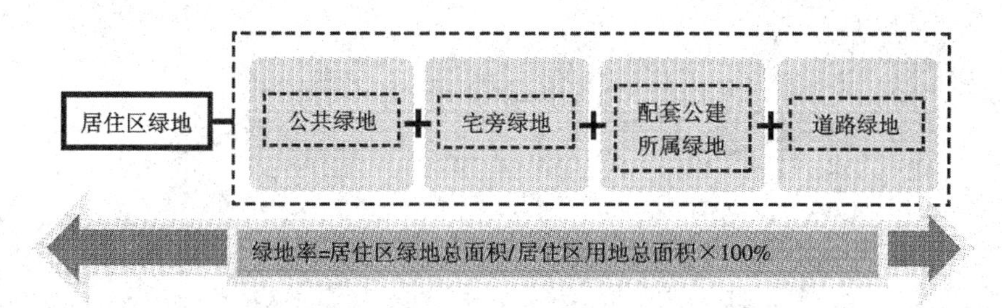

图1 居住区绿地率概念示意图

2.1.2 绿地率指标控制标准

在现行的各项管理规定中，绿地率指标基本控制在25%～40%这个范围内，《城市居住区规划设计规范》、《天津市城市规划管理技术规定》以及天津新出台的《天津城市绿化条例》都给予了具体标准(表1)。

表1 绿地率指标规范一览表

规范名称	《城市居住区规划设计规范》		《天津城市绿化条例》		《天津市城市规划管理技术规定》	
绿化率指标	新建区	旧区	新建区	旧区	中环线以内	中环线至外环线
	≥30%	≥25%	≥30%	≥25%	≥35%	≥40%
图表对比	30%	25%	30%	25%	35%	40% 40%

目前天津市中心城区居住区将新建居住区绿地率平均控制在40%这个基准，考虑天津城市发展密度和生态环境建设要求，高于国家规范5%～10%是非常合理的控制范围[3]。

2.2 居住区绿地率宏观失控

2.2.1 不同区位绿地率均质化态势

选取均匀分布在天津市区的27个居住区进行分析(图2)，从整体城市居住区绿地率分布上来看，天津城区各个区块的居住区绿地率呈均质化分布状态(图3)，在不同密度的城市区域，其绿地率在40%标准的居住区所占比例高达56%，由此可见，目前天津市居住区绿地率指标定值标准化趋势明显，反映了天津绿地率指标缺乏灵活控制，呈现出粗放低效的状态。

2.2.2 不同建设强度居住区绿地率均质化态势

从现状27个居住区建设情况来看，其容积率从0.8至4不等，容积率巨大的变化幅度

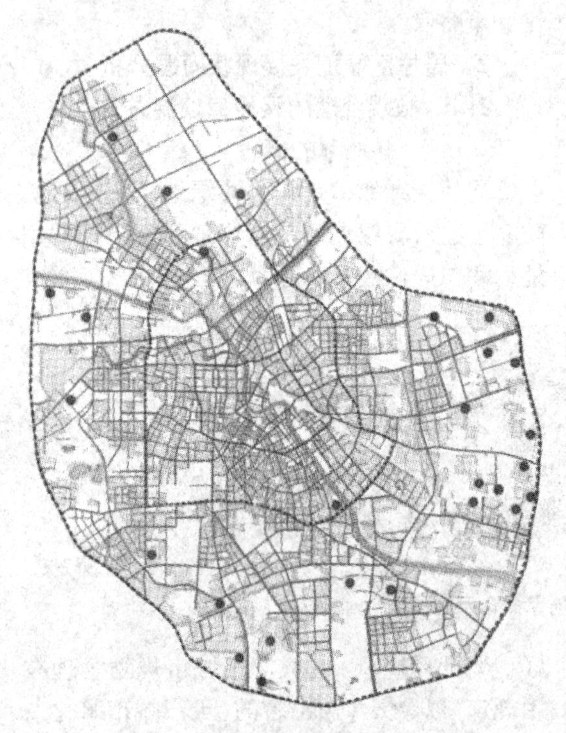

图2　天津市区所调研的居住区

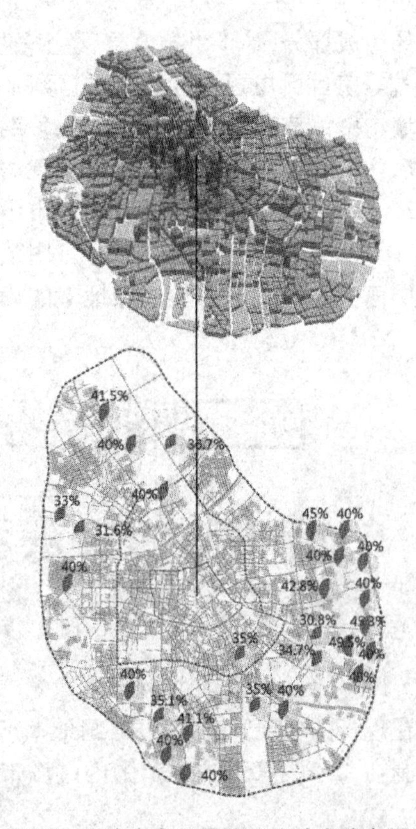

图3　天津市市区居住区绿地率分布图

反映出城区内居住区建设情况各异；反观居住区绿地率与容积率的变化关系(表2)，虽然容积率跨度差异较大，但总体的绿地率指标并未出现明显的起伏变化，变化幅度在4% ~5%之间，绿地率与建设容积率无明显相关关系，证明绿地率指标还未与居住区实际建设情况相关联，单一的绿地率指标很难适应当今多样发展的居住区[4]。

表2　绿地率随容积率变化关系

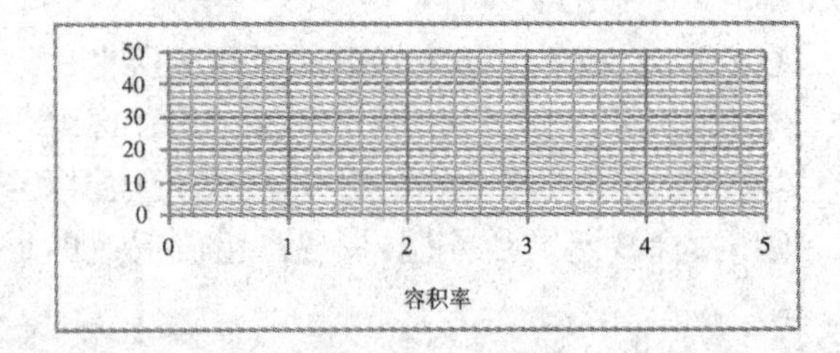

2.2.3　绿地率问题总结

通过以上分析可以看出，绿地率指标整体处于空间、强度双方面均衡状态，这种绿地率指标趋势规避了承认居住区所处环境差异化的事实，无法体现绿地率指标对城市发展的意义，基于此发展现状，总结问题如下(图4)：

①“一刀切”的绿地率指标控制不能确保各个居住区绿地率的合理性，各个居住区自身有其不同的人口密度及开发强度，其对绿地的需求量也要根据自身发展的实际情况去考量，如果忽视了各个居住区的个体差异，绿地的整体生态效益势必不能得到很好的发挥[5]。

②绿地率指标的评定缺乏综合的考量，绿地率主要依据技术指标的规定，对于居住区地块周边的绿化现状考虑欠周，居住区绿地往往自成体系，缺乏与周边环境的协调，造成绿地资源的浪费，难以实现城市整体绿化效益的最大化。

③绿地率指标宏观考虑不足，纵观整体城市居住区绿地率控制，整体呈均质化分布态势，还未形成系统，城市绿地整体联通性欠佳，导致城市绿地发挥不出改善城市气候的效

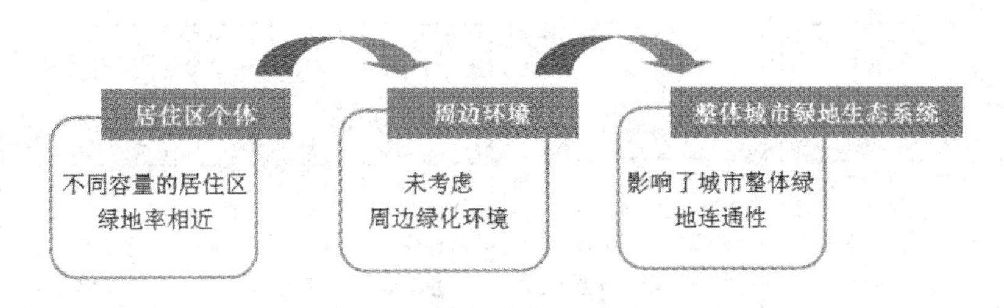

图4　绿地率指标现存问题

果[6]。

3　生态分区指引下的绿地率指标确定方法

3.1　生态分区的概念及内涵

随着城市的不断发展,城市所承担的负荷也会逐年累月地叠加,片面追求经济效益的发展模式已成为历史,人们意识到对于城市生态系统的忽视会严重阻碍自身的经济发展,甚至威胁到城市的持续发展。生态分区理念是在生态保护的原则下进行的,致力于协调日益加速的发展趋势与生态环境保护的矛盾,维护区域经济和资源的可持续发展,这就要求组织区域内各生态因子之间的相互关系,强调生态系统对人类生存发展的支持服务功能[7],尤其是对人类活动在资源开发利用与保护中的地位和作用以及区域环境问题的形成机制和规律进行充分的分析研究,提出区域生态环境保护和整治的方法与途径,具体到本文的研究问题,生态分区内涵图如图5所示。

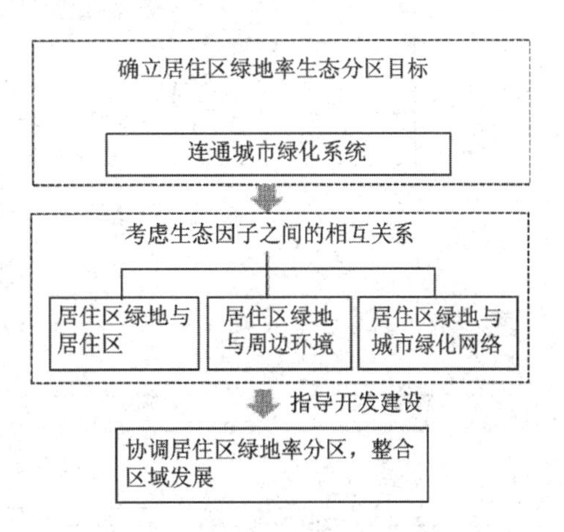

图5　基于生态分区理念的绿地率分区内涵

3.2　生态分区的原则

在进行生态分区之前,首先我们要面对分区给城市所带来的各个分区的极限规模问题,并对未来城市分区形态变化趋势及其极限问题进行前瞻性讨论,为居住区绿地率的生态分区奠定基础,吴良镛先生曾在《人居环境科学导论》中提出,有关生态问题的概念本身都隐含着极限,因此在规划的过程中要更加谨慎,要考虑到城市容量来循序渐进地引导城市进行生态分区,国外的城市分区发展经历了较长的过程,思想较为成熟。基于极限问题的考虑,普通生态学意义上的“生态分区”的依据主要是区域生态系统组成要素的异质性和敏感度。而生态城市建设规划中的“生态分区”不仅要考虑该原则,还应考虑城市生态系统的特殊性、生态城市结构和功能的相互关系,以及规划的可达性、实施的可操作性等因素。因此,生态城市建设的生态分区原则主要有区域分异原则,确保城市空间发展原则,整体协调和系统整合原则,分阶段、分步骤和重点突出原则[8](图6)。

3.3　生态分区措施

制定绿地率生态分区的建设规划,首先要以城市各区域指标为基础,根据不同生态分区的特点制定相应的生态单元控制指标,然后对各个生态分区进行评价、分级、考核,进行合理统筹,具体措施如下(图7):

首先,从整体城市角度上,分析各个生态分区的生态环境现状(气象、水文、地质资料等)、资源优势(江河、山体、绿化廊道、生态区

图6　基于生态分区理念的绿地率分区原则

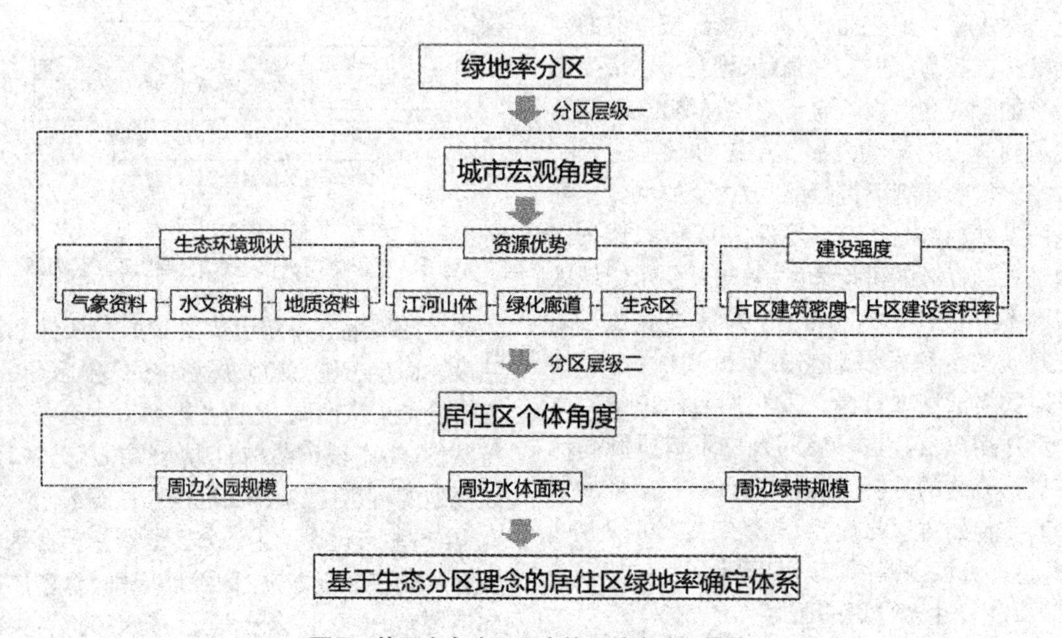

图7　基于生态分区理念的绿地率分区措施

等）、建设强度（包括片区建筑密度、片区建设容积率等），以提升整体城市绿化网络连通性为目标，利用每个生态分区的空间结构特征，从而确定生态分区，进行居住区绿地率的宏观调控。

其次，从居住区个体角度上，识别居住区周边较为重要的公园绿地、河湖、绿带等重要的生态斑块，提取出来与居住区自身绿地统筹考虑，对不同居住区绿地率的分异化进行深化研究，调控绿地率指标。

4　规划实施措施

4.1　指标体系动态化

原有的统一化的指标虽然实施过程较为简易，但从实际来说，用单一化的指标去涵盖不同开发情况和区位的居住区是非常困难的，指标数值的适当调整不仅增强了绿地率指标的灵活性，更重要的是满足了居住区绿化率的差异化需求，使绿地率配置更加合理。

4.2 生态分区合理化

立足于区域层面，控制协调绿地率，综合考虑生态效益和经济效益，针对城市内建设用地的不同情况进行分区调整。

原则一：周边绿化环境较好的区域，如果周边绿化存有量较高，居住区自身绿化率可相对调低，节省用地充分利用周边资源；周边绿化环境略差的区域，居住区绿地率可在城市居住区绿地率指标基本水平上适当上调，保证居住区内部的居住环境。

原则二：对于区域位置较好、经济效益较高的地段，开发强度应适当提高，绿地率可适当下调，对经济发展做出适当让步。

原则三：位于城市生态重点保护区的地段，居住区绿地率可适当调高，提升区域内的环境水平。

基于以上几个原则，协调了居住区与周边环境的关系，使得城市整体绿化系统更加完整及高效。

4.3 政府控制弹性化

在理论方面，“绿地率”一词出现早期就有学者曾指出，绿地率是一个“相对指标”，因此有一定的“弹性”，是可以“谈判”的，绿地率的下限取决于环境质量的起码要求，而其上限取决于其居住区所处分区的环境容量，政府可以制定一套相关的技术标准使得居住区绿地率指标具有弹性，以适应生态分区动态化的标准。

在实践方面，“刚性”转向“弹性”控制很早就出现在我国的实践当中，首当其冲的是深圳开展的城市密度分区控制实践，之后，上海、北京、广州等城市也在实践中总结出了具有一定适宜性的指标控制方法，并制定出相关的技术管理规定。

参考文献

[1]陈文，周昕. 基于可操作的城市绿地系统规划——昆明城市绿地系统规划的实践与思考[J]. 中国园林，2008(6)：79 -82.

[2]傅伯杰. 景观生态学原理及其应用[M]. 北京：科学出版社，2001.

[3]白钰. 基于生态足迹的天津市土地利用总体规划生态效用评价[J]. 经济地理，2012，32(10)：127 -132.

[4]金云峰，周聪惠. 城市绿地系统规划要素组织架构研究[J]. 城市规划学刊，2011(208)：86 -92.

[5]廖远涛，肖荣波. 城市绿地系统规划层级体系构建[J]. 规划师，2012，28(3)：46 -54.

[6]郭嵘，范云飞，李伪. 低碳导向下的居住区绿地率控制指标确定方法研究[C]. 2013 中国城市规划年会论文集.

[7]刘滨谊，姜允芳. 论中国城市绿地系统规划的误区与对策[J]. 城市规划，2002(2)：76 -79.

[8] Beatley. Planning and sustainability：the element sofa new paradigm [J]. Planning Liter，1995，9(4)：383 -395.

职住平衡导向下的中新生态城规划策略研究

殷丽娜　官媛　赵光

（天津市城市规划设计研究院）

摘　要：在新常态的社会发展背景下，职住平衡的实现有利于减少居民通勤时间、提高居民生活质量，对于营造健康、高品质、可持续的城市生活环境具有重要意义。笔者重点研究了中新生态城的职住平衡问题。在国内外现有职住平衡测度方法的基础上结合生态城自身发展特征，研究构造了生态城职住平衡的测度指数和测度范围。运用统计学的研究方法，笔者从产业发展和公共交通系统规划建设两个方面对生态城职住平衡的影响因素展开深入分析。研究结果表明产业促进就业能力不足、公共交通系统通勤服务功能不足是造成生态城现状职住失衡的主要原因。结合生态城自身特征和发展定位，研究从就业导向下的产业发展、通勤导向下的公共交通系统建设两方面提出促进生态城职住平衡的规划策略。

关键词：职住平衡；合理通勤范围；产业促进就业综合能力；公共交通系统；规划发展策略

1　引言

1.1　通勤时间延长制约城市健康发展

当前我国经济社会发展出现的"新常态"趋势引发了城乡规划和管理方式的转变。城市的概念正逐步从"生产基地"、"经济引擎"向生活有机体发展，如何营造一个健康、高品质、可持续的城市生活环境是当前公众关注的重点。然而根据中国城市化研究报告，中国有将近50%的城市在过去5年间通勤时间增长超过30%。根据张文忠在2006年的一项问卷调查结果，快速增长的通勤时间和距离严重影响了受访者的生活质量，甚至成为阻碍宜居城市建设的瓶颈。从城市建设和发展角度出发，通勤距离和时间的增长会引发能源消耗和环境污染，不利于城市的健康、可持续发展。

1.2　职住平衡的内涵

职住平衡是城市规划管理者应对通勤时间延长、资源消耗和环境污染等负面影响而提出的一种城市发展理念，最早可以追溯到霍华德在田园城市中提到的"就业居住相互临近"的思想，后来在20世纪的城市规划实践中逐渐得到了应用与发展。就业居住平衡理念的基本内涵是指在某一指定范围内，居民中劳动者的数量和就业岗位的数量大致相等，大部分居民可以就近工作；通勤交通可采用步行、自行车或者其他的非机动车方式；即使是驾驶机动车，出行距离和时间也比较短。这样就有利于减少机动车尤其是小汽车的使用，从而减少交通拥堵和空气污染。

本文选取中新天津生态城作为主要研究对象,在对其职住平衡的主要影响因素进行深入探究的基础上,结合城市发展定位和特征提出了规划发展策略。

2 中新生态城职住平衡现状评价

2.1 中新生态城发展背景

2.1.1 区位条件和发展规模

中新天津生态城位于天津滨海新区,地处塘沽区、汉沽区之间,毗邻天津经济技术开发区、滨海旅游区、天津港,距天津中心城区约45千米、距北京约150千米(图1)。具体规划范围东至汉北路——规划的中央大道,西至蓟运河,南至永定新河入海口,北至规划的津汉快速路(图2)。规划范围34.2平方千米。规划期限近期至2010年,远期至2020年。规划远期人口规模达35万。生态城于2008年9月正式开工建设,目前8平方千米起步区基本建成。

2.1.2 发展目标

作为我国近年来新城建设的杰出代表,中新生态城在发展目标和定位、规划及建设指标体系构建、发展模式等方面都是我国在新城发展模式上进行的一次积极探索。中新生态城总体规划(2008—2020年)中对中新生态城的发展定位是:建设科学发展、社会和谐、生态文明的示范区;建设资源节约型、环境友好型社会的示范区;创新城市发展模式的示范区。处于我国第三代新城建设的探索阶段,中新生态城突破了以往以单纯追求经济效益、增强城市竞争力为目的的开发区新城建设模式,而是以追求经济效益、生态环境、社会发展、文化和谐、区域协调全面发展的综合新城为目标。

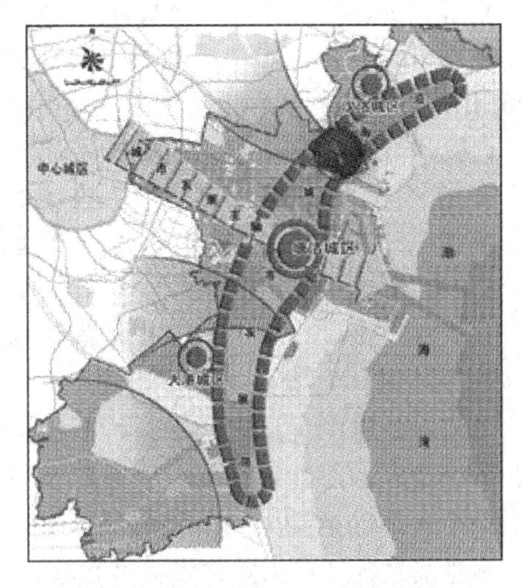

图1 中新生态城区位示意图
(中新生态城总体规划)

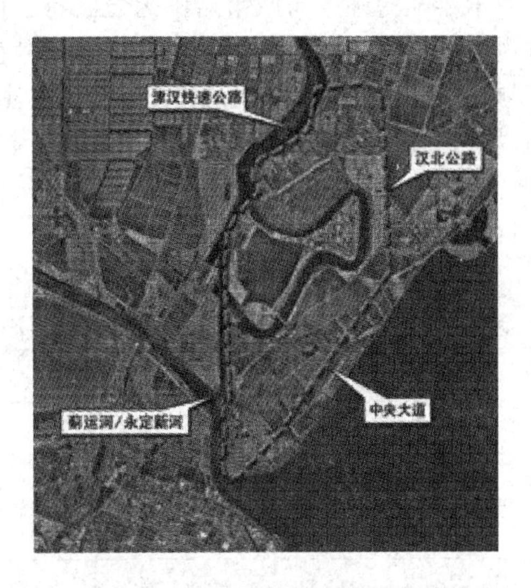

图2 中新生态城规划范围示意图(作者自绘)

2.2 中新生态城职住平衡现状评价

2.2.1 职住平衡指数构造

目前测度职住平衡的指数有职住平衡比率、职住偏离度、过度通勤率等。托马斯提出的职住独立指数(公式1)能够从宏观层面较为有效地评价地域的职住平衡程度。独立指数越高,职住平衡度就越好。但是独立指数的缺陷在于值域过于宽泛,不利于直观的研究和比较。

职住独立指数=本地居住本地就业人口/(外地居住本地就业人口+外地就业本地居住人口) (1)

中新生态城是以居住配套为主要功能的区域,因此将本地就业外地居住的人口排除在外。研究以职住独立指数为基础构造以下职住平衡指数(公式2)来测度中新生态城的职住均衡情况。其中总就业人口是指16周岁及以上,从事一定的社会劳动或经营活动,并取得劳动报酬或经营收入的人口。职住平衡指数取值在0到1之间,越趋近于1则说明职住均衡程度越好。该指数将值域限定在一定范围内表达更为直观,研究对象更加明确,有利于提出有效的改进建议。

职住平衡指数=本地居住本地就业人口/本地居住的总就业人口 (2)

2.2.2 职住平衡指数测度范围

学者一般将中观尺度的职住均衡研究归纳为一个给定的居住地或就业中心以及它周围的一个合理的通勤半径所构成的区域。研究中本地居住的范围限定在中新生态城,本地就业的范围需要通过研究合理的就业通勤半径来确定。目前职住均衡研究中涉及的合理通勤的半径的确定与城市居民的通勤特征即通勤方式、通勤时间和距离密切相关。现状生态城居民中通勤出行以机动化出行方式为主,机动车通勤出行的比例为81%(表1)。因此研究选取小汽车和公共交通两种通勤方式用来确定合理通勤半径。

表1 居民出行方式构成(实地调研统计结果)

出行方式	比例
步行	14%
自行车	5%
公交	26%
小汽车	55%

在通勤时间上,由于发展水平、城市形态和交通条件的差异,目前国内外对于合理通勤距离和时间没有统一标准,但通常认为人们的通勤忍耐时间范围经验值为30~45分钟。根据对生态城居民通勤忍耐时间数据结果按区间分类,82%的生态城居民认为通勤30分钟以内是通勤时间可以接受范围(表2),研究选取通勤30分钟作为合理通勤半径的确定依据。

表2 通勤忍耐时间分区间统计结果(实地调研统计结果)

通勤忍耐时间	比例
30分钟以内	82%
30~45分钟	14%
45分钟~1小时	3%
1小时以上	1%

根据现状居民通勤出行方式中公交车和小汽车出行的比例(仅以公交和小汽车两种方式计算),结合公交车和小汽车运行30分钟的里程数,合理的通勤半径为15千米。根据规划居民通勤出行方式中二者的比例,合理的通勤半径为12千米(表3)。倡导绿色出行是中新生态城建设发展的根本原则之一,绿色出行方式会随着公交系统的建设和完善进一步提高。因此研究选取12千米作为合理的通勤半径。

表 3　现状、规划合理通勤半径比对

项目	通勤方式	
	公交	小汽车
运行速度	15～20 千米/时	40～50 千米/时
运行 30 分钟里程数	7.5～10 千米	20～25 千米
现状通勤出行比例	35%	65%
现状合理通勤半径	15 千米	
规划通勤出行比例	65%	35%
规划合理通勤半径	12 千米	

取自《中新生态城总体规划专题研究(四)——中新天津生态城绿色交通系统规划研究》、调查问卷统计结果。

2.2.3　职住平衡指数测度结果

以中新生态城为中心,通勤半径 12 千米作为就业的合理通勤范围,此研究范围内共包含中新生态城、滨海旅游区、北塘经济区、开发区东区、汉沽主城区、中心渔港经济区 6 个功能区(图 3)。研究认为在此范围内就业的生态城居民是本地就业本地居住人口。根据公式 2 对就业居住均衡指数的定义,现状中新生态城职住平衡指数仅为 36.69%,职住明显失衡。

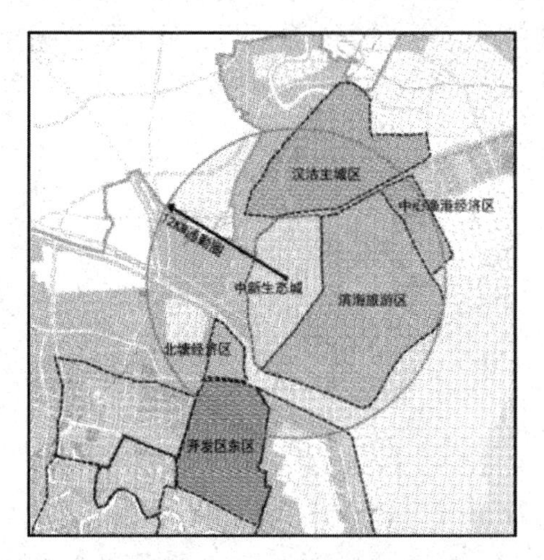

图 3　研究范围示意图(作者自绘)

3　中新生态城职住平衡影响因素分析

3.1　基于职住平衡的产业发展因素分析

3.1.1　就业岗位规划与发展现状

根据天津滨海新区总体规划(2008—2020 年)产业布局,研究范围内的产业园区分别有泰达汉沽现代产业园区、滨海旅游产业区、中心渔港产业区、北塘经济区核心区和泰达开发区东区。以上 5 个产业区是生态城以外的就业岗位主要来源地(图 4)。

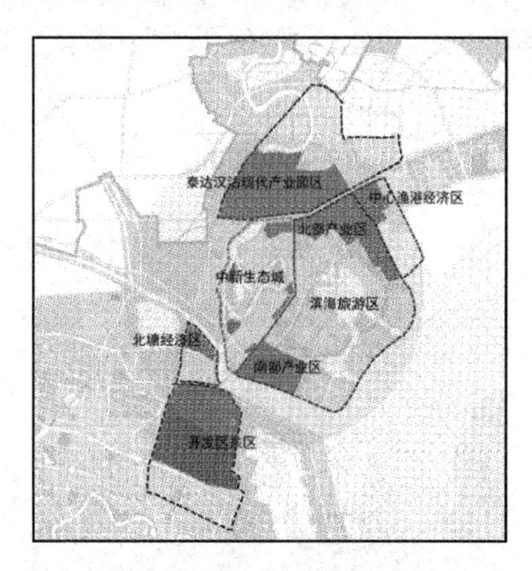

图 4　研究范围现状产业园分布(作者自绘)

现状产业园区提供就业岗位为 3669 人,仅占规划提供就业人口的 1.4%,现状研究范围内整体提供的就业岗位严重不足是造成职住失衡的主要原因。中新生态城、南侧的泰达开发区东区以及北侧汉沽泰达开发区提供就业岗位占总体比例的86%（表4），是主要的就业岗位来源地。东侧的滨海旅游区以及中心渔港产业区现状提供就业岗位明显不足。生态城是南北向狭长的地区，加之就业岗位空间分布不均衡，现状南北向跨区长距离通勤现象明显。

表4　规划、现状提供就业岗位比对（实地调研统计结果）

产业园区	规划提供就业岗位		现状提供就业岗位	
	人数	比例	人数	比例
汉沽泰达开发区	15 000	5.64%	820	22.35%
滨海旅游区	60 000	22.56%	20	0.55%
中心渔港产业区	30 000	11.28%	59	1.61%
北塘经济区核心区	25 000	9.40%	370	10.08%
泰达开发区东区	46 000	17.29%	1130	30.08%
中新生态城	90 000	33.83%	1200	32.71%
总计	266 000	100%	3669	100%

3.1.2　产业促进就业综合能力分析

将研究范围内5个产业区规划主导产业按照国民经济行业分类基本可以概括为先进制造业、交通运输仓储物流业、批发零售业、住宿餐饮业、文化娱乐业、信息技术及软件开发业、科学研究与技术服务业（图5）。

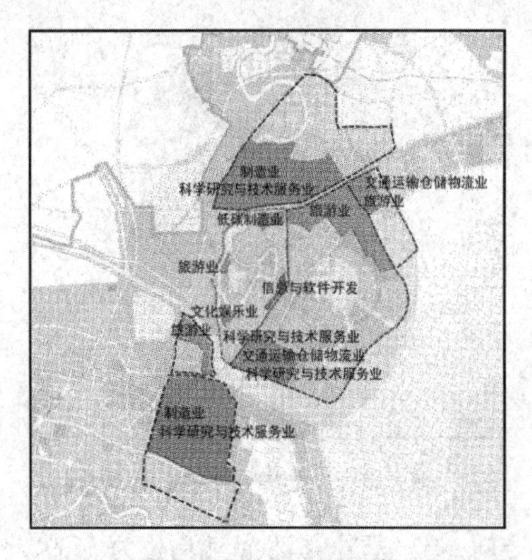

图5　研究范围现状产业分布（作者自绘）

3.1.2.1　产业促进就业能力评价体系构建

研究通过构建产业促进就业能力评价指标体系来分析，指标包含就业系数与关联指标两方面，就业系数包含直接就业系数与综合就业系数，关联指标包含前向关联指标、后向关联指标（表5）。

表5　产业促进就业能力评价指标(《经济增长、经济结构与就业的关联性研究》)

指标名称		定义	内涵
就业系数	直接就业系数	指当某产业的最终产出每增加一单位时,其自身所需要增加的劳动力人数	反映某产业直接解决就业岗位的能力
	综合就业系数	是直接就业系数与间接就业系数的总和	反映某产业促进自身及相关联产业就业的能力
关联指标	前向关联指标	反映其他产业的最终需求变化一个单位时对该行业劳动力投入量的影响	前向关联指标越大,表明该行业对于就业增长的推动作用越强(一般为上游产业)
	后向关联指标	反映某产业最终需求变化一个单位时所引起的其他行业劳动力投入量的变化	后向关联指标越大,表明该行业对于就业增长的带动作用越强(一般为上游产业)

3.1.2.2　园区主要产业促进就业能力综合评价(表6)

表6　研究范围内主导产业促进就业能力指标(《我国产业结构与就业结构吸纳能力的实证分析》)

第二产业	行业名称	直接就业系数	完全就业系数	前向关联系数	后向关联系数	作用
	制造业	0.044	0.085	0.183	0.187	带动作用
第三产业	交通运输仓储和邮电通信业	0.042	0.084	0.822	0.866	带动作用
	批发零售和餐饮住宿业(旅游业)	0.178	0.19	2.496	1.474	推动作用
	信息传输、计算机服务和软件业	0.036	0.047	0.047	0.036	推动作用
	科学研究和技术服务业(技术研发)	0.003	0.005	0.053	0.085	带动作用

研究范围正处在建设发展初期,城市基础设施建设不完善,吸引投资能力有限,因此从促进就业的角度解决职住平衡问题的原则是应优先发展综合就业系数以及关联系数均较高的产业,其中就业系数代表直接解决就业岗位的能力,在建设发展初期能够直接吸引就业人口进而带动其他相关产业发展,因此权重比例赋值为70%;关联指标表示行业带动其他产业就业的能力,代表建设发展中后期产业促进关联产业就业的发展空间,因此权重比例赋值为30%。根据表7中的数据显示,促进就业能力排名前三位的行业为旅游业、制造业、交通运输仓储和邮电通信业。

表7　研究范围内产业促进就业能力指标排名(《我国产业结构与就业结构吸纳能力的实证分析》)

	行业名称	就业系数(70%)		关联指标(30%)		综合排名
		直接就业系数	完全就业系数	前向关联系数	后向关联系数	
第二产业	制造业	2	2	3	3	3
第三产业	交通运输仓储和邮电通信业	3	3	2	2	2
	批发零售和餐饮住宿业(旅游业)	1	1	1	1	1
	信息传输、计算机服务和软件业	4	4	5	6	4
	科学研究和技术服务业(技术研发)	6	6	4	4	5

3.2　基于职住平衡的公共交通系统规划发展因素分析

3.2.1　现状通勤特征与通勤需求评价

中新生态城居民总就业人口中区外通勤比例高达91%，在研究范围内的区外通勤人口占总就业人口的28%，区外通勤占据很大比例。生态城就业人口对生态城的对外公共交通联系需求较大。区外通勤距离较长，通勤的时间和经济成本较高，因此促进范围内的生态城对外公共交通系统建设，不仅可以提高研究范围内的就业人口通勤效率，节省通勤时间，同时也可以吸引更多的就业人口在研究范围内就业，促进职住平衡。

3.2.2　通勤需求下的公共交通系统发展现状评价

生态城目前主要的对外公共交通联系方式有轨道交通和公交两种方式。研究范围中新生态城对外通勤轨道交通联系线主要有Z2线、Z4线，目前无一处投入运行，因此以规划和近期建设情况与未来通勤需求进行比对。东西方向Z2线，通往滨海新区于家堡交通枢纽站，与高铁、火车、动车、轻轨及长途公交实现零换乘。南北向Z4线通往滨海高新区、空港等功能区，与机场、市区地铁相连接，实现与市区快速联系。根据滨海新区轨道交通近期建设规划(2010—2015年)，Z2线的近期建设区为津秦滨海高铁站到中新生态城站，高铁站、北塘站以及中新生态站已经进入准备阶段。Z4线的近期建设区段为于家堡城际枢纽至北塘段，沿线经过天碱、开发区、北塘等地区(图6)。作为中新生态城未来通勤需求较大的产业区，滨海旅游区、中心渔港经济区规划轨道交通站点少、线路短(表8)，缺乏与生态城在轨道交通上的联系，不利于提高就业人口的通勤效率。

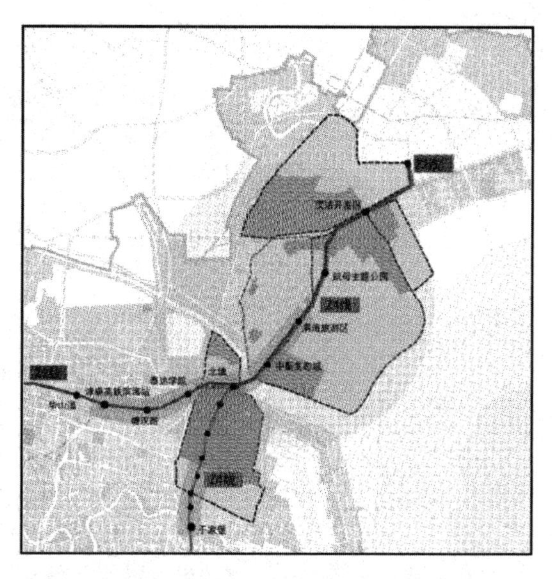

图6　研究范围现状轨道交通布局图(作者自绘)

表8　未来通勤流量与轨道交通规划建设情况比对(实地调研统计结果)

产业园区	未来通勤流量/(次/日)	规划大运量轨道交通站点	轨道交通近期建设情况
滨海旅游区	120 000	1	无
泰达开发区东区	92 000	4	有
中心渔港产业区	60 000	0	无
北塘经济区核心区	50 000	1	有
汉沽泰达开发区	30 000	1	无

取自实地调研数据统计结果、《滨海新区轨道交通系统规划》、《滨海新区轨道交通近期建设规划(2010—2015)》。

公交系统是现状研究范围内中新生态城对外通勤的主要方式。生态城的对外公交系统建设正处在起步阶段。目前生态城已投入运营的对外公共交通线路有133路、459路、506路、519路、462路、528路。根据未来的通勤需求估计,现状公交线路不能满足中新生态城与滨海旅游区、中心渔港产业区的交通联系(表9)。公交线路基本为纵向穿越型公交线路,缺乏横向联系。公交线路分布不均衡,在中新生态城西南部分布较为密集,中新生态城与北塘经济区、泰达开发区东区的联系较为紧密,但缺乏与滨海旅游区南部产业区的联系(图7)。南部的北塘经济区、开发区东区、中新生态城起步区的公交与轨道交通的接驳较为紧密,北部的泰达汉沽产业园区、中心渔港区、滨海旅游区的公交线路与轨道交通的接驳不紧密(表9),不利于实现轨道交通和公交的顺利换乘和高效通勤。

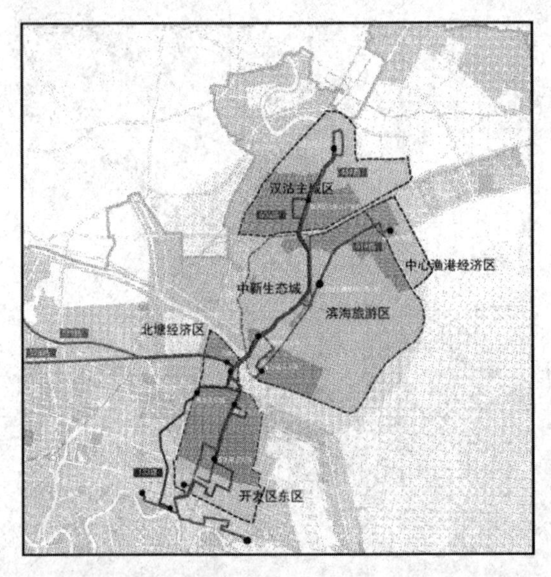

图7　研究范围现状公交线路布局图(作者自绘)

表9　未来通勤流量与公共交通现状比对(实地调研统计结果)

产业园区	未来通勤流量/(次/日)	现状公交线数目	公交线与轨道线接驳数目
滨海旅游区	120 000	1	1
泰达开发区东区	92 000	4	3
中心渔港产业区	60 000	1	1
北塘经济区核心区	50 000	6	4
汉沽泰达开发区	30 000	4	0

4　职住平衡导向下的中新生态城规划发展策略

4.1　就业导向下的产业发展策略

通过对现状产业促进就业能力的评价，旅游业、制造业和交通运输仓储物流业这三类行业的综合排名位于前列，在研究范围内建设发展初期宜予以优先发展，在保证就业岗位数量的同时为带动其他产业发展奠定基础，居民的职住平衡得以保障。同时考虑到生态城特殊的定位，制造业存在一定污染，因此应优先发展无污染、低碳的制造业。随着研究范围内城市建设的逐步完善与发展，人口和产业、吸引投资和高技术人才能力具备一定基础时，产业重点发展的方向宜逐步转向信息传输和软件服务业、科学研究和技术服务业(表10)。

表10　分期产业发展重点示意(作者整理)

项目	初期重点发展	后期重点发展
产业	制造业、旅游业、交通运输邮电业	信息传输和软件服务业、科学研究和技术服务业
优势	直接带动就业能力强、相关产业发展能力强	推动产业发展能力强

要继续保持现有制造业的发展优势，不断地优化制造业内部的产业结构和就业结构，为第三产业发展奠定基础。由于滨海新区长期发展形成的资本深化的工业技术路径及过度依赖投资的工业发展模式导致现状制造业对固定资本的依赖程度远高于对劳动力的依赖程度，因此研究范围工业发展应选择合理的技术深化路径，在推进技术进步的同时兼顾就业。同时研究范围应建立健全人才引进机制，提供相关优惠政策，完善生活服务配套，增强研究范围对中高级人才的吸引力。

4.2 通勤导向下的公共交通系统优化策略

现对外通勤公共交通方式仅有公交车一种，运行效率低、速度慢。应加快轨道交通系统建设，尽快投入运行，缓解通勤压力，实现通勤方式多元化。作为未来通勤需求较大的产业区，规划轨道交通线路和站点在滨海旅游区和中心渔港区内分布不足，建议在滨海旅游区内增设轨道交通支线与 Z2 线、Z4 线连接，增设轨道交通站点，可采取大运量轨道交通或者有轨电车的建设形式。建议在中心渔港区增设一处轨道交通站点，提高通勤效率。研究范围内适宜结合滨海旅游区设置适当东西向公交线路，平衡公交线路布局，缓解长距离南北向通勤压力。建议延长 459 路、528 路公交线与 Z2、Z4 线顺利接驳，实现高效换乘，节省通勤时间(图 8)。

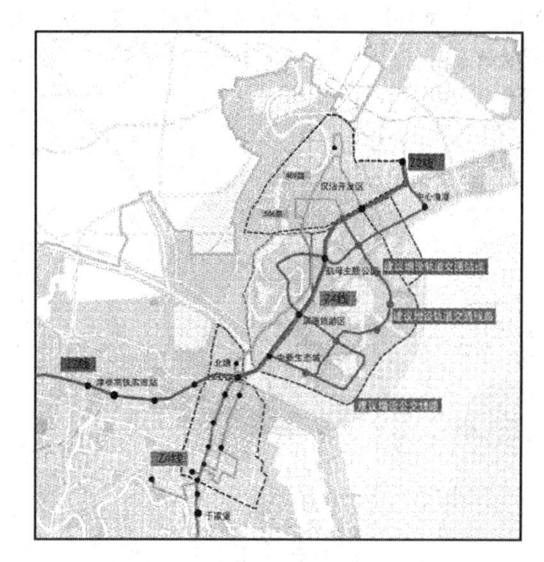

图 8 公共交通系统优化方案(作者自绘)

参考文献

[1] Cervero R. Jobs-housing balance and regional mobility [J]. Journal of the American Planning Association, 1989,55(2):136 -150.

[2]孟晓晨，吴静，沈凡卜. 职住平衡的研究回顾及观点综述[J]. 城市发展研究，2009，16(6)：23 -28.

[3]胡娟，胡忆东，朱丽霞. 基于“职住平衡”理念的武汉市空间发展探索[J]. 城市规划，2013 (8)：25 -32.

[4]李南菲. 就业 -居住均衡与城市通勤——以上海市为例[D]. 上海：华东师范大学，2012.

[5]戴柳燕，焦华富，肖林. 国内外城市职住空间匹配研究综述[J]. 人文地理，2013，28(2)：27 -31.

[6]林秀梅. 经济增长、经济结构与就业的关联性研究[M]. 北京：中国社会科学出版社，2012.

[7]王庆丰. 中国产业结构与就业结构协调发展研究[M]. 北京：经济科学出版社，2013.

[8]陆根尧，金晓婷. 加快发展资本和技术密集型产业——浙江与沿海主要省市工业结构比较及启示[J]. 浙江经济，2007 (15)：38 -39.

[9]依绍华. 旅游业的就业效应分析[J]. 财贸经济，2005 (5)：89 -91.

[10]李建英. 关于旅游消费和经济增长的若干思考[J]. 沿海经贸，1999(12)：48 -49.

[11]樊秀峰，周文博，成静. 我国产业结构与就业吸纳能力的实证分析[J]. 审计与经济研究，2012 (2)：82 -88.

[12]牟俊霖，赖德胜. 促进我国就业增长的行业特征研究——来自 2002—2007 年投入产出表的证据[J]. 技术经济与管理研究，2012 (3)：3 -7.

[13]郑思齐. 城市经济的空间结构[M]. 北京：清华大学出版社，2012.

[14]江曼琦. 天津滨海新区成长的机理与发展策略选择[M]. 北京：经济科学出版社，2012.

[15]崔广志. 生态之路——中新生态城五年探索与实践[M]. 北京：人民出版社，2013.

[16]刘剑锋.从开发区向综合新城转型的职住平衡瓶颈——广州开发区案例的反思与启示[J].北京规划建设,2007(1):85-88.

[17]江世银.区域产业结构调整与主导产业选择研究[M].上海:上海三联出版社,2004.

控制性详细规划视角下的城市雨涝灾害风险评估
——以天津市中心城区为例

冯祥源　何瑾　高莺
（天津市城市规划设计研究院）

摘　要：介绍了当前国内外关于城市灾害风险评估的研究内容和进展，提出灾害风险评估同城市规划衔接度不足的问题。提出了基于控规工作特征的评估模型设计、基于控规单元尺度的评估单元选取、基于控规要素构成的评价体系构建三大策略，来构建控制性详细规划视角下的雨涝灾害风险评估体系，以保障风险评估和规划设计管理的有效衔接。即以基于GIS和指标体系的风险评估建模为评估模型；以街道单元为评估单元；以灾害统计数据和控规指标为基础设计指标体系。最后，以天津市中心城区为例，利用ArcGis进行城市雨涝灾害风险评估，并为控规调整提出相应对策。

关键词：控制性详细规划；雨涝灾害；风险评估；天津市中心城区

1　引言

近年来我国城镇化发展迅猛，人类活动给城市所处区域的生态水系统带来了严重破坏，雨涝灾害日益严重，频率高、强度大。另一方面，我国住建部发布了《海绵城市建设技术指南——低影响开发雨水系统构建（试行）》，从国家战略层面对城市生态水安全空间的构建提出了要求和设计准则。由此可见，加强城市雨涝灾害防控刻不容缓。灾害风险评估是当今国际社会、学术界普遍关注的热点问题。在全球气候变化和我国城镇化快速发展的背景下，城市灾害风险评估更是为国内学者和政府管理部门所重视。但如何将灾害风险评估同规划设计与管理相衔接，进而通过规划手段对雨涝灾害风险进行减缓是亟待解决的问题。

2　国内外相关研究综述

2.1　国外相关研究概况

国外有关城市灾害风险评估的研究已开展较长时间，研究内容也较为成熟。联合国救灾组织（United Nations Disaster Relief Organizatio，UNDRO）于1991年提出了风险评估模型UNDRO模型，包括识别危险、脆弱性评价、风险评估、风险分级、风险叠加和经济影响六个步骤[1]，并得到广泛使用。联合国发展计划署（UNDP）与联合国环境规划署（UNEP）的全球资源信息数据库（GRID）合作开展了“灾害风险指标（DRI）”计划，首次给出了全球国家级的人类脆弱性，创建了两个全球性的脆弱性指标[2]。美国哥伦比亚大学和Pro Vention联盟共同完成了“自然灾害热点（Hotspots）计划”，提出了3个灾害风险指标，并编制了全球多个单灾种亚国家级的灾害风险图[3]，包括城市雨涝灾害风险区划图(见图1)。Benito等根据过去1000年的历史灾害数据和50年的规范记录，构建了评估城市洪水风险的方法[4]。Hans de Moel利用荷兰1900—2000年以及未来100年规划的空间地理信息分析城市化对洪水产生的影响[5]。英国在将雨涝灾害风险评估同城市规划结合方面的研究和实施较为先进和成熟，从区域层面、地方层面以及个体建设层面都与风险评估建立了联系，形成从风险管理到规划控制管理的完善体系[6]。

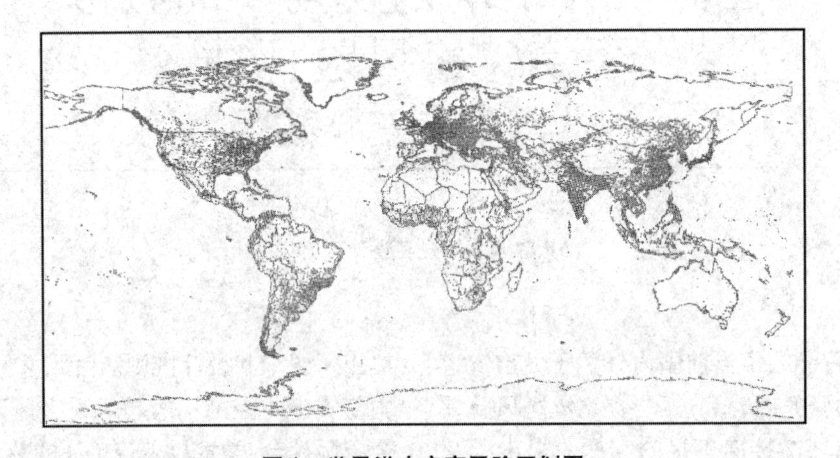

图1 世界洪水灾害风险区划图

资料来源：Global Assessment Report on Disaster Risk Reduction 2013

http://risk.preventionweb.net:8080/capraviewer/main.jsp? tab=2

2.2 国内相关研究概况

我国从20世纪90年代才开始系统地进行城市灾害管理的研究，而有关灾害风险管理的研究则更晚一些，相比发达国家而言，研究内容和深度都存在一定差距。金磊、王绍玉等人分别在《城市灾害学原理》、《城市灾害应急与管理》等著作中构建了风险管理的理论与框架，并提出城市灾害风险模型[7,8]。许世远(2006)对沿海地区的自然灾害风险管理进行了一定研究，提出应当将灾害类型辨识、脆弱性评价、风险评估以及数据管理作为风险管理的主要内容，并提出当前理论研究重点应进行实证研究[9]。史培军(2007)(2009)提出应进行综合灾害风险防范的实践，建立综合灾害风险防范模式，统筹分析多灾种脆弱性、恢复性和适应性，整合政府、企业和社会减灾资源[10,11]。王绍玉(2009)从人类活动和自然灾害系统的相互作用出发，强调了人类活动对于自然灾害风险的强化作用，并基于此重新梳理和构建了城市自然灾害风险管理理论框架[12]。

2.3 国内外相关研究概况综述

国外有关城市灾害风险评估的研究已从风险评估理论、评估模型构建、评估体系设计等风险管理基本内容扩展到全球风险评估、全球风险区划地图绘制等大尺度的风险评估实践，并有一些更为先进的国家和地区如英国，将风险评估和区划成果同各个阶段的城市规划相结合，有助于从城市规划层面实现灾害风险的降低与减缓。国内的城市灾害风险评估研究相对落后，研究内容和深度尚停留在宏观的风险评估理论研究阶段，而从具体的风险减缓视角开展风险评估的研究较少，尤其是从控规视角出发进行灾害风险评估的研究更属空白。

3 城市雨涝灾害风险评估的相关概念内涵

3.1 城市雨涝灾害的概念及其构成要素

联合国(UN,1992)对城市灾害的定义为:一个区域或社会的功能被严重破坏,导致人群、物质、经济或者环境的损失,超过了该受灾区域(社会)自身的应对能力[13]。历来有诸多学者对灾害的构成要素进行了论证和辨析,提出的观点不尽相同。就目前而言,最为人们广泛接受的是灾害系统应至少包含三个要素:致灾因子、孕灾环境和承灾体,三者共同作用产生灾情(见图2)。城市雨涝灾害是城市灾害的主要类型,城市灾害的概念和构成要素同样适用于城市雨涝灾害。

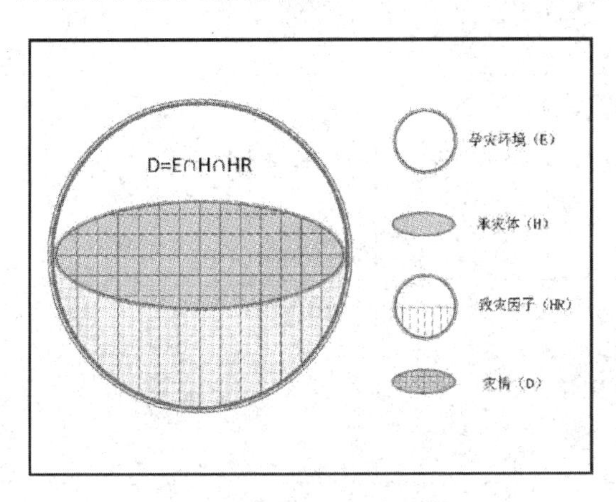

图2 灾害系统组成结构

3.2 城市雨涝灾害风险的概念及其构成要素

关于城市灾害风险的研究始于20世纪50年代后期,此后随着灾害学研究者深入研究城市灾害系统,使得城市灾害风险的研究也逐步完善。城市灾害风险的定义有很多,并无统一定论,较受学术界认可的是三要素论,如Crichton(1999)灾害风险就是损失概率,取决于致灾因子、承灾体脆弱性和暴露性这三个要素,这三个要素任何一个发生改变,风险也将随之提高或降低;Carreno(2000)灾害风险就是承灾体对灾害应对能力(capacity)抵消掉致灾因子危险性和承灾体脆弱性的叠加结果后的损失期望;Yurkovich(2004)指出灾害风险是致灾因子危险性、承灾体暴露性和脆弱性以及三者之间相互关联性共同作用的结果。由此可见,城市灾害风险由致灾因子危险性(hazard)、承灾体脆弱性(vulnerability)和暴露性(exposure)三要素组成(见图3),三者共同作用形成的损失期望称之为风险,这三者缺一不可。其数学表达式为:

$$R=f(H,V,E)$$

式中:R表示风险;H表示致灾因子危险性;V表示承灾体脆弱性;E表示承灾体暴露性。

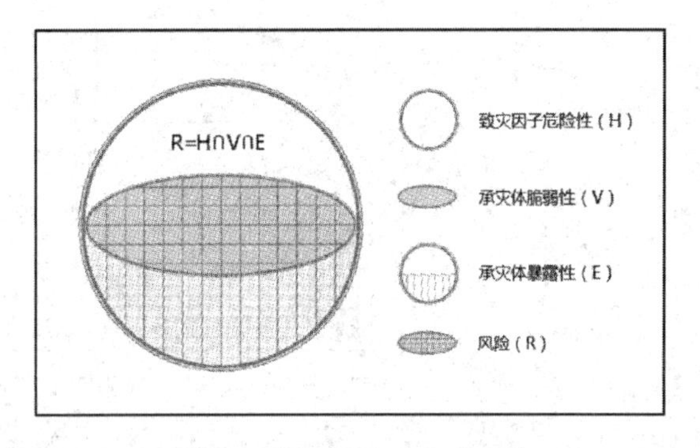

图3 城市灾害系统构成要素

3.3 城市雨涝灾害风险评估的概念、方法和流程

3.3.1 风险评估的概念

城市雨涝灾害风险评估就是评估雨涝灾害致灾因子发生的概率和一旦发生后可能造成的损失人口、经济、城市基础设施和环境等,包括致灾因子风险性评估、孕灾环境敏感性评估、承灾体暴露性评估以及承灾体脆弱性评估。

3.3.2 风险评估的方法

风险评估方法有很多,如基于指标体系的风险评估方法、基于GIS的风险评估与建模方法、基于情景模拟的风险评估方法以及基于风险概率的风险评估方法等。基于指标体系的评估方法使用最为普遍,该方法操作简便、数

据易于获取。如灾害风险指数计划(DRI)、全球灾害高发区(Hotspots)、美洲灾害风险评估与管理等都是利用该方法进行风险评估[14]。基于GIS的风险评估与建模方法因具有比较直观易懂的优势同样被很多学者使用。

3.3.3 风险评估的流程

传统的风险评估流程包括灾害辨识、灾害分析、风险评估和风险减缓四个步骤。基于控规视角的风险评估，在风险减缓阶段着重于通过与控规要素相对应的风险评价要素的调整进行风险减缓，进而实现控规对风险减缓的作用(见图4)。

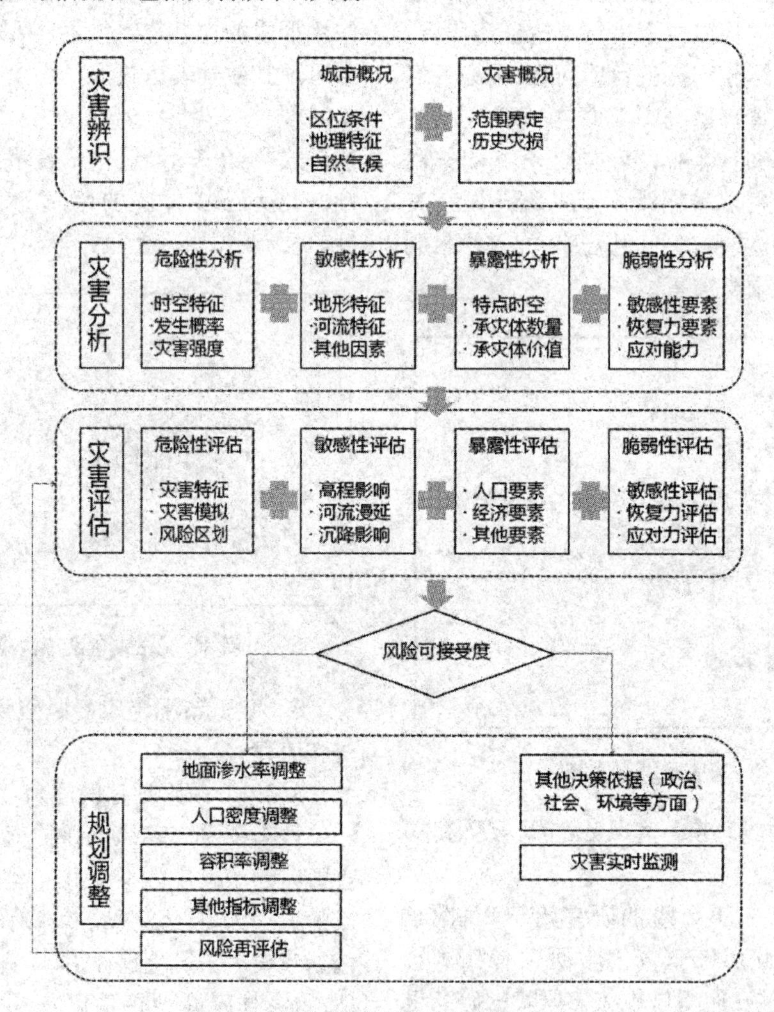

图4 风险评估流程图

4 控制性详细规划视角下的雨涝灾害风险评估体系构建

4.1 基于控规工作特征的评估模型设计

一方面，控制性详细规划是通过构建指标体系对城市开发建设进行控制管理的科学方法。城市雨涝灾害风险评估的模型构建宜选取基于指标体系的风险评估建模，风险评估要素同控规指标体系要素建立关系，从而在通过调整风险评估指标减缓风险的过程中对应地调整控规指标，构建风险评估结果优化到控规调整的桥梁。另一方面，控规通过色块图的方式进行直观的表达，风险评估可以利用GIS进行空间分析和动态化表达，进一步优化控规和风险评估的衔接。故此，选取基于GIS和评价指标体系的风险评估建模作为评估模型。

4.2 基于控规单元尺度的评估单元选取

风险评估需要设定尺度合宜的评估单元，单元尺度过小或过大将影响评估结果的准确度。目前，国内外学者选取的评估对象规模有全球尺度的评估对象、国家尺度的评估对象、城市尺度的评估对象，以及社区尺度的评估对象。本文研究控规尺度视角下的风险评估，参考社区尺度的风险评估方法，直接以控规单元作为评估单元，评估结果可直观地反映出每个控规单元的风险情况，并在控规编制中制订应对措施。

4.3 基于控规要素构成的评价体系构建

根据控规的工作特征，最适宜的模型设计是选取基于指标体系和GIS的风险评估和建模。以天津市中心城区雨洪灾害风险评估指标作为目标层，准则层的设计既要考虑雨洪灾害的构成要素，又要体现雨洪灾害风险的内容。因此，准则层确定为致灾因子危险性、孕灾环境敏感性、承灾体暴露性和承灾体脆弱性四个层次（见图5）。进而，结合历史灾情、控规要素、城市发展建设情况等设定方案层。控规本身具有一系列的控制要素，如容积率、绿地率、建筑密度等，评价体系在要素选取上应当充分同控规控制要素相结合，优先选取控规控制要素作为体现承灾体暴露性和脆弱性的评价要素。

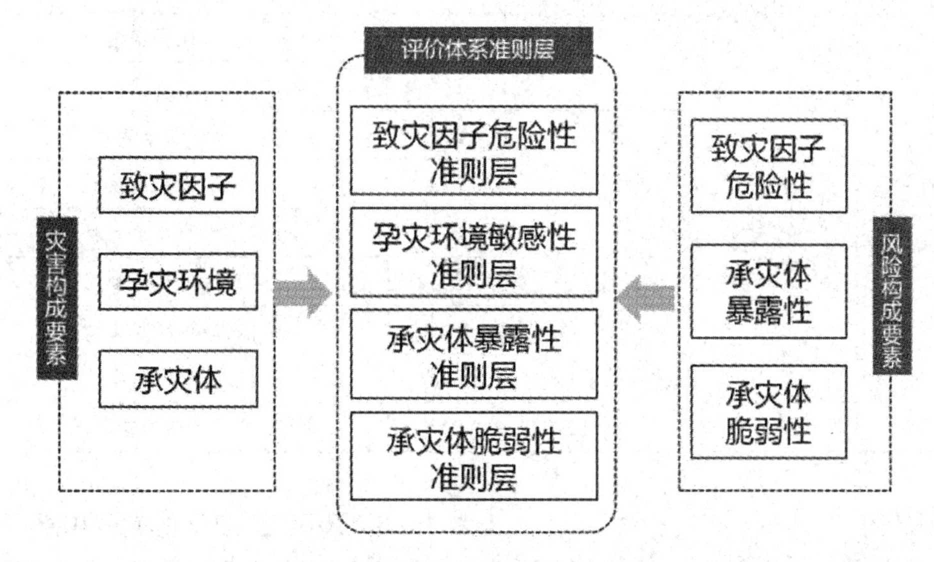

图5 风险评估准则层确定分析图

4.3.1 基于控规特征的评价要素选取

致灾因子的危险性体现在暴雨洪涝发生的强度和灾害的频率指数。一般致灾因子强度越大，频次越高，灾害所造成的破坏损失越严重，灾害的风险也越大。选取年降水量、暴雨极值和日降水量大于或等于100 mm的天数三项指标要素作为致灾因子危险性的方案层要素。孕灾环境是灾害形成的必要因素，孕灾环境的敏感程度对灾害风险产生很大影响。考虑到天津市中心城区的环境特征，选定地形因子、地面沉降、河流因子三个因子作为孕灾环境敏感性的方案层要素。承载体暴露性和脆弱性同控规要素的结合更为紧密，借鉴方建（2015）[13]、焦圆圆（2014）[14]和颜文涛（2011）[15]的研究方法，确定体现暴露性的要素为人口密度、建筑密度、经济密度和用地性质；体现脆弱性的要素为绿地率、综合径流系数、人口年龄结构、医疗机构配置情况、避难场所配置情况、防洪设施合格率、道路网密度（见表1）。

表1　天津市中心城区雨涝灾害风险评估指标体系

目标层	准则层	方案层	
天津市中心城区雨涝灾害风险评估指标	B1 致灾因子危险性	B11	年降水量
		B12	暴雨极值
		B13	暴雨天数
	B2 孕灾环境敏感性	B21	地形因子
		B22	地面沉降因子
		B23	河流因子
	B3 承灾体暴露性	B31	人口密度
		B32	建筑密度(毛容积率)
		B33	经济密度
		B34	用地性质
	B4 承灾体脆弱性	B41	渗水地面率
		B42	综合径流系数
		B43	人口年龄结构
		B44	社区医疗机构配置情况
		B45	避难场所配置情况
		B46	雨水泵站密度
		B47	道路网密度

指标详解：

B11：评估单元全年降水总量

B12：日降水量最高值

B13：日降水量≥100 毫米天数

B21：根据地程标高建立 DEM 模型

B22：地面沉降的数值

B23：河流缓冲区范围，以主干河流 4 千米和支流 2 千米设定缓冲区[1]

B31：人口总量/评估单元用地面积

B32：建筑面积总量/评估单元用地面积

B33：GDP 总量/评估单元用地面积

B34：不同用地性质设定不同风险值，设定 G 为 1，R 为 2，其他为 3[2]

B41：可渗水用地面积/评估单元用地面积

B42：评估单元内总净流量/总降水量

B43：各年龄段人口数/区域总人口数（并以 14 岁以下儿童及 60 岁以上老年人所占比例为评价量度）

B44：社区医疗机构的服务范围，以社区

卫生服务中心服务半径1000米和社区卫生服务站服务半径500米作缓冲区

B45:公园绿地的服务范围,以大型公园3000米服务半径、居住区公园1000米服务半径和小区中心绿地500米服务半径作缓冲区

B46:雨水泵站数量/评估单元用地面积

B47:城市道路长度/评估单元用地面积

4.3.2 利用Yaahp设定方案层要素权重

首先,按照层次分析法工作步骤第一步建立层次结构,以中心城区雨涝灾害风险评估为目标层,以致灾因子危险性、孕灾环境敏感性、承灾体暴露性和承灾体脆弱性为准则层,以年降水量、暴雨极值、暴雨天数等17个评价要素为方案层,并建立完整的逻辑关系(见图6)。

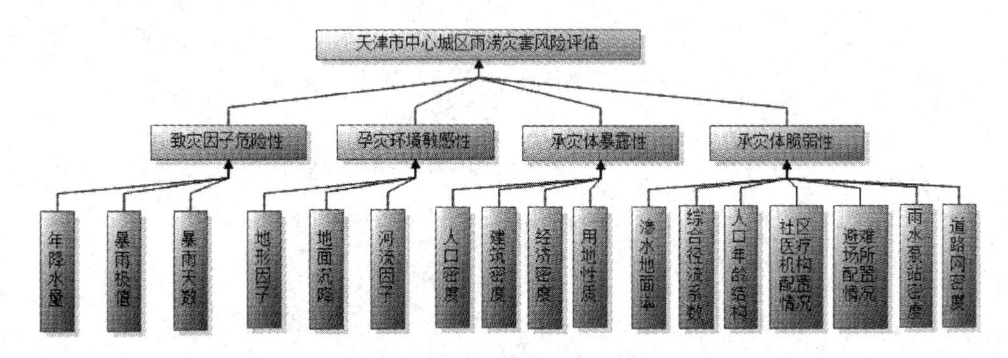

图6 风险评估指标结构模型

然后,要构造判断矩阵,将每一层次内的各个要素进行比较,确立每一层次的要素在本层次中所占比重(见图7)。

最后,采用Yaahp软件的内置计算程序,获取每一准则层和标准层的权重,如表2~表6所示。

表2 综合评价层指标判断矩阵及权重表

天津市中心城区雨涝灾害风险评估A	致灾因子危险性B1	孕灾环境敏感性B2	承灾体暴露性B3	承灾体脆弱性B4	权重
致灾因子危险性B1	1.0000	2.0000	2.0000	2.0000	0.3976
孕灾环境敏感性B2	0.5000	1.0000	2.0000	1.0000	0.2364
承灾体暴露性B3	0.5000	0.5000	1.0000	1.0000	0.1672
承灾体脆弱性B4	0.5000	1.0000	1.0000	1.0000	0.1988

注:$\max\lambda=4.0604$,$CR=0.0226<0.1$

表3 致灾因子危险性层指标判断矩阵及权重表

致灾因子危险性B1	年降水量B11	暴雨极值B12	暴雨天数B13	权重
年降水量B11	1.0000	0.2500	0.5000	0.1429
暴雨极值B12	4.0000	1.0000	2.0000	0.5714
暴雨天数B13	2.0000	0.5000	1.0000	0.2857

注:$\max\lambda=3.0000$,$CR=0.0001<0.1$

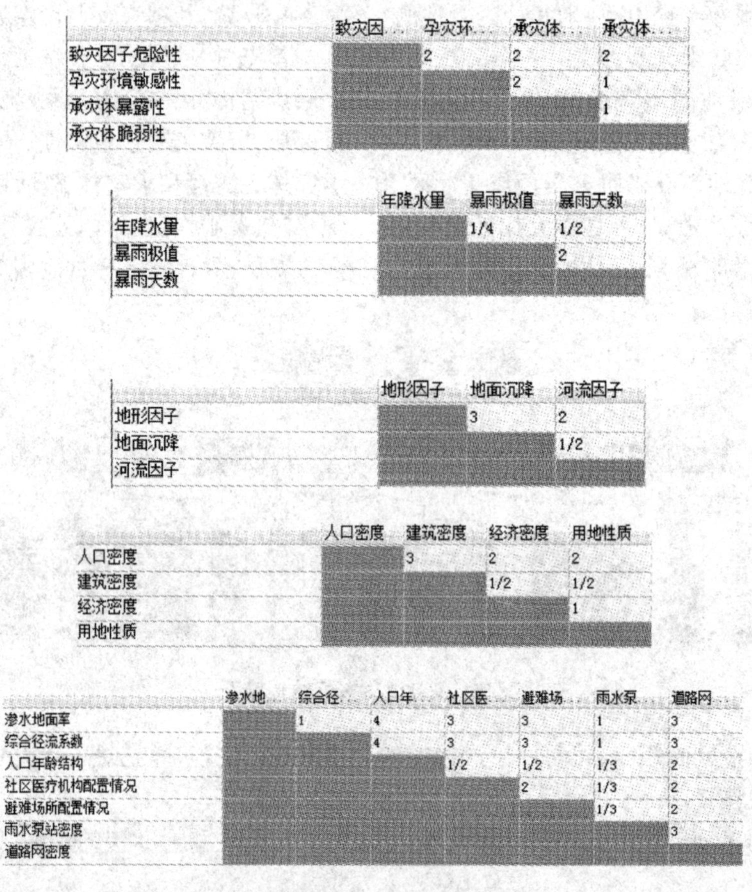

	致灾因…	孕灾环…	承灾体…	承灾体…
致灾因子危险性		2	2	2
孕灾环境敏感性			2	1
承灾体暴露性				1
承灾体脆弱性				

	年降水量	暴雨极值	暴雨天数
年降水量		1/4	1/2
暴雨极值			2
暴雨天数			

	地形因子	地面沉降	河流因子
地形因子		3	2
地面沉降			1/2
河流因子			

	人口密度	建筑密度	经济密度	用地性质
人口密度		3	2	2
建筑密度			1/2	1/2
经济密度				1
用地性质				

	渗水地…	综合径…	人口年…	社区医…	避难场…	雨水泵…	道路网…
渗水地面率		1	4	3	3	1	3
综合径流系数			4	3	3	1	3
人口年龄结构				1/2	1/2	1/3	2
社区医疗机构配置情况					2	1/3	2
避难场所配置情况						1/3	2
雨水泵站密度							3
道路网密度							

图7　灾害风险评估指标判断矩阵

表4　孕灾环境敏感性层指标判断矩阵及权重表

孕灾环境敏感性 B2	地形因子 B21	地面沉降因子 B22	河流因子 B23	权重
地形因子 B21	1.0000	3.0000	2.0000	0.5396
地面沉降因子 B22	0.3333	1.0000	0.5000	0.1634
河流因子 B23	0.5000	2.0000	1.0000	0.2970

注：$\max\lambda = 3.0000$，$CR = 0.0001 < 0.1$

表5　承灾体暴露性层指标判断矩阵及权重表

承灾体暴露性 B3	人口密度 B31	建筑密度 B32	经济密度 B33	用地性质 B34	权重
人口密度 B31	1.0000	3.0000	2.0000	2.0000	0.4231
建筑密度 B32	0.3333	1.0000	0.5000	0.5000	0.1222
经济密度 B33	0.5000	2.0000	1.0000	1.0000	0.2274
用地性质 B34	0.5000	2.0000	1.0000	1.0000	0.2274

注：$\max\lambda = 4.0104$，$CR = 0.0039 < 0.1$

表6 承灾体脆弱性层指标判断矩阵及权重表

承灾体脆弱性 B4	渗水地面率 B41	综合径流系数 B42	人口年龄结构 B43	社区医疗机构 B44	避难场所 B45	雨水泵站密度 B46	道路网密度 B47	权重
渗水地面率 B41	1.0000	1.0000	4.0000	3.0000	3.0000	1.0000	3.0000	0.2354
综合径流系数 B42	1.0000	1.0000	4.0000	3.0000	3.0000	1.0000	3.0000	0.2354
人口年龄结构 B43	0.2500	0.2500	1.0000	0.5000	0.5000	0.3333	2.0000	0.0628
社区医疗机构 B44	0.3333	0.3333	2.0000	1.0000	2.0000	0.3333	2.0000	0.1014
避难场所 B45	0.3333	0.3333	2.0000	0.5000	1.0000	0.3333	2.0000	0.0831
雨水泵站密度 B46	1.0000	1.0000	3.0000	3.0000	3.0000	1.0000	3.0000	0.2259
道路网密度 B47	0.3333	0.3333	0.5000	0.5000	0.5000	0.3333	1.0000	0.0560

注：$\max \lambda = 7.2161$，$CR = 0.0265 < 0.1$

4.3.3 构建控规视角下雨涝灾害风险评价体系

经过不断调整各准则层和方案层的判断矩阵，使 CR 控制在 0.1 以内，保证层次总排序的计算结果具有令人满意的一致性。将以上五个判断矩阵整合为天津市中心城区雨涝灾害风险评价指标权重表(见表7)。

表7 天津市中心城区雨涝灾害风险评价指标权重表

目标层	权重	准则层	权重	方案层	权重
滨海城市灾害综合风险评估	1.000	致灾因子危险性 B1	0.3976	年降水量 B11	0.0568
				暴雨极值 B12	0.2272
				暴雨天数 B12	0.1136
		孕灾环境敏感性 B2	0.2364	地形因子 B21	0.1276
				地面沉降因子 B22	0.0386
				河流因子 B23	0.0702
		承灾体暴露性 B3	0.1672	人口密度 B31	0.0707
				建筑密度 B32	0.0204
				经济密度 B33	0.0380
				用地性质 B34	0.0380
		承灾体脆弱性 B4	0.1988	渗水地面率 B41	0.0468
				综合径流系数 B42	0.0468
				人口年龄结构 B43	0.0125
				社区医疗机构配置情况 B44	0.0201
				避难场所配置情况 B45	0.0165
				雨水泵站密度 B46	0.0449
				道路网密度 B47	0.0111

5 控制性详细规划视角下的天津市中心城区雨涝灾害风险评估

5.1 控规视角下天津市中心城区雨涝灾害风险评估技术路线方法

首先，应当建立一套完整的灾害风险评估指标体系，这是风险评估的基础。然后，将灾害信息数据进行整理分类并导入 ArcGIS；将城市统计数据进行整理分类，在 ArcGIS 中建立相应的字段并将统计资料导入 ArcGIS，建立个人地理数据库。最后，利用 ArcGIS 的插值分析、缓冲区分析、叠加分析工具建立致灾因子危险性评估图谱，利用 ArcGIS 的字段计算、分区统计、叠加分析等工具建立孕灾环境敏感性评估图谱、承灾体暴露性评估图谱、承灾体脆弱性评估图谱，并加权叠加生成天津市中心城区雨涝灾害风险评估技术流程图（见图 8）。

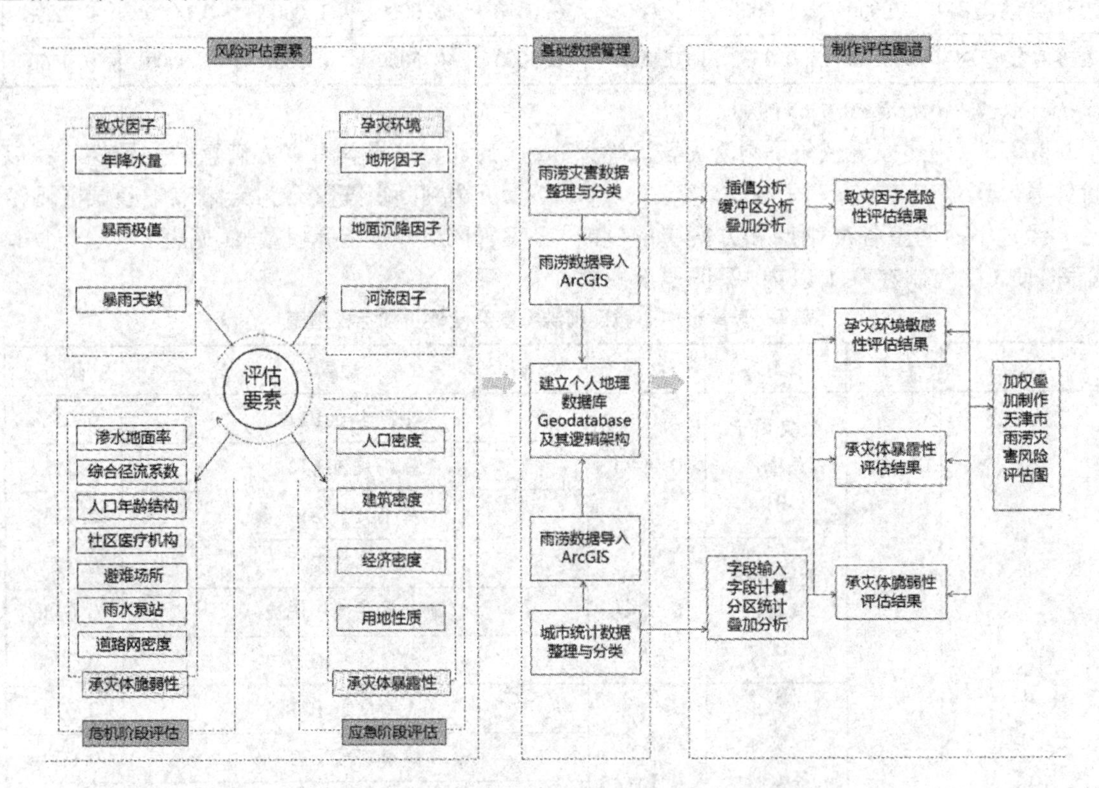

图 8　天津市中心城区雨涝灾害风险评估技术流程图

5.2 控规视角下天津市中心城区雨涝灾害风险致灾因子危险性评估

致灾因子危险性评估指标确定为年降雨量、暴雨极值、暴雨天数三个要素。年降雨量的数据获取来自于中心城区各个雨量监测点，通过插值分析，构建年降雨量危险性分析图（见图 9(a)）；暴雨极值的数据来自于各个雨量监测点，通过插值分析，构建暴雨极值危险性分析图（见图 9(b)）；暴雨天数数据来自于各个街道办事处的统计数据，输入 ArcGIS 的相应字段并进行重分类，生成暴雨天数危险性分析图（见图 9(c)）。最后，利用表 4 的权重值进行加权叠加，形成致灾因子危险性评估图谱（见图 9(d)）。

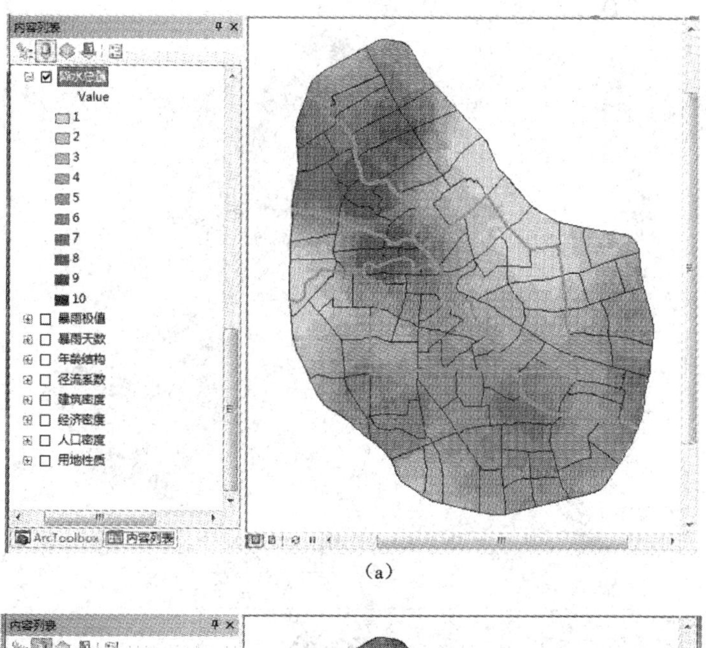

（a）

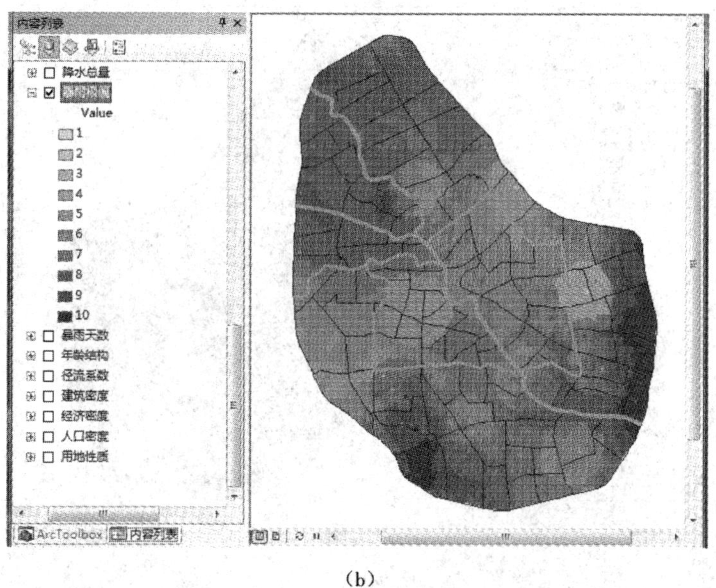

（b）

图 9　致灾因子危险性风险评估分析图

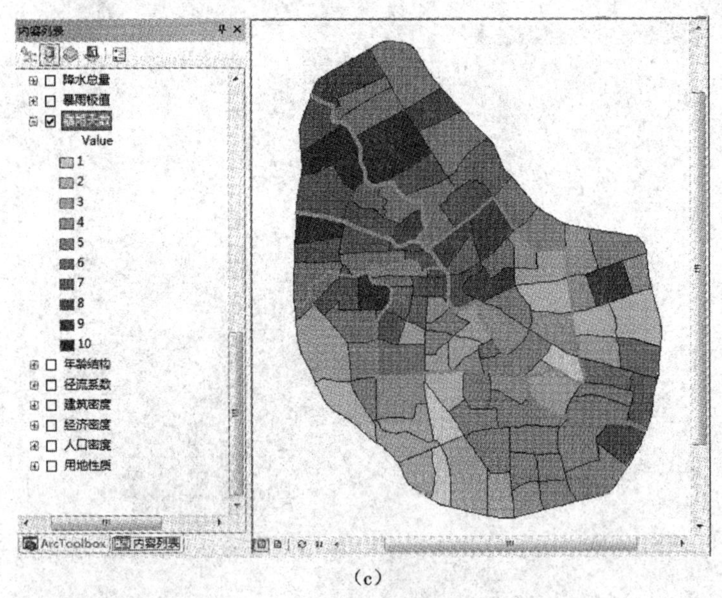

(c)

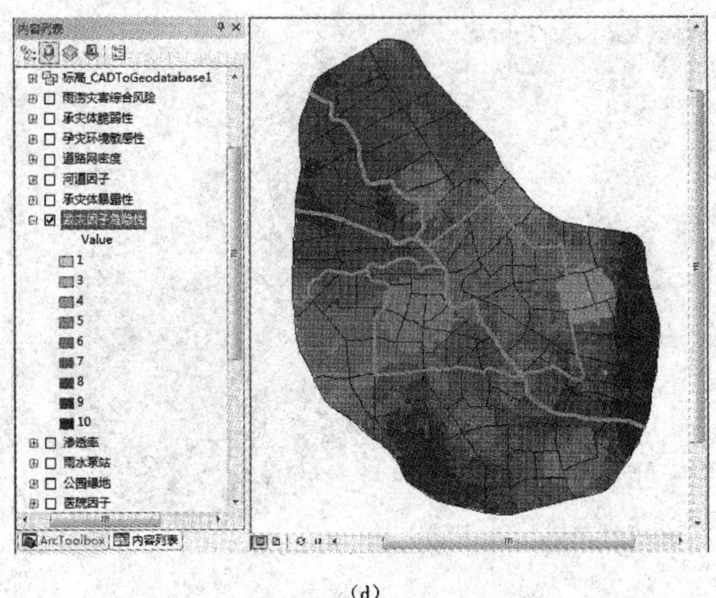

(d)

续图9　致灾因子危险性风险评估分析图

(a)年降雨量危险性分析图;(b)暴雨极值危险性分析图;

(c)暴雨天数危险性分析图;(d)致灾因子危险性风险评估图谱

5.3　控规视角下天津市中心城区雨涝灾害风险孕灾环境敏感性评估

致灾因子危险性评估指标确定为地形因子、地面沉降因子和河流因子三个要素。地形因子是对地面高程进行插值分析得到地形因子敏感性分析图(见图10(a));地面沉降因子的数据来自沉降监测点,通过插值分析得出地面沉降因子敏感性分析图(见图10(b));河流因子是对中心城区内主要河流进行影响范围分析,设定10米×300米的影响范围,得到河流因子敏感性分析图(见图10(c))。最后,利用表5的权重值进行加权叠加,形成孕灾环境敏感性评估图谱(见图10(d))。

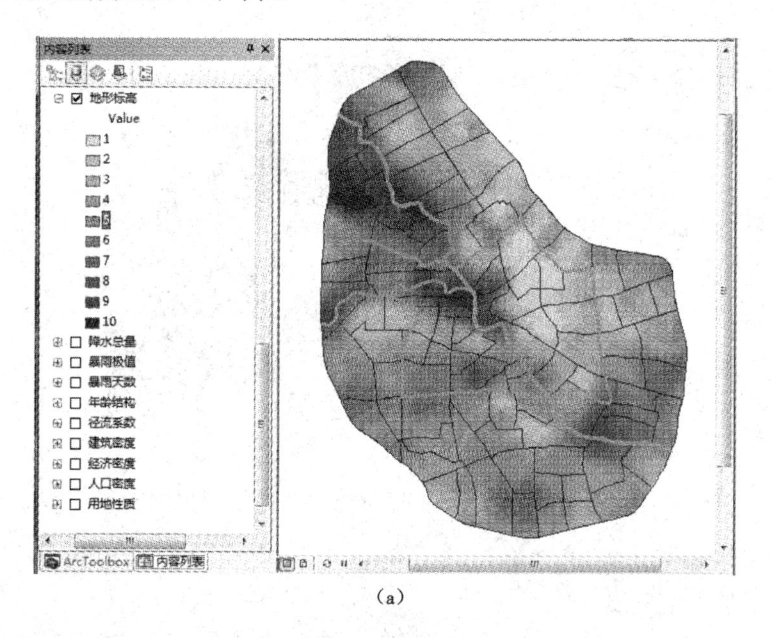

(a)

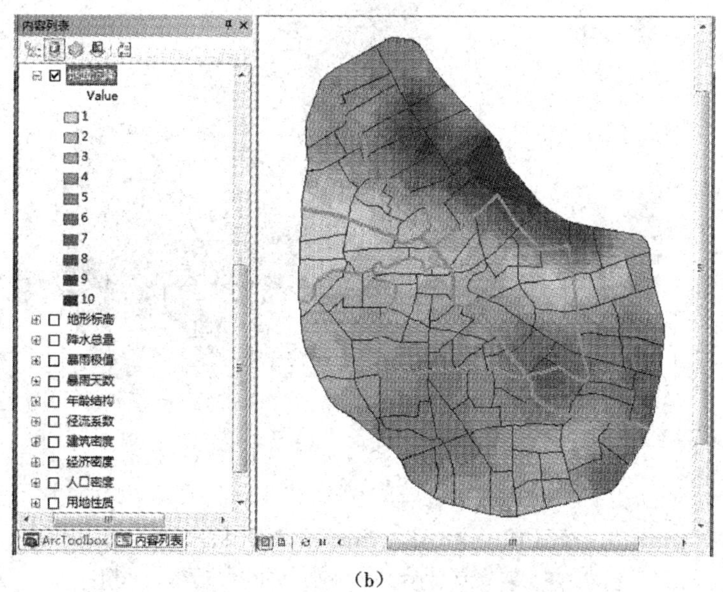

(b)

图10　孕灾环境敏感性风险评估分析图

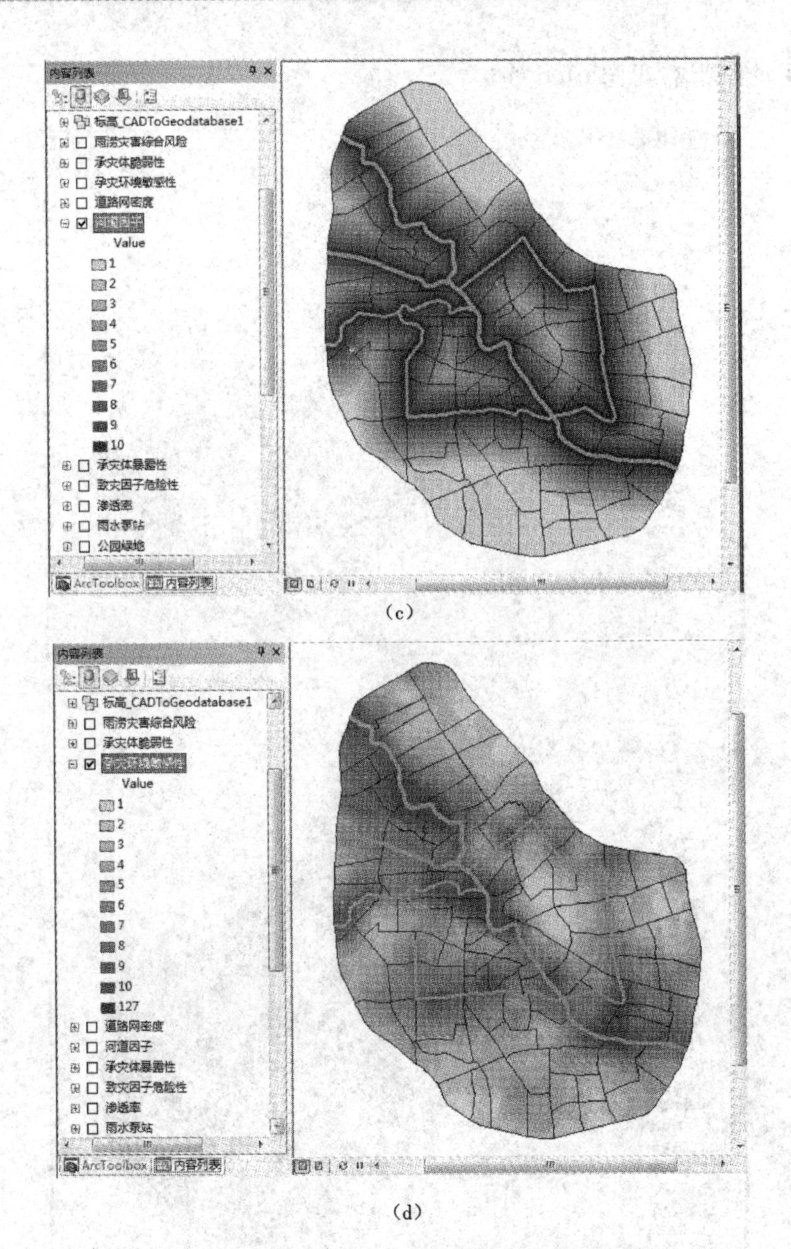

(c)

(d)

续图10　孕灾环境敏感性风险评估分析图

(a)地形因子敏感性分析图；(b)地面沉降因子敏感性分析图；

(c)河流因子敏感性分析图；(d)孕灾环境敏感性风险评估图谱

5.4　控规视角下天津市中心城区雨涝灾害风险承灾体暴露性评估

承灾体暴露性评估指标确定为人口密度、建筑密度、经济密度和用地性质因子四个要素。人口密度、建筑密度的数据来自于《天津市中心城区控制性详细规划深化现状调查报告》(以下简称《调查报告》)，输入 ArcGIS 的相应字段并进行重分类，分别形成人口密度暴露性分析图(见图 11(a))和建筑密度暴露性分析图(见图 11(b))；经济密度数据来自于街道办事处，输入 ArcGIS 的相应字段并进行重分类，得到经济密度暴露性分析图(见图 11(c))；用地性质因子是对不同用地进行赋值，绿地为 1，居住用地为 2，商业和其他用地为 3，工业仓储用地为 4，并计算每个评估单元的综合用地性质因子指数，最后输入 ArcGIS 的相应字段并进行重分类，得到用地性质因子暴露性分析图(见图 11(d))。最后，利用表 6 的权重值进行加权叠加，形成承灾体暴露性评估图谱(见图 11(e))。

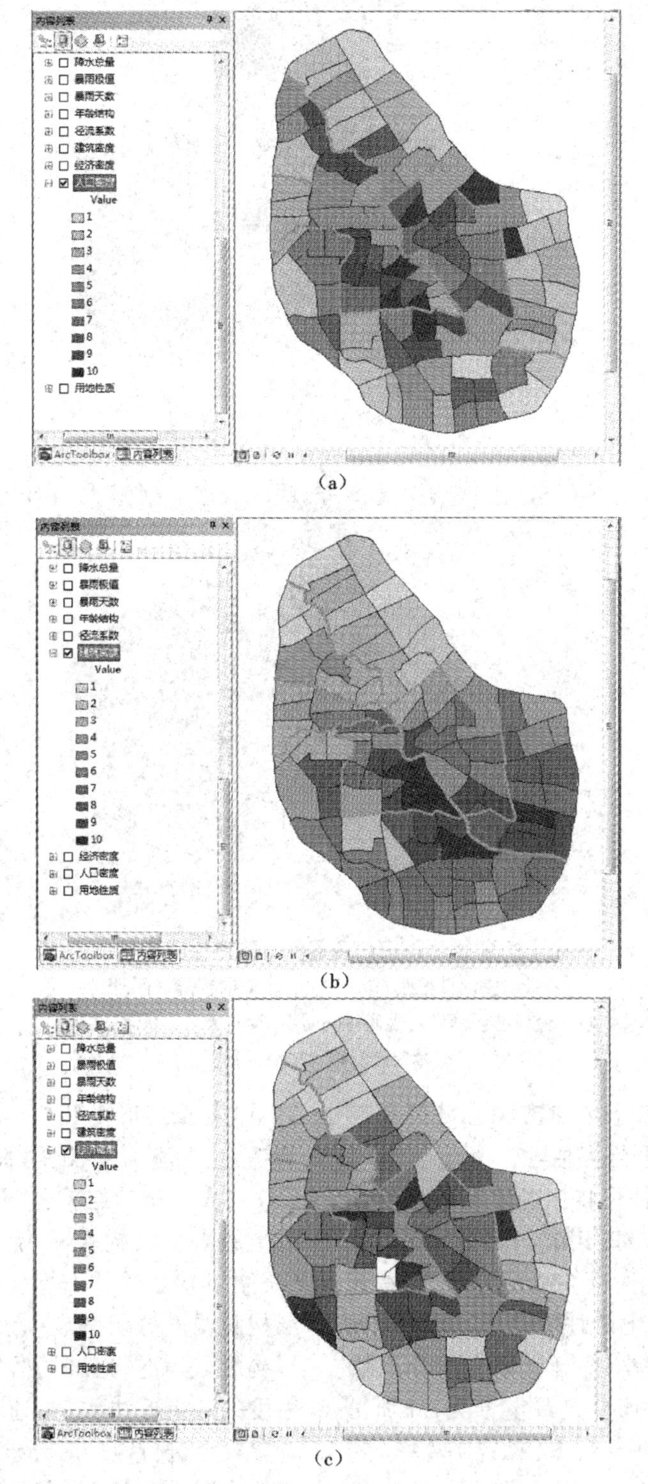

图 11　承灾体暴露性风险评估分析图

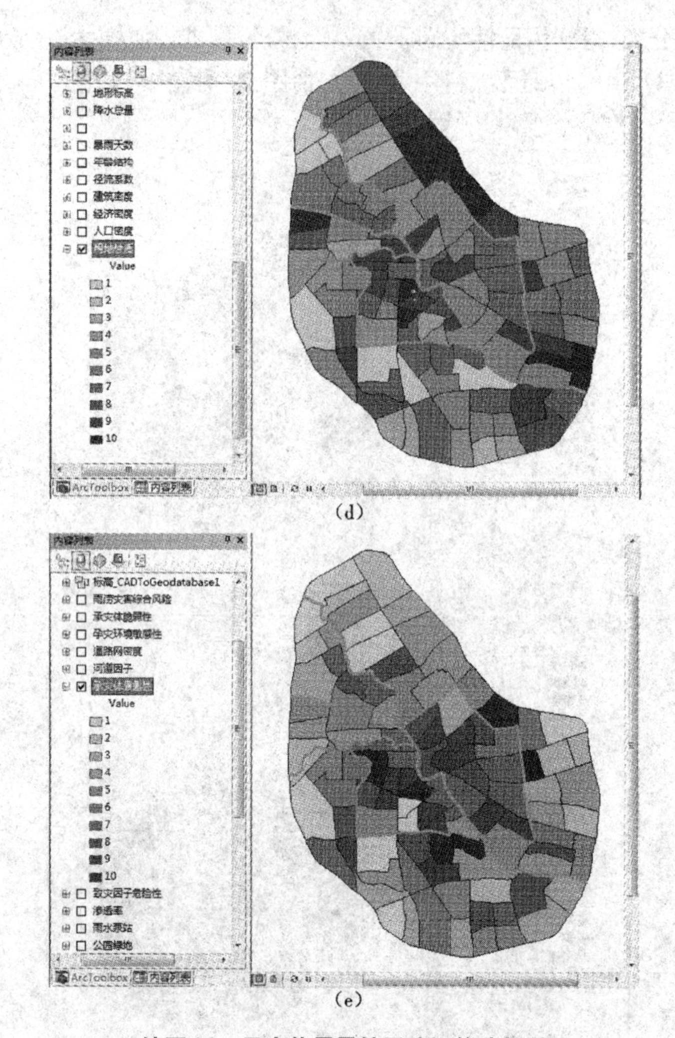

续图 11　承灾体暴露性风险评估分析图

(a)人口密度暴露性分析图；(b)建筑密度暴露性分析图；
(c)经济密度暴露性分析图；(d)用地性质因子暴露性分析图；
(e)承灾体暴露性风险评估图谱

5.5　控规视角下天津市中心城区雨涝灾害风险承灾体脆弱性评估

承灾体脆弱性评估指标确定有渗水地面率、综合径流系数、人口年龄结构、社区医疗机构配置情况、避难场所配置情况、雨水泵站密度、道路网密度共计七个评价要素。渗水地面率和道路网密度数据来自于《调查报告》，输入 ArcGIS 的相应字段并进行重分类，分别得到渗水地面率脆弱性分析图（见图 12(a)）和道路网密度脆弱性分析图（见图 12(g)）；综合径流系数是对《调查报告》相关数据进行估算，输入 ArcGIS 的相应字段并进行重分类，得到综合径流系数脆弱性分析图（见图 12(b)）；人口年龄结构是以 14 岁以下和 60 岁以上的人口结构转化为评估系数，输入 ArcGIS 的相应字段并进行重分类，得到人口年龄结构脆弱性分析图（见图 12(c)）；社区医疗机构配置情况、避难场所配置情况、雨水泵站密度的分析方法类似，通过对《调查报告》中的要素点进行缓冲区分析，分别得到社区医疗机构脆弱性分析图（见图 12(d)）、避难场所脆弱性分析图（见图 12(e)）、雨水泵站脆弱性分析图(见图 12(f))。最后,利用表 7 的权重值进行加权叠加,形成承灾体脆弱性评估图谱(见图 12(h))。

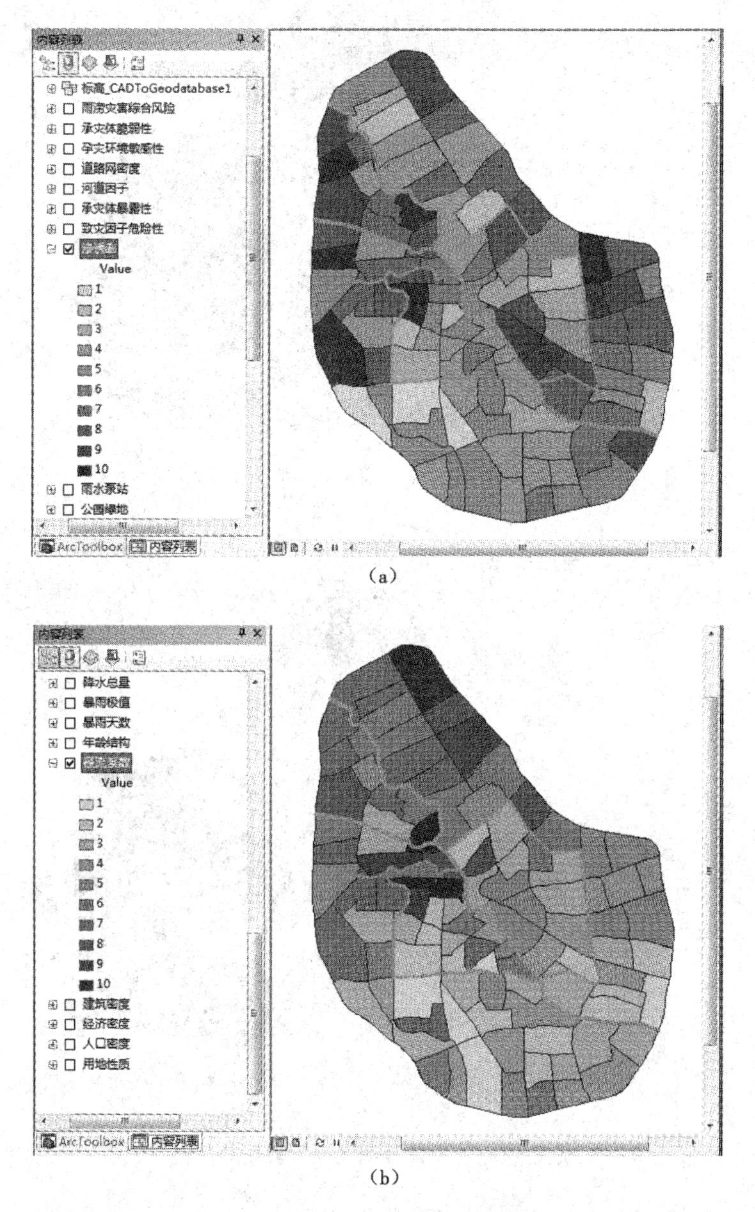

图 12　承灾体脆弱性风险评估分析图

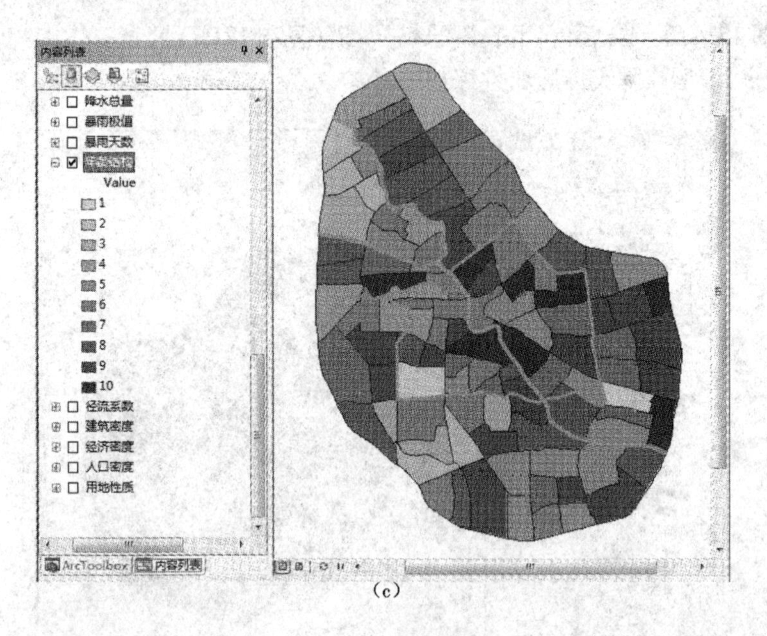

（c）

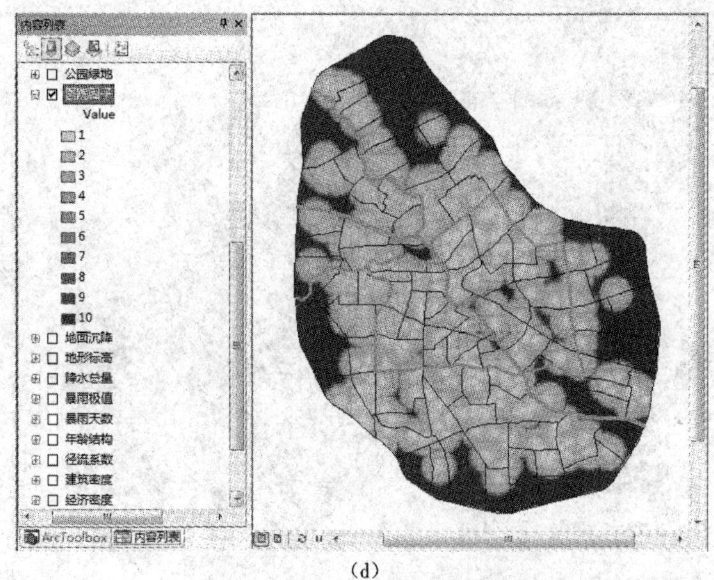

（d）

续图 12　承灾体脆弱性风险评估分析图

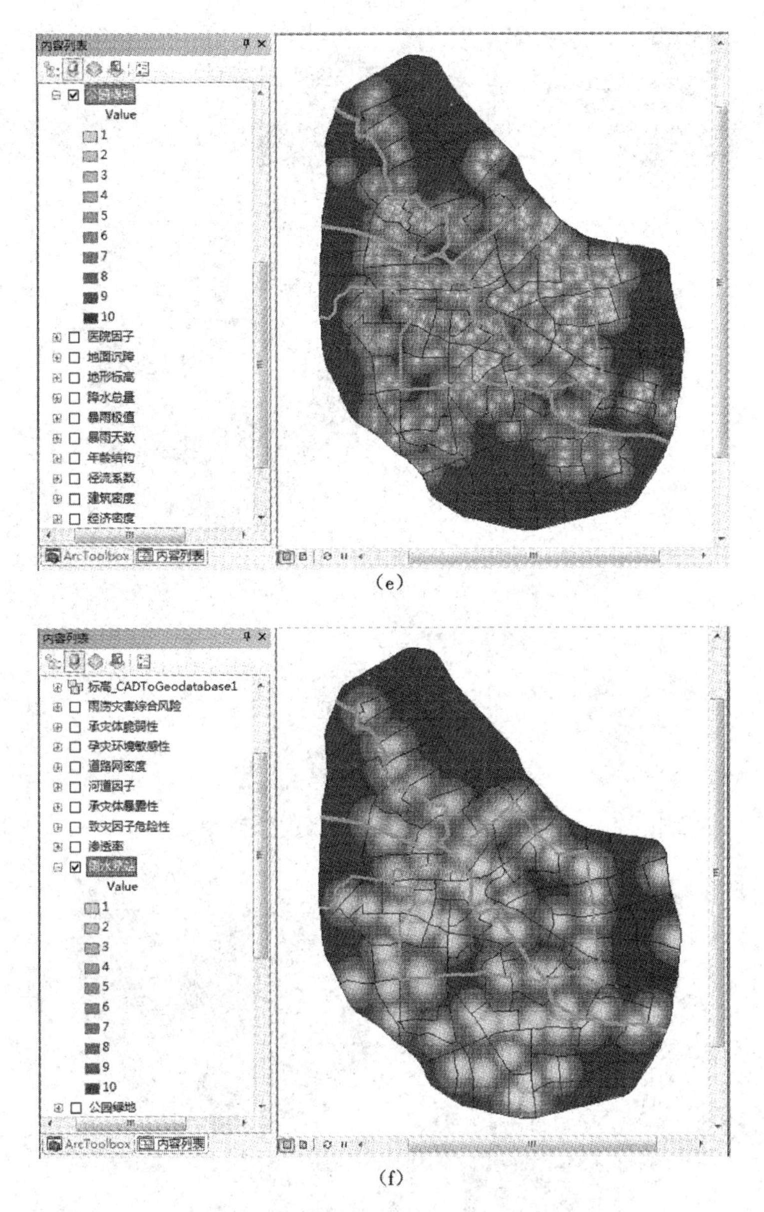

(e)

(f)

续图 12　承灾体脆弱性风险评估分析图

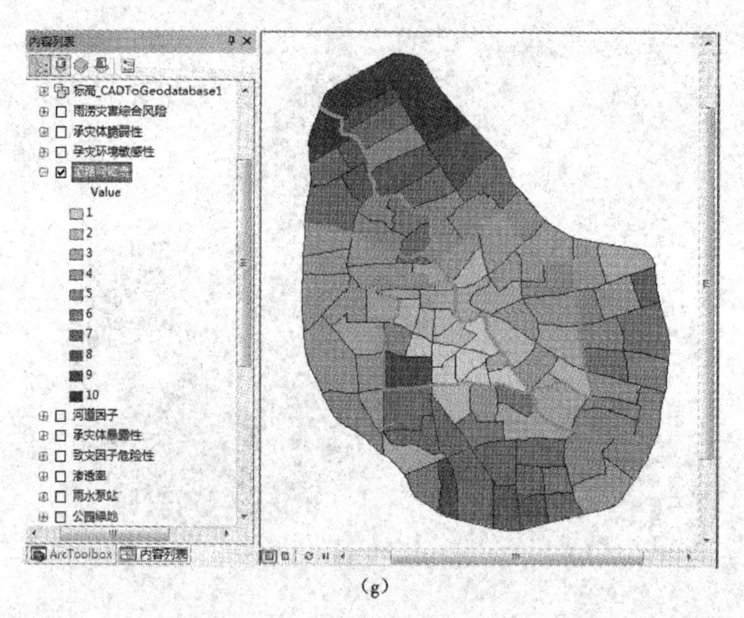

（g）

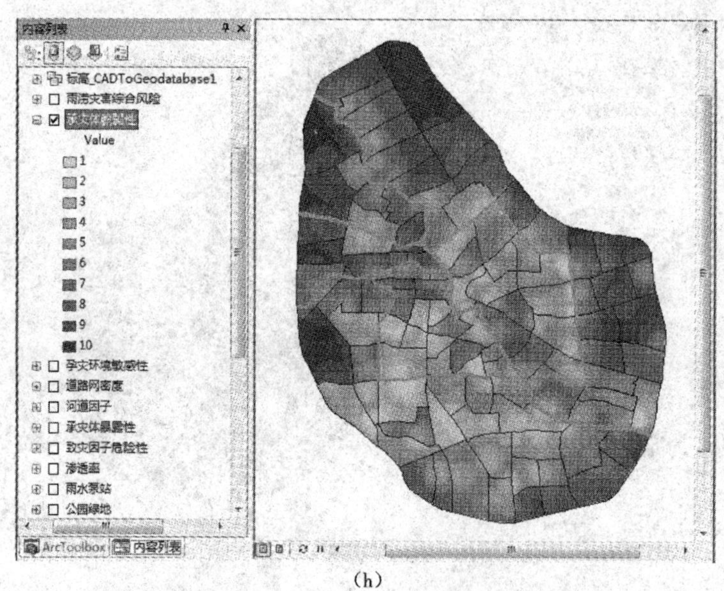

（h）

续图 12　承灾体脆弱性风险评估分析图

（a）渗水地面率脆弱性分析图；（b）综合径流系数脆弱性分析图；
（c）人口年龄结构脆弱性分析图；（d）社区医疗机构配置情况脆弱性分析图；
（e）避难空间配置情况脆弱性分析图；（f）雨水泵站脆弱性分析图；
（g）道路网密度脆弱性分析图；（h）承灾体脆弱性风险评估图谱

5.6　控规视角下天津市中心城区雨涝灾害风险评估与优化调整

利用表 3 对致灾因子危险性评估图谱、孕灾环境敏感性评估图谱、承灾体暴露性评估图谱和承灾体脆弱性评估图谱进行加权叠加，形成天津市中心城区雨涝灾害风险评估图谱（见图 13），由此可直观地判别风险区划。对评估模型的 17 项指标进行有针对性的调整，对高风险区进行优化调整，重新得到优化方案直至风险降低为可接受程度，并对应地调整控规指标。

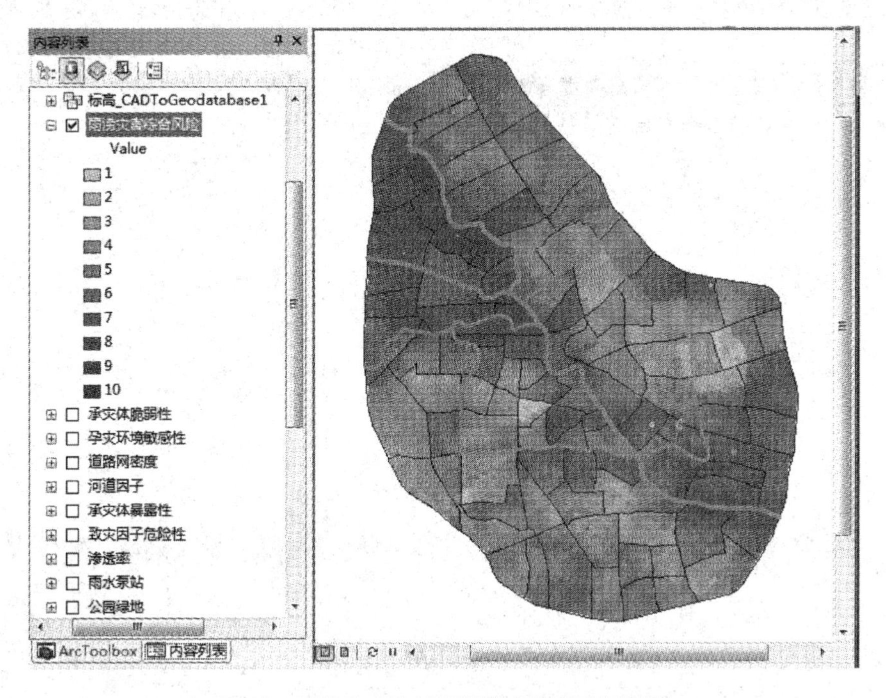

图 13　天津市中心城区雨涝灾害风险评估图

注释

1：朱晓晨，高扬，高佳琪等. 基于 GIS 的区县级暴雨洪涝风险评估方法[J]. 热带地理，2014，34(5)：704 -711.

2：曹湛. 滨海城市填海城区综合防灾规划研究[D]. 天津：天津大学，2014.

参考文献

[1] United Nations Disaster Relief Organization. Mitigating Natural Disasters：Phenomena, Effects and Options：A Manual for Policy makers and Planners[R]. New York：United Nations，1991.

[2] Pelling M. Visions of Risk：A Review of International Indicators of Disaster Risk and its Management[R]. ISDR/UNDP，2004，1 -56.

[3] ProVention Consortium. Identification and Analysis of Global Disaster Risk Hotspots，2006. http：//www. proventionconsortium. org/? pageid = 32&projectid = 15.

[4] Benito G，Lang M，Barriendos M，et al. Use of systematic，palaeoflood and historical data for the improvement of flood risk estimation，review of scientific methods[J]. Natural Hazard，2004，31(3)：623 -643.

[5] Hans de Moel，Jeroen C，Aerts J H，et al. Development of flood exposure in the Netherlands during the 20th and 21st century[J]. Global Environmental Change，2011(21)：620 -627.

[6] Planning Policy Statement. www. communities. gov. uk/documents/planningandbuilding/pdf/.

[7] 金磊. 城市灾害学原理[M]. 北京：气象出版社，1997.

[8] 王绍玉，冯百侠. 城市灾害应急与管理[M]. 重庆：重庆出版社，2005.

[9] 许世远，王军，徐纯，等. 沿海城市自然灾害风险研究[J]. 地理学报，2006，61(2)：127 -138.

[10] 史培军，邵利铎，赵智国，等. 论综合灾害风险防范模式——寻求全球变化影响的适应性对策[J]. 地学前缘，2007，14(6)：43 -53.

[11] 史培军. 五论灾害系统研究的理论与实践[J]. 自然灾害学报，2009，18(5)：1 -9.

[12] 王绍玉. 综合自然灾害风险管理理论依据探析[J]. 自然灾害学报，2009，18(2)：33 -38.

[13]方建,李梦婕,王静爱,等.全球暴雨洪水灾害风险评估与制图[J].自然灾害学报,2015,24(1):1-8.

[14]焦圆圆,谢志高.深圳市暴雨洪涝灾害风险评估与区划[J].中国农村水利水电,2014(1):77-85.

[15]颜文涛,王正,韩贵峰,等.低碳生态城规划指标及实施途径[J].城市规划学刊,2011(195):39-50.

城市的逻辑
——浅析城市肌理的空间意向

褚君
（天津市建筑设计院）

摘　要：每个城市的形成具有其自身的逻辑线索和轨迹，城市肌理是从空间上最为直接地表达这一线索的方式。城市空间肌理的内涵丰富，反映城市空间、社会体系、百姓生活等多个方面。而城市意象的表达不应仅仅体现在城市重要建筑的历史价值和突出设计上，更重要的是对包含众多传承内容的城市肌理予以更加深刻的认识。本文以举例的方式对城市肌理的两种态度进行分析，从中提取空间肌理的关键元素，力求对城市逻辑的梳理、对宜人空间的设计起到一定的借鉴作用。

关键词：城市肌理；城市更新；肌理拼贴；空间意向

1　引言

城市往往被认为是社会政治、经济、文化等多方面的集合，同时城市也是一种空间秩序。城市的发展、文脉的传承也可以通过城市空间结构、肌理的关系一一反映。因此，也可以说城市肌理就是反映城市空间秩序的一种逻辑。城市的自身面貌、城市的文化传递通过空间肌理的组合和变化被人们所认识和了解。

所谓城市空间肌理是指在中观尺度下具有一定内在连续性的城市形态和区域。其内容不仅包括空间尺度、图底关系、用地划分、道路分级等空间要素，更重要的是城市肌理蕴含着不同的城市生活内容。它既可以体现城市的历史、人文及人们对城市空间的认同感，更能够反映特定时间节点的社会价值倾向。城市空间肌理不同于建筑单体具有自身的固有性，其特点在于它随着时间、社会、政治、空间等多方面内容的转变而变化。因此城市更新过程中，随着各方面因素的发展，城市肌理的变化对待原有肌理也呈现出完全不同的态度。

2　城市肌理的态度

城市肌理的特殊和珍贵在于其内在一定保有某种特征的连续性，不同城市的空间肌理必然具有不同的特征。如中世纪老城肌理、格网式街区肌理、巴洛克街区肌理、高层高密度街区肌理等。然而，每个城市更新的过程是复杂而缓慢的，由此产生的城市空间肌理的变化也呈现出多样性。整体来讲，城市肌理的变化态度主要包括两个方面：一是城市肌理的延续，即延续原有城市肌理，使原有的图底关系和新建部分融为一体，不突出新建街区，整体以背景的方式存在；二是城市肌理的突变，即新建部分在原有肌理的图底关系中以视觉中心的方式突显出来，成为新的城市中心。

2.1 肌理的延续

城市肌理的变化是一个城市新陈代谢与发展所不可避免的。城市肌理的延续总体上呈现的是一种谦虚的姿态，城市更新部分愿意将自己的锋芒掩藏，并且积极地融入到原有城市之中，成为共同的、彼此的背景。老城肌理的延续是许多城市更新、新建的第一选择，从方式上包括：在空间上注重历史与现代空间的过渡、延续传统的地块界限等等。以德国慕尼黑为例，二战结束之后，慕尼黑受到重创，在后期的新建中，慕尼黑遵循着延续原有城市肌理、原有城市文化的最高原则，修复并重建了许多原来具有标志性的城市建筑，同时对一些重要建筑遗存进行了更新复原。更提出新建设应延续传统的城市道路格局，保留原有的建筑元素、空间尺度及细部做法。再用新的城市规划理念布置绿地及广场等开放空间，使新的生活方式在慕尼黑传统的城市肌理中焕发新的活力。

2.2 肌理的突变

城市肌理的突变往往是在区域的边界或是城市地标的核心位置，这一剧烈改变彰显了新建内容的傲慢态度，突出了其自身的核心的地位或是区位差异。新的肌理融入通常发生在社会改革的阶段，这样的傲慢姿态充分地表现了新的思考方式或者新的生活方式对于城市生活的强力介入，奥斯曼的巴黎城市改建即是通过新的手段解决城市原有问题最好的体现。正如肌理的延续不仅仅表现在平面的图底关系上，更与空间高度的连续性有关。由此，街道尺度延续的城市空间，其肌理从空间高度的角度也会存在另一种突变形式。以1958 年美国景观设计之父奥姆斯特德设计的纽约中央公园为例，其边界以原有街道为依据，并未在方格网的路网中形成轴线空间，但其整体功能及面貌却成为纽约曼哈顿岛中央肌理最为鲜明的部分。这一肌理的明显改变，城市空间高度的突然下降对城市生活的改变无疑是积极的，即使城市交通受到一定限制，但中央公园这片绿洲的肌理变化成为纽约繁华高楼的喘息之地，成为市民、游客最为喜爱的场所。因此，可以说城市肌理的突变往往存在其必要性和前瞻性，城市生活的丰富体验即在于此。

3 拼贴肌理的空间意向

宏观尺度层面，城市的肌理主要以城市重要骨架路网、水系等元素作为强烈表征。由此，人们对于城市意象的宏观认知来自道路格局串联起的区域，而在中观层面体验可通行的街道路径，在微观上感受极具标志性的城市节点等元素，从而更加深入地感知城市，从而感受到精神上的归属。由此，一个城市的生动肌理绝不会是一种态度的反复叠加，而是多层次肌理拼贴后的产物。以西班牙巴塞罗那为例，空间肌理的多样拼贴与城市逻辑的智慧组合成就它成为欧洲人最乐于居住的城市以及全球游客的首选地。

3.1 区域意向——肌理延续的和谐

整个城市被 3 个格局富有特色的区域覆盖：中世纪的老城、19 世纪的扩展区以及 1992 年的滨水区。每个区域都代表着特定的时代和社会生活。每个区域内的肌理均保持一致，具有明显的区域特征。最为著名的就是塞尔达的扩展区规划，这一规划使巴塞罗那成为欧洲大陆上最大规模使用方格网和对角线的城市，其中每个方格路网围合成一个接近正方的八边形街区，每个八边形街区都被放在边长为 113 米的正方形格子内，四个倒角都是 45 度。八边形街区内部的设计建筑物只占街区两侧，进深不超过 24 米，高度最高 4 层，以保证良好的通风和采光、充沛的绿地，使人们再次沟通交流，享受生活。新的扩展区在尺度和肌理上与老城形成了鲜明的对比，也使其自身特点被放大、再放大，以低调的姿态成为了巴塞罗那城市的代表肌理（见图 1）。

图 1　巴塞罗那扩展区鸟瞰图

3.2　路径意向——值得记忆的街道

新的路径是塞尔达规划以及巴塞罗那现在更为引人注目的一点，对角线大街（Diagonal）以均匀的坡度连接起巴塞罗那的山与海，而格兰大道（Gran Via）以与海岸平行、与山成切线的布局与对角线大街相交。在其交会处穿过定义南北布局的梅丽迪亚纳大街（Meridiana）。这些贯穿城市的轴向路径使整个巴塞罗那串联起来。然而令城市丰富的城市肌理绝不仅仅是平面上的突出和标志性，更是在直观感受上可以让市民、游客留有记忆的街道空间。巴塞罗那的街道往往根据功能定位，以回归公共空间为前提，重新定义街道断面。如生活型道路的米丁那大道，两侧以居住和商业为主，原有道路宽度为 45 米，双向十车道，中央隔离带 3 米宽。为提高公共空间质量，丰富市民公共生活的内容，巴塞罗那突破性地将机动车道减少为四车道，剩余空间与原有隔离带共同形成 15 米宽的人行空间。同时配置相应的交通管理措施，以保证开放空间的安全及舒适，成为巴塞罗那众多的"人民的街道"之一。

3.3　标志物意向——肌理突变的高潮

提及巴塞罗那的地标建筑，人们往往想到高迪的作品。的确，圣家族大教堂的地位及城市标志作用，至今无人撼动。然而新建现代建筑往往无法通过建筑细节的着重刻画，来形成城市的新高潮，而一个城市也不能仅仅依靠原有的地标建筑持续地散发活力。因此在巴塞罗那的旧城区，插建具有地标性的现代建筑，在传统的城市肌理中创造新的现代空间成为巴塞罗那持续发展的又一关键因素。迈耶在老城设计的巴塞罗那现代艺术博物馆充分展示了城市肌理突变的高潮对城市更新的积极推动作用。尽管新建大体量建筑与周边小尺度的零碎历史肌理形成鲜明对比，迈耶仍然坚持对体量的追求，通过建筑内部的流线组织与传统历史空间链接，在内部及人行尺度上形成与原有肌理的"对话"。这一对于传统肌理有所突破的空间，明显成为老城区传统生活的现代高潮，带给人们更加丰富和愉悦的城市生活。

4　结语

我们关注城市空间肌理，一方面是因为它可以通过一种片段的形式最为直接地显示城市精神；另一方面城市肌理是城市更新最为完整明确的逻辑秩序。在现代社会，城市更新的速度足以塑造一个完全不同的崭新的城市空间，然而最好的城市环境仍然是以其文化延续为基础的，以丰富城市意象为目标的空间肌理自然演化。这更是城市肌理对于人性的深切关怀，它延续的、创造的不仅仅是一种格局，更是一种生活的线索和社会的轨迹。因此，对于城市肌理的寻找和探究即可作为城市更新中的重要切入点，并由此引导城市成为充满活力的、环境宜居的栖息地。

基于现场总线的火灾报警系统的设计

毕书姣　温海水
（天津市建筑设计院）

摘　要：本文以火灾报警系统的设计为例，介绍了总线控制系统（FCS）的组成和结构、输入信号的采集和监控、输出信号的执行过程以及总线制的接线方式等内容。该监控系统可以方便地集成多种传感器和联动设备，在信息传输的安全性、准确性、实时性方面达到了较高要求，能满足大部分的监控需要，具有良好的应用前景。

关键词：现场总线；监控系统；火灾报警

火灾报警系统，从发展过程来看，大体可分为三个阶段。

第一阶段：多线型火灾自动报警系统。每个探测器除需提供两根电源线外，还需提供一根报警信号线，安装此类系统比较烦琐，特别是校线工作量较大。

第二阶段：总线型火灾自动报警系统。这种自动报警系统已采用微处理器控制，探测器和模块均采用地址编码形式，通过总线与控制器实现信号传送。此类产品具有报警和控制功能，它的施工、安装较为方便，且价格较低，已被大量使用。

第三阶段：智能型火灾自动报警系统。由于采用了先进的计算机控制技术，智能化程度大大提高，探测器的报警形式采用数字量，并可通过软件对其灵敏度根据使用场合、时间进行设定和调整，这一功能可提高系统的稳定性及可靠性，减少误报。

1　总线控制系统

现场总线技术（Fieldbus）的出现是为了实现 DCS 与其低层控制器、传感器的通信。现场总线控制系统（FCS）是把单个分散的控制或测量设备变成网络节点，共同完成自控任务的网络系统与控制系统。它采用编码技术，给每个设备编制不同的号码，并且没有极性，防止了由于接错线序产生问题。巡检信号可以适时发现故障位置的编码，就确定了故障位置。

FCS 是将 DCS 中现场信息的模拟量信号传输转变为全数字双向通信传输，采用现场智能仪器仪表，不用 DCS 中必需的 I/O 模块及直接数字控制器（DDC）的控制系统。

FCS 主要特点表现在：

①全数字化。所有传感器/变换器、执行器、控制器的信号均数字化，取代了传统的直流模拟量信号。

②采用完全开放的控制系统，有利于系统集成。

③FCS 是一种现场通信网络。现场总线把通信线一直延伸到生产现场中的生产设备，构成现场设备或仪表互连的现场通信网络。

④采用通信线供电。

楼宇自动控制中的火灾报警系统有其显著特点，一是测控点非常分散，比如探头几乎遍布了建筑物的每个角落；另一个显著特点是被控设备的种类非常多，所以总线控制系统有利于系统的组织与集成。但是 DCS 具有丰富集中的监控管理功能。将 FCS 与 DCS 结合应用，是现阶段值得推荐的一种做法，可以充分利用两种系统的最大优点。

如图 1 所示为某智能大楼 BAS 的系统结构示意图，此系统是一个 DCS 与 FCS 相结合的两层结构的集散系统。由于现场仍采用传统的模拟仪表，以降低其工程造价，所以仍采用直接数字控制器（DDC）作为基本控制单元。

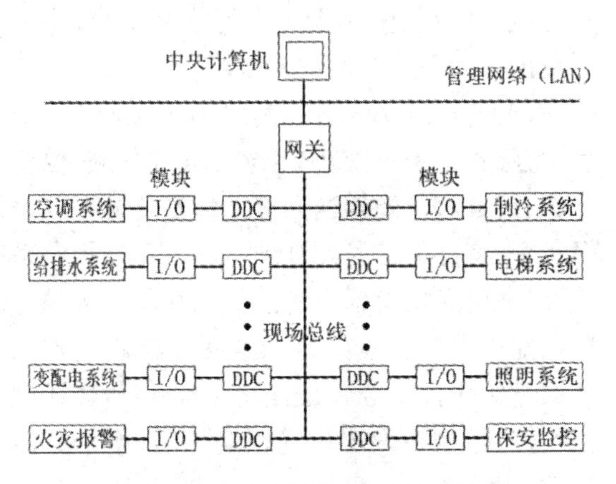

图 1 某智能大楼 BAS 系统结构图

相比于传统的 DCS 系统，如图 2 所示，该系统将直接数字控制器（DDC）或可编程逻辑控制器（PLC）与中央计算机之间采用的标准 RS-485 总线通信方式换成现场总线通信方式，现场总线可以实现信号串行双向快速传输，具有很强的抗干扰能力，且有利于系统的组织与集成。

2 输入信号的采集和输出信号的监控

在火灾报警系统中，输入信号的采集主要

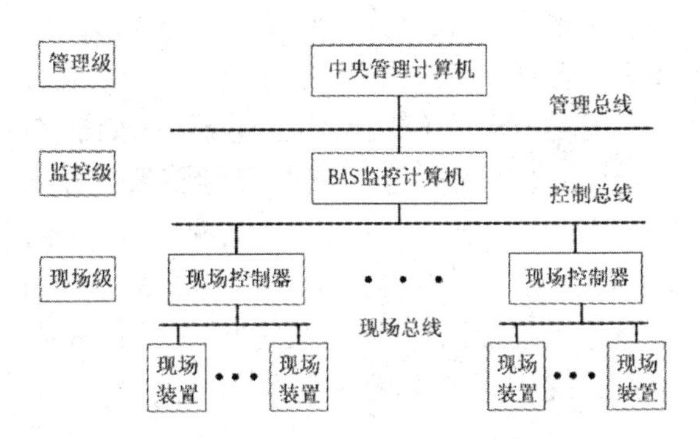

图 2 三层结构的集散控制系统

包括火灾探测器、手动火灾报警按钮、消火栓按钮、水流指示器、压力开关及信号阀等输入的信号。输出信号的监控包括声光警报器、电磁阀以及排烟阀、送风阀、防火阀等信号的输出和反馈。

2.1 消防二总线

最早和以往的火灾自动报警控制系统均采用的是分线制。在这种系统中，每只探测器和报警控制器之间都分别需要 2～4 根连线。现在的火灾自动报警系统都是二总线制，二总线制是总线制的一种，也称为二线制。二总线是一种相对于四线系统（两根供电线路、两根通信线路），将供电线与信号线合二为一，实现了信号和供电共用一个总线的技术。二总线节省了施工和线缆成本，给现场施工和后期维护带来了极大的便利。现在的电话线、广播线等大多也都在使用二总线制。

2.2 二线制仪表的工作原理

二线制 4～20 mA 传感器接线方式如图 3 所示，由于 4～20 mA 电流本身就可以为变送器供电，变送器在电路中相当于一个特殊的负载，特殊之处在于变送器的耗电电流在 4～20 mA之间，根据传感器输出而变化，显示仪表只需要串在电路中即可。这种变送器只需

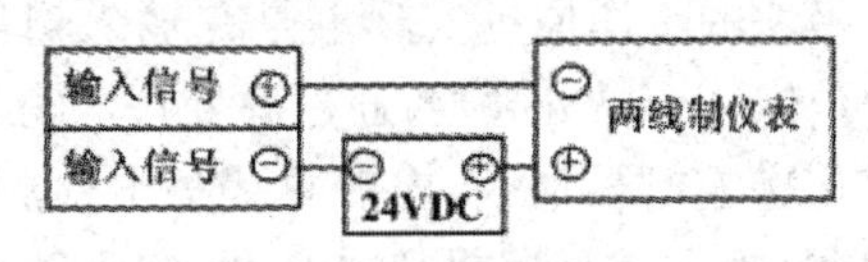

图 3 二线制传感器接线方式

外接两根线，因而被称为两线制变送器。例如压力传感器、液位传感器等。

但是对于电流输出型变送器，比如加热器、电动阀等仪表，它是将物理量转换成 4 ~ 20 mA 电流输出，必然要有外电源为其供电。最典型的是变送器需要两根电源线，加上两根电流输出线，总共要接四根线，称之为四线制变送器，接线方式如图 4 所示。

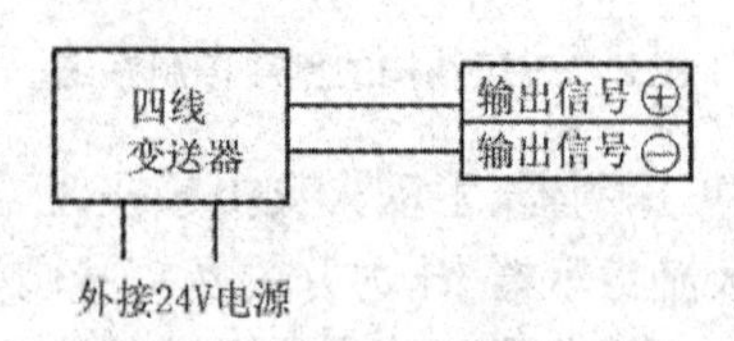

图 4　四线制传感器接线方式

2.3　火灾报警系统输入信号的采集

探测器是火灾报警系统的现场探测部件，它的信号采集直接关系到整个系统是否正常运行。对于编码型的火灾探测器和编码型手动报警按钮来说，便可以通过二总线直接与火灾报警控制器进行通信。如图 5 所示为探测器接线示意图。

对于总线系统来说，最大的优势是采用了编码技术，给每个设备编制不同的码号，这样便可以适时发现故障位置的编码，就确定了故障位置。所以对于非编码探测器，则需要通过非编码探测器接口模块来与控制器进行通信。该接口模块属于消防模块的一种，下面介绍消防模块的工作原理和接线方式。

2.4　消防模块的工作原理及接线方式

消防模块包括非编码探测器接口模块、总线隔离模块、输入模块、输出模块以及输入输出模块等，是消防联动控制系统的重要组成部分。

2.4.1　消防模块的工作原理

模块的工作原理实际上是在输入输出模块中内嵌一个微处理器，通过微处理器实现与火灾报警控制器通信、电源总线掉电检测、输出控制、输入信号逻辑状态判断、输入输出线故障检测、状态指示灯控制。比如，当烟感探测器测到有火情时传输信息给控制器，控制器通过输入输出模块的输出端，给消防泵信号，启动消防泵，消防泵启动后通过输入输出模块的输入端将启动信息传送给控制器。实际的消防报警系统中的输入输出模块就是这样进行工作的。

2.4.2　消防模块的分类和作用

（1）非编码探测器接口模块：用于连接非编码探测器，确定探测器地址。为节约投资，使多个非编码探测器合占一个地址，适用于汽车库、商场等大开间场所。

（2）隔离模块：在总线制火灾自动报警系统中，往往会出现某一局部总线出现故障（例如短路）造成整个报警系统无法正常工作的情况。隔离器的作用是，当总线发生故障时，将发生故障的总线部分与整个系统隔离开来，以保证系统的其他部分能够正常工作，同时便于确定出发生故障的总线部位。当故障部分的总线修复后，隔离器可自行恢复工作，将被隔离出去的部分重新纳入系统。

（3）输入模块：输入模块用于接收"主动型"报警设备，如水流指示器、压力开关、位置开关、信号阀及能够送回开关信号的外部联动设备等，将开关信号加地址码纳入总线报警系统，以确定受控设备地址。如图 6 所示为输入模块配接常开触点接线示意图。当其接收到开关量的闭合信号后，通过总线将信号传送到控制器，控制器发出声光报警信号，指示具体联动设备。

（4）输出模块：用于控制不需反馈信号的设备，如警铃、声光报警器、电磁阀等。如图 7 所示为输出模块控制输出信号的接线示意图。

（5）输入输出模块：主要用于双动作消防联动设备的控制，同时可接收联动设备动作后的回答信号。例如：可完成对二步降防火卷帘门、水泵、排烟风机等双动作设备的控制。如图 8 所示为某型号输入输出模块，由图中可以看到，模块具有 24 V 电源信号输入端、总线信

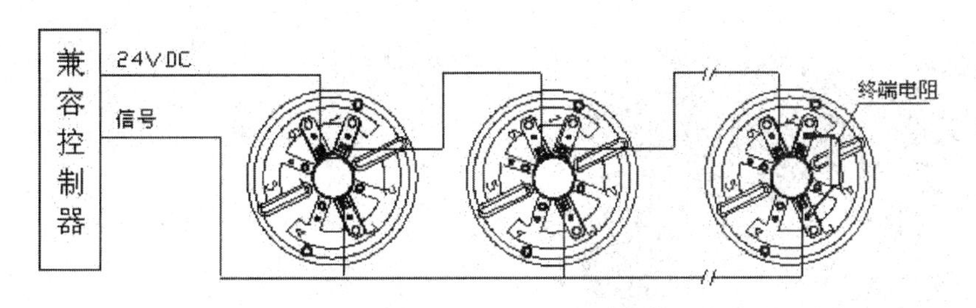

图5　探测器系统接线示意图

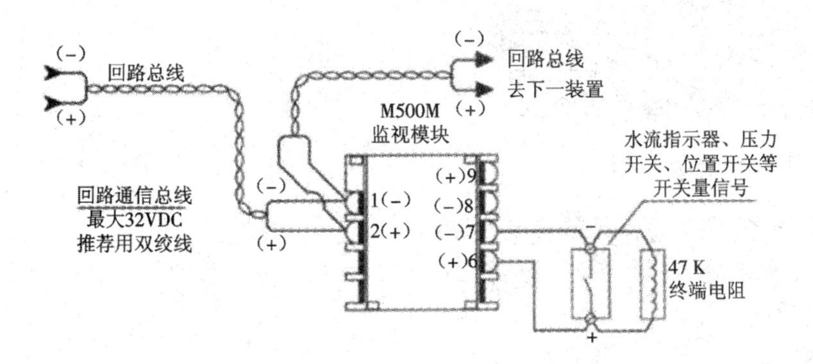

图6　输入模块配接常开触点接线示意图

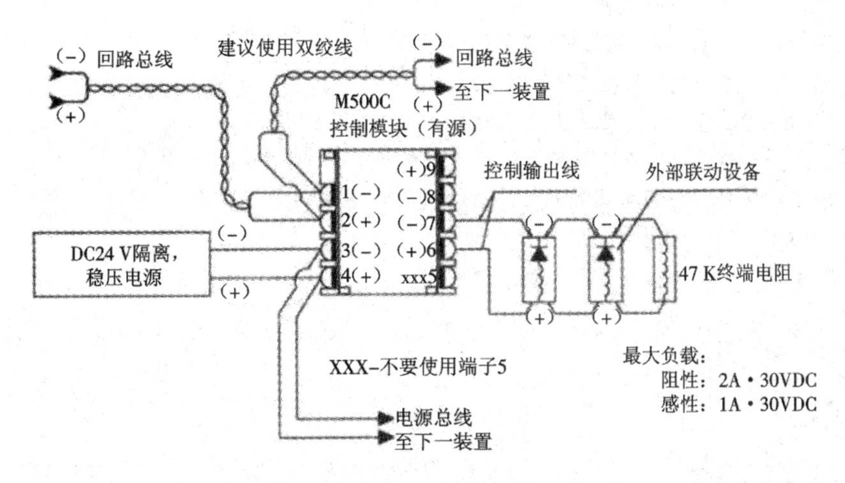

图7　输出模块有源输出接线示意图

号输入端，还有一对常开、常闭触点，用于信号的输入和输出。模块还具有直流24 V电压输出，用于与继电器触点接成有源输出，满足现场的不同需求。应当注意的是，不应将模块触点直接接入交流控制回路，以防强交流干扰信号损坏模块或控制设备。

3　结语

本文以楼宇自控系统中的火灾报警系统的设计为例，介绍了总线控制系统(FCS)的组成和结构。二总线是新的消防报警技术，文中重点介绍了二总线的概念、输入输出信号的采集和监控以及信号的接线方式。在信号的采集和监控过程中，需要与消防控制模块相结合，以确定受控设备的地址和故障位置，更好地实现系统的控制功能。通过将DCS与FCS系统相结合，该监控系统可以方便地集成多种

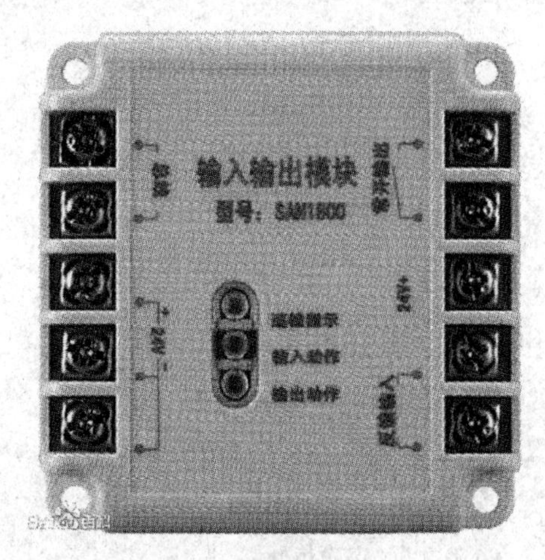

图8　输入输出模块

传感器和联动设备,在信息传输的安全性、准确性、实时性方面达到了较高要求,能满足大部分的监控需要。

参考文献

[1]包建华,丁启胜,张兴奎.工控组态软件MCGS及其应用[J].工矿自动化,2007.

[2]马远佳,秦付军.基于PC的软PLC与组态软件接口的研究[J].工业控制计算机,2009,22(3).

[3]卞玉刚,周齐国.总线控制技术及其在楼宇自控系统中的应用[J].建筑电气,2003(5).

[4]邹吉平.基于现场总线的智能照明控制系统分析与应用[J].建筑智能化.出版年不详.

[5]天津市建筑标准设计图集(2012版).中国建材工业出版社.

中新生态城零能耗建筑的光伏发电系统设计

孙玲　董维华
（天津市建筑设计院）

摘　要：本文介绍了零能耗建筑采用的光伏发电系统形式，主要包括建筑周边遮挡情况、光伏组件的安装方式、光伏组件的选择、逆变器的配置、监控系统功能等方面。

关键词：零能耗建筑；建筑光伏（BMPV）；光伏发电系统；光伏组件；安装方式；发电量模拟

1　引言

随着人类社会的发展，环境污染和能源耗竭日益严重。“我们不可能改变自然条件，我们只能改变我们自己。”“我们有责任证明，一个被能源照亮的世界同时可以是洁净的、美好的。”柴静的《穹顶之下》使环境污染成为全民关注的焦点。扬汤止沸，莫若釜底抽薪。可再生能源的开发利用是目前为止能够解决人类环境能源困境的有力途径。

国家能源局发布的《国家能源局综合司关于进一步做好可再生能源发展“十三五”规划编制工作的指导意见》中，明确了可再生能源发展规划的重点任务和发展方向，同时强调了落实可再生能源发电的消纳市场，从技术研发和政策配套方面助力可再生能源利用朝着越发成熟的方向发展。

在对我国能源结构的研究与新能源利用经验的总结过程中人们认识到，太阳能具有最为明显的资源优势，开发利用潜力巨大，而太阳能电利用方式比太阳能光利用方式、太阳能热利用方式有着更普遍的适宜性，更容易也更有价值进行推广应用，具有可观的发展前景。

有研究表明，在我国社会总能耗中，建筑能耗几乎占到三分之一。对建筑运行能耗的模拟研究及实际数据分析表明，建筑运行能耗之巨大远远超乎人们传统观念上的估量。节能减排工作的重中之重是建筑节能。零能耗建筑是指应用到现场和用可再生能源的能量来运作的建筑，使一年中现场产生能量的净额等于建筑所必需的能源净额[1]。零能耗建筑是最为理想也是最现实的能源节约建筑。

建筑光伏（Building Mounted Photovoltaic）简称 BMPV，是安装在建筑物上的光伏发电系统，包括 BAPV 和 BIPV。其中，BAPV（Building Attached Photovoltaic）是附着在建筑物上的光伏发电系统，也称为“安装型”光伏建筑。BIPV（Building Integrated Photovoltaic）是与建筑同时设计、同时施工和安装并与建筑物形成完美结合的光伏发电系统，也称为“构件型”和“建材型”光伏建筑。将光伏发电系统与建筑实际情况相结合，将光伏发电系统设计融入建筑设计施工的全过程中，才能够在建筑功能及美感不受影响的同时使太阳能的利用达到最优化，甚至优化建筑功能，提升建筑美感。

2 工程概况

天津属于暖温带地区，年平均气温为11.5 ℃。通过国家气象局最近10年的日照统计数据可知，天津的年均日射量为4.073 kWh/m^2、年日照时间为2778小时、年平均日照率为63%。因此，采用太阳能光伏发电系统是可行的。

中新天津生态城公屋展示中心工程位于天津市中新天津生态城15号地公屋项目内（图1）。总建筑面积3467 m^2，其中地上两层3013 m^2，地下一层454 m^2，建筑总高度15 m。建筑功能一部分为公屋展示、销售；另一部分为房管局办公和档案储存。本工程的设计目标为零能耗的绿色公共建筑。通过被动式设计使建筑物耗能达到合理的极限，通过主动式设计提高设备能源使用效率，预估年建筑能耗约为252.8 kWh/a，单位面积建筑能耗约72.9 kWh/(m^2·a)。

图1 建筑效果图

3 光伏发电系统总体框架

装设光伏组件的区域主要包含：屋顶弧形架构区、屋顶东西两侧三角区、建筑东南侧停车棚和西南侧停车棚顶部。采用高转换效率HIT型光伏组件，尺寸为1580 mm×798 mm，峰值功率为210 Wp，组件转换效率为16.7%，电池转换效率为18.9%，重量约15 kg，总装机容量292.95 kWp，总发电量约295 MWh/a，高于年建筑能耗12.3%，预计可达到建筑零能耗的目标。

光伏发电系统与市电并网运行，多余的光伏电能反馈到市电电网。设置有648 kW的锂电池储能装置，用于平滑光伏馈电功率，并为较重要负荷提供备用电源。

本项目作为零能耗建筑，光伏发电全年的发电量应大于负荷能耗的10%以上。但天津属华北地区季节差异较大，夏季及春秋季，光伏发电量大于负荷用电量；冬季，光伏发电量小于负荷用电量。通过光伏发电系统的并网技术措施，即可实现从电网取电，也可向电网馈电的并网形式，即夏季及春秋季多余的电量馈向电网，冬季从电网取电。综合一年的光伏发电总量大于建筑能耗的总量，从而真正实现零能耗。

在此并网系统中，主要依据两方面来确定蓄电池的容量，一方面为智能控制系统工作站、计算机网络设备、服务器及对外窗口办公计算机提供2小时的应急电源，另一方面为了稳定光伏发电上网的相对恒功率输出的需要，两者取需要电池较大的容量，最终确定为648 kWh(图2)。

4 光伏发电系统设计方案

新建建筑光伏发电系统设计与建筑设计同步进行，统一规划，同时设计、施工。其规划设计应根据建设地点的地理位置、气候特征及太阳能资源条件，确定建筑的布局、朝向、间距、群体组合和空间环境，并应满足光伏发电系统设计和安装的技术要求。同时结合建筑功能、建筑外观以及周围环境条件，进行光伏组件类型、安装位置、安装方式和色泽的选择，使之成为建筑的有机组成部分。光伏发电系统设计流程如图3[2]所示。

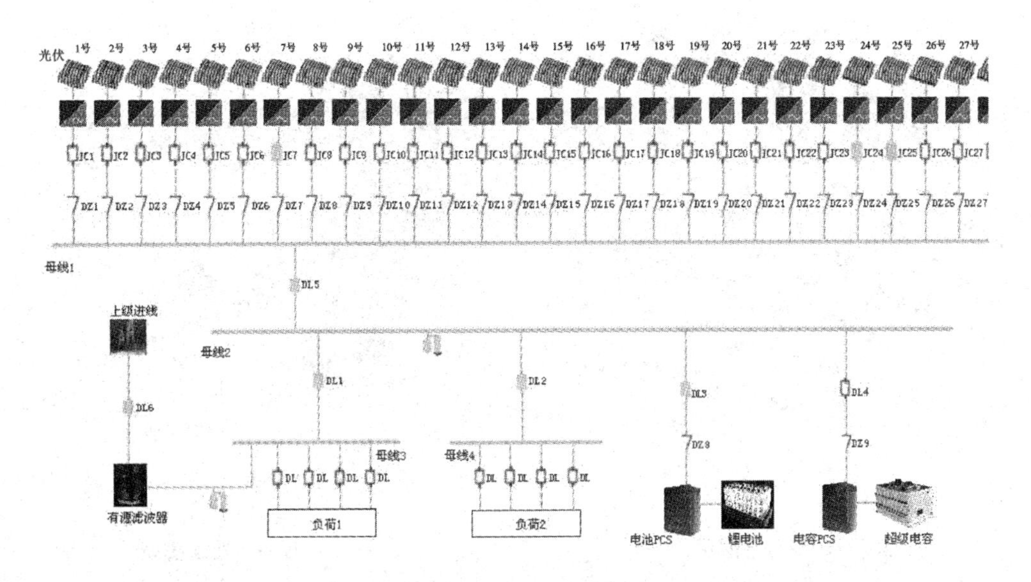

图2　光伏发电系统框图

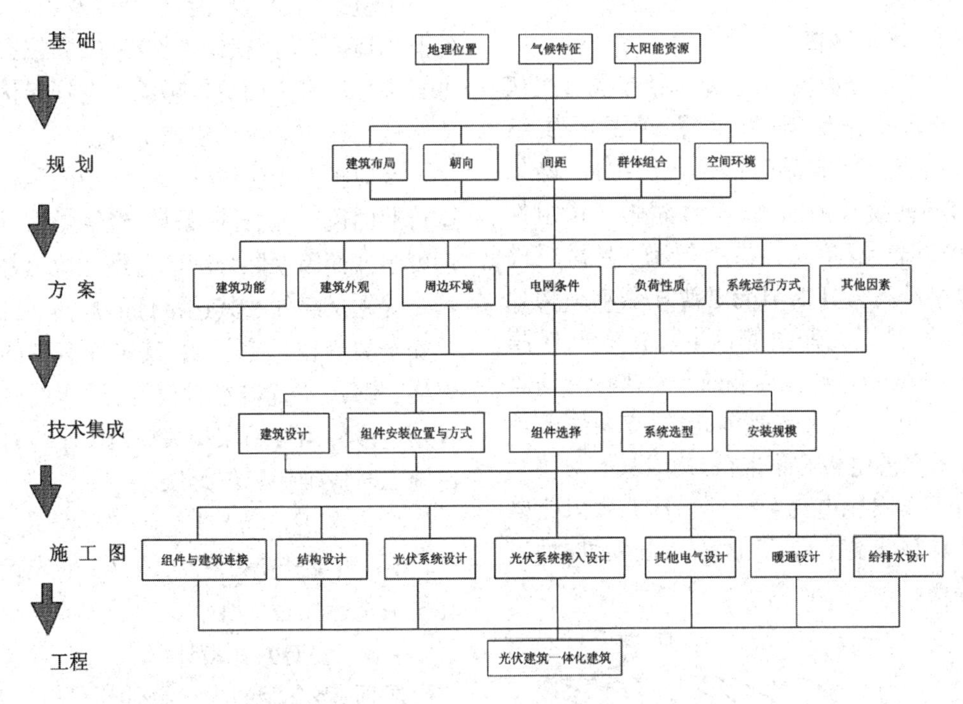

图3　建筑光伏设计流程图[2]

4.1　遮挡分析

遮挡分析包括周边建筑物对本建筑屋顶电池板的遮挡分析，建筑自身对电池板的遮挡分析，如：建筑物屋顶女儿墙、建筑物屋顶设备机房、凸出屋面的设备等。本项目位于天津市中新天津生态城15号地公屋项目内，在本建筑南侧50米内有2栋16~18层的高层住宅，见图4，对本项目光伏发电系统的遮挡影响较大，因此需要着重对周边建筑及女儿墙进行建模和模拟分析，见图5。

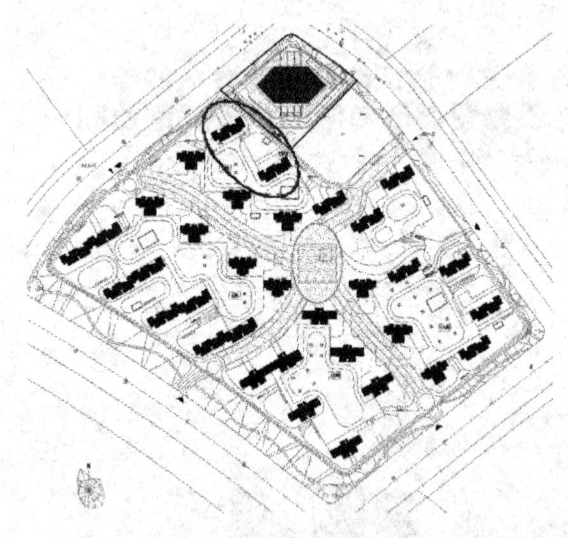

图4 建筑总平面图

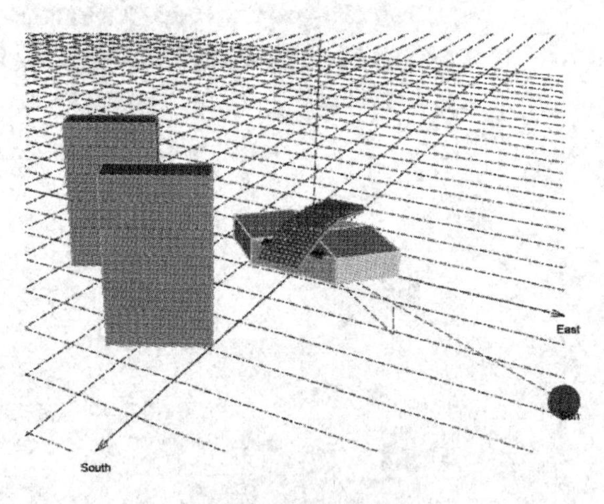

图5 建筑模型

根据分析结果可知，本项目周边遮挡因数约为10.9%。

4.2 组件选择

光伏组件分类较多，主要包括单晶硅光伏组件、多晶硅光伏组件、非晶/单晶异质结(HIT)光伏组件、非晶硅薄膜光伏组件、碲化镉(CdTe)薄膜及铜铟硒(CIS)薄膜光伏组件等，其中以非晶/单晶异质结(HIT)光伏组件转换效率最高。其太阳能电池片基本结构如图6所示，是以光照射侧的p-i型a-Si:H膜(膜厚5~10 nm)和背面侧的i-n型a-Si:H膜(膜厚5~10 nm)夹住晶体硅片，在两侧的顶层形成透明的电极和集电极，构成具有对称结构的HIT太阳能电池组件[3]。HIT太阳能电池组件具有低温工艺、高效率、高稳定性、低硅耗等特点。

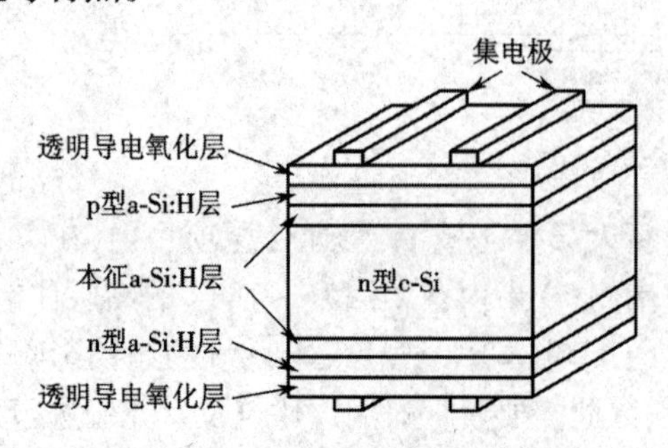

图6 HIT太阳能电池结构示意图

光伏组件的选用依据以下原则：

①应根据建筑功能、外观以及周边环境条件遮挡情况，从光伏组件类型、安装位置、安装方式和色泽等方面总体考虑来选择光伏组件，使之成为建筑的有机组成部分。

②应根据光伏组件在一年中的运行时间、运行期内风环境、日照条件、经济条件、维护管理等多方面因素综合考虑选用光伏组件。

③光伏组件及其连接件的规格、性能参数及安全要求由厂家提供，其中连接件的尺寸、规格、荷载、位置需经过设计，预埋件、支撑龙骨及连接件均按国家相关规范要求设计，预埋件施工时应确保定位无误。

综合考虑，本设计选用组件峰值功率为210 Wp、组件转换效率为16.7%的光伏组件，其技术指标如表1所示。

4.3 安装方式设计

屋顶、停车棚的光伏组件与建筑的安装构造方式为安装型，属于BAPV方式；弧形遮阳架构的光伏组件与建筑的安装构造方式为构件型，属于BIPV方式。在有限的可利用空间，实现最大的光伏发电量是安装方式设计的出发点。

表1　光伏组件技术指标

组件类型	HIT组件
峰值功率/Wp	210
最大工作电压/V	41.3
最大工作电流/A	5.09
开路电压/V	50.9
短路电流/A	5.57
温度系数	-0.30%/℃
尺寸/mm	1580×798×35
重量/kg	15
组件转换效率	16.7%

为了使光伏方阵得到的太阳辐射和光伏系统的功率输出最大，光伏方阵的取向和倾角应按照光伏方阵所在的地理位置考虑。通过软件模拟分析，在天津地区，光伏组件全年获得电能最多的倾角为32度。而考虑到中央弧形遮阳架存在一定的弧度，组件安装间距可大大缩小，增加了组件安装数量，因此在中央弧形遮阳架的南北两侧采用32度倾角安装，根据弧形遮阳架弧度不同，安装间距也不尽相同。详见图7。

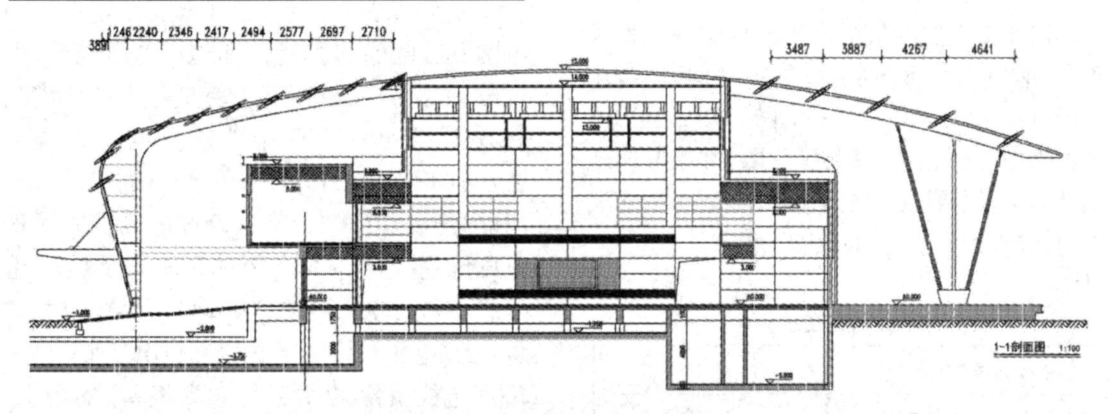

图7　中央弧形遮阳架光伏组件布置图

借助于专业软件，分别对屋顶两侧三角区0度倾角安装、32度倾角安装两种方式进行了模拟分析，详见表2。

经过分析计算可见，0度倾角安装能够在有限的屋顶面积条件下获得最大的光伏发电量。因此在屋顶中央弧形架构中心区、东西两侧三角区光伏组件安装倾角为0度。

在车棚区域，采用与车棚倾角一致的安装角度，约为13度。

光伏组件共计铺设1395块，总装机容量为292.95 kWp。各区域安装方式参数详见表3。

表2　不同倾角安装方式对比

安装倾角	32度	0度
可用面积/m^2	930	
光伏组件转换效率	16.7%	
建筑能耗/(MWh/a)	252.8	
安装间距/mm	2950	50
总装机容量/kWp	240.45	292.95
总年发电量/(MWh/a)	244.73	295
板子总数量/块	1145	1395
是否能够满足建筑能耗	否	是
单位容量占地效率/(m^2/kWp)	3.87	3.17
单位容量发电效率/(kWh/Wp)	1.02	1.01
单位面积发电效率/(kWh/m^2)	263.15	317.2

表3　光伏组件安装方式参数

区域划分	装机容量/kWp	安装角度	光伏组件数量/个
中央弧形架构南北两侧	64.68	32°	308
中央弧形架构中心区	46.2	0°	220
东西两侧三角区域	129.78	0°	618
车棚	52.29	13°(随车棚角度)	249
总计	292.95	—	1395

4.4　并网系统设计

由于本工程光伏组件主要集中在屋顶和车棚，所以采用集中监控、集中并网方式，用户侧低压380 V并入公共电网。结合选用的光伏组件类型、数量及安装分区，配置并网逆变器的类型与数量。本工程选择10 kW逆变器，具体参数如表4所示。

表4　并网逆变器参数

输入数据(直流侧)	
最大太阳电池阵列功率	11 kW
最大功率点跟踪电压范围	300～850 V
最大直流电压	900 V
最大直流输入电流	12 A/12 A/12 A
输出数据(电网侧)	
额定交流输出功率	10 kW
输出电流畸变率THD	额定功率下<3%
功率因数	额定功率下>0.99
最大效率	97.8%
欧洲效率	96.9%
允许电网电压范围(相电压)	180～280 V AC
允许电网频率范围	50 Hz±5 Hz
夜间自耗电	0 W

其配置方案详见表5。

表5　并网逆变器配置方案

区域划分	逆变器台数
中央弧形架构南侧	4台
中央弧形架构北侧	2台
中央弧形架构中心区	5台
东西两侧三角区域	12台
车棚	6台
总计	29台

光伏电站向当地交流负载提供电能和向电网发送电能的质量，在谐波、电压偏差、电压波动和闪变、电压不平衡度等方面应满足《GB/T 14549—1993 电能质量电力系统谐波》、《GB/T 24337—2009 电能质量 公用电网间谐波》、《GB/T 12325—2008 电能质量 供电电压偏差》、《GB/T 12326—2008 电能质量 电压波动和闪变》、《GB/T 15543—2008 电能质量 三相电压允许不平衡度》、《GB/T 15945—2008 电能质量 电力系统频率偏差》的要求。出现偏离标准的越限状况，系统检测到这些偏差并将光伏系统与电网安全断开。

(1)谐波。

光伏电站所接入的公共连接点的谐波注入电流应满足《GB/T 14549 电能质量电力系统谐波》的要求，其中光伏电站向电网注入的谐波电流允许值按照光伏电站装机容量与其公共连接点上具有谐波源的发/供电设备总容量之比进行分配。光伏电站所接入的公共连接点的各次间谐波电压含有率及单个光伏电站引起的各次间谐波电压含有率应满足《GB/T 24337—2009 电能质量 公用电网间谐波》的要求。总谐波电流应小于逆变器额定输出的5%。

(2)电压偏差。

光伏电站接入电网后，光伏电站并网点

的电压偏差应满足《GB/T 12325 电能质量 供电电压偏差》的要求。三相电压的允许偏差为额定电压的 ±7%，单相电压的允许偏差为额定电压的 +7%、-10%。

(3)电压波动和闪变。

光伏电站所接入的公共连接点的电压波动和闪变应满足《GB/T 12326 电能质量 电压波动和闪变》的要求，其中光伏电站引起的闪变值按照光伏电站装机容量与公共连接点上的干扰源总容量之比进行分配。

(4)电压不平衡度。

光伏电站所接入的公共连接点的电压不平衡度及光伏电站引起的电压不平衡度应满足《GB/T 15543 电能质量 三相电压允许不平衡度》的要求，其中光伏电站引起的电压不平衡度允许值按照 GB/T 15543 的原则进行换算，允许值为 2%，短时不得超过 4%。

(5)直流分量。

光伏电站并网运行时，向电网馈送的直流电流分量不应超过其交流电流额定值的 0.5%。

(6)功率因数。

当电站输出有功功率大于其额定功率的 50% 时，功率因数应不小于 0.98(超前或滞后)，输出有功功率在 20% ~50% 之间时，功率因数应不小于 0.95(超前或滞后)。

(7)频率。

光伏系统并网时与电网同步运行。电网额定频率为 50 Hz，光伏系统并网后的频率允许偏差应符合《GB/T 15945—2008 电能质量 电力系统频率偏差》的规定，偏差值允许 ±0.5 Hz。

4.5 光伏发电系统发电量模拟

采用专业软件建模，并对各区域发电量进行模拟分析，可得全年各区域光伏发电量数据，详见表 6、图 8、图 9。

表 6 系统年发电量

区域划分	装机容量/kWp	年发电量/(MWh/a)
中央弧形架构南北两侧	64.68	69.6
中央弧形架构中心区	46.2	50.36
东西两侧三角区域	129.78	119
车棚	52.29	56.4
总计	292.95	295.36

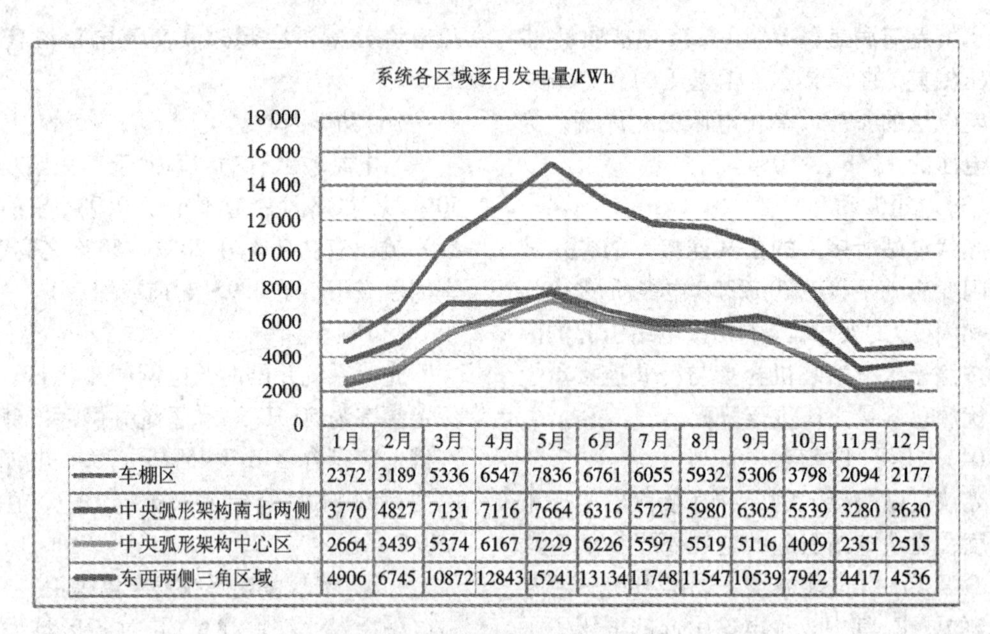

	1月	2月	3月	4月	5月	6月	7月	8月	9月	10月	11月	12月
车棚区	2372	3189	5336	6547	7836	6761	6055	5932	5306	3798	2094	2177
中央弧形架构南北两侧	3770	4827	7131	7116	7664	6316	5727	5980	6305	5539	3280	3630
中央弧形架构中心区	2664	3439	5374	6167	7229	6226	5597	5519	5116	4009	2351	2515
东西两侧三角区域	4906	6745	10872	12843	15241	13134	11748	11547	10539	7942	4417	4536

图 8　系统各区域逐月发电量

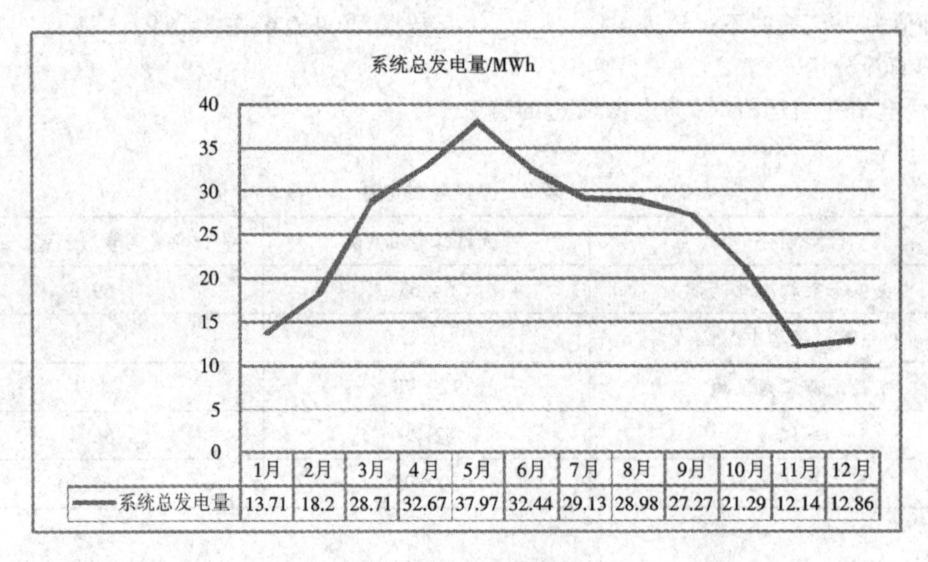

	1月	2月	3月	4月	5月	6月	7月	8月	9月	10月	11月	12月
系统总发电量	13.71	18.2	28.71	32.67	37.97	32.44	29.13	28.98	27.27	21.29	12.14	12.86

图 9　系统逐月发电量

4.6　光伏发电监控系统设计

监控系统基本结构见图 10,采用双机单网结构,采用服务器作为操作员工作站,兼报表及维护工作站的功能,用于实现微网综合监控。保护测控装置、电池管理系统、光伏管理系统、双向变流装置 PCS 均由前置服务器直接接入监控系统,电表及小型气象站通过规约转换器接入监控系统。模式控制器用于实现微网运行模式切换管理。

光伏系统和电网发生异常或故障时,为保证设备和人身安全,设置相应的并网保护功能,包括过/欠电压、过/欠频率、防孤岛效应、恢复并网、短路保护、逆向功率保护等。

5　结语

零能耗建筑的光伏发电系统设计,需要着重考虑以下几点:①建筑自身及周边场地情

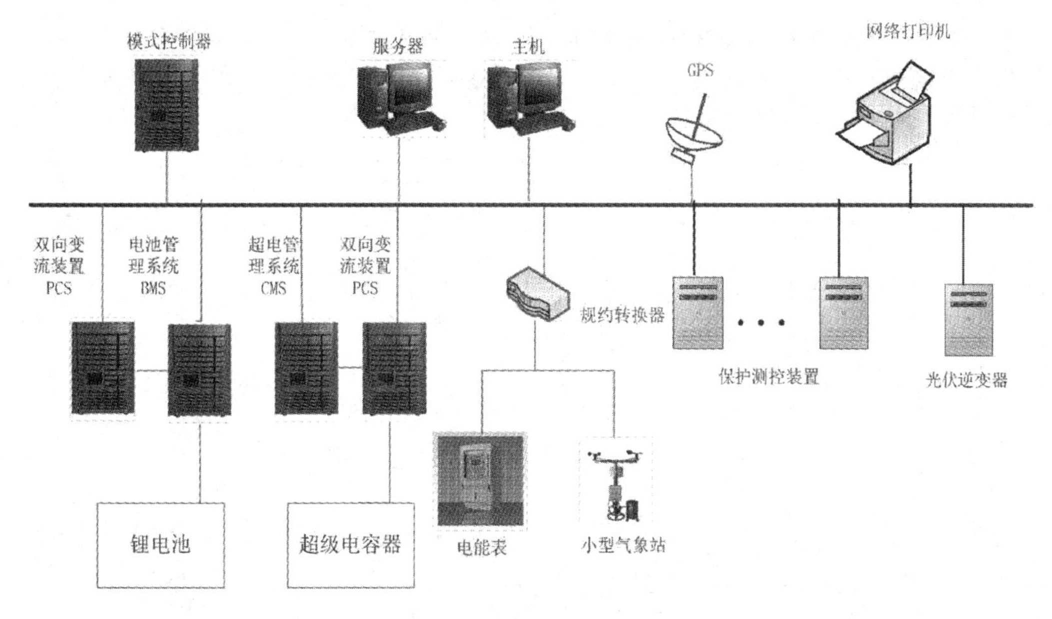

图10 光伏监控系统示意图

况;②建筑外形、功能和负荷要求;③光伏组件选型;④光伏组件安装方式及与建筑一体化设计;⑤光伏发电系统发电量估算。本工程结合实际情况采用 BIPV 和 BAPV 两种太阳能光伏技术应用方式,实现了光伏组件与建筑结合一体化设计施工,同时应用储能技术和微网技术,实现建筑零能耗的目标。

图 11 至图 13 为中新天津生态城公屋展示中心光伏发电项目工程安装实景图。

图11 全景图

图12 屋面安装实景图

图13 中央弧形架构南侧实景图

参考文献

[1]许俊民．探讨零能耗建筑和零碳建筑[J]．智能建筑科技,2010(43)：1-6．

[2]李现辉,郝斌．太阳能光伏建筑一体化工程设计与案例[M]．北京:中国建筑工业出版社,2012．

[3]史少飞,吴爱民,张学宇,等．HIT太阳能电池的发展概况[J]．材料导报A:综述篇,2011,25(7):130-133．

中建·大观天下·室外综合管网BIM应用

刘欣　向敏　冯佳　曹禹
（天津市建筑设计院）

摘　要：本文从住宅类项目室外管网综合角度切入，采用BIM技术在设计、施工以及运维阶段的协同管理、施工组织及后期运维可视化等方面进行尝试。通过实践总结出一套相关项目BIM应用技术方法及实施路线图。

关键词：室外管线综合；BIM；碰撞检查；施工模拟；运维信息平台

1　工程概况

1.1　项目简介

大观天下社区位于山东省潍坊市高新技术开发区，是中建集团投资开发的新建项目，总建筑面积208万m^2，是潍坊市规模最大的社区，也是潍坊少有的高品质现代化园林式居住区。

本次介绍的BIM应用范围为大观天下社区最高品质的蔷薇溪谷低密度别墅区，总用地面积11.4万m^2，其中建筑物占地面积3.16万m^2，共有联排、双拼、错拼别墅53栋，单栋建筑面积从1000 m^2至3000 m^2不等。总建筑面积9.99万m^2，其中景观占地面积8.24万m^2，包含了水系、铺装、院落、绿化、道路等设施。

1.2　应用范围

在蔷薇溪谷低密度别墅区建设过程中，建设单位选择了在地产项目中普遍应用且相对复杂的室外综合管网工程，进行了BIM应用。

本次BIM技术应用涵盖了设计、施工和运维阶段。在设计阶段，采用BIM技术，作为设计管理、协同平台进行设计优化和施工预控，在施工阶段作为施工协同平台辅助施工管理，并为运维阶段数字化管理提供了及时有效的信息、模型。

本次BIM技术应用涵盖了室外场地、建筑单体外轮廓，以及室外雨水、污水、热力、给水、强电、弱电、燃气、广播、照明、消防、通信等所有配套管线和景观绿化工程，不包括室内建筑、结构和机电。

1.3　应用难点

本区域属于高品质别墅区，综合品质要求较高。

管线多、控制点多，如重力排水管出户较多、雨污重力干管较多，雨污水检查井井底标高需严格控制，同时涉及水、电、气各专业局部设计和施工，协同工作量大。

设施多、景观多，如车行道两侧为花岗岩铺装，从路沿到建筑外墙约6 m，但全部设计为室外入户楼梯及地下室车库坡道，坡道前为600 mm深雨水篦，各专业工作井设置需考虑结合斜坡并避让楼梯，专业交叉复杂。

标准高、细节众多，如区内车行道为沥青路面，路面宽度 4 ~ 5 m，为保证夜间不扰民，不能在行车轮位置设计井盖，同时区内地形起伏较大，景观、水系与专业管线有较多穿插，要求井盖等不仅要满足功能需要，还必须与景观、设施充分结合，工作量巨大。

在 BIM 应用前，建设方选择 3 栋别墅周边区域作为样板示范区，采用传统技术进行设计和施工组织，导致了大量的重复挖填工作，成品保护不理想、返工量大。

建设方希望通过采用 BIM 技术，在不过多增加设计周期的前提下，优化设计、满足施工管理需要，并为后期长期的物业维护应用创造条件。但目前在业内尚没有可供借鉴的房地产项目室外管网 BIM 综合应用的先例。

2 BIM 组织与应用环境

2.1 应用目标

建设单位希望通过本次应用，一方面解决本项目建设、施工管理、运营维护的实际需要；另一方面，也希望探索出一条室外管网 BIM 综合应用普遍适用的技术实践路线，为行业推广提供经验。

2.2 实施方案

本项目 BIM 技术应用服务由建设单位设计部组织，在工程部、配套部支持下进行；同时，为了更好地论证 BIM 技术在管综方面的优缺点，本项目参用了 BIM 管综与二维管综同步进行，只比较成果不交流过程的方式，发挥各自优势，互为检验和校正。

项目应用分为收集资料、踏勘调研、技术分析、制定标准、模型构建、管线综合、对比分析、虚拟施工、施工配合、运维支持等几个具体阶段进行实施，如图 1 所示。

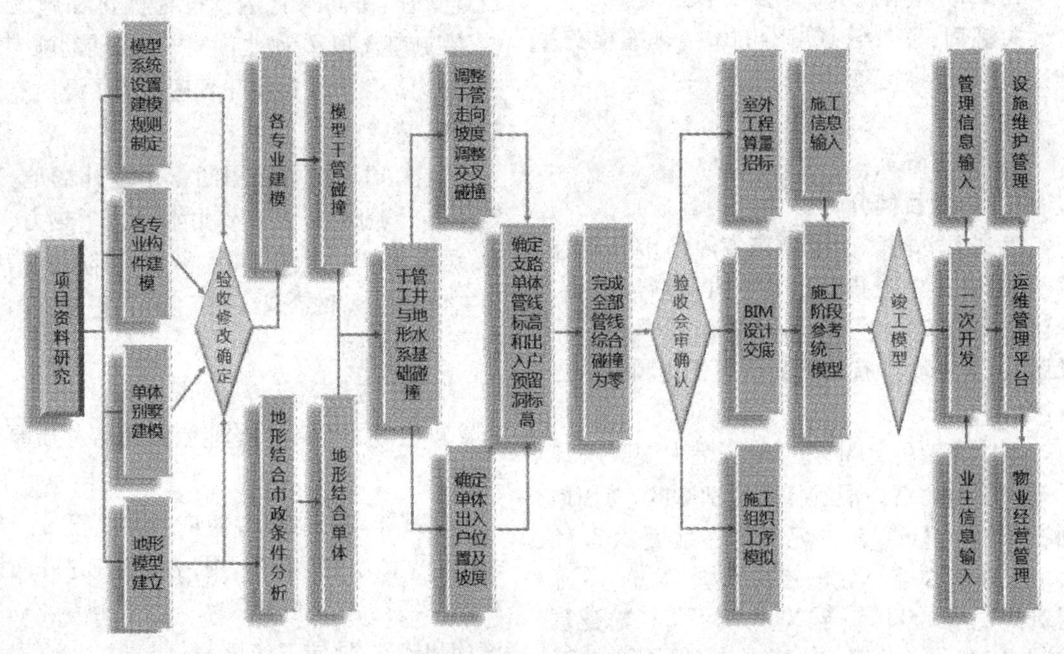

图 1　实施方案路线图

2.3 团队组织

本项目 BIM 咨询团队由项目负责人、各专业建模人员、族库制作与管理人员、工程技术人员、后期制作人员、软件二次开发人员共同组成。

2.4 应用措施

鉴于项目单体较多，单体建筑位置用坐标点控制，为了更好地进行管线综合，在 BIM 整体建模阶段就沿别墅轴网方向，建立了整个区域的整体坐标系，坐标网格范围为 10 m × 10 m，在导出的碰撞报告中可以直观显示，如图 2 所示。

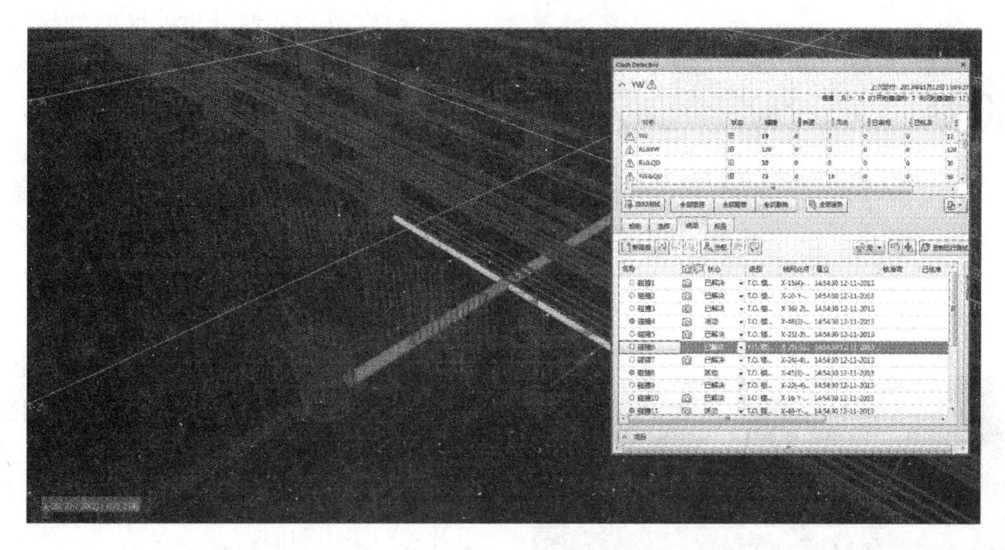

图 2　室外空间轴网

2.5 软硬件环境

本项目虽然主要是市政配套管线，但鉴于项目应用需求方为房地产开发企业，基础建模软件选择了房屋建筑领域最为普遍的 REVIT 软件。同时，结合项目各子项专业技术特点，部署了 CIVIL 3D、NAVISWORKS、AUTOCAD、INFRAWORKS、VISUAL STUDIO 等软件。各软件用途如下：

CIVIL 3D 用于区内地形道路的精确建模，以及区内管线、各专业井及井底标高校核。

REVIT 用于区内房屋、地下室车库、构筑物模型建立。

NAVISWORKS 用于区内全部模型的汇总演示、碰撞检查、施工工序模拟等。

AUTOCAD 用于模型调整后导出平面图、剖面图等。

INFRAWORKS 用于展示浏览、制作视频资料。

VISUAL STUDIO 用于后期针对 NAVISWORKS 二次开发小区物业管理平台。

本项目虽然总场地面积只有 11.4 万 m^2，其中建筑物占地面积 3.16 万 m^2，建筑物范围内也只建体量模型，但管线、设施较多，而且是平层空间，难以分隔，所以选择了链接的工作方式。具体项目应用过程中在本地计算机上进行配置，硬件选择如下：

CPU：E5 − 1650 v2 3.5 GHz

显卡：AMD FirePro V4900（FireGL V）

内存：32 GB

硬盘：7200 转 1TB

固态：256 GB

操作系统：WIN7 64 位。

3 BIM 应用

3.1 BIM 建模

根据原始资料，对地形、道路、水系等进行了精确建模，如图 3 所示，真实表达了地形地貌。在此基础上，结合区内高程和市政信息进行分析，对区内雨水、污水系统总体走向和标高做了前置规划，提出了设计建议。

对单体别墅进行了针对性的建模，如图 4

图3　地形模型

所示，略去了室内建筑、机电等，完整表达了建筑外部轮廓、地下室和楼梯、散水、坡道等与室外综合管网相关的部分。

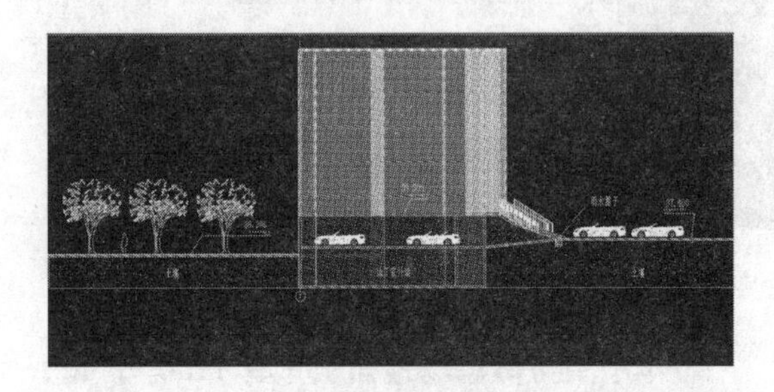

图4　单体别墅模型

根据各专业管线系统特点，整理并精细化地建立了大量包含各种构件规格尺寸和信息的族库，如图5所示，实现了建模过程构件化拼装理念的执行。族库有热力系统调节井、燃气调压柜、给水系统水井、管线、阀门、灯杆、座椅等等。同时，在建族的过程中，根据施工可行性，即时优化了部分设计构件，如图6所示的电力井，图纸中人井长3 m、宽1.5 m、深2 m，工井1000 mm × 1000 mm × 1000 mm，钢套管上皮埋深不小于800 mm，下一排钢套管与上排中心距250 mm。建模中对此工井深度做了调整。因为有些工井连接线路过多，上下分为两排。按最大套管150 mm考虑，为尽量避免雨水上返浸泡电缆，故将下排套管下皮以下300 mm处定为井底标高。故电力工井一般深1.5 m。

在轴网建立，场地、建筑建模和族库建立等充分准备的基础上，按照制定的规则，进行了各专业管线建模。

3.2　BIM应用情况

基于模型进行了一系列的分析和应用。

(1)管线功能性分析。根据市政雨污水出户高度，以及设计单位雨污水干管各检查井井底标高进行建模，然后利用软件对雨污水排水坡度进行分析，发现局部路段依靠重力无法将雨水排出，经综合考虑，在此处设置雨水提升泵，设置提升泵后，通过软件再次验证，此措施可通过泵的扬程使低位雨水提升至高位，产生势差，此段雨水得以妥善排出。

通过模型，我们还做了许多细节分析。如将单体别墅与地形、专业井相结合，优化了布置在斜坡花坛和地下车库坡道上的专业井，使井盖既不影响别墅景观的艺术性，同时具备便于开启的实用功能。

(2)碰撞分析。对重力流类的雨水、污水干管管线进行碰撞检测，严格核查每一个碰撞点，确保雨污干管管线零碰撞，因为此两种专业管线规格均较大，且均为依靠坡度的重力流，一旦确定，后面各专业设计基本会避让此两种管线进行设计，所以不容失误。

各专业模型与土建构筑物，包括地下室外墙、院墙、室外楼梯及各专业井之间进行碰撞检测，及时调整管线位置，或者调整个别井的位置，以满足功能要求。

通过单体别墅模型及出入户管线模型的建立，对单体出入户管的标高进行了核查，发现局部反坡或者平坡现象，通过调整各出户管及检查井的汇入关系，使各单体别墅出户雨污排水管线出户坡度正常，并精确确定地下室外墙预留洞的位置和高度。

通过一系列优化，确定最终的管线路由，并通过碰撞检测，为零碰撞。在模型中将所有管线的标高、水平位置和管线间的水平、垂直距离进行标注，以便施工中准确定位。

(3)设计BIM模型交付。最后形成了详

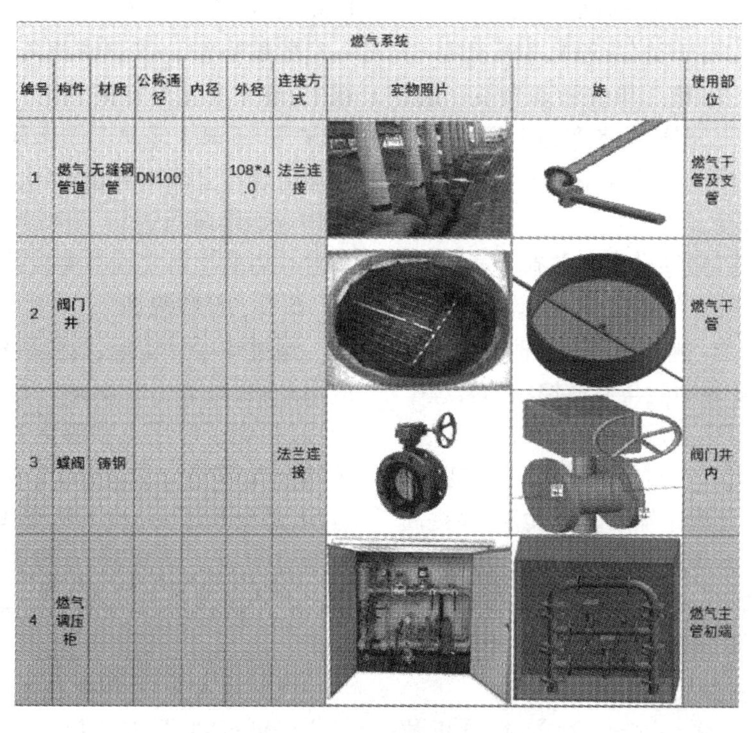

燃气系统									
编号	构件	材质	公称通径	内径	外径	连接方式	实物照片	族	使用部位
1	燃气管道	无缝钢管	DN100		108*4.0	法兰连接			燃气干管及支管
2	阀门井								燃气干管
3	蝶阀	铸钢				法兰连接			阀门井内
4	燃气调压柜								燃气主管初端

图5　构件族库

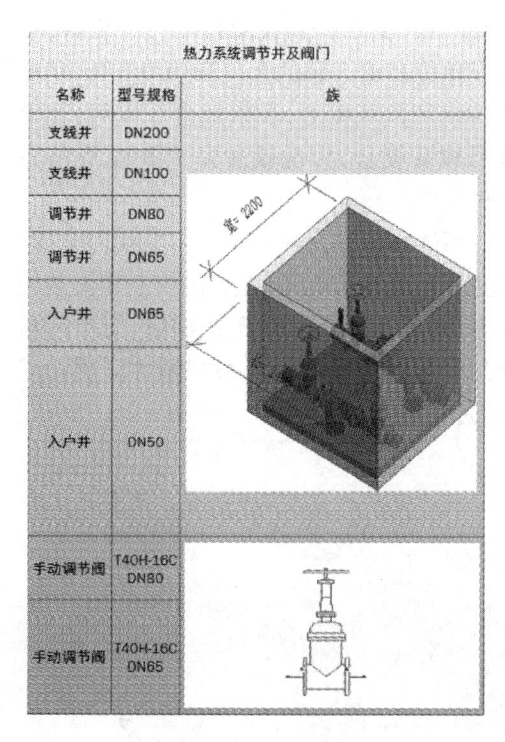

热力系统调节井及阀门		
名称	型号规格	族
支线井	DN200	
支线井	DN100	
调节井	DN80	
调节井	DN65	
入户井	DN65	
入户井	DN50	
手动调节阀	T40H-16C DN80	
手动调节阀	T40H-16C DN65	

图6　电力工井

细、完整的设计阶段成果模型。通过 BIM 浏览软件 NAVISWORKS 中的视频检查功能，在真实的 BIM 应用中大量使用浏览 BIM 模型的方式来达到可视化直观巡视的效果，这种迅速响应的方式关注点是工程实施情况的检阅，而不是形象上的观感。

施工前，我们配合建设单位设计部、工程部，做了内部和外部的 BIM 技术交底和工程展示。

同时，我们也在管线 BIM 综合应用前和应用后，分别做了 BIM 算量，为建设方提供了工程依据，并应用前后进行了对比，做到了数字化成果汇总。

(4)施工组织规划。根据最终的管线定位，进行了施工组织规划，预编排了施工工序，对于管线密集的区域，选择了管沟一次性开挖、分专业实施分步回填的形式，并进行了施工模拟验证，形成的技术成果为招标文件拟定、造价控制、施工过程成品保护均提供了技术依据。

在施工过程中，发现仍有部分细节不满足施工的空间需要，对于类似问题，BIM团队与建设单位管理人员、施工单位管理人员一起，做了进一步的优化，积累了更多的工程经验。

最终的竣工模型，我们尝试与运维管理平台做了整合与对接。

4 应用效果（效率分析和效益分析）

（1）项目实用价值直观明显：设计阶段，通过室外管线综合、碰撞检测、坡度验证调整等优化工作，可实现功能与节材控制的合理平衡。施工阶段，BIM应用工程交底更为直观，便于施工规划预演，有助于优化工序排期，同时，快捷、透明的工程量辅助统计功能，能提高造价控制效率。运维阶段，能够提供更为完整的模型和数据信息，通过管理平台与模型的对接，实现虚拟直观的管理展示，并能辅助运营维护，持续保证项目品质。

（2）可推广性强，社会价值高：据分析数据表明，在2020年小康社会建成前，还将完成居住类项目6000万套，城市基础建设投资100万亿，规模巨大。在居住类项目中，室外配套综合管网由于协同专业多、密度高，管线综合非常复杂，一般又都在竣工交付前实施，工期十分紧张，历来都是项目建设管理的重点和难点。而且作为隐蔽工程，通过BIM应用形成完整的竣工模型信息，对于后期的运维管理，是非常有价值和意义的。

5 结语

5.1 创新点

本项目作为别墅项目的室外综合管网，在BIM领域应用比较少见，项目本身的应用具有一定的试验意义和实践意义。在项目应用过程中，建立了室外空间轴网，采用构件族库化的方式，将BIM建模工作流程细分，在管线综合前后进行了两次算量对比，在现场管理阶段和物业运维阶段进行了应用，这些创新尝试，都对今后的项目实践具有较强的借鉴意义。

5.2 经验教训

通过本项目实施，我们积累了类似项目的应用经验，对于住宅类地产项目设计阶段BIM应用，找到了应用点和解决方案路线图，找到了结合点和交付方式；对于施工阶段的BIM应用，总结出了一套协调、组织、管理模式；同时通过物业运维实践，反推并总结了BIM模型在各个阶段信息完整性的实施步骤和深度需求。

我们认为采用BIM技术，对于类似项目是完全可行的，是有价值、有意义、可推广的，但我们也充分地体会到，BIM技术要植入工程管理体系，离不开建设单位的大力支持，没有建设单位高瞻远瞩的重视和持续支持，很难整合传统利益相关方，长效地合作应用，如果不能形成系统合力，也就失去了BIM最核心的价值。

BIM技术的应用已经不再是大而全即好，真正了解建设方的关切、合理控制模型规模和成本、对重要节点可以迅速响应、简单清晰地表达问题的主旨是BIM回归理性应用的基本思考。

浅谈工业项目 EPC 总承包项目的进度管理

汪小伟
（天津市建筑设计院）

摘　要：工业项目普遍具有急于投产，急于见到效益的特点，项目进度管理是整个工业项目 EPC 总承包项目管理的龙头，是项目管理工作的基础和根本出发点，在项目管理中扮演着重要的角色。进度计划管理的好坏将直接影响项目能否实现合同要求的进度目标，也将直接影响到项目的经济效益。本文结合阿联斯谷物贸易豆类精加工和深加工项目 EPC 工程项目进度计划管理实践，简要论述 EPC 工程项目实施过程中的进度管理。

关键词：EPC；计划；进度管理

1　引言

工程总承包（EPC）是国际通行的工程建设项目组织管理实施方式之一，所谓工程总承包（EPC），即设计 - 采购 - 施工（Engineering, Procurement and Construct）合同，是一种包括设计、设备采购、施工、安装和调试，直至竣工移交的总承包模式。

EPC 工程管理的最终目标是项目承包商通过对工程项目的工期、成本、质量和安全的管理与控制，保证按合同约定期完成项目，并实现项目的经济效益。EPC 工程项目进度控制计划是整个 EPC 项目管理的龙头，项目实施中其他计划依据进度控制计划编制而又相对独立执行计划管理。各类资源投入均以进度计划为主线展开进行，进度计划管理是 EPC 总包项目管理的基础。

2　项目背景介绍

阿联斯谷物豆类精加工和深加工项目位于天津空港经济技术开发区，建筑总面积 23 000 m^2，结构形式为钢结构。建设内容包括：厂房含办公区、空压机室及水泵房、消防水池、高低压变配电室、门卫房、四条生产线等。工程采用 EPC 总承包模式建设，合同约定工期为 230 天（日历日）。

3　进度计划编制

3.1　明确合同范围

在 EPC 项目进度控制计划编制前期阶段，首先要明确合同约定的项目工作范围、与业主的工作界面和合同中约定的工期节点控制目标，同时也要大致明确 EPC 项目各阶段的主要工作量，以及项目外围相关的制约因素，为进度计划编制做好充分的前期准备工作。

3.2　编制里程碑控制计划

根据 EPC 工程合同中确定的项目开工日期、竣工日期、总工期和里程碑节点控制日期确定项目进度计划管理目标，明确项目计划开工日期、竣工日期、总工期及各里程碑节点控制日期，编制 EPC 工程项目里程碑控制性计划。

3.3 项目进度计划分级编制

项目进度计划应按里程碑控制计划依照上一级计划控制下一级计划、下一级计划深化分解上一级计划的原则制订各级进度计划。随着项目的不断深入，进度计划分为以下三级编制。

3.3.1 一级进度计划（里程碑进度计划）

EPC 项目合同执行前，根据招标文件、投标文件、EPC 合同中规定的项目里程碑节点日期、总工期、EPC 开工日期，编制项目的一级进度计划（里程碑进度计划）。

一级进度计划作为项目的总体控制计划，明确了整个 EPC 项目的开始时间、结束时间、工期、设计、采购、施工和试车等阶段的开始、结束控制节点以及实施过程中里程碑控制点。作为 EPC 项目的总体进度目标，在实施过程中不能轻易进行调整。里程碑进度计划是 EPC 项目实施过程中的纲领性计划，资源投入计划、资金计划等一系列计划的编制都是依据总体控制计划展开的。

3.3.2 二级进度计划（总体实施计划）

根据项目一级进度计划（里程碑计划）进行全盘综合分析，充分考虑项目设计、采购、施工、试车阶段的逻辑关系，进行 EPC 项目总体实施计划编制。

总体实施计划是在一级进度计划基础上，结合 EPC 项目特点、工艺流程、以往类似项目经验，将设计、采购、施工、试车阶段工作内容进一步细化，根据各阶段逻辑关系采用倒排的方式进行计划编制，并将此计划作为 EPC 项目实施的总体基准。二级进度计划在编制过程中要充分发挥 EPC 模式的优势，体现设计、采购、施工阶段合理交叉、相互协调的原则。

3.3.3 三级进度计划（各阶段详细实施计划）

三级进度计划是在总体实施计划基础上，考虑人、材、机、资源等因素而编制的设计、采购、施工、试车阶段的详细作业层实施计划。编制过程中需要充分考虑各阶段作业层间逻辑关系、合理交叉、相互制约等因素。三级进度计划在 EPC 项目实施中可以根据资源投入和外围环境等影响因素进行相应的调整，但相关调整必须要满足项目二级进度计划以及关键线路的要求。

3.4 进度计划应用软件

本项目采用微软公司 Microsoft Project 软件。

4 进度计划管理

进度计划管理是进度计划编制、优化、实施情况的跟踪、评价、计划更新，关系到项目的资源分配、资金需求等系统工程。

4.1 进度计划审批

根据一级进度计划（里程碑进度计划）充分考虑项目设计、采购、施工、试车阶段的逻辑关系后编制的二级进度计划（总体实施计划），由项目控制经理组织设计、采购、施工、试车等各部门经理召开专题会进行逻辑关系确认和修订，修订后的二级进度计划（总体实施计划）经由项目经理批准后提交公司有关部门审查和批准，然后提交监理、业主单位审批，批准后作为 EPC 项目的进度控制目标。

4.2 项目实施过程中进度检测

项目进度检测是按项目工作分解结构逐级检测，用检测基本活动的进度实施状态来达到检测整个项目的进度执行情况。进度检测就是对项目动态控制的过程，是项目进度管理和控制的核心工作，具体内容如下：

（1）项目进度检测采用“赢得值”原理进行，根据结构分解的测量权重进行实物工作量状态量化检测。

（2）在项目总体实施计划批准后，按照结

构分解建立项目实施过程权重检测表,并绘制项目进度计划曲线 BCWS。

(3)项目实施过程中每月 25 日统计 E、P、C、S 各阶段各项工作当月完成值和累计完成值,并将相关数据填入项目权重检测表,根据权重汇总计算形成项目实际进度曲线 BCWP。

(4)将进度计划曲线 BCWS 与实际进度曲线 BCWP 进行对比,评估和检测进度计划的执行效果。

4.3 偏差分析与纠偏

进度偏差属 EPC 项目实施过程中经常发生的情况。在项目进度检测过程中若发现实际进度偏离计划进度,应认真分析产生偏差的原因及其对后续工作的影响,并需要分析该偏差是否对 EPC 项目总工期产生影响。

根据偏差产生原因采取合理的纠偏措施,确保项目进度计划目标的实现。EPC 项目实施过程中常用的纠偏措施有调整作业计划的实施顺序、调配资源加大投入压缩工期两种方法。

4.4 各类进度报告

为准确、及时地反映 EPC 项目建设情况,加强业主对项目运行的监测,充分体现项目进度报告综合信息平台的职能,提高工程项目管理的科学化、规范化,结合 EPC 项目的实际情况,制定了项目周进度报告、月执行报告制度。

4.4.1 项目报告程序

月执行报告每月 25 日报出;

周进度报告提交时间为每周五;

进度报告的编报方式以书面报告为主,并签字盖章。

4.4.2 项目月执行报告内容

本月 EPC 项目进度执行情况文字描述(包括质量、安全情况);

EPC 项目总体进度曲线以及 E、P、C、S 阶段进度曲线;

本期人力、机具、材料投入报告;

实际进展与项目计划偏差分析,拟采取相关纠偏措施;

下月 EPC 项目详细的进度计划;

下月人力、机具、材料投入计划;

需要业主方协调解决的相关问题;

下月 EPC 项目进度计划横道图。

4.4.3 项目周进度报告内容

本周 EPC 项目进度执行情况文字描述(包括质量、安全情况);

本周人力、机具、材料投入报告;

下周 EPC 项目详细的进度计划;

下周人力、机具、材料投入计划;

需要业主方协调解决的相关问题。

5 目标实现

通过科学的计划管理,实现了项目各项进度目标。具体见图 1 至图 8:

图1 桩基开工

图2 基础开工

图3　基础完工

图4　主钢构进场

图5　厂房地面施工

图6　竣工验收

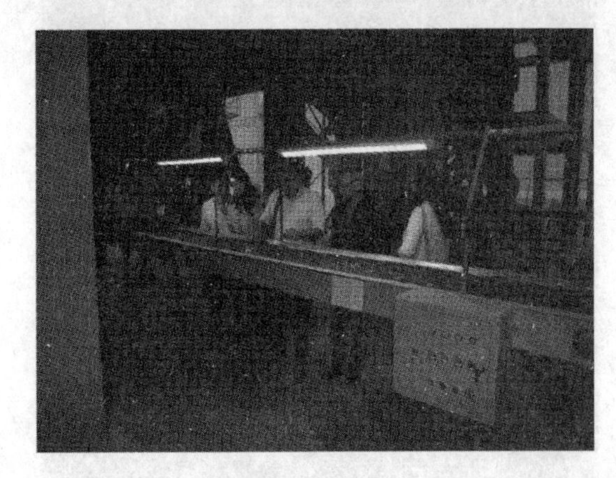

图7　试生产

图8　开业庆典

6　结语

阿联斯谷物豆类精加工和深加工项目的EPC项目进度计划管理，是项目实施过程中与质量管理、费用控制并列的目标之一。进度管理在整个EPC项目控制目标控制体系中处于协调、带动其他工作的龙头地位，进度计划管理的好坏直接影响到EPC项目进度目标的实现。最终，在项目全体管理人员及施工队伍的努力下，进度计划得以顺利实施，它对如期完成EPC总承包项目具有重要的作用。

三等奖 论文

城市轨道交通规划工作方法研究
——从城市轨道交通规划与城市规划关系层面

左纯悦[1]　张家臣[2]
(1 天津市城乡建设委员会　2 天津市建筑设计院)

摘　要:本文对城市规划与城市轨道交通规划的关系进行了梳理,通过对不同阶段城市规划与城市轨道交通规划相互关系的分析,得出两者的整合不仅取决于相互间的有效互动,更取决于其本身特别是城市规划的不断完善的结论;进而以天津轨道交通线网规划实践为例进行了分析,对创新的工作方法进行了总结,提出轨道交通规划应在与城市规划相协调的基础上,充分考虑功能定位、结构多层次化、重视可拓展性等建议,从而对推动城市轨道交通规划以更加有序、高效、和谐的方式发展,具有重要的理论意义和实践价值。

关键词:城市轨道交通规划;城市规划;工作方法

沿海城市适灾韧性技术体系建构与策略研究①

王峤　臧鑫宇　陈天
（天津大学建筑学院）

摘　要：新常态背景下，城市经济发展的新趋势对我国城市防灾研究提出了新要求，增强城市适灾韧性已经成为适应新常态经济发展战略的重要内容。尤其在我国沿海城市，基于其生态环境要素的复杂性和灾害的易发性，适灾韧性研究已经成为构建安全城市的迫切需求。结合沿海城市的环境特征，从生态安全格局、资源集约利用、环境保护与改善、开发建设管控、技术手段支撑、法律规范和宣传教育等方面提出具有实效性的适灾韧性策略，构建我国沿海城市适灾韧性规划体系，能够有效地促进沿海城市的可持续发展。

关键词：新常态；沿海城市；适灾韧性；技术体系；策略

① 基金项目：国家自然科学基金重点项目（51438009）“快速城镇化典型衍生灾害防治的规划设计原理与方法”；国家社会科学基金重大项目（13&ZD162）“基于智慧技术的滨海大城市安全策略与综合防灾措施研究”。

基于GIS天津滨海新区公共交通评价研究

刘军　孙蔚　詹然

（天津市渤海城市规划设计研究院）

摘　要：大力发展公共交通是缓解城市拥堵和治理城市空气污染的重要措施。通过建立公共交通综合评价指标体系，评价公共交通运行状况，可以为公交进一步发展提供规划、建设、管理方面的依据，积极推动城市公共交通良好运行。本文根据评价指标选取的原则和方法，从公交线路和公交站点两方面考虑，选取了线路长度、线路非直线系数、线路重复系数、线网覆盖率、站点密度和站点覆盖率等共7个指标并进行评价。结果表明，尽管天津滨海新区地面公交经过近年来的发展比较发达，但是仍然存在线路长度总体偏大、线路非直线系数过大、公交线网密度过小、中心城区线路重复系数过大、线网覆盖率和站点覆盖率都较低等问题。通过对公共交通运行状况的评价和分析，找出了存在的问题，为制订出合理解决方案、进一步优化公共交通提供了科学依据。

关键词：公共交通；GIS；天津滨海新区；评价

高校错时停车共享模式探索研究
——以哈工大校园停车空间共享模式为例

李硕　陆明　朱琦静　那慕晗　李策
（天津市渤海城市规划设计研究院）

摘　要：随着城市机动车的急剧发展，以及私家车保有量的迅速增长，我国城市交通量不断增大，城市静态交通面临严峻挑战。高校停车是静态交通的一个特殊组成部分，基于高校停车特有的属性，本文以哈尔滨工业大学为例，运用多种调研和分析方法，深入剖析高校停车的空间特性和时间特性，在保证文明、安全、有序的校园静态交通环境的前提下，挖掘高校停车场资源，供给社会车辆错时限时停车，缓解高校周边因静态交通设施不完善而产生的停车矛盾，并提出高校错时停车共享模式。

关键词：高校；停车场；错时停车；共享

基于广播星历轨道区域钟差估计的非差实时精密定位分析

高鹏飞
（天津市测绘院）

摘　要：本文提出一种通过固定广播星历轨道估计精密卫星钟差，实现在一定区域范围内高精度单点定位的方法。基于 PANDA 软件分析了钟差估计中不同基准站的分布策略，给出我国范围内一组优化的基准站分布策略，实验结果表明：在此策略下，使用广播星历轨道通过钟差估计能达到静态 1 cm、动态 6 cm 的定位精度。

关键词：卫星钟差；轨道误差；实时精密定位；广播星历；钟差估计

近景摄影测量在滑坡监测中的应用研究

陈楚
（天津市测绘院）

摘　要:本文将近景摄影测量技术应用到滑坡监测中,模拟并制订了一套完整的监测方案,包括相机标定、控制点及检查点的布设与量测、影像的拍摄、数据处理,最后通过对控制点和检查点的精度分析,得出了应用近景摄影测量监测滑坡变形的可行性结论。

关键词:近景摄影测量;滑坡;监测

二三维一体化燃气管网地理信息系统的设计与实现

蒋许锋
（天津市测绘院）

摘　要：燃气管网是城市正常运行的大动脉，随着城市的发展，总长度越来越长，结构复杂，日常维护保养工作非常重要，同时也关系到城市公共安全。采用二三维结合的地理信息系统技术，对实现燃气管线的管理具有重要的意义。

关键词：燃气管网三维地理信息系统；WebGIS；网络分析；组件式开发；空间数据库

基于 CORS 的单基站 RTK 点位检校与精度评定

汪伟　汪少初　张奇
（天津市测绘院）

摘　要:文章讨论了在城市 CORS 边缘覆盖地区利用单基站 RTK 进行测区范围拓展的一般过程和遵循的原则,结合实例论述了利用 CORS 对单基站 RTK 测量成果进行点位检校与精度评定的具体过程,探讨了 CORS 点位测量与单基站 RTK 点位测量外符合精度随距离增加而变化的规律,相关结论具有一定的参考价值。

关键词:CORS;单基站 RTK;点位检校;精度评定

基于 SURE 软件的真三维城市制作

付海龙　周义军　曲超

（天津市测绘院）

摘　要：文中使用德国 nFrames 公司的 SURE[1－2]摄影测量软件，分析了用航拍影像建立真三维城市的处理流程。最重要的环节包括半全局匹配，它定义了全局能量函数和视差图平滑限制条件，通过最小化全局能量函数求解平滑的视差图。还包括了多基线前方交会，将基准影像与各邻近影像进行密集匹配，所有的同名点会被用来求解点云，提高多余观测。DSM 是规则格网，需要将所有点云重采样。带有纹理贴图的 DSM 即为真三维城市，因有建筑的侧面纹理而较为美观，它的应用是未来的研究方向。文中详细讨论了密集匹配及点云的内部精度，以及 DSM 与地形图相比的外部精度。文中还针对制作真三维城市的航拍影像重叠度提出了建议。

关键词：SURE；半全局匹配；多基线；重叠度；点云；DSM；纹理贴图

中国一重滨海制造基地工程勘察实录

陈晖　叶竞雄　马乐民　穆楠
（天津市勘察院）

摘　要：中国一重滨海制造基地为天津市重点工程，该工程岩土工程勘察中采用多种勘试手段，准确查清了场地地基土的分布规律及工程特征；针对本场地拟建物及地基土特点提出合理的基础方案，并对桩基础负摩阻力进行分析；采用多种计算方法对拟建物差异沉降、单体建筑物沉降及大面积堆载引起的地面沉降进行了详尽的估算和分析，运用 Flac－3D 有限差分软件对建筑群总体沉降进行三维数值模拟分析；对基坑支护结构稳定性以及基坑开挖对周围环境影响进行评价与分析，并针对基坑开挖过程中地下水的控制问题提出了具体处理建议和技术措施。现将该项目详细勘察成果实录如下，供同行了解该工程勘察全貌。

关键词：软土地基；三维地层；饱和；粉土液化地基土动力特征；差异沉降；建筑群沉降三维数值分析；深基坑稳定性分析

中国天辰科技园天辰大厦项目岩土工程实录

王鑫文　李连营　宋士杰　陈晖
（天津市勘察院）

摘　要：本文通过深入细致的勘察，对41层科研楼及3层裙楼的桩端持力层进行了详细评价；首次进行钻孔注水试验，根据注水试验结果计算提供了承压含水层渗透系数及承压水头；针对高层建筑特点，对桩基础水平承载力进行了估算。采用等效分层总和法、Geddes法、简化公式法、桩基规范法进行了桩基础最终沉降量估算；基坑土体的回弹可对基坑及基桩产生不利影响，严重时可导致断桩、基坑失稳等工程事故，对坑底回弹量用两种方法进行了估算；对深基坑开挖支护及稳定性进行评价，并分析其对周围环境的影响。

关键词：注水试验；水平承载力；坑底回弹量

北苍山堆山公园岩土工程勘察与稳定性分析评价实录

刘建刚　崔亮　马乐民　温煦
（天津市勘察院）

摘　要：本文主要介绍了堆山工程特点、勘察要点及勘察工作的布置，综合分析了工程地质条件，并分别对堆山采用天然地基、碎石桩地基处理、桩基础时堆山稳定性进行数值分析评价，对山体边坡稳定性进行了分析评价。对同类工程勘察及设计、施工具有很强的指导意义。

关键词：堆山；工程地质问题；沉降；边坡；稳定性

饱和软土的次固结系数试验方法研究

董士伟　王秀贺　刘建刚
（天津市勘察院）

摘　要:天津滨海新区分布有较厚的饱和软土层,软土地基上的建筑物沉降历时较长,其中次固结沉降往往占到较大的比例,对工程的正常、安全使用有重要意义。目前,次固结系数的试验无可参考的国标、行标、地标的标准试验方法。为满足工程设计的需求,我院试验中心开展了次固结系数试验研究,并通过对试验结果的对比、分析,确定了测定饱和软土的次固结系数的试验方法。

关键词:饱和软土;次固结沉降;次固结系数

粉质黏土导热系数和比热容试验研究

李杰　刘纯利　董士伟
（天津市勘察院）

摘　要:导热系数、比热容是土重要的热物理指标。首先讨论土的导热系数、比热容试验方法。对常温下粉质黏土导热系数、比热容进行大量试验研究,旨在探讨干密度、含水量对粉质黏土导热系数和比热容的影响。

关键词:粉质黏土;导热系数;比热容;干密度;含水量

磁测法检测灌注桩钢筋笼长度的应用性研究

张耀镭　胡清华　蔡克俭
（天津市勘察院）

摘　要：天津地区近年的灌注桩年施工量达到了百万根，由于灌注桩施工隐蔽性的特点，开挖验证灌注桩钢筋笼长度并非切实可行。磁测法利用混凝土、桩周岩土和钢筋笼之间的磁性差异，通过测量垂直磁场及磁梯度沿深度方向受钢筋笼影响的变化，判断灌注桩钢筋笼长度。工程实例表明，采用磁测法检测灌注桩钢筋笼长度是有效可行的。

关键词：灌注桩；钢筋笼长度检测；磁测法；磁场变化

天津滨海新区某垃圾填埋场对周边水土环境影响分析

蒋旭　符亚兵　马洪彬　蒲小诚
（天津市勘察院）

摘　要：垃圾填埋场在历经长时间的垃圾堆填、降解过程后，会产生大量的渗滤液和有毒有害气体，为防止其渗入土壤及地下水中对周边环境造成污染，有必要对其所在区域地质条件进行分析，有针对性地进行防治措施。本文在对天津滨海新区区域水文地质、环境地质调查的基础上，针对某垃圾填埋场现有垃圾堆场，采用水文地质分析评价、工程地质分析评价、物探、室内水土试验分析等手段，查清该填埋场现有垃圾堆场的物质组成、堆填现状，以及对周围水、土的污染状况及范围，为滨海新区该垃圾处理场周边地区规划提供依据。

关键词：天津滨海新区；垃圾填埋场；水土环境

“新老龄”背景下市场化养老项目运营研究
——以天津市第一个示范养老项目为例

张娜　马松　王及　李然然
（天津市城市规划设计研究院）

摘　要:随着老龄化问题的凸显,2013 年以来,国家关于鼓励社会化养老服务体系构建的政策不断出台,在房地产市场略显低迷的背景下,各类养老社区作为新兴的物业服务形态,其市场潜力和消费需求逐渐为各地所关注。养老社区作为房地产市场的新兴门类,是包含适老化住宅产品和配套服务设施的综合型产品。项目可持续性的核心是服务的合理提供和有效运营。本文结合天津市“新老龄”人群需求和急需科学谋划的迫切形势,对接政策导向和市场需求,全面研究养老产业服务运营组织,结合示范养老项目建成后的运营实践,提出对于市场化养老项目可持续运营的认识,以正确理解养老服务载体的服务本质和运营模式,有效引导未来市场化养老项目的规划建设。

关键词:新老龄;养老;市场化养老项目;运营模式

新常态下大都市近郊区城镇化模式转型思考
——以天津市津南区空间发展战略为例

李越　徐婧
（天津市城市规划设计研究院）

摘　要：本文旨在揭示大都市近郊区空间发展战略依照原有的农村城镇化模式难以按预期实施的成因，并提出新常态下区域发展的应对策略。本文以天津市津南区为例，简要分析了大都市近郊区原有的城镇化发展模式，通过指标数据总结了原空间发展战略的重要作用，归纳了土地难以按预期出让、产业难以按预期发展、人口难以按预期增长的突出问题。笔者从外部环境和内部模式出发，深刻剖析问题的成因，通过政策解读，准确把握新常态下的宏观趋势，提出大都市近郊区农村城镇化的新理念，并研拟出“暂缓、整合、调整、突围”的新策略，最终落实应用在提升后的《天津市津南区空间发展战略（2015—2025）》。

关键词：新常态；近郊区；城镇化模式；空间发展战略

天津市城市规划财政投入绩效评价研究

刘淼　刘爱华
（天津市城市规划设计研究院）

摘　要:随着我国城市化的发展,城市规划方面的政府财政投入正在不断增长。资金分配与绩效方面的问题也越来越引起政府、社会各界的重视。本文采用数据包络分析,对天津地区2006—2012年间的数据进行提取分析,并建立相关指标体系,运用DEAP2.1软件计算基于DEA效率前沿面的Malmquist生产率变化进行分析;研究城市规划方面的财政投入与城市建设、经济发展之间的内在联系,探讨其中的重要影响因素,从而找出提高财政投入的绩效水平的关键途径,并通过分析研究,结合天津实际提出相关建议。

关键词:天津;城市规划;绩效评价;DEA

创新工业遗产再利用模式
——以津棉三厂规划为例

张蓉
（天津市城市规划设计研究院）

摘　要:津棉三厂作为中国纺织企业的代表,其工业建筑具有重要的历史价值。2012 年在政府的统筹下,开始对棉三地区进行整体设计、整体更新。其中有很多工作方法的探索和尝试,目前看来起到了一定的积极作用,总结起来分为三个方面:①前期分析创新,即针对每栋工业遗产建筑的身份证系统和建筑价值评估系统;②工作方式创新,即财务平衡前置的设计方式、运营前置的设计方式和与土地政策紧密结合的统筹考虑的设计方式;③设计内容创新,即大体量厂房划分方式的创新、建筑材料保留再利用方式的创新。该项目在天津工业历史保护方面具有里程碑的意义,在天津市取得了很大的反响,逐渐成为天津中心城区核心地区充满活力的创意场所。

关键词:工业遗产;再利用;创新

西部都市区发展策略研究

尤坤　徐婧
（天津市城市规划设计研究院）

摘　要：随着国家经济转型升级、城镇化发展进入新的阶段，都市区化的空间发展模式成为当代中国城市化进程的重要空间形式。本文结合笔者的实际规划工作经历，以宁夏大银川都市区规划为例，对大银川都市区发展条件、存在问题、规划策略进行了重点介绍与分析，结合国家新型城镇化发展趋势、国家向西开放战略部署、西部地区发展特点，对西部地区都市区发展策略进行总结归纳，重点阐述了西部地区都市区规划中资源环境承载分析（尤其是水资源承载能力）的重要性，西部地区城镇化、产业发展特点，以及国家发展战略对西部地区都市区重点设施建设以及空间布局的影响，并对西部地区都市区一体化发展的空间特点与相应实施的保障措施进行了简要的总结。

关键词：都市区；新型城镇化；区域

滨海新区生态网络的植物配置研究

闫维　张良
（天津市城市规划设计研究院）

摘　要:滨海新区土壤盐渍化严重,制约了植被的生长发育。根据当地土壤、气候、水文等条件选择绿化植物种类,对促进生态网络规划的有效实施将发挥显著作用。本研究在对滨海野生植物评价筛选的基础上,以土壤盐渍化分布为依据,结合生态网络中不同功能单元的植物选择要求,选择耐相应盐碱度的植物进行分区配置,不仅能够提高成活率、降低绿化成本,而且显著增强了滨海地域景观特色。

关键词:滨海新区;生态网络;植物配置

滨海新区行政区划调整背景下的街镇发展之路
——以天津滨海新区寨上街为例

杜宽亮　陈雄涛　毕昱　沈斯
（天津市城市规划设计研究院）

摘　要：行政区划作为国家权益配置的政策工具，在城市发展中发挥着重要作用。天津滨海新区作为国家的一个战略启动点，经历了多次行政区划调整，对新区发展产生了巨大影响。街镇作为滨海新区空间发展的重要载体，在新区行政区划调整中上级管理机构、自身职能、管辖权变化较大。本文即是以天津滨海新区行政区划调整和街镇发展为切入点，在深入分析滨海新区的行政架构由“区管街镇”到“管委会管街镇”再到“大行政区管街镇”发展历程的基础上，以2013年为节点探讨了行政区划调整后对街镇发展的影响，提出了宏观定位、中观引导、差异化产业发展等发展策略，并探索建立联席会议制度、差异化绩效考核制度等政策保障。最后以寨上街发展规划为例，详细阐述了寨上街及周边地区发展现状及特征，并以区域协调为主要方式提出解决途径，以期为国内其他地区的研究提供经验借鉴。

关键词：天津滨海新区；行政区划调整；街镇；寨上街；协调发展

从居住机器到活力家园
——社区活力营造方法探索

冯天甲
（天津市城市规划设计研究院）

摘　要：本文深入剖析了中国快速城镇化以来城市新建社区在超大封闭小区模式下呈现的严重的活力消弭的问题，反思了现有社会经济、理论规范、建设模式、社区管治等方面的弊端，在分析国际潮流和先进经验的基础上寻求与本土环境融合，通过天津市新建社区的实证研究和城市设计探索，尝试建立城市新建社区活力评价体系，对“活力”这个模糊的概念给出具体的评估方法，同时提出规划设计、社区管治、建设实施等多方面的城市新建社区活力营造方法。旨在从更综合的角度改革创新，探索社区建设的新思路，营造充满活力的社区生活。

关键词：社区活力；窄路密网；开放街区；多样性；归属感；社区管治

基于分形理论的神木县城内部空间形态优化

韩莉莉
（天津市城市规划设计研究院）

摘　要：分形几何是相对于传统欧几里得几何而产生的科学，与欧式几何研究圆形、三角形、长方形等规则的几何图形不同，它所研究的对象一般为自然界中复杂的、不规则的复杂形体或现象，能揭示传统欧式几何所不能解释的问题和现象，已经在多领域得到广泛的应用，并成为城市空间形态研究的前沿理论之一。本文借用分形的理论和方法，结合GIS空间分析方法和城市形态分形分析方法，对1986至2013年间的神木县城内部功能用地的形态结构的分形特征进行分析，对比不同功能用地的边界维数和网格维数，总结不同功能用地在演变过程中所存在的主要问题；结合城市形态相关理论知识和分形思想，初步构建内部用地结构的分形体系，通过分形层级的控制和分形单元的确定构建神木县城宏观空间结构，通过具体分形维数引导策略指导神木县城内部空间形态的优化。

关键词：分形理论；GIS；内部空间形态；演变；优化；神木

新常态下广大普通乡村城镇化的发展出路
——以天津帮扶村庄发展措施为例

吴静雯[1]　严杰[2]

（1 天津市城市规划设计研究院　2 天津市建筑设计院）

摘　要：全国经济增长放缓的新常态下，反思原有高城镇化率的发展问题，提出城镇化从量增到质增转变的重要性，而城镇化质增的关键在农村，因此农村城镇化成为实现高质量城镇化的关键。文章从农村经济增长和农村生活模式两方面分析现状问题及转变途径，并以天津村庄帮扶工作提出的“六化六有”标准为例，提出村庄人居环境和经济发展改进措施，希望为广大普通乡村的城镇化改进思路提供借鉴。

关键词：农村新常态；农村城镇化；村庄整治

控制性详细规划编制与社会管理体制衔接研究
——以天津市中心城区为例

王亚男[1]　韩仰君[1]　马春华[1]　李丹妮[2]
(1 天津市城市规划设计研究院　2 天津市国土资源和房屋管理研究中心)

摘　要:本文充分借鉴国内相关城市的经验,探索控规编制单元与社会管理体制的有机融合,提出了社区管理单元的概念,即以社区管理单元作为合理的控规编制和管理单元,各层级配套设施也应该按照社区管理单元(未来街道办事处管辖范围)来统一配置的思路。对接社区两级管理体系,提出配套设施按照街道级(居住区级)和居委会级(小区级)两个层次进行设置,与各类设施管理主体充分衔接,为规划实施和验收设施接收理清关系,实现规划和各类设施主体无缝衔接。

关键词:社区管理单元;控规编制单元;公共服务设施;无缝衔接

大数据在城市规划编制中的应用实践

李乐　张恒　孙保磊　李刚
（天津市城市规划设计研究院）

摘　要：近年来，智慧城市、云计算、大数据等概念的出现，为规划编制工作提供了大量的实时、价值密度高的新兴数据和全新的编制方法、思路，在一定程度上提高了传统的、基于静态数据的规划编制工作的效率和科学性。本文对大数据的基本概念、处理流程、涉及的方法技术进行了初步的研究，结合实际规划编制工作，给出若干应用新方法、新技术的规划编制实例，探讨大数据在规划行业中的价值，促进城市规划行业的健康发展。

关键词：计算机技术；大数据；城市规划；模型及方法

天津市地震监测设施布局规划及观测环境保护规划研究

马驰骋　宋金全　姜天骄
（天津市城市规划设计研究院）

摘　要：地震监测系统是对地震和地震前的各类自然现象进行监测的多类设备系统的集合，其对地震发生时的灾情掌握和地震发生前的预报具有重要的意义，其发展水平的高低是国家现代化水平的重要标志之一，而我国也先后颁布了《中华人民共和国防震减灾法》、《地震监测设施和地震观测环境保护条例》等多部法规条例来保障其建设与运营。在当前地震监测系统的运营中，监测设施周边由于各类城市建设活动对其观测环境造成不良影响的事件时有发生，因而迫切需要城市结合自身的城镇建设来对其地震监测设施进行统筹布局并对相应观测环境进行保护，从而确保地震监测系统的有效运行与城市建设的健康发展，避免两者产生的矛盾。本文以天津市为例，详细阐述了天津市地震监测系统的布局规划及其观测环境保护规划的主要内容与技术方法。

关键词：地震监测设施；地震监测设施观测环境保护；城市规划

集群式的文化中心活力营造研究
——以济宁市文化中心设计为例

陈旭　侯勇军

（天津市城市规划设计研究院）

摘　要：文化中心的建设在各地都如火如荼，其通常为政府行为，但是我们不能就建设文化中心而建设文化中心，在其建造的过程中有几个难点需要综合考虑。比如，文化中心的选址对区域活力的影响，文化中心中各个建筑如何做到互动联动以促发自身活力，场馆之间如何发挥最大化的优势，达到资源集约统建共管的高效运转，这些都是我们要探究的课题。本文以山东济宁文化中心及天津滨海文化中心为例，探寻集群式文化中心的设计难点及其解决方案。

关键词：文化综合体；集群式文化中心；活力营造；城市触媒；豪布斯卡

基于低冲击开发理念的“海绵城市”规划策略探究

冯祥源[1] 何瑾[1] 高莺[2]
(1 天津市城市规划设计研究院 2 天津大学建筑学院)

摘　要:本文首先综述了国内外城市雨水管理理论研究动态,指出国内雨水管理研究多为单一目标管理或技术微观层面的研究,而从城市规划层面提出的生态型雨水管理规划研究尚属空白。进而介绍发达国家低冲击开发的雨水管理理念以及国内最新提出的“海绵城市”理念,阐述理念内涵和特征,分析二者耦合关系。在此基础上,提出应基于低冲击开发理念进行“海绵城市”规划编制和管理。提出该规划编制和管理的原则,并将低冲击理念融入区域规划、总体规划、详细规划各个阶段,构建各个阶段的雨水管理规划内容框架和控制目标体系。

关键词:海绵城市;低冲击开发;雨水管理;城市规划

天津市公共服务设施均等化研究

孙保磊　张恒　李乐
（天津市城市规划设计研究院）

摘　要:本文以天津市中心城区菜市场为例,采用 GIS 的空间分析方法对公共服务设施均等化问题进行了研究。经过对比分析服务区分析、最小成本路径分析等量化分析成果,发现覆盖范围内的平均每户出行成本与服务区分析中 10 分钟未覆盖小区的分析结果有较好的一致性,即可以用平均每户出行成本来量度菜市场的服务水平,出行成本较大的小区多出现在边缘地带,且空间集聚水平不高,出行成本较小和服务水平较高的小区集中在中心区域,呈现小区集聚特性。

关键词:均等化;最小成本路径;服务区分析;平均每户出行成本;可达性;空间分析

浅谈历史性城市景观设计
——以天津市中心花园为例

张玺
（天津市建筑设计院）

摘　要：天津作为历史文化名城，无论是从经济发展还是文化传承上来说，历史性城市景观（HUL）的保护在当下和未来的城市规划建设中都扮演着越来越重要的角色。中心花园自20世纪初建成以来，虽然只有短短近百年的历史，但其醇厚的历史文化价值和历史性景观及周边建筑风貌却给人们留下了极为深刻的印象。天津长久以来对于城市历史文化的保护和传承已经深深地融入了整个城市的发展，在城市更新中对于历史性城市景观的设计是我们应当注重的新问题，本文以中心花园的改造设计为例，为历史性城市景观设计提出新的思路。

关键词：历史保护；历史性城市景观；中心花园

延续城市记忆的城市更新改造策略浅析
——以天津市民园体育场改造工程为例

李翔昊
（天津市建筑设计院）

摘　要:在目前中国愈演愈烈的城市改造进程中,任何破坏城市肌理的行为都是对城市历史的不尊重,本文以延续“城市记忆”为切入点,以天津市民园体育场提升改造工程为载体,通过对建成之后的民园体育场进行实地调研和分析,对其更新改造策略进行分析研究,以此来探讨城市更新改造的发展方向。

关键词:城市记忆;城市更新改造;民园体育场

城市规划展览馆的选址分析

孙勇
（天津市建筑设计院）

摘　要：本文从影响因素、城市空间的互动及方法两个方面分析城市规划展览馆选址，总结出选址规律和原则，并对未来城市规划展览馆选址趋势进行展望。

关键词：城市规划展览馆选址；前期策划；城市空间

钢结构与混凝土结构环境负荷对比研究

李晓斐
（天津市建筑设计院）

摘　要：生命周期评价法是对绿色建筑环境负荷的一种定量评价方法，目前有着广泛的应用和深入的研究。本文以该方法为理论依据，通过对钢结构与混凝土结构进行同等条件下的试算，得出两种结构体系在资源消耗、能源消耗与 CO_2 排放三个方面的环境负荷大小，为今后的结构设计提供建议。

关键词：绿色建筑；生命周期评价；环境负荷

高密度城市中的绿色超高层建筑被动式设计策略

王梓　尹宝泉
（天津市建筑设计院）

摘　要：随着我国城市化进程的加快，城市朝着高密度方向发展，从可持续发展的角度来看，城市的高密度将为城市带来众多好处。本文以超高层建筑的绿色设计为切实点，从超高层建筑与场地环境的关系、体型设计、围护结构、能源资源利用系统等多方面展开相关分析，探讨绿色超高层建筑的被动式设计策略，为高密度城市的超高层绿色建筑发展提供借鉴和指导。

关键词：高密度城市；超高层建筑；绿色建筑；被动式设计策略

浅析纪念建筑的概念、历史和发展

张柯达
（天津市建筑设计院）

摘　要:纪念建筑的历史非常久远,开始是对于自然的崇拜,然后是对于人及人的成就的歌颂,再后来是对于事件的记忆。前些年,兴建大屠杀纪念馆的风潮席卷了全世界,与此同时也出现了对于修建这种大屠杀纪念馆意图的激烈争论。在当代的纪念建筑应该采用怎样的态度对待纪念本身,在设计过程中应该采用什么手法,这作为一个命题,也是值得我们认真思考的。

关键词:纪念建筑;建筑的纪念性;纪念建筑的转变

高层建筑负荷计算影响因素的探讨

陈德玉
（天津市建筑设计院）

摘　要：笔者根据实际工程设计的经验，结合国家、地方的标准、规范，通过对实际房间计算的数据进行分析，探讨现在高层住宅建筑负荷计算的影响因素等；本文主要对负荷计算的影响因素做了比较详细的探讨。

关键词：节能建筑；负荷计算；高层建筑；风压；热压；封闭阳台

北欧绿色建筑实践对天津市绿色建筑发展的启示

李宝鑫　刘建华
（天津市建筑设计院）

摘　要:北欧国家在经济发展的同时注重生态环境的保护,在绿色建筑实践方面进行了独特的探索,建筑与自然和谐共存、保护历史建筑、旧建筑生命的延续、发展绿色交通等方面都值得借鉴与参考,也对天津市绿色建筑的发展具有启示作用。

关键词:绿色建筑;生态城市;绿色交通;历史建筑

工程造价的全过程控制

穆瑞斌
（天津市建筑设计院）

摘　要：当前，社会主义市场经济竞争日趋激烈，实现工程建设的经济性与综合效益成了工程项目施工管理的重要内容。工程造价的全过程控制，指的是在工程项目施工的每个阶段对工程造价进行控制，努力将工程投资成本降低，优化配置资源，推动项目工程施工的整体效益实现。当前工程造价管理中仍存在着一些问题，影响着工程最优效益的实现。本文在分析工程造价存在问题的基础上，从投资决策阶段、设计阶段、招标投标阶段、合同签订阶段、施工阶段、竣工决算阶段综合探讨工程造价的全过程控制。

关键词：工程造价；全过程；控制

智慧城区系统集成的分析与应用

吴闻婧　曲辰飞　王东林
（天津市建筑设计院）

摘　要：本文对智慧城区系统集成的必要性、功能、架构和原则进行了介绍。在分析现有智能化集成技术的基础上，总结智慧城区系统集成的方式。文章还强调了智慧城区系统集成过程中需要重点关注的问题，对天津某区域智慧城区系统集成方案进行了介绍。

关键词：智慧城区；集成功能；集成架构；集成原则；集成方式

BIM 时代机电设备参数化模型研发应用与实践

冯佳　曹禹　张昭午　蒋相虎
（天津市建筑设计院）

摘　要：本文主要从机电设备参数化模型搭建以及辅助精细化设计角度介绍实施路线与成果。随后结合施工图的可建造性，以及后期在参数化模型运维中的应用进行思考。

关键词：建筑信息模型；BIM 参数化；族；机电；运维

Navisworks 施工模拟技术的应用实践

曹禹 向敏
（天津市建筑设计院）

摘　要：本文主要介绍了 Navisworks 软件在施工模拟方面的应用扩展，如何使用 Navisworks 软件更好地为施工模拟服务的解决方案，怎样分类、加工处理 bim 模型，在模拟过程中如何提高表现效果。

关键词：Navisworks；施工进度模拟

贯穿于超高层电梯采购的设计管理

李姗姗
（天津市建筑设计院）

摘　要：本文主要介绍设计管理如何对高层电梯的设计、采购进行全面的管理控制。

关键词：高层电梯；施工；采购；资金；控制

规划，让城市更生态——

第六届“魅力天津 · 学会杯”优秀学术论文集

鼓励奖 论文

天津市城市规划学会(协会)第六届“魅力天津·学会杯”优秀学术论文“鼓励奖”评选结果

鼓励奖论文(共79篇)

1. 浅谈天津海河的桥文化
……赵欣/王霏霏　天津市规划展览馆

2. 试论规划编制管理在园区载体建设中的作用——以科智广场项目为例
……宫香玲/白珊　天津市规划局东丽区规划分局

3. 城建档案移交验收依法行政问题研究——以天津城建档案为例
……冯媛　天津市城市建设档案馆

4. 新农村规划与建设中存在的问题与思考
……宋静/凌春阳　天津市中怡建筑设计有限公司

5. 论规划容积率的刚性管理
……曹砚培　天津市规划执法监察总队

6. 高密度城市中心区灾害风险评价及应用研究
……王峤/曾坚/臧鑫宇　天津大学建筑学院

7. 日本篠山保存地区消防安全探析及其启示
……夏青/肖佳晴/魏沅　天津大学建筑学院

8. 融合·传承·更替——城市特色塑造下既存建筑的再生
……舒平/邸琦　河北工业大学

9. 天津市紧凑型住区适宜空间容量的量化模拟研究
……舒平/何洁/任登军　河北工业大学

10. 城市色彩与城市风貌的协同优化研究
……舒平/张文雪　河北工业大学

11. 冀北地区碹窑新民居地域性表达策略研究
……舒平/王一甍/任登军　河北工业大学

12. 浅析城市核心区景观慢行系统——以于家堡金融区为例
……雷燚/王滨　天津市渤海城市规划设计研究院